# 设施蔬菜
# 绿色生产新技术新模式

◎ 李宝聚　等著

中国农业科学技术出版社

**图书在版编目（CIP）数据**

设施蔬菜绿色生产新技术新模式 / 李宝聚等著 . —北京：中国农业科学技术出版社，2020. 10

ISBN 978-7-5116-4900-3

Ⅰ. ①设… Ⅱ. ①李… Ⅲ. ①蔬菜园艺—设施农业—无污染技术 Ⅳ. ①S626

中国版本图书馆 CIP 数据核字（2020）第 138394 号

**责任编辑** 王惟萍
**责任校对** 贾海霞

**出 版 者** 中国农业科学技术出版社
北京市中关村南大街12号 邮编：100081
**电 话** （010）82106625（编辑室）（010）82109702（发行部）
（010）82109709（读者服务部）
**传 真** （010）82106625
**网 址** http: // www.castp.cn
**经 销 者** 各地新华书店
**印 刷 者** 北京富泰印刷有限责任公司
**开 本** 787mm×1 092mm 1/16
**印 张** 23.75
**字 数** 505千字
**版 次** 2020年10月第1版 2020年10月第1次印刷
**定 价** 188.00元

# 《设施蔬菜绿色生产新技术新模式》

## 著者名单


**主　著：**李宝聚

**副主著**（按姓氏笔画排序）：

王小平　王文桥　王娟娟　石延霞　孙　锦
孙周平　李　萍　李建明　李衍素　别之龙
柴阿丽　高丽红　黄绍文　眭晓蕾　颉建明
谢学文

**著　者**（按姓氏笔画排序）：

丁小明　马　艳　王　玉　王　浩　王　蕾
王汉荣　王丽英　王恩东　卢晓红　田永强
司升云　吕　剑　刘　刚　刘　梅　孙志强
孙焱鑫　李　涛　李　磊　李新峥　束　胜
吴凤芝　吴圣勇　余宏军　余朝阁　闵　炬
张　涛　张克诚　张怀志　陈　清　茆振川
范双喜　国家进　郄丽娟　周　杰　孟思达
胡永红　胡晓辉　柴立平　郭世荣　董春娟
谢　文　路　粉　蔡　晨　潘　凯　戴富明

# 前　　言

我国是全世界设施蔬菜生产第一大国，产业发展极为迅速。种植面积从1981—1982年度不足11万亩，到近年达6 000余万亩，30年来面积增长了500多倍。由于设施蔬菜的比较效益较高，菜农肥药投入积极性大，促进了产量的提高，但同时也带来了过量和不合理的施用问题。化肥农药施用过多、安全风险高等问题已经成为我国设施蔬菜产业发展的瓶颈。

2016年科技部在“十三五”国家重点研发计划“化学肥料和农药减施增效综合技术研发”专项里设立“设施蔬菜化肥农药减施增效技术集成研究与示范”项目，以期为解决设施蔬菜化肥农药过量问题提供技术支撑。该项目由中国农业科学院蔬菜花卉研究所主持，研发团队由29个单位组成，包括15个科研院所、12所大学、1个全国农技推广单位和1个企业，集中了我国蔬菜双减主要优势研究及推广单位。

本项目以我国南北方主要设施蔬菜种类为对象，针对研发区域设施蔬菜化肥用量过高、养分比例严重失调等问题，提出设施蔬菜养分均衡调控、有机肥/有机物料替代化肥模式与比例及水肥一体化技术，实现设施蔬菜减氮控磷稳钾；针对设施蔬菜主要病虫害频发、难以控制及抗药性突出等问题，提出设施蔬菜化学农药减施及替代技术，实现设施蔬菜病虫害安全防控；筛选化肥农药减施增效与替代技术、装备，结合高产栽培技术，形成我国设施蔬菜优势产区化肥农药减施增效技术模式，并建立相应的技术规程，通过基地示范，选取经济效益、生态环境效益和社会效益三方面的指标，构建评价指标体系对设施蔬菜化肥农药减施增效的综合技术模式，在全国设施蔬菜重点区域开展示范推广，实现减肥减药不减产。

经过团队五年的努力，研发出设施蔬菜减肥减药增效技术、产品41项，集成区域性设施蔬菜化肥农药减施增效技术模式43项，现集印成册，以供全国主要设施蔬菜产区参考。

感谢科技部、农业农村部对双减项目的支持，感谢农业农村部科技发展中心对项目的细致管理，感谢各项目承担单位对项目执行的支持，感谢项目承担人员不忘初心、辛苦为菜农服务的精神，因为大家的协同努力，才有今天这本图文并茂、适合一线菜农生产与技术人员应用的优秀技术科普书籍。

我国设施蔬菜种类与品种繁多、栽培形式复杂，加之著者的知识水平有限，书中不足和疏漏乃至错误在所难免，希望读者不吝批评指正。

李宝聚

邮箱：libaoju@caas.cn

中国农业科学院蔬菜花卉研究所

2020年9月

# 目　录

第一篇　设施蔬菜农药减施技术规程 …… 1

一、农药减施技术规程 …… 2

弥粉法施药防治设施蔬菜病害技术 …… 2

防控黄瓜根结线虫病的嫁接砧木品种及其应用技术 …… 6

节能环保型设施土壤日光消毒技术 …… 9

设施蔬菜土传病害生物与化学协同防治技术 …… 12

捕食螨和球孢白僵菌联合应用立体防治设施蔬菜蓟马技术 …… 15

苗期灌根预防刺吸式害虫技术 …… 18

赤霉酸—枯草芽孢杆菌协同控害技术 …… 19

井冈霉素—蜡质芽孢杆菌协同控害技术 …… 21

二、农药减施产品 …… 23

设施蔬菜专用复合微生物菌剂促生防病技术 …… 23

设施蔬菜白粉病生物防控新助剂 …… 25

一种提高蔬菜幼苗质量的专用复合微生物菌剂 …… 27

新型诱虫板监测和防治蓟马 …… 29

武夷菌素防治设施蔬菜叶部病害 …… 31

捕食螨防治设施蔬菜吸汁性害虫技术 …… 33

球孢白僵菌防治蓟马 …… 37

设施蔬菜风送静电喷雾装备 …… 39
设施蔬菜风送弥雾施药装备 …… 41
设施蔬菜小型助力推车式仿形精量喷雾装备 …… 44
设施蔬菜超低容量施药装备 …… 47

第二篇　设施蔬菜化肥减施技术规程 …… 51

一、化肥减施技术规程 …… 52

基于发育阶段的设施番茄和黄瓜水肥一体化技术 …… 52
设施有机基质栽培番茄和黄瓜水肥一体化技术 …… 55
设施番茄和黄瓜化肥减量与高效平衡施肥技术 …… 58
设施蔬菜有机肥/秸秆替代化肥技术 …… 61
南方大棚果菜（番茄、黄瓜）基质栽培水肥一体化技术 …… 64
两种大棚叶菜有机肥替代化肥技术 …… 67

二、化肥减施产品 …… 71

基于发育阶段的设施果菜新型滴灌专用肥 …… 71
果菜专用系列液态肥 …… 74
大棚叶菜专用矿物质叶面碳肥 …… 77
生物炭基肥料 …… 79
温室多功能精准水肥一体机装备 …… 81

第三篇　设施蔬菜高效栽培技术规程 …… 85

日光温室越冬长茬果菜类蔬菜套餐施肥技术 …… 86
日光温室冬季综合增温保温技术 …… 89
设施蔬菜基施微生物菌肥促根壮秧减肥技术 …… 92

日光温室黄瓜营养液土耕栽培技术 …… 95
设施蔬菜栽培燃烧块增温技术 …… 98
设施蔬菜土壤蚯蚓堆肥施用技术 …… 100
设施菜田填闲作物种植改良土壤技术 …… 102
设施番茄健康种苗培育技术 …… 103
设施黄瓜健康种苗培育技术 …… 107
设施主要蔬菜基质栽培模式及水肥一体化精准高效管理技术 …… 112
寡雄腐霉诱抗保健育苗技术 …… 116

**第四篇　设施蔬菜化肥农药减施增效集成模式** …… 119

一、东北寒区设施蔬菜化肥农药减施增效集成模式 …… 120

辽宁北票日光温室越夏茬番茄化肥农药减施增效技术模式 …… 120
辽宁灯塔日光温室越冬茬番茄化肥农药减施增效技术模式 …… 125
黑龙江高寒区日光温室冬春茬番茄化肥农药减施技术模式 …… 130
辽宁沈阳辽中区日光温室秋冬茬番茄化肥农药减施增效技术模式 …… 135
辽宁凌源日光温室越冬长季节黄瓜化肥农药减施增效技术模式 … 140
辽宁凌源日光温室越冬长季节辣椒化肥农药减施增效技术模式 … 148

二、西北干旱区设施蔬菜化肥农药减施增效集成模式 …… 154

甘肃渭河流域大棚多层覆盖越冬韭菜化肥农药减施技术模式 …… 154
甘肃渭河流域大棚莴笋—蒜苗周年生产化肥农药减施增效技术模式 …… 161
河西走廊日光温室基质栽培辣椒—番茄周年生产化肥农药减施增效技术模式 …… 168

新疆温室冬春茬辣椒间套种立体栽培化肥农药减施技术模式 …… 175
阿克苏市温室冬春茬黄瓜—秋冬茬番茄化肥农药减施技术模式 … 182
黄土高原山地温室番茄长季节栽培化肥农药减施高效种植模式 … 188
陕西杨凌塑料大棚春茬黄瓜基质袋培技术模式 …………………… 193
宁夏设施黄瓜化肥农药减施技术模式 ……………………………… 199
宁夏越夏茬塑料大棚番茄化肥农药减施技术模式 ………………… 205

三、环渤海暖温带区设施蔬菜化肥农药减施增效集成模式 …… 210

华北地区塑料大棚多膜覆盖越冬生菜农药减施增效技术模式 …… 210
环渤海温暖带区日光温室芹菜减药技术模式 ……………………… 213
华北地区设施散叶生菜周年化肥减量不减产技术模式 …………… 216
河北定兴日光温室越冬长茬黄瓜或番茄化肥农药减施增效
技术模式 ………………………………………………………… 220
河北青县大棚黄瓜化肥农药减施增效技术模式 …………………… 231
河北乐亭日光温室越冬长茬黄瓜化肥农药减施增效技术模式 …… 236
山东聊城日光温室秋延迟黄瓜化肥农药减施增效栽培技术模式 … 242
山东鲁西地区日光温室早春茬洋香瓜—秋冬茬番茄、茄子化肥
农药减施增效技术模式 …………………………………………… 247
山东烟威地区设施果菜化肥农药减施技术模式 …………………… 255
山东寿光青州日光温室秋冬/早春茬黄瓜化肥农药减施增效
技术模式 ………………………………………………………… 262
山东寿光日光温室秋冬/早春茬沙培番茄化肥农药减施增效
技术模式 ………………………………………………………… 268
河北石家庄日光温室番茄化肥农药减施增效技术模式 …………… 274
河北石家庄日光温室黄瓜化肥农药减施增效技术模式 …………… 279

四、黄淮海暖温带区设施蔬菜化肥农药减施增效集成模式 …… 284

浙江苍南塑料大棚番茄化肥农药减施增效技术模式 …… 284
浙江设施芦笋化肥农药减施增效技术模式 …… 291
苏北地区日光温室番茄化肥农药减施技术模式 …… 296
苏北地区塑料大棚辣椒春提早栽培化肥农药减施技术模式 …… 302
苏北地区日光温室黄瓜化肥农药减施增效技术模式 …… 308
苏南/安徽塑料大棚小白菜化肥农药减施增效技术模式 …… 312
苏南地区塑料大棚莴苣化肥农药减施增效周年生产模式 …… 317

五、长江流域与华南亚热带多雨区设施蔬菜化肥农药减施增效集成模式 …… 326

豫北地区大棚早春黄瓜化肥农药减施技术模式 …… 326
豫中南地区塑料大棚黄瓜春提前茬双减栽培技术模式 …… 333
豫中南地区日光温室越冬茬番茄双减栽培技术模式 …… 336
湖北大棚黄瓜化肥农药减施增效技术模式 …… 339
湖北大棚早春茬番茄化肥农药减施增效技术模式 …… 346
武汉大棚秋冬栽培莴苣化肥农药减施技术模式 …… 352
上海大棚叶类蔬菜周年生产化肥农药减施技术模式 …… 357
湖北大棚生菜（叶用莴苣）化肥农药减施增效技术模式 …… 363

# 第一篇 设施蔬菜农药减施技术规程

# 一、农药减施技术规程

## 弥粉法施药防治设施蔬菜病害技术

### 1 技术简介

#### 1.1 技术研发背景

近年来大面积发展的设施栽培蔬菜，由于其环境密闭，导致棚室内湿度过大，而病害的发生往往喜欢高湿的环境，因此湿度控制成为设施蔬菜生产中的关键环节。湿度控制不好常常导致病害的暴发，给农民的生产造成重大损失。现在普遍采用的喷雾法不仅劳动强度大、费工费时，还会人为地增加棚室内湿度，导致病害控制不住，越防越重，形成恶性循环，特别是阴雨天极易造成病害的迅速流行。为此，中国农业科学院蔬菜花卉研究所开发了精量电动弥粉机及配套的新型微粉剂。

#### 1.2 技术效果

精量电动弥粉机技术成熟，已经实现商品化生产；新型微粉剂包括生物农药微粉剂和高效化学农药微粉剂，在传统农药登记的基础上采用新型加工工艺，产品符合农药法要求，每亩[①]地用药量控制在50～100克，可以降低农药使用量30%。主要用于防治设施蔬菜灰霉病、霜霉病、疫病、菌核病，黄瓜棒孢叶斑病、蔓枯病、番茄灰叶斑病等各类蔬菜真菌病害，防治效果能达到85%以上。每亩地施药时间为3～5分钟，极大地降低了施药的劳动强度，降低了劳动力成本，在设施蔬菜病害防控方面具有较强的优势。

采用弥粉法施药防治设施蔬菜病害技术，对各类蔬菜真菌病害综合防治效果在85%以上，农药利用率提高15个百分点以上，节省90%以上的施药人工。该技术2013年起陆续在全国各设施蔬菜主产区推广应用，2017年进入大面积应用，主要推广地区包括山东、辽宁、河北、浙江、北京、天津、山西、江苏、湖北、甘肃、陕西等设施蔬菜主产区，截至2019年，累计推广50万亩，已实现较大范围推广应用。

### 2 技术操作要点

#### 2.1 精量电动弥粉机组装及使用

将手持式精量电动弥粉机根据使用说明书组装完毕，根据使用说明检查各部件使用功能（图1）。

---

① 1公顷=15亩，1亩≈667平方米，全书同。

（1）将毛刷放入主机下分管道的毛刷槽内。

（2）确认料斗中间部分齿轮仓内的齿轮已经拆出来了，然后将料斗下管的两个豁口的位置对准主机出风口三通岔管的两个凸起，将料斗下粉管套住岔管按到底。

（3）旋转料斗，使料斗上的插片插入主机顶部的插槽内。注意：一定要插到位。

（4）将齿下粉齿轮套上硅胶垫圈塞入料斗下部的齿轮仓内，旋紧齿轮舱盖。

（5）将出风管按照弯口向上套在主机出风口并转转紧固。

（6）通电试机。

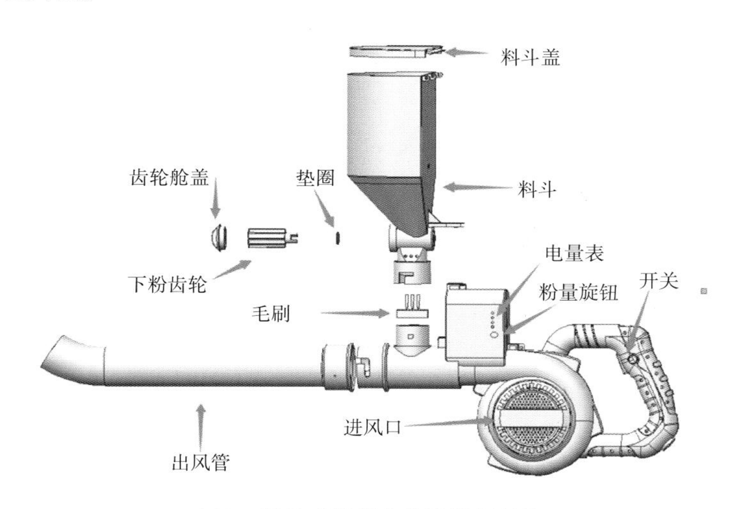


**图1　手持式精量电动弥粉机结构**

## 2.2　喷粉前棚室准备

喷粉前把棚室的通风口关闭，检查棚室的塑料布，尽量确保棚室的密封效果，如果棚膜有小块破损对粉尘无影响。

## 2.3　微粉剂选择

根据病害发生种类，选择专用中蔬微粉®进行病害防治。利用混药袋进行药剂混合，不可与指定产品以外的农药混用。

## 2.4　喷粉方法

大棚和日光温室内喷粉，从棚室最里端开始，操作人员站在过道上，摇动喷粉管从植株上方喷粉，边喷边后退，行进速度为每分钟12～15米，直至退出门外，关好门（以70米的日光温室为例，整棚的喷施时间为3～5分钟）（图2）。

## 2.5　喷粉时期

微粉法施药应遵循“预防为主、综合防治”的植保方针，应在病害发生前或病害发生初期开始施药，根据病情每隔7～10天喷1次。

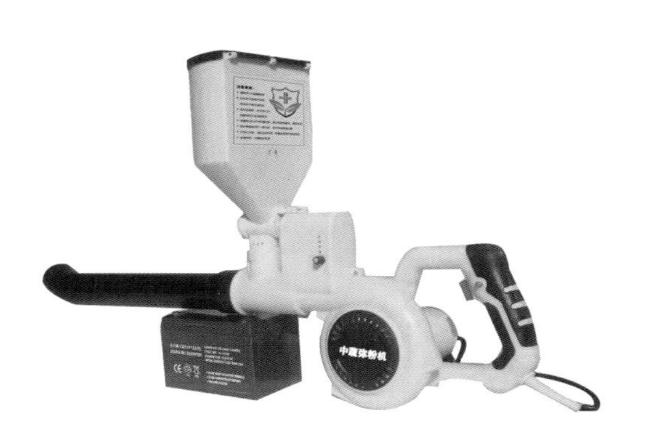

A. 精量电动弥粉机

B. 施药前关闭风口

C. 根据病害选择药剂组合

D. 药剂混合好后倒入弥粉机

E. 从温室内侧向外对空施药

F. 施药后棚内药剂弥散均匀

**图2 精量电动弥粉机操作过程**

### 2.6 喷粉的适宜时间

选在傍晚进行喷粉操作，趁闭棚前棚内能见度高的时候喷粉，这样方便操作，喷粉结束后即可放下草帘或保温被。晴天的中午应避免喷粉，在阴雨天任何时间均可喷粉。

### 2.7 最适喷粉量

每亩地的喷粉量不超过200克，根据植株大小调整喷粉量。

## 3 技术注意事项

### 3.1 施药注意事项

（1）专用微粉剂不得随意增加使用浓度和扩大使用范围，在新推广地区请先试后用，以免发生药害。

（2）专用微粉剂施用时需用本产品配套的专用弥粉机喷施。

（3）喷粉作业时需要将喷粉管对准植株的上空，不宜把喷粉管直接对准作物，以防损害作物。

（4）喷粉作业后2小时待粉尘完全沉降后打开棚室的门及风口通风后，方可进入作业。

（5）请根据温度、天气等选择最佳施药时间。

### 3.2 精量电动弥粉机使用注意事项

（1）电量。使用前检查机器电量，避免作业中途因电量不足影响喷粉效果。

（2）混粉。将每个套餐的药粉，倒入套餐包装袋或适当的塑料袋，摇动数次，确保药剂充分混合均匀。

（3）加粉。须使用配套的微粉剂，每次加粉量以不超过400克为宜，请勿回收粉，不能混入杂质以免堵塞管路或损坏风叶轮。

（4）喷药。应适当调整前进速度与出粉量及风力，根据棚室面积及高度定量用粉。对空喷粉，避免药剂直接喷到植株上造成局部浓度过高产生药害。

（5）安全防护。操作者应做好必要的个人防护，如佩戴好口罩，穿长袖衣和长裤等，发现有头痛、恶心、呕吐等中毒症状时，应立即停止作业，求医诊治。

（6）机器清洁。每次停机后请执行清洁作业30秒，将管路中的残余粉清除干净，避免受潮堵塞管路。

（7）电瓶维护。弥粉机长时间不用，一般2～3个月充一次电，可延长电瓶的寿命。

## 4 适宜地区

本技术适用于全国各设施蔬菜产区。

## 5 联系方式

技术依托单位：中国农业科学院蔬菜花卉研究所

联系人：李宝聚，谢学文，柴阿丽

联系电话：010-62197975

电子邮箱：libaoju@caas.cn，xiexuewen@caas.cn

# 防控黄瓜根结线虫病的嫁接砧木品种及其应用技术

## 1 技术简介

### 1.1 技术研发背景

设施环境中蔬菜长期连茬种植形成严重的连作障碍，使根结线虫病及枯萎病等土传病害高发。根结线虫是为害黄瓜的重要病原物，给黄瓜生产造成严重损失，嫁接技术是黄瓜生产栽培中提高植株抗逆性、防治土传病害的一项重要技术措施。嫁接后的黄瓜苗长势旺，具抗病、耐低温、弱光、耐旱等特点。嫁接苗根系发达，生长势强，结瓜稳定，并能连茬种植，克服连作障碍。在黄瓜设施生产上使用嫁接技术可以达到防病、增产、改善黄瓜品种等优势。该技术重点针对黄瓜根结线虫病的危害，筛选了抗根结线虫病的南瓜、葫芦及野生瓜类砧木，并优化了砧木与黄瓜的嫁接技术，培育的嫁接苗用于防控黄瓜根结线虫病危害，突破黄瓜品种没有抗线虫病的育种资源的限制，通过嫁接技术可防控黄瓜根结线虫病的危害，保障设施黄瓜的生产。

### 1.2 技术效果

筛选及优化的黄瓜用砧木在设施黄瓜栽培中上可以有效地防治根结线虫病，减轻枯萎病等土传病害的为害。可使化学农药施用量降低30%以上，黄瓜增产10%以上，实现减药增效的目标。该技术具有操作简单，效果稳定的特点，适合设施黄瓜栽培。

## 2 技术操作要点

### 2.1 选用抗病蔬菜砧木

针对设施黄瓜栽培中根结线虫病高发致害问题，筛选对根结线虫具有抗性的南瓜、葫芦及野生黄瓜材料作为嫁接砧木，培育抗根结线虫病嫁接黄瓜苗，在设施栽培中用于防治根结线虫病。通过优化嫁接技术培育出的嫁接黄瓜苗抗根结线虫病，长势强，抗逆性强，达到防病、增产并减少化学农药用量的目标，实现黄瓜根结线虫病的绿色防控。常用的抗根结线虫病的砧木主要有NR南瓜、刺角瓜、棘瓜、‘韩砧1号’‘南砧1号’等品种。

（1）NR南瓜砧木为抗根结线虫病的南瓜砧木，属于白籽型中国南瓜类型。该砧木对根结线虫病的防治效果可以达到75%以上。嫁接中NR南瓜砧木与黄瓜的匹配性和亲和性良好，操作简单、成活率高达95%以上。NR南瓜砧木的根系发达，长势强，具有耐寒，耐旱，高抗黄瓜枯萎病，有利于克服连作障碍，适合设施黄瓜栽培。

（2）刺角瓜（CM3）砧木是一种半野生瓜类，具有高抗根结线虫病的特性，可以抗南方根结线虫、花生根结线虫、爪哇根结线虫等主要根结线虫，该砧木高抗黄瓜枯萎病、花叶病毒病。刺角瓜具有根系发达、长势强，耐旱等特性，嫁接后黄瓜增产显著，且口味芳香，对黄瓜商品性无不良影响，适合黄瓜嫁接苗的培育。

（3）棘瓜又称刺黄瓜，为野生型瓜类材料，抗根结线虫病能力强，耐低温弱光。嫁接黄瓜植株生长势强，根系较发达，增产显著。棘瓜种子较大似西瓜种子，适合与黄瓜的嫁接，且嫁接亲和性高，黄瓜嫁接苗生长速度快，对黄瓜果实风味及品质影响很小。

（4）‘韩砧1号’为葫芦砧木，对根结线虫病表现为中抗，抗黄瓜枯萎病。嫁接黄瓜苗长势强，根系发达，具有抗寒、抗旱特性，适用于设施黄瓜栽培。‘韩砧1号’砧木种子发芽率高，成品苗多，幼苗壮粗低矮，易嫁接，成活率高。嫁接后黄瓜商品性好，口味好，且增产显著。

（5）‘南砧1号’属砧木专用型南瓜品种，对根结线虫病具有中抗特性，并且抗枯萎病。该品种种子较大，白色，与黄瓜嫁接亲和力强，匹配性好，嫁接成活率达90%以上。嫁接苗根系旺，长势较强，增产显著，且该砧木可以改善黄瓜商品性状，适于设施黄瓜产区的栽培应用。

### 2.2　嫁接准备

将接穗和砧木种子分别进行温汤浸种处理，采用无菌水进行催芽，并根据嫁接方法确定播种时间和播种方式。一般南瓜砧木种子提前2～3天或同期播种，采用靠接法时砧木与接穗品种要在同一钵内育苗，如插接法则可以分开。据不同品种确定合理的接种时间，一般黄瓜播种10～12天后，就可以进行嫁接。嫁接适宜期的形态为黄瓜苗子叶展平、南瓜苗第一片真叶长1厘米左右。

### 2.3　黄瓜嫁接处理

（1）插接法。用锋利的刀片去掉砧木苗生长点及腋芽，用消毒的竹扦在苗的顶端紧贴子叶基部的内侧，与茎30°～45°角的方向斜插，插入深度为0.5厘米左右。将黄瓜苗从子叶下1厘米处30°角斜削，切口长0.5厘米，将接穗削成楔形。随即拔出砧木上的竹扦，把接穗插入砧木斜插接孔中。使砧木与黄瓜接穗切口吻合，黄瓜子叶与砧木子叶呈十字形，用嫁接夹固定。或是用刀片去掉砧木的生长点，在顶端中心处用竹扦垂直插入0.5厘米左右，将接穗插入到孔中，砧木与接穗子叶方向呈“十”字形，用嫁接夹固定。

（2）靠接法。砧木苗用刀片去掉生长点及腋芽。在离子叶节0.5～1厘米处的茎上，与茎30°～40°角向下斜削至茎粗的1/2。接穗在子叶下节下1～2厘米处，自下而上呈30°角向上切削至茎粗的1/2处，切口长0.6～0.8厘米，将接穗舌形楔插入砧木的切口里，用嫁接夹固定好，20天左右对接穗黄瓜苗进行断根处理。

### 2.4　嫁接后期的管理

进行保湿、控温、遮阴、去腋芽、断根等处理，保障嫁接苗的成活率，一般嫁接后要立即喷水，保湿3～4天，温度应保持在25～30℃，夜间18～20℃，白天适当遮阴，防止接穗失水萎蔫，在嫁接后10～20天左右进行断根，并去除腋芽。一般断根5天左右，可进行定植，进行正常管理。

## 3 技术注意事项

（1）嫁接砧木的合理选择，要考虑砧木与接穗的匹配性和亲和性。嫁接时选用苗茎粗细相协调的接穗苗和砧木苗配对嫁接，保障成活率及长势。同时要选用亲和性优良的砧木，否则嫁接伤口不愈合导致嫁接失败。‘南砧1号’属砧木采用顶插接，砧木比接穗提早播种7～10天；采用靠接，砧木比接穗晚播5～7天，定植时注意嫁接口要高出地面2厘米。刺角瓜（CM3）砧木抗性强，但是植株茎较细，需要比黄瓜砧木提前10～15天进行播种。棘瓜长势强可以与黄瓜同期播种。

图1中A为靠接法嫁接的黄瓜苗，砧木为刺角瓜，接穗为‘中农26’黄瓜；B为插接法嫁接的黄瓜苗，砧木为NR南瓜，接穗为‘中农26’黄瓜；图片为移栽后3天的苗子，采用地膜覆盖形式在塑料大棚种植。

（2）嫁接高度要合理。嫁接部位过低，导致后期早衰，根易腐烂，影响产量；嫁接部位过高，缓苗慢，长势弱。根据嫁接种类合理确定嫁接高度。

（3）嫁接时管理要到位，注意保温，保湿，遮阴，刀口处不能粘上泥土，否则易造成死苗现象。

## 4 适宜地区

适应于全国设施黄瓜种植区，尤其是根结线虫病、枯萎病等病害严重发生及连作障碍严重的黄瓜种植地区。

## 5 联系方式

技术依托单位：中国农业科学院蔬菜花卉研究所
联系人：茆振川
联系电话：010-82109545
电子邮箱：maozhenchuan@caas.cn

图1 采用嫁接方法培育的黄瓜苗

# 节能环保型设施土壤日光消毒技术

## 1　技术简介

### 1.1　技术研发背景

近年来，随着我国设施蔬菜产业的迅猛发展，蔬菜土传病害问题日益严重，严重威胁到蔬菜产业的发展。土传病害是一种由病原体从作物根部或茎部侵害而引起的病害，一般通过土壤、灌溉水或流水进行传播。它们往往侵染植物根部，引起作物根部以致全株发病。由于病原菌在土壤中存活时间长，分布范围广，田间有土的地方即有病原菌，导致病原菌很难被消除，且保护地内温度适宜，病原菌可以安全越冬，造成土传病害的周年发生，节能环保型设施蔬菜土壤消毒技术是解决设施蔬菜土传病害的有效方法。

### 1.2　技术效果

利用温室大棚夏季休闲期高温季节进行土壤消毒，棚内土壤灌水后，在旋耕机能进地操作前施用未腐熟或半腐熟的作物秸秆或者粪肥，利用旋耕机充分翻耕土壤，将有机物和土壤充分混合均匀，土壤覆膜后密闭温室，利用太阳能充分提高棚温和地温，处理过程中棚温可以达到70℃以上，地温可以达到50℃以上，同时未腐熟的有机物在发酵过程中可以提高地温，土壤相对含水量达到80%以上，利用高温高湿的灭菌效果连续处理10～15天，可以显著杀灭土壤中的有害微生物。

## 2　技术操作要点

### 2.1　洁净棚室

在6—7月上茬作物收获后，清除作物的残体，除尽田间杂草，运出棚外集中深埋或堆沤处理。

### 2.2　施用有机物和有机肥

（1）铺用有机物。将作物秸秆及农作物废弃物，如玉米秸、麦秸、稻秸等利用器械截成3～5厘米的寸段，玉米芯、废菇料等粉碎后，以1 000～3 000千克/亩的用料量均匀地铺撒在棚室内的土壤或栽培基质表面。

（2）铺施有机肥。将鸡粪、猪粪、牛粪等未腐熟或半腐熟的有机肥3 000～5 000千克/亩，均匀铺撒在有机物料表面，也可与作物秸秆充分混合后铺撒。有机肥的选择和处理应符合DB13/T 454—2001《无公害蔬菜生产　肥料施用准则》。

### 2.3 整地

深翻25～40厘米，整地做成利于灌溉的平畦。

### 2.4 灌水

对棚室内土壤或基质进行灌水至充分湿润，相对湿度达到85%左右，地表无明水，用手攥土团不散即可。不添加有机物料速腐剂进行高温闷棚操作时，对棚室内土壤或基质进行大水漫灌至地表见明水，相对湿度达到100%。

### 2.5 覆膜

地面覆盖：棚室内部无立柱的，可选用地膜或整块塑料薄膜进行地面覆盖；棚室内有立柱的，可选用地膜或小块塑料薄膜覆盖。搭接严密无漏缝。

棚室覆盖：封闭棚室并检查棚膜，修补破口漏洞，并保持清洁和良好的透光性。

### 2.6 高温闷棚

密闭后的棚室，保持棚内高温高湿状态25～30天。其中至少有累计15天以上的晴热天气。高温闷棚期间应防止雨水灌入棚室内。闷棚可以持续到下茬作物定植前7～10天。

### 2.7 揭膜晾晒

消毒完成后揭膜，用旋耕机深翻土壤（应控制深度20～30厘米，以防把土壤深层的有害微生物翻到地表），晾晒7～10天，做畦，播种或定植作物。

揭膜晾晒后，应及时添加有益微生物或生物有机肥，在土壤全部杀灭微生物的基础上增加有益微生物，防止有害微生物迅速繁殖（图1）。

A. 洁净棚室

B. 铺施有机物料和有机肥

C. 整地

D. 灌水

E. 双层膜覆盖

F. 高温闷棚

G. 揭膜晾晒

图1　日光消毒防治设施蔬菜土传病虫害技术操作要点

## 3　技术注意事项

选择夏季温度较高的时期，一般在6月中旬至8月中旬均可，最好在7月进行，土壤消毒后及时添加有益微生物。

## 4　适宜地区

全国各大设施蔬菜产区日光温室或塑料大中棚等设施的土壤或无土栽培基质消毒。

## 5　联系方式

技术依托单位：中国农业科学院蔬菜花卉研究所

联系人：李宝聚，谢学文，柴阿丽

联系电话：010-62197975

电子邮箱：libaoju@caas.cn，xiexuewen@caas.cn

# 设施蔬菜土传病害生物与化学协同防治技术

## 1 技术简介

### 1.1 技术背景

设施蔬菜普遍过量施用化肥和农药，使得设施蔬菜土壤严重盐渍化以及病原物的逐步积累，导致蔬菜根结线虫病、根腐病、枯萎病、菌核病等土传病害逐年加重，最终导致严重的经济损失和土壤生态恶化。因此，改良设施蔬菜土壤，控制土壤病原物成为设施蔬菜生产中急需攻克的关键难题。

### 1.2 技术效果

针对前茬土传病害严重发生的地块，研发了以土壤化学熏蒸和生物防治相结合的协同防治技术。对枯萎病、根腐病和根结线虫病等防效达到70%～90%，每个生长季平均减少农药使用5～9次，减少杀菌剂施用量30%以上。技术产品应用期间，示范大棚蔬菜生长健壮，果实品质良好，提早上市，采收期延长，产量增加，总增收节支效益580元/亩。

## 2 技术操作要点

### 2.1 整地

在施药前先清除田间病残体，并结合翻耕土地清除地下部的根系及病根等，然后灌水，使土壤湿润，土壤湿度达到60%～70%，以手握成团落地即散为准。

### 2.2 土壤熏蒸

土壤熏蒸：采用98%棉隆微粉剂按照30～45克/平方米用量，均匀撒施，翻耕使棉隆均匀分布在耕作层土壤中；对施药处理的土壤浇透水后，立即覆膜防止漏气，闷棚10～20天。揭去薄膜后，按同一深度30厘米进行松土，透气7天以上，种子能安全发芽后才可再进行育苗。

### 2.3 基肥管理

定植前的基肥管理，在已有施肥模式基础上，基肥增加500～1 000千克/亩生物有机肥，翻耕松土。

### 2.4 定植

定植时施用菌剂，按照10千克/亩用量，穴施复合微生物菌剂（枯草芽孢杆菌+粉红黏帚霉，含量≥10亿孢子/克），然后栽苗，充分浇水（注：菌剂可与基肥同时撒施翻耕处理，剂量增加到20千克/亩）。

### 2.5　苗期

定植15天后，按照3升/亩用量冲施微生物肥（淡紫拟青霉，含量≥20亿孢子/毫升），充分浇水；定植60天左右，按照3千克/亩用量冲施复合微生物菌剂（枯草芽孢杆菌+粉红黏帚霉，含量≥10亿孢子/克），充分浇水。

### 2.6　采收期

定植后100天左右，按照3千克/亩用量冲施微生物肥（淡紫拟青霉，含量≥20亿孢子/毫升），充分浇水；定植后130天左右，按照3千克/亩用量冲施复合微生物菌剂（枯草芽孢杆菌+粉红黏帚霉，含量≥10亿孢子/克），充分浇水（图1）。

图1　生物与化学协同防治设施蔬菜土传病害过程图

## 3　技术注意事项

（1）土壤化学熏蒸处理需选择夏季温度较高的时期，一般在6月中旬至8月中旬均可，最好在7月进行。

（2）在棉隆使用时应注意保护措施，穿戴好防护用品，防止与眼睛、手脚及皮肤接触，如果不慎接触应立即用大量清水冲洗，工作结束后要及时清洗防护用具。棉隆对鱼有毒，使用时远离池塘等水产养殖区。

（3）生防菌剂施用时操作不当，直接接触秧苗茎部后，可导致植株萎蔫；黏附到叶片上，可导致叶片水浸状灼伤；施用生防菌剂前后1周内不施用化学杀菌剂，在地面上避免使用可内吸向下传导的化学杀菌剂。

## 4 适宜地区

全国各大设施（日光温室、塑料大中棚）蔬菜产区。

## 5 联系方式

技术依托单位：中国农业科学院植物保护研究所、蔬菜花卉研究所

联系人：卢晓红，茆振川

联系电话：010-82109582，010-82109545

电子邮箱：Luxiaohong@caas.cn，maozhenchuan@caas.cn

# 捕食螨和球孢白僵菌联合应用立体防治设施蔬菜蓟马技术

## 1　技术简介

### 1.1　技术研发背景

吸汁性害虫蓟马是我国保护地蔬菜持续发展的巨大威胁，常年对作物造成的损失达20%～30%，严重时甚至造成作物绝产。常规的化学防治简单有效，但同时也导致了农产品质量安全、生态安全和国际农产品贸易纠纷等一系列问题。欧、美、日等发达国家早在20世纪80年代就开始实施削减农药使用的一揽子计划，并建立了以生物防治为核心的技术体系，其中释放捕食螨占非常大的比重。球孢白僵菌作为一种重要的昆虫病原真菌，已被开发成多种制剂应用于害虫的生物防治，本技术用到的150亿孢子/克球孢白僵菌可湿性粉剂已获微生物农药正式登记（登记证号为：PD 20183086），并在生产中应用于防治蓟马。捕食螨和球孢白僵菌作为蔬菜小型害虫治理中的两类重要生防作用物，二者的联合应用将有助于提高对蓟马的防治效果。

### 1.2　技术效果

防治蓟马用的捕食螨，包括巴氏新小绥螨（或胡瓜新小绥螨）和剑毛帕厉螨。防治蓟马用球孢白僵菌，包括地上喷施的球孢白僵菌可湿性粉剂（100克装，有效活菌数150亿孢子/克）；地下撒施的球孢白僵菌颗粒剂（5 000克装，有效活菌数≥90亿孢子/克）。

本项技术结合天敌捕食螨和球孢白僵菌，再悬挂诱虫板监测和预防蓟马成虫，这样充分利用地下和地上的立体空间，针对蓟马地上和地下各虫态进行全方位预防和防治，能够在不使用化学农药的情况下防治效果达到90%以上。

## 2　技术操作要点

### 2.1　培育和定植无虫苗

做好育苗室的消毒工作，防治吸汁性害虫进入育苗棚（室），保证定植的蔬菜苗上无吸汁性害虫。

### 2.2　预防性撒放捕食螨和球孢白僵菌

撒放捕食螨：在设施蔬菜定植缓苗后，在蔬菜根部附近土壤中撒放剑毛帕厉螨，预防蓟马蛹，50～100头/平方米。在设施蔬菜吸汁性害虫发生前（害虫未发生时），进行预防性释放，释放巴氏新小绥螨或胡瓜新小绥螨，50～100头/平方米。

撒放白僵菌：在设施蔬菜定植前，90亿孢子/克球孢白僵菌颗粒剂按每平方米10克与土壤混合后打垄；或设施蔬菜定植缓苗后，在植株根际周围撒施90亿孢子/克球孢白僵菌颗粒剂防治地下蓟马蛹虫态（每平方米10克）。

在进行预防性撒放时，注意在蓟马将要发生时进行，应保证捕食螨和球孢白僵菌均匀施用。

### 2.3 监测害虫种群动态

蓟马（若虫）的监测：采用5点法，每点调查3株作物，每株调查上、中、下3片叶，利用手持放大镜或体视显微镜观察蓟马若虫数，每7天调查1次。

蓟马（成虫）的监测：在设施内均匀悬挂蓝色诱虫板5～10张，每10天更换1次，记录诱虫板上蓟马的数量。

### 2.4 挂放诱虫板防治蓟马

在植株上方，每亩悬挂20～25张诱虫板（带诱剂的蓝板效果更好）防治蓟马成虫。

### 2.5 防治性释放捕食螨和撒施（喷施）白僵菌

当监测到有害虫发生时，立即进行防治性施用。

释放捕食螨：剑毛帕厉螨，按照250头/平方米，植物土壤根部均匀撒施，每7～14天释放1次，释放1～3次；巴氏新小绥螨或胡瓜新小绥螨，按照300～500头/平方米释放，叶部均匀撒施，每7天释放1次，释放3～5次。

喷施球孢白僵菌：植株上喷施150亿孢子/克球孢白僵菌可湿性粉剂防治蓟马成虫和若虫（$1\times10^8$个孢子/毫升，每亩40升），每7天喷施1次，喷施3～5次。

一般情况下，如做好预防性措施即可达到防治蓟马的目的（图1、图2）。

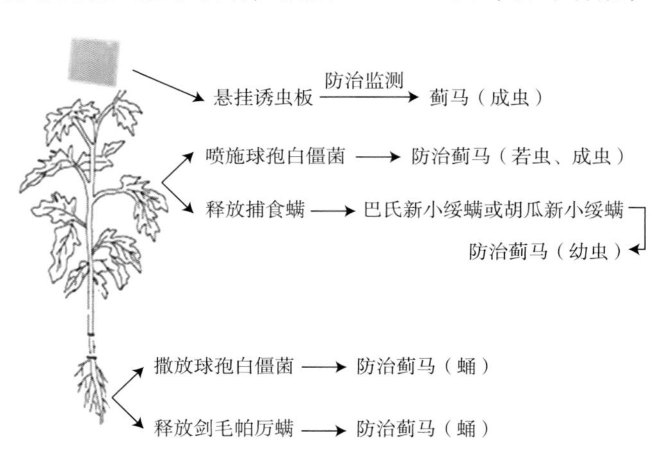


**图1 捕食螨和球孢白僵菌联合应用立体防治设施蔬菜蓟马技术**

### 2.6 生物防治与化学防治结合

如果预防措施效果不理想，蓟马发生量较大时，可采取生物防治与化学防治相配合的措施：选择有良好效果的化学农药进行防治；化学农药安全间隔期后，再释放捕食螨防治；如蔬菜上喷施化学杀菌剂时，需要在安全间隔期后再喷施球孢白僵菌。

## 3 技术注意事项

（1）在进行预防性释放时，宜在蓟马发生前，即蓟马未发生时，均匀释放捕食螨和撒施球孢白僵菌。

A. 撒放捕食螨

B. 撒施球孢白僵菌

C. 挂放诱虫板

D. 喷施球孢白僵菌

**图2　捕食螨与球孢白僵菌防治设施蔬菜蓟马**

（2）捕食螨和球孢白僵菌的施用宜在早晨或傍晚进行。

（3）使用化学农药后，再施用捕食螨或球孢白僵菌，应注意化学农药的安全间隔期。

## 4　适宜地区

全国各大设施蔬菜产区日光温室或塑料大中棚等设施蔬菜上蓟马的预防和防治。

## 5　联系方式

技术依托单位：中国农业科学院植物保护研究所

联系人：王恩东，吴圣勇

联系电话：010-62815981，010-62815930

电子邮箱：wangendong@caas.cn，wushengyong@caas.cn

# 苗期灌根预防刺吸式害虫技术

## 1 技术简介

设施蔬菜害虫种类多，主要包括粉虱类、蓟马类、蚜虫和斑潜蝇等，为害普遍而且严重，特别是部分害虫还通过传播植物病毒病而带来更大的为害，如烟粉虱传播的番茄黄化曲叶病毒TYLCV、蓟马传播的番茄斑萎病毒TSWV等，给我国设施蔬菜健康生产带来了无法估量的经济损失，已经成为蔬菜产业中一大障碍。

针对这个问题，我们发现设施蔬菜小型害虫种群暴发后，很难防治，因此研发了设施蔬菜刺吸类害虫的喷淋方法或者灌根方法的预防技术，强调预防，即在蔬菜苗期通过内吸性农药合理灌根处理，在作物定植2～3天缓苗后进行内吸性杀虫剂（吡虫啉、噻虫嗪等）灌根处理，通过作物内吸作用将药剂输送到作物的各个部分，从而进行害虫的预防；该技术使用方便、快捷，可以使害虫发生期延迟大约1个月时间，减低害虫发生基数，还可显著减少化学药剂的使用，特别是春茬作物上减少药剂施用次数2～3次。

## 2 技术操作要点

① 灌根前苗子准备。在设施蔬菜（如番茄、辣椒、茄子等）定植缓苗后，大概苗子3片真叶期。② 药剂选择。选用内吸性强的新烟碱类杀虫剂，如吡虫啉、噻虫嗪、呋虫胺等。③ 灌根方法。用量筒浇灌，或喷洒淋浴。④ 灌根时期。在设施蔬菜（如番茄、辣椒、茄子等）定植缓苗后，也可以定植前在棚室内处理。⑤ 最适灌根量。25%噻虫嗪水分散粒剂3 000倍液进行灌根，每株灌根50毫升（也可在定植前穴盘或苗床喷淋处理）。

喷洒淋浴

## 3 适宜地区

全国各大设施蔬菜产区日光温室或塑料大中棚等设施条件均适合。

## 4 联系方式

技术依托单位：中国农业科学院蔬菜花卉研究所

联系人：谢文，王少丽，徐宝云，吴青君，张友军

联系电话：010-82109518

电子邮箱：xiewen@caas.cn

# 赤霉酸—枯草芽孢杆菌协同控害技术

## 1　技术简介

### 1.1　技术研发背景

枯草芽孢杆菌具有广谱抗菌活性和极强的抗逆能力，能够分泌促进作物生长的活性物质，使植株叶片浓绿肥厚，提高作物免疫力，增产提质效果显著。赤霉酸是一种典型的植物生长调节剂，作用于植物生长各个阶段，具有促生、防病、增产的效果。引进枯草芽孢杆菌菌剂与赤霉酸进行复配，改善赤霉酸施用成本高、剂型单一等问题。根据设施蔬菜不同阶段病虫害的特性表现，操纵管理生态环境中微生物群落的分布，结合栽培管理、农业防治，有效和持久地控制植物病害的流行。

### 1.2　技术效果

该技术每亩施药量不超过7千克，枯草芽孢杆菌与赤霉酸系列产品，对农作物的病虫害有抑菌、促生和复配增效作用，其防治效率达75%以上，化学农药使用量降低40%以上。这种新型高效、无毒环保的赤霉酸—枯草芽孢杆菌制剂的推广，可极大程度地降低农产品农药残留，减少农业污染，改善农业生态环境，减少安全隐患，为农产品出口创造有利条件；降低生物农药价格，对于提高生物农药技术创新水平和产业竞争力，保障农产品生产安全，减轻农民经济负担、落实政府民生工程政策，具有十分重要的战略意义和现实意义。

## 2　技术操作要点

以黄瓜为例，在1片真叶期，使用85%赤霉酸结晶粉10 000～17 000倍液，喷洒幼苗1次，具有诱导雌花形成的作用。在开花时，使用上述相同浓度的药液喷花，可提高坐果率、增加产量（图1）。采收前，使用85%赤霉酸结晶粉30 000～80 000倍液喷瓜，采收后具有延长

图1　黄瓜生长的各个时期

储藏期、保鲜的功效。喷药时间最好在上午10时前，下午3时后，喷药后4小时内下雨要重喷。

## 3　技术注意事项

（1）应采用优质喷雾器喷药，使雾滴细小，喷布更均匀。

（2）勿与碱性农药混用。

（3）喷药时应戴手套、穿长衣长裤；避免溅及眼睛、皮肤和衣服；喷药期间不能吸烟、饮水等；施药后要洗手、洗脸等。

（4）清洗器具的废水不能排入河流、池塘等水源，废弃物要集中妥善处理，不能随意丢弃，也不能做他用。

（5）避免孕妇及哺乳期妇女接触药剂。

## 4　适宜地区

全国各大瓜果、叶类蔬菜（日光温室、塑料大中棚）产区，相对应的日光温室、塑料大中棚具有良好的灌溉条件和优良的通风效果。

## 5　联系方式

技术依托单位：南京工业大学

联系人：胡永红

联系电话：13337826008

电子邮箱：hyhnjtech@163.com

# 井冈霉素—蜡质芽孢杆菌协同控害技术

## 1　技术简介

### 1.1　技术研发背景

随着科技的发展，人类生活水平的迅速提高，人类的环保意识越来越强，对于农业生产，禁用高毒、高残留农药，要求农药无公害的呼声也越来越高。我国是一个人口众多的农业大国，长期依赖和大量使用化学农药带来的环境污染和食品安全等问题，给农业可持续发展带来诸多不利影响，成为当前社会经济发展中亟待解决的问题。与化学农药相比，生物农药有其自身的优势，拥有巨大的发展空间，是绿色和有机食品生产中不可或缺的生产资料，对促进农业增效和农民增收发挥着不可替代的作用。发展生物农药产业对保障我国粮食和食品安全、提升我国农产品的国际竞争力具有重要意义，因此，针对井冈霉素—蜡质芽孢杆菌施用成本高、工艺复杂等问题，同时根据设施蔬菜不同阶段病虫害的特性表现，项目组开发了设施蔬菜病害生物防治和化学防治协同控害技术，研究井冈霉素—蜡质芽孢杆菌系列产品，制备复合生物农药新剂型，根据原药的物化性质、生化特性进行复配，取长补短提高药效，扩大活性谱，降低成本。

### 1.2　技术效果

设施蔬菜病害防治控害技术每亩施药量不超过5千克，井冈霉素—蜡质芽孢杆菌系列产品，对农作物有抑菌、促生和增效作用，其防治效率达80%以上，化学农药使用量降低50%以上，显著降低生物农药使用成本。这种新型的高效、无毒、环境友好的芽孢杆菌制剂或复配制剂的推广对于减轻农民经济负担、落实政府民生工程政策、保障农产品生产安全、大幅度降低生物农药价格，推动我国生物农药产业的优化升级具有重要意义。

## 2　技术操作要点

蜡样芽孢杆菌与井冈霉素复配粉剂500～600克加水至100千克制成喷雾剂，每亩作物均匀喷洒80～90千克药液，病害初期或发病前施药效果最佳，喷药时均匀喷至作物各个部位，喷药间隔14～15天。如喷药后4小时下雨，则需要重新喷施。

## 3　技术注意事项

（1）本药品用量少，为减少浪费，兑药应用小容器将所需用量药剂充分溶解后再倒入喷雾器中，加水至喷雾器最佳水平线进行喷雾。

（2）上午10时前或下午4时后施药，避免阳光直射，杀死芽孢。

（3）不能与铜制剂等杀菌剂及碱性农药混用。

（4）喷药时应戴手套、穿长衣长裤；避免溅及眼睛、皮肤和衣服；喷药期间不能吸烟、饮水等；施药后要洗手、洗脸等。

（5）清洗器具的废水不能排入河流、池塘等水源，废弃物要集中妥善处理，不能随意丢弃，也不能做他用。

（6）避免孕妇及哺乳期妇女接触药剂。

## 4 适宜地区

全国各大瓜果、叶类蔬菜（日光温室、塑料大中棚）产区。相应产区的日光温室和塑料大中棚相配套的设施完整，可以方便农用工具的进出，具备良好的灌溉条件和优良的通风效果。

## 5 联系方式

技术依托单位：南京工业大学

联系人：胡永红

联系电话：13337826008

电子邮箱：hyhnjtech@163.com

# 二、农药减施产品

## 设施蔬菜专用复合微生物菌剂促生防病技术

### 1　产品简介

#### 1.1　产品研发背景

我国是世界上设施蔬菜生产第一大国，在解决蔬菜周年供应、促进农民增收等方面做出了突出贡献。随着连作年限的增加，土壤中病原菌种群剧增，土传病害严重，土壤连作障碍已成为制约设施蔬菜产业发展最关键的问题之一。中国农业科学院蔬菜花卉研究所研发的复合微生物菌剂（中蔬根保®101，地衣芽孢杆菌+枯草芽孢杆菌，有效活菌数≥5亿/毫升），具有促根壮秧，调控土壤微生态的作用，可以提高蔬菜综合抗病能力，增加土壤良性循环，提高土壤微生物多样性，预防土传病害，提高蔬菜产量，改善蔬菜品质。

#### 1.2　产品效果

复合微生物菌剂（中蔬根保®101）具有绿色高效、菌种活性高等特点，成分包括复合芽孢杆菌、乳酸菌、酵母菌、氨基酸、小肽等，有效活菌数≥5亿/毫升。灌根施用改良土壤，提高肥效，兼具抗重茬及防治多种土传病害的功效，提高种植效益。主要功效如下。

（1）抗重茬，防治土传病害。高活性微生物生长势强，抢夺致病菌的营养，挤压、侵占致病菌生长空间，使致病菌群逐渐稀疏，直至死亡。消除植物因连作而造成土壤病菌积累，建立土壤有益微生物菌群环境，抑制病菌再次定植、繁殖。有效抗重茬及防治土传病害。

（2）保苗壮秧，生根促长。本品中微生物的代谢产物富含促生长的因子，能刺激作物生长，强力生根，促进营养成分吸收。微生物在生长过程中，能产生热量，在冬季使用能提高地温，帮助作物抵抗低温。

（3）生物防治，抗病防病。高活性微生物产生大量代谢产物，其代谢产物中富含大量的抗菌物质，可使致病菌的菌体畸形，细胞破裂，内含物外泄，活性丧失，从而失去对作物的侵染、致病能力。

（4）疏松土壤，提高肥料利用率。微生物代谢产生的酶类及有机酸等物质，能分解、释放肥料及土壤中固定的营养元素，转化成作物易于吸收的离子状态。微生物生长代谢的黏性物质能促进土壤团粒的形成，消除土壤板结。

利用复合微生物菌剂防治蔬菜土传病害，土传病害发生率平均降低70%，化学农药使用量平均减少45.2%，每亩增收节支1 000～2 000元。

## 2 产品使用方法

复合微生物菌剂（中蔬根保®101）可以冲施、滴灌施用。

### 2.1 果类蔬菜

蔬菜定植期第1次施用复合微生物菌剂（中蔬根保®101），随定植水冲施或滴灌施用，每亩1～2瓶（1 000毫升/瓶）；之后每月施用1次，每次每亩1～2瓶（1 000毫升/瓶），整个生长季共施用3～4次。

### 2.2 叶类蔬菜

图1 中蔬根保®101田间施用技术

直播施用方法：蔬菜出苗后第1次施用复合微生物菌剂（中蔬根保®101），每亩1～2瓶（1 000毫升/瓶）；30天后，第2次施用，每亩1～2瓶（1 000毫升/瓶）。

育苗施用方法：蔬菜定植期第1次施用复合微生物菌剂（中蔬根保®101），随定植水冲施或滴灌施用，每亩1～2瓶（1 000毫升/瓶）；之后每月施用1次，每亩1～2瓶（1 000毫升/瓶）（图1）。

## 3 产品注意事项

（1）本品为高活性微生物制剂，沉淀或胀气均属正常现象，摇匀即可使用。

（2）药品储存避免高温暴晒，请放置于阴凉、避光处保存，开封时应尽快使用。

## 4 适宜地区

全国设施蔬菜产区，各种日光温室、塑料大中拱棚，具有良好的灌溉条件。

## 5 联系方式

产品依托单位：中国农业科学院蔬菜花卉研究所

联系人：李磊，石延霞，李宝聚

联系电话：010-62197975

电子邮箱：lilei01@caas.cn，libaoju@caas.cn

# 设施蔬菜白粉病生物防控新助剂

## 1 产品简介

### 1.1 产品研发背景

好助剂是农药的好拍档。农药助剂围绕农药施用技术需求而不断发展，最终目的是提高农药利用率，增强防治效果，保障蔬菜产品安全和环境保护。结合不同蔬菜作物和防治对象的需求，加入适合的助剂，能让农药发挥出更好的防效，减少不必要的流失与浪费，从而提高农药利用率，降低农药的用量，提升防效。为了提高枯草芽孢杆菌的生物活性，将新型助剂18%多聚烷水剂与100亿芽孢/克枯草芽孢杆菌可湿性粉剂配伍使用，促进芽孢在植株中的定殖和繁殖，提高防病效果。

### 1.2 产品效果

通过新型助剂18%多聚烷水剂的使用，大大改善了药液的表面张力，增加了药剂的渗透能力，提高了药液抗雨水冲刷的能力，防止有效成分飘移、蒸发，改善枯草芽孢杆菌的兼容性，促进枯草芽孢杆菌在植株中的定殖和繁殖，大幅度提高了农药利用率，提高了防病效果。与助剂桶混使用后，100亿芽孢/克枯草芽孢杆菌可湿性粉剂的防病效果由原来的60%提高到90%以上，施用方法简单，减少了化学农药的使用（图1）。

## 2 产品使用方法

### 2.1 药剂

助剂名称：18%多聚烷水剂（图2）。

药剂名称：100亿芽孢/克枯草芽孢杆菌可湿性粉剂。

### 2.2 使用对象

设施蔬菜种类：各类易感白粉病的蔬菜，例如黄瓜、甜瓜、苦瓜。

防治对象：白粉病（*Sphaerotheca fuliginea*）。

### 2.3 用药时期

定植缓苗后开始用药，药剂使用方式以预防用药为主，在发病前开始用药。生育前期间隔期10～15天，进入病害高发期后间隔期7～10天。

### 2.4 使用浓度和方法

采用喷雾法施药，应用于蔬菜生产时，在棚内湿度较小时进行叶面喷雾处理。助剂

18%多聚烷水剂的使用浓度为3 000倍液，药剂100亿芽孢/克枯草芽孢杆菌可湿性粉剂的使用浓度为600～800倍液。

图1　田间防病效果

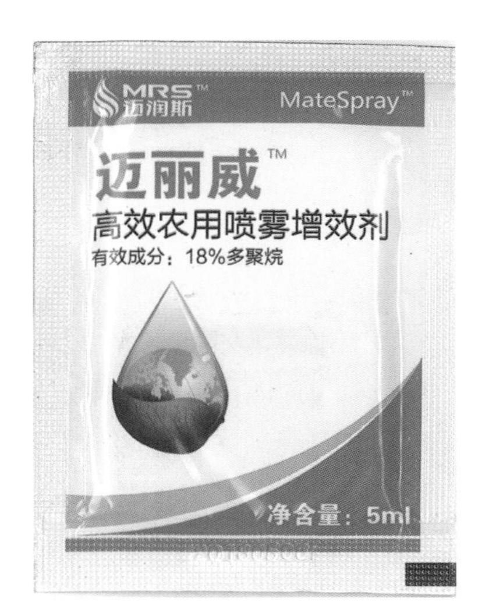


图2　18%多聚烷水剂

## 3　产品注意事项

（1）18%多聚烷水剂是助剂，不是农药，需要与生物农药混配使用，单独使用助剂无效。

（2）18%多聚烷水剂与大多数农用药剂混配性良好，无不良反应。但与易产生药害的药剂混用时会增加风险，需降低农药用量试验后使用。

## 4　适宜地区

全国各大设施（日光温室、塑料大中棚）蔬菜产区。

## 5　联系方式

产品依托单位：中国农业科学院蔬菜花卉研究所

联系人：柴阿丽，谢学文，李宝聚

联系电话：010-62197975

电子邮箱：chaiali@caas.cn

# 一种提高蔬菜幼苗质量的专用复合微生物菌剂

## 1 产品简介

### 1.1 产品研发背景

设施蔬菜普遍过量施用化肥和农药，使得土壤严重盐渍化，病原物逐步积累，导致蔬菜根结线虫病、根腐病、枯萎病、菌核病等土传病害逐年加重，最终导致严重的经济损失和土壤生态恶化。因此从源头上培育健康种苗对设施蔬菜土传病害防治来说是一种事半功倍的防治措施。

### 1.2 产品效果

针对上述现状，我们研发应用了包含多种有益菌的蔬菜育苗专用复合微生物菌剂（枯草芽孢杆菌+粉红黏帚霉，含量≥10亿/克），从源头上预防土传病害的发生，提高蔬菜的出苗率和定植成活率，对苗期枯萎病、根腐病和根结线虫病等土传病害防效约为70%，每生长季平均减少农药使用2～5次，减少化学杀菌剂及杀线虫剂施用量约35%。

## 2 产品使用方法

### 2.1 蔬菜育苗专用菌剂

蔬菜育苗基质通过对防病、杀线虫、解磷和化学农药降解等多种功能菌进行液体深层发酵、浓缩和干燥后科学组配而成，包含细菌活菌数≥$1\times10^{10}$CFU/克，真菌活菌数≥$1\times10^{8}$CFU/克。本品按照1∶1 000的比例添加到育苗基质或者育苗土壤中充分混合，然后按照常规育苗法操作即可。本品所含功能微生物可在植株根系周围有效定植，具有促进作物根系生长、改良根际土壤微生态环境、提高种子萌发率和种苗定植成活率等功效，尤其对土壤重茬造成的立枯病、猝倒病、根腐病、枯萎病和根结线虫病等土传病害有着明显的预防作用。

### 2.2 育苗基质管理

按照1∶1 000的比例将育苗菌剂和育苗基质或育苗土壤充分混合，然后按照常规育苗法操作即可（图1）。

## 3 产品注意事项

注意育苗基质施用比例，避免过量施用可能引起的烧苗现象。

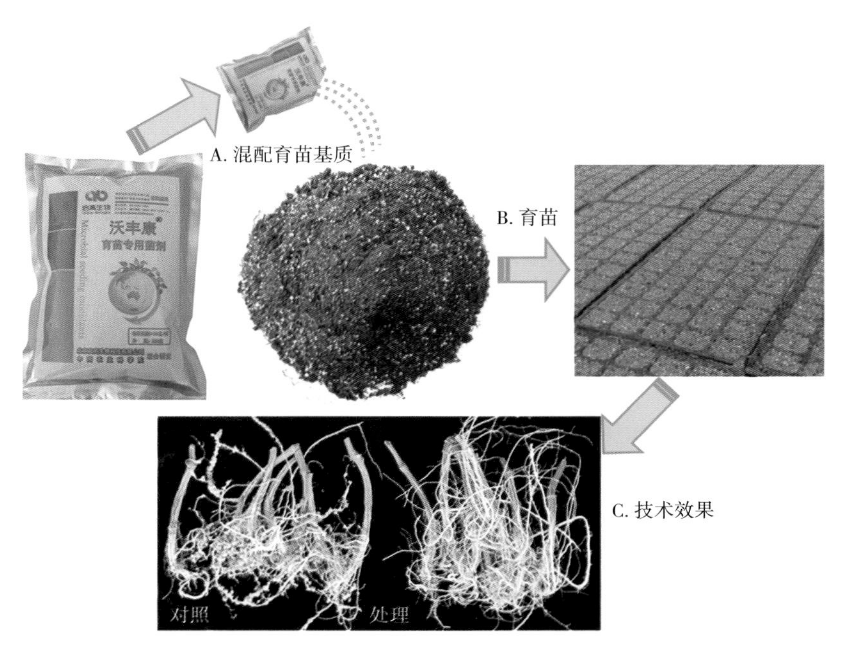


图1　设施蔬菜育苗基质管理防治土传病害技术流程

## 4　适宜地区

全国蔬菜育苗基地。

## 5　联系方式

产品依托单位：中国农业科学院植物保护研究所

联系人：卢晓红，李世东

联系电话：010-82109583

电子邮箱：Luchau@163.com，sdli@ippcaas.cn

# 新型诱虫板监测和防治蓟马

## 1　产品简介

### 1.1　产品研发背景

蓟马是我国蔬菜上常年发生的一类重要害虫，主要种类包括棕榈蓟马、西花蓟马、烟蓟马、花蓟马、端大蓟马等。蓟马具有虫体微小、易隐藏、繁殖能力强等特点，是典型的r-策略昆虫，一旦发生，可在短时间内暴发，难以治理，因此亟须开展对蓟马高效监测技术的研究。长期以来，化学农药的使用使蓟马对其抗性持续增强，如西花蓟马对氨基甲酸酯类、新烟碱类、有机磷类、菊酯类杀虫剂产生了较强的抗药性，导致防治困难。基于昆虫在寄主定位过程中对特定气味和颜色的趋性，我们开发出了新型诱虫板用于蓟马的监测与防控。

### 1.2　产品效果

与普通诱虫板相比，新型诱虫板加入了引诱剂，对害虫的目标性和诱捕率更高，同时加入的缓释剂还可以延缓引诱剂的挥发速率，显著延长了诱虫板的持效期。新型诱虫板对蓟马的诱集效果显著高于普通诱虫板，对比试验表明，新型诱虫板对蓟马诱集量是普通粘虫板的5～10倍。新型诱虫板具有对环境友好、无污染、操作方便等特点，目前新型诱虫板已获得国家发明专利，并在全国20多个省、区、市推广应用。

## 2　产品使用方法

### 2.1　新型诱虫板生产步骤

新型诱虫板是通过在普通诱虫板的表面增加诱虫物质，形成的一种诱虫材料，能明显提高对害虫的防治效果。诱虫物质是昆虫引诱剂与缓释剂的混合物，引诱剂能够在其中保持稳定的化学性质，且具有一定的气味能协助引诱剂吸引害虫；缓释剂选用具有一定香味的物质，能够协同引诱剂吸引害虫，并能使引诱剂缓慢释放出来。根据成本和实际生产需求，新型诱虫板包括简易产品和工厂化商品。其中，前者为组合型，可在普通诱虫板基础表面附上带有缓释剂和引诱剂的海绵或脱脂棉，后者是将引诱剂和缓释剂溶解在粘虫胶中并加热熔化后，随工厂化流程附在粘虫板表面的一种成型产品（图1）。基板颜色可为黄色或蓝色，如果主要用来监测蓟马，建议使用蓝色诱虫板。前者成本较低，但挥发较快，持续期较后者短。

### 2.2　监测蓟马

悬挂诱虫板数量应视植株密度和板的大小而定。在温室中，开始可悬挂3～5张诱虫板（25厘米×20厘米），以监测虫口密度，每7天更换1次，记录诱虫板上蓟马成虫的数量。由于蓟马对蓝色趋性较高，建议使用蓝板。诱虫板悬挂高度为与植株等高或者略高于植株。当蓟马密度增加到5～10头/平方米时，需采取防治措施（图2）。

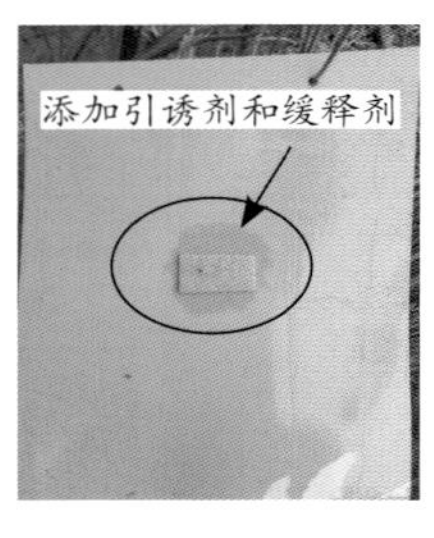


将引诱剂和缓释剂附着在板表面制成的简易板 →

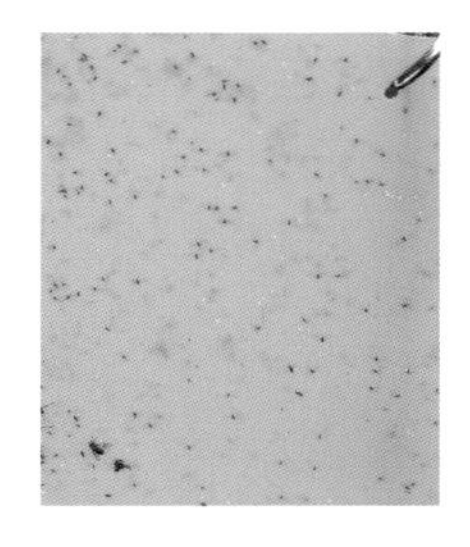

将引诱剂和缓释剂添加至粘虫胶中制成的黄板 →

将引诱剂和缓释剂添加至粘虫胶中制成的蓝板

图1　新型诱虫板

图2　温室监测蓟马

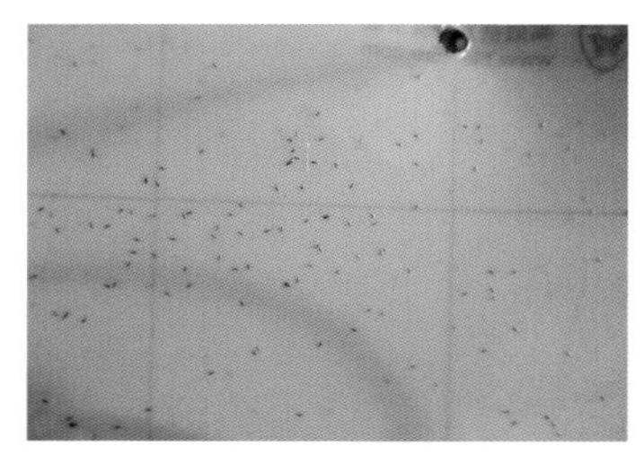

图3　蓟马诱捕效果

### 2.3　防治蓟马

当诱虫板上诱捕的虫量增加时，如蓟马密度达到10头/平方米以上时，每亩地悬挂规格为25厘米×40厘米的诱虫板20张，或者25厘米×20厘米的诱虫板40张。当蓟马密度达到20头/平方米以上时，需要配合其他措施进行综合防治（图3）。

## 3　产品注意事项

（1）用简易诱虫板时，由于缓释剂和引诱剂附着在诱虫基板表面，挥发较快，所以不宜在户外使用，建议在保护地中使用。

（2）监测或防治蓟马时，当板上诱捕的蓟马覆盖整个板面时，需及时更换。

（3）有机种植地区，在释放寄生蜂天敌时，不建议使用诱虫板。

## 4　适宜地区

全国各大设施蔬菜产区日光温室或塑料大中棚等设施蔬菜上，用于蓟马的监测和防治。

## 5　联系方式

产品依托单位：中国农业科学院植物保护研究所

联系人：吴圣勇

联系电话：010-62815930

电子邮箱：sywu@ippcaas.cn

# 武夷菌素防治设施蔬菜叶部病害

## 1　产品简介

### 1.1　产品研发背景

设施蔬菜因其密闭、高温、高湿和高复种指数的特点，为叶部病害发生、蔓延提供了有利条件。设施蔬菜叶部主要病害如白粉病、灰霉病等常年严重发生，造成蔬菜减产20%～30%，严重时减产60%以上，甚至绝产。目前，设施蔬菜叶部病害防控仍然以化学防治为主。例如，在蔬菜白粉病、灰霉病等重要病害防治过程中普遍使用百菌清、多菌灵等化学农药，因其用量大，不易降解，常造成农药残留超标和环境污染。据《安全与环境学报》报道，甘肃省日光温室蔬菜中百菌清残留超标率高达63.6%，部分蔬菜超标高达30～50倍；大量蔬菜产品因农药残留超标出口受阻，食品安全问题备受关注。为解决设施蔬菜叶部病害防治严重依赖化学农药，缺乏有效的生物防治技术和产品的问题，创建了一种以新型、高效的生物农药武夷菌素为主的生物防治技术，在有效地防治保护地蔬菜叶部病害的过程中，实现了减少或替代化学农药的目标，为蔬菜生产安全和产品安全提供了新技术。

### 1.2　产品效果

用2%武夷菌素水剂防治蔬菜叶部病害。苗期：每次每亩施药量为100～200毫升，稀释400～600倍，叶面喷施1～2次，预防发病；发病初期：每次每亩施药量为300～400毫升，稀释300～400倍，叶面喷施3～4次。对白粉病和灰霉病防治效果达到75%～95%，可替代化学农药，减少化学农药施用量100%，增产18%～25%，增加收入300～600元/亩。为保护地蔬菜叶部病害防治提供了一种绿色防控技术。

## 2　产品使用方法

### 2.1　施药时期

根据不同蔬菜叶部主要病害的常发期和田间观察，确定用药时间和防治技术方案，根据观察到的病害发生情况确定用药量和用药次数。一般而言，黄瓜、番茄、辣椒等果菜的开花期和结果初期是叶部病害的常发期和重发期，菠菜、芹菜等叶菜类从出苗后3～5片叶时是病害的常发期，此阶段可以提前用药保护。

图1左边是常规情况下黄瓜白粉病的发生情况，右边是连续3次施用2%武夷菌素水剂100倍稀释液叶面喷施后黄瓜白粉病的发生情况。

图1　叶面喷施武夷菌素防治黄瓜白粉病的效果

### 2.2　施药方法

保护地蔬菜叶部病害预防，采用2%武夷菌素水剂500～600倍稀释液，叶面喷施1～2次；黄瓜白粉病、番茄白粉病、番茄灰霉病发病初期，将2%武夷菌素水剂用水稀释300～400倍，叶面喷施，间隔7～10天，连续喷施3～4次。

### 2.3　施药安全间隔期

蔬菜收获前10天停止用药，以保证蔬菜产品安全。

## 3　产品注意事项

（1）一般在中午或下午喷药，上午要等到没有露水后喷药。

（2）2%武夷菌素水剂一般不能与强碱性农药混用。

（3）喷药时，叶正面和叶背面要均匀喷药，药液中可适当加入少量洗衣粉，增加药液展着性。

## 4　适宜地区

全国各大设施（日光温室、塑料大中棚）蔬菜产区。

## 5　联系方式

产品依托单位：中国农业科学院植物保护研究所

联系人：葛蓓孛，张克诚

联系电话：010-62816942

电子邮箱：gbbcsx@126.com

# 捕食螨防治设施蔬菜吸汁性害虫技术

## 1　产品简介

### 1.1　产品研发背景

吸汁性有害生物包括叶螨、蓟马、粉虱和跗线螨等，是我国保护地蔬菜持续发展的巨大威胁，常年对作物造成损失达20%～30%，严重时甚至造成作物绝产。常规的化学防治简单有效，但同时也导致了农产品质量安全、生态安全和国际农产品贸易纠纷等一系列问题。欧、美、日等发达国家早在20世纪80年代就开始实施削减农药使用的一揽子计划，并建立了以生物防治为核心的技术体系，其中释放捕食螨占非常大的比重，荷兰利用捕食螨控制温室吸汁性有害生物的比例更是高达90%以上。为实现对我国吸汁性有害生物的有效控制，减少农药残留，还给民众一个安全、放心、洁净的菜篮子，提出释放捕食螨为主防治吸汁性害虫（叶螨、蓟马、粉虱、跗线螨）的防控技术。

### 1.2　产品效果

根据叶螨、蓟马、粉虱和跗线螨等不同种类，应用不同的捕食螨品种。

（1）防治叶螨。采用智利小植绥螨和加州新小绥螨，平均防治效果可达90%以上。

（2）防治蓟马。采用巴氏新小绥螨（或胡瓜新小绥螨）和剑毛帕厉螨，平均防治效果可达70%以上。

（3）防治粉虱。采用津川钝绥螨和巴氏新小绥螨（或胡瓜新小绥螨），平均防治效果可达60%以上。

（4）防治跗线螨。采用巴氏新小绥螨（或胡瓜新小绥螨），平均防效可达60%以上。

## 2　产品使用方法

### 2.1　培育和定植无虫苗

做好育苗室的消毒和防护工作，以防吸汁性害虫进入育苗棚（室）或繁殖，保证蔬菜秧苗上无虫害发生。

### 2.2　预防性释放

（1）预防叶螨。在设施蔬菜上叶螨发生前（即虫害还没有发生时），释放加州新小绥螨，50～100头/平方米。

（2）预防蓟马。设施蔬菜定植缓苗后，在蔬菜根部附近土壤中撒施剑毛帕厉螨，以预防蓟马蛹，50～100头/平方米。在设施蔬菜上蓟马发生前，释放巴氏新小绥螨或胡瓜新小绥螨，50～100头/平方米。

（3）预防粉虱。在设施蔬菜上粉虱发生前，释放津川钝绥螨或巴氏新小绥螨（或胡瓜新小绥螨），50～100头/平方米。

（4）预防跗线螨。在设施蔬菜上跗线螨发生前，释放巴氏新小绥螨或胡瓜新小绥螨，50～100头/平方米。

蔬菜定植后，根据蔬菜种类，以及以往容易发生的吸汁性害虫的种类，选择不同捕食螨品种进行预防性释放，释放时期须选择在害虫（螨）要发未发时进行，应保证捕食螨均匀释放。

### 2.3 监测害虫种群动态

叶螨、跗线螨和蓟马（幼若虫）的监测：采用5点法，每点调查3株作物，每株调查上、中、下3片叶，利用手持放大镜或体视显微镜观察害虫（螨）数量，每7天调查1次。

粉虱和蓟马（成虫）的监测：采用诱虫板（蓟马宜用蓝色诱虫板）监测，在设施内均匀悬挂诱虫板5～10张，每10天更换1次，分别记录诱虫板上害虫的数量。

### 2.4 防治性释放

当监测到有害虫发生时，立即进行防治性释放。

防治叶螨：若采用智利小植绥螨，按照5～10头/平方米释放，点片发生时中心株按照30头/平方米，叶部均匀撒施，每14天释放1次，释放3次；若采用加州新小绥螨，按照300～500头/平方米释放，叶部均匀撒施，每7～14天释放1次，释放3～5次。

防治蓟马：剑毛帕厉螨，按照250头/平方米，植物土壤根部均匀撒施，每7～14天释放1次，释放1～3次；巴氏新小绥螨或胡瓜新小绥螨，按照300～500头/平方米释放，叶部均匀撒施，每7～14天释放1次，释放3～5次。

防治粉虱：津川钝绥螨按照300～500头/平方米释放，叶部均匀撒施，每7～14天释放1次，释放3～5次；巴氏新小绥螨和胡瓜新小绥螨的释放方法同津川钝绥螨。

防治跗线螨：巴氏新小绥螨按照250～500头/平方米释放，叶部均匀撒施，每7～14天释放1次，释放3～5次；胡瓜新小绥螨释放方法同巴氏新小绥螨。

如果预防性措施做得好，即使不喷施化学农药，也能达到防治目的。

### 2.5 与化学农药措施结合

当预防措施效果不明显，害虫发生量大时，先进行化学防治，安全间隔期过后，再释放捕食螨进行防治（图1～图5）。

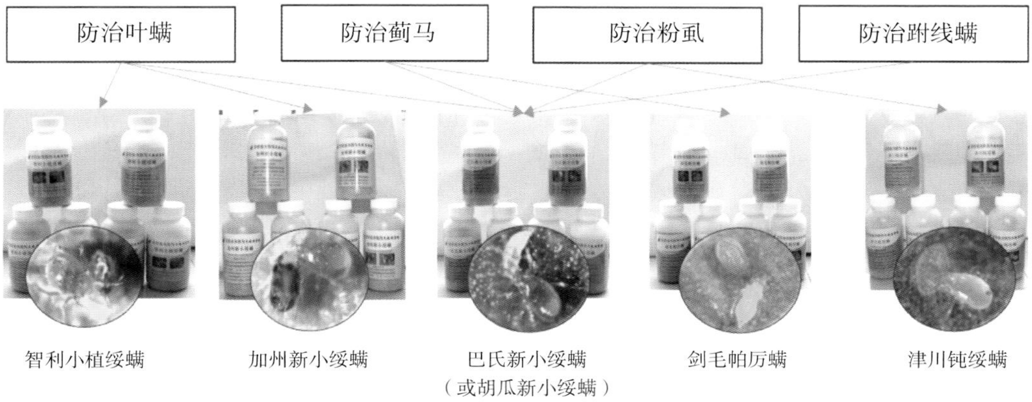

防治叶螨　防治蓟马　防治粉虱　防治跗线螨

智利小植绥螨　加州新小绥螨　巴氏新小绥螨（或胡瓜新小绥螨）　剑毛帕厉螨　津川钝绥螨

图1　防治叶螨、蓟马、粉虱和跗线螨的捕食螨品种

图2　加州新小绥螨防治茄子叶螨

图3　巴氏新小绥螨防治油菜蓟马

图4　津川钝绥螨防治芹菜粉虱

图5　巴氏新小绥螨防治甜椒跗线螨

## 3 产品注意事项

（1）在进行预防性释放时，注意在害虫（螨）要发未发生时进行，应保证捕食螨释放均匀。

（2）宜选择在早晨或傍晚释放捕食螨，应避免中午温度高时释放。

（3）施用化学农药应在安全间隔期后，再释放捕食螨。

（4）设施通风口安装60目防虫网。

## 4 适宜地区

全国各大设施蔬菜产区日光温室或塑料大中棚等设施蔬菜上吸汁性害虫（螨）的预防和防治。

## 5 联系方式

产品依托单位：中国农业科学院植物保护研究所

联系人：王恩东，徐学农

联系电话：010-62815981

电子邮箱：wangendong@caas.cn，xuxuenong@caas.cn

# 球孢白僵菌防治蓟马

## 1 产品简介

### 1.1 产品研发背景

蓟马是为害蔬菜和园艺植物的一类常见世界性害虫，由于其个体小、发育历期短、易隐蔽、繁殖速度快和对农药易产生抗性等特点，用传统的化学防治方法难以取得理想的防治效果。因此，探索以生物防治方法治理蓟马已成为必要。我们首次将球孢白僵菌应用于蓟马的防治，以探索其防治蓟马的应用潜力。为了提高球孢白僵菌产量和充分发挥白僵菌的作用，我们改进了生产工艺，并加工成了两种剂型，分别是悬乳剂和可湿性粉剂。其中，球孢白僵菌悬乳剂是将生产获得的一级孢子粉溶解于溶剂和助剂中配制而成；球孢白僵菌可湿性粉剂由孢子粉、润湿剂、分散剂、紫外保护剂和硅藻土等组成，其中孢子粉占30%。产品的各项指标均符合国标要求，孢子萌发率94%，含孢量150亿孢子/克。150亿白僵菌可湿性粉剂作为微生物农药已经登记，其登记号为PD 20183086。

### 1.2 产品效果

球孢白僵菌是一种广谱性昆虫病原真菌，通过室内和田间试验证明了其对蓟马具有较高的侵染性。我们通过对田间分离和保存在室内的400多株球孢白僵菌进行筛选，分离到一株对蓟马活性较高的球孢白僵菌GZGY-1-3菌株，在浓度为$1\times10^7$个孢子/毫升时，对蓟马成虫和若虫的侵染率分别在80%和90%以上，温室应用后10天，西花蓟马种群降低79%，大田试验也证明球孢白僵菌悬乳剂和可湿性粉剂均对蓟马种群有较好控制作用，其防效在60%以上（图1～图3）。

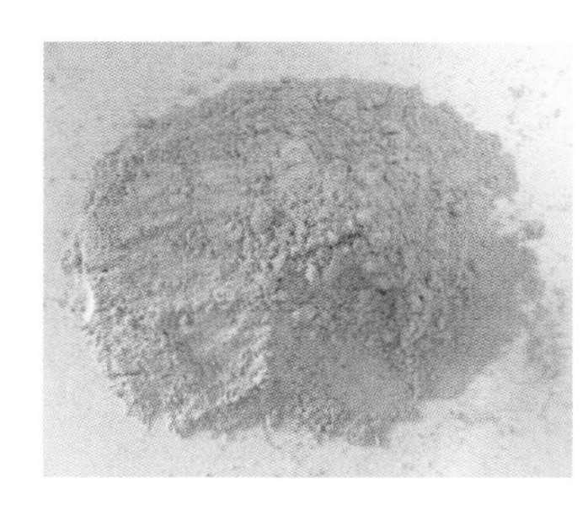

图1 球孢白僵菌纯孢子粉

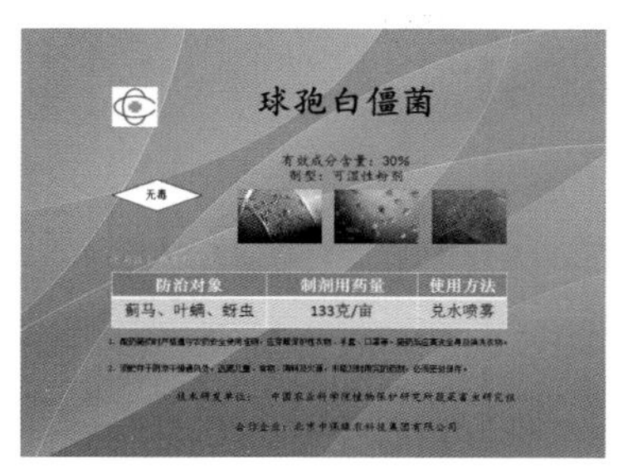


图2 球孢白僵菌可湿性粉剂

图3 被菌感染后的蓟马

## 2 产品使用方法

### 2.1 球孢白僵菌剂型配制

球孢白僵菌可湿性粉剂的配制，建议按照孢子浓度为$10^8$个孢子/毫升配制，并按照40～50升/亩喷雾量计算，称取133克粉剂，兑水后混匀；球孢白僵菌悬乳剂是将生产获得的纯孢子粉溶解在吐温溶液中，然后配制成$10^7$个孢子/毫升或者$10^8$个孢子/毫升的溶液，最后添加助剂（乳化剂、分散剂、增黏剂）。建议室内毒力测定选择前者低浓度，温室或大田使用后者高浓度。

### 2.2 蓟马防治

球孢白僵菌剂型配制后，采取常规叶面喷雾防治。喷雾时一定要对植株的上下、内外均匀喷洒，在下午6时后喷雾防治效果更好。两种剂型的作用方式相同，但具体使用可结合生产实际，如环境、成本、运输方式等选择。

### 2.3 蓟马种群动态监测

蓟马若虫和成虫监测采用5点法，每点调查3株作物，每株调查上、中、下各4片叶，每株共调查12片叶；对于葱来说，需调查整棵葱叶上的蓟马数量。利用手持放大镜（用于植株直接调查）或体视显微镜记录蓟马数量，每7天调查1次，调查持续整个作物生长季。

## 3 产品注意事项

（1）白僵菌两种制剂均可在4℃条件下储存6个月（孢子萌发率90%）。建议在6个月内使用。

（2）喷雾使用时，建议在上午10时之前或下午6时之后使用。

（3）建议避开高温和强紫外线时使用。

## 4 适宜地区

全国各大设施蔬菜产区的日光温室或塑料大中棚等设施蔬菜上，用于蓟马防治。

## 5 联系方式

产品依托单位：中国农业科学院植物保护研究所

联系人：吴圣勇

联系电话：010-62815930

电子邮箱：sywu@ippcaas.cn

# 设施蔬菜风送静电喷雾装备

## 1　产品简介

### 1.1　产品研发背景

针对设施蔬菜常规施药技术，雾量过大、雾滴分布不均、在靶标上沉积量小、农药有效利用率低。只有20%～30%的农药能够得到有效利用，剩余70%～80%的农药都飘散到周围空气最终流入土壤中，造成药液浪费，增加成本。不仅造成环境的污染，同时也会带来蔬菜农药残留量超标的问题，降低农产品的竞争力。

### 1.2　产品效果

该项技术提高了雾滴在靶标上的沉积量，在植株叶背尤为明显。有效地降低雾滴尺寸和提高雾滴均匀性。在农药喷洒方面，农药有效利用率可达60%以上，与传统人工施药方式相比可以减少农药使用量30%。在静电力的作用下，农药在植株上黏附牢靠，不易产生弹跳飞溅。附带的高速气流消除了感应带电雾滴在电极内壁产生的吸附滞留现象，有效地控制了荷电雾滴在输运过程中荷电量的衰减和非靶标漂失，并增加了静电雾流的有效射程。具体参数见表1。

表1　GPS-5型风送静电喷雾机主要参数

| 参数 | 数值 | 参数 | 数值 |
| --- | --- | --- | --- |
| 外形尺寸（毫米） | 100×60×100 | 流量（升/分钟） | 0.25 |
| 药箱容量（升） | 18.9 | 雾滴粒径（微米） | 40 |
| 液泵压力（兆帕） | 0.08～0.1 | 喷洒射程（米） | 4.6～6.1 |
| 空气压力（兆帕） | 0.34～0.41 | | |

## 2　产品使用方法

### 2.1　操作前准备

（1）在每次喷雾作业前确保油箱内有足够燃油，检查压缩机内机油量。

（2）将液泵压力调节至0.1兆帕。

（3）检查气管与液管连接是否紧密。

（4）根据作业面积和亩用量合理配制药液，加入药箱后最大量不得超过机身刻度的上限，配制完毕后确保压力罐完全盖紧。

（5）操作人员按规定做好防护措施，如防护服、手套、口罩等。

### 2.2 操作

将机具停放到合适的位置后，启动机具，手持风送静电喷枪，喷口到作物的最佳喷雾距离是45厘米，此时荷电量衰减最小；在0.9～1.2米的距离上能够提供最好的雾化均匀性，可根据需要自行调节。作业时始终保持喷枪与目标表面呈直角，往复扫略，相邻扫过位置尽量有50%的重合度，能够保持最好的施药效果。尽量不要在同一位置停留过久，带电雾滴的凝聚作用较为明显，易产生局部的过度施药从而滴漏（图1）。

### 2.3 清洗及保养

（1）使用完毕后清洁压力罐内部和外部，开机喷雾，全面清洗液路，并用清水清洗干净。如有必要拆下药液过滤器并清洗。

（2）入库长期存放需要从机身上断开气管和液管连接。

（3）经常检查密封件和活动件，及时更换损坏、老化、变形的部件，对所有连接件上润滑油进行保养。

（4）每次作业完毕，检查清洁压缩机空气滤芯及其他组件。

（5）作业100小时更换发动机火花塞、压缩机油、压缩机滤芯，每作业25小时检查发动机空气滤芯。

### 2.4 最佳喷洒量

每亩地的建议喷洒量1～1.5升，具体应根据作物植株大小，药液种类等适时调整。

## 3 产品注意事项

（1）严禁工作时触摸发动机以及压缩机，散热叶片和高温会对人体造成严重伤害。

（2）压力罐未完全关闭前不得作业，防止搅拌时飞溅。

（3）作业完毕后先通过泄压阀释放压力罐中的空气，待完全释放后方能开启。

图1 风送静电喷雾机组成

## 4 适宜地区

全国各大设施（日光温室、塑料大中棚）蔬菜产区，内部空间较为开阔的大棚。

## 5 联系方式

产品依托单位：农业农村部南京农业机械化研究所

联系人：蔡晨

联系电话：025-84346244

电子邮箱：814420600@qq.com

# 设施蔬菜风送弥雾施药装备

## 1　产品简介

### 1.1　产品研发背景

温室内光照不足、长期密闭、高温高湿、加之缺少天敌，易诱发病虫害。施药应用最广泛的仍为手动背负式喷雾器，其通过空心圆锥喷雾头进行大容量、大雾滴喷雾，这种施药法技术粗放，用药量大、兑水量大、作业幅宽窄、劳动强度大且作业工效低，农药浪费现象严重，并给生态环境造成严重危害，且使温室内的湿度骤增，在防治病虫害的同时又滋长了诱发病虫害的条件，增加了施药次数，操作者在密闭的空间内喷药，极易受农药的污染，发生中毒事件。

### 1.2　产品效果

风送弥雾技术装备具有喷药量少、省水、省药、覆盖密度大且雾滴分布均匀性强等优点，相比传统人工施药方式，化学农药有效利用率提升至50%，节省农药20%以上。2680型电动超低量喷雾器使用大功率、高速电机旋转带动风叶产生高速气流，同时将药液加压输送到喷嘴处，药液与空气发生剪切作用破碎为20微米近似烟雾的雾滴，从而使药液雾滴在空间中无死角地均匀弥散。在设施大棚内飘浮时间长，防护范围大，能够充分发挥药液的作用，配合相应的药物，能够有效进行空气消毒和杀灭病虫害。具体参数见表1。

表1　2680型电动超低量喷雾器主要参数

| 参数 | 数值 | 参数 | 数值 |
|---|---|---|---|
| 外形尺寸（毫米） | 400 × 200 × 300 | 药箱容量（升） | 6 |
| 空机重量（千克） | 3.2 | 喷嘴类型 | 漩涡气流旋切雾化喷嘴 |
| 电机功率（千瓦） | 0.8 | 药剂类型 | 水性或油性制剂 |
| 流量（升/分钟） | 0～0.4 | | |

## 2　产品使用方法

### 2.1　操作前准备

（1）工作前关闭现场的通风设施，避免药液随风污染其他区域。

（2）操作人员按规定做好防护措施，如防护服、手套、口罩等。

（3）要配置有足够长度能承受长时间工作的优质电缆和插头1副，并要仔细检查其绝缘状况。

（4）根据作业面积和亩用量合理配制药液，加入药箱后最大量不得超过机身刻度的上限（图1）。

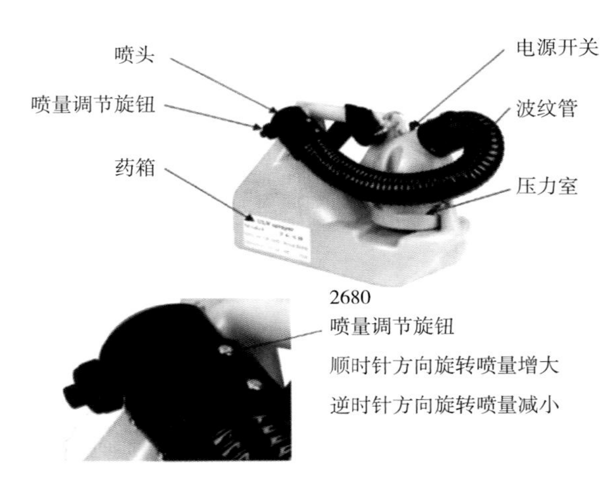


**图1　2680型电动超低量喷雾器组成**

### 2.2　开机和关机

（1）开机步骤。① 将药液加入药箱里，旋紧药箱盖。② 将插头插入电源。③ 打开电源开关。④ 调整药液喷量旋钮到所需位置（注意观察机具的工作情况和药液的喷施量）。

（2）关机步骤。① 先关闭药液喷量旋钮。② 关闭电源开关。③ 必须等马达静止，才能重新开机，切莫短时间内重复开关，加快机件的损耗。④ 断开插头。⑤ 将剩余的药液倒出。

### 2.3　操作

通过调节喷嘴处的旋钮来调节喷量，同时改变雾滴的大小。雾滴粒径与喷量相对应，喷雾量越大雾滴粒径越大，根据实际需要选择合适的喷量和雾滴大小。作业时肩挎整机，一手持握喷嘴朝向目标作物，根据需要调节旋钮控制喷洒量与射程，并且软管的设计使操作更便捷，能够轻松调节喷洒方向，轻易达到作物的内部、冠层的下部和背部。喷洒完毕后应当迅速离开施药区域。

### 2.4　清洗及保养

（1）使用完毕后用清水反复清洗药箱，必要时采用充分溶解的肥皂水加入药箱，开机喷雾，全面清洗液路，并用清水清洗干净。

（2）保存前需要冲洗完毕并风干。

（3）经常检查密封件和活动件，及时更换损坏、老化、变形的部件，也可用密封胶或玻璃胶应急处理。

（4）使用3～6个月后电机的活动部件应作充分润滑处理，防止腐蚀和氧化，导致出现不必要的故障。

### 2.5　最佳喷洒量

每亩地的建议喷洒量1.5～2升，具体应根据作物植株大小，药液种类等适时调整。

## 3　产品注意事项

（1）严禁向作业前进的方向喷洒，防止药液吸入机器损坏电机。

（2）完成作业的大棚应当立刻封闭至少8小时。

## 4　适宜地区

全国各大设施（日光温室、塑料大中棚）蔬菜产区。

## 5　联系方式

产品依托单位：农业农村部南京农业机械化研究所

联系人：蔡晨

联系电话：025-84346244

电子邮箱：814420600@qq.com

# 设施蔬菜小型助力推车式仿形精量喷雾装备

## 1 产品简介

### 1.1 产品研发背景

传统温室植保作业主要使用机动喷雾机，例如担架式喷雾机，连接长软管，由人工操作进行喷洒，或是采用人力喷雾器如背负式喷雾器、压缩喷雾器、踏板式喷雾器等，不仅用水量大，费劳力，同时造成药剂流失严重，农药有效利用率极低。不仅提高棚内湿度，滋长诱发病虫害的条件，同时也侵蚀土壤，造成酸化和板结，严重影响设施蔬菜的品质和产量。

### 1.2 产品效果

小型助力推车式仿形精量喷雾技术主要特点是以机动替代手动作业，雾滴穿透力强，飘移量小、作业效率高等，相比传统人工喷洒方式，化学农药减量施用25%，化学农药有效利用率提高25%，劳动生产率提高9倍以上。易于对靶仿形，能满足不同设施蔬菜种类、生长期、种植密度、不同地区以及各种药剂的不同喷雾要求，提高喷洒质量，实现减量均匀喷施作业。具体还有以下特点。

（1）整机结构稳定性强，底盘通过性良好，喷杆转换、拆卸、调整快速便捷，减小劳动强度，提高工作效率，改善经济效益。

（2）低量均匀雾喷杆部件流量小、喷幅宽、喷雾量分布均匀性好。大幅提高施药效果，同时可有效降低作业成本。

（3）机身尺寸小，结构紧凑，能适应不同作物种类、生长期、种植密度、不同地区以及各种药剂的不同喷雾要求。主要参数见表1。

表1 3WPG-50型喷雾机主要参数

| 参数 | 数值 | 参数 | 数值 |
| --- | --- | --- | --- |
| 整机尺寸（毫米） | 1 170 × 950 × 760 | 液泵流量（升/分钟） | 2.5 |
| 空载质量（千克） | 20 | 最大扬程（米） | 8 |
| 作业速度（千米/小时） | 1～5 | 额定喷雾压力（兆帕） | 0.7 |
| 液泵功率（千瓦） | 0.054 | 药箱容积（升） | 50 |

## 2　产品使用方法

### 2.1　操作前准备

（1）检查燃料是否充足。

（2）检查喷头有无丢失或损坏，管路连接是否紧密。

（3）操作人员按规定做好防护措施，如防护服、手套、口罩等（图1）。

图1　小型助力推车式仿形精量喷雾机

### 2.2　启动与调试

（1）确保药液箱底部的放水旋盖紧闭，注水至药液箱1/4处。

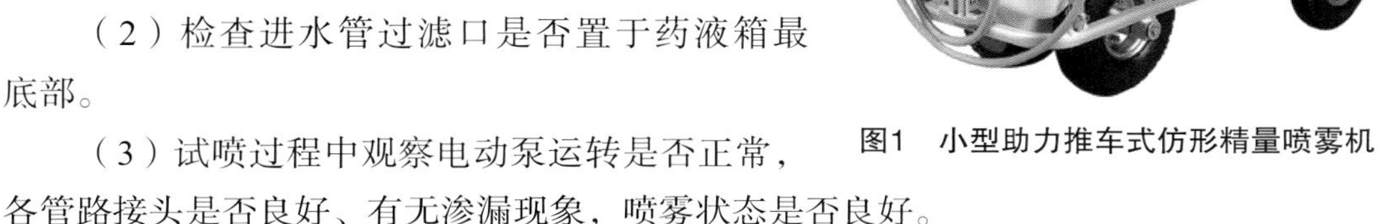

（2）检查进水管过滤口是否置于药液箱最底部。

（3）试喷过程中观察电动泵运转是否正常，各管路接头是否良好、有无渗漏现象，喷雾状态是否良好。

（4）根据作业面积和亩用量合理配制药液，加入药箱后最大量不得超过机身刻度的上限。

### 2.3　操作

（1）利用加水组件给药箱加水至额定容量，同时向药箱内加入配制好的农药。

（2）加水、加药后将机具推行到作业地头，拉动汽油机拉绳，将回水阀全部打开，调节液泵流量旋钮开关，利用回水功能将药液进行充分搅拌。

（3）根据作物高度与长势调节左右喷杆位置，规划好作业路线，机具作业过程中应当尽量保持匀速直线前进。

（4）作业过程中如需调整喷杆位置，应先关闭喷雾开关，以免局部过度喷洒污染环境。

（5）当喷雾机药液喷完时，应及时关闭喷雾开关，避免电动泵空转。重新加水、配药。

### 2.4　清洗及保养

（1）使用完毕后用清水反复清洗喷杆机架等金属件表面，确保没有药液残留。必要时采用充分溶解的肥皂水加入药箱，开机喷雾，全面清洗液路，并用清水清洗干净。

（2）检查药箱内有无积水。发现积水应放尽。

（3）清洗过滤器及药箱中的过滤网，清洗干净后分别装回原处。

（4）保存前需要冲洗完毕并风干。

（5）检查机具各处的紧固件有无松动现象。发现松动应及时紧固。

（6）检查喷头有无丢失或损坏。发现丢失或损坏应及时补齐或更换。

### 2.5 最佳喷洒量

每亩地的建议喷洒量1.5～2升，具体应根据作物植株大小，药液种类等适时调整。

## 3 产品注意事项

（1）机具停放时需锁紧脚轮，避免碰撞造成损坏。

（2）液泵不得长时间空开，磨损易导致报废。

## 4 适宜地区

全国各大设施（日光温室、塑料大中棚）蔬菜产区。需满足通过性要求，沟宽30厘米以上，沟面平整。

## 5 联系方式

产品依托单位：农业农村部南京农业机械化研究所

联系人：蔡晨

联系电话：025-84346244

电子邮箱：814420600@qq.com

# 设施蔬菜超低容量施药装备

## 1　产品简介

### 1.1　产品研发背景

我国设施农业发展迅速，但保护地内光照不足、长期密闭、高湿高温等原因易发生病虫害，且棚室内缺少天敌，作物抗逆力弱，病虫害问题严重。当前，保护地病虫害防治工作大都照搬传统的露天防治方法，存在的问题较多，常规喷雾方式流量大，雾滴尺寸大，费水费药，增加了棚室内的湿度，反而为病虫害的发生创造了适宜环境；同时造成农药土壤流失率高，土质酸化严重，加剧了连作障碍的发生。

### 1.2　产品效果

超低容量喷雾技术采用离心雾化谱宽控制技术，它能产生雾化一致性好、小的雾滴，应用于各种设施蔬菜等方面的杀虫剂和杀菌剂的喷洒。超低容量喷雾喷洒药液（例如乳油、可湿性粉剂的溶液）每公顷仅需要4～5升，与传统人工施药方式相比减少用水量75%以上，化学农药施用量减少25%以上，农药有效利用率提高10%。电机使转盘旋转产生大小均匀的雾滴，药液靠重力流入雾化盘中，可通过替换不同的喷口改变最大流量，而雾滴大小随着流量的增加而增大，因此可根据作业需求灵活调整喷雾参数。具体参数见表1。

表1　WS-5CD型超低容量喷雾器主要参数

| 参数 | 数值 | 参数 | 数值 |
|---|---|---|---|
| 外形尺寸（毫米） | 1 000×160×160 | 药箱容量（升） | 5+1 |
| 空机重量（千克） | 2.7 | 雾化盘转速（转每分） | ≥4 000 |
| 工作电压（伏） | DC 6～12 | 雾滴粒径（微米） | 50～150 |
| 流量（毫升/分钟） | 25～200 | | |

## 2　产品使用方法

### 2.1　操作前准备

（1）检查离心喷头雾化盘安装情况，确保牢固。

（2）检查软管接头连接，确保连接紧密。

（3）检查电池电量。

（4）根据作业面积和亩用量合理配制药液，加入药箱后最大量不得超过机身刻度的上限（图1）。

（5）操作人员按规定做好防护措施，如防护服、手套、口罩等。

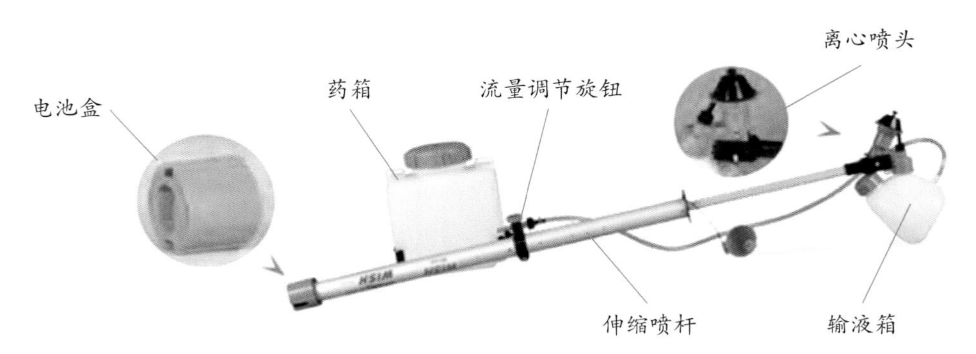


图1　WS-5CD型超低容量喷雾器组成

### 2.2　开机和关机

（1）开机步骤。① 将药液加入药箱里，旋紧药箱盖。② 将电池插入电池盒。③ 保持喷头向下。④ 打开电源开关。⑤ 调整流量旋钮到所需位置。注意观察机具的工作情况和药液的喷施量。

（2）关机步骤。① 保持喷头向下。② 先关闭流量调节旋钮。③ 关闭电源开关，直到雾化盘完全停止旋转，不要抬起喷头。④ 打开流量调节旋钮，使管路中残余药液流回药箱。⑤ 关闭流量调节旋钮。⑥ 将剩余的药液倒出。⑦ 取出电池充电。

### 2.3　操作

手持伸缩喷杆的尾端，将喷头保持在距离作物20厘米高处，喷头雾化盘应始终处于水平方向。打开电源开关，待雾化盘旋转稳定后，打开调节伸缩喷杆中段的流量调节旋钮来调节喷量。雾滴粒径与喷量相对应，喷雾量越大雾滴粒径越大，根据实际需要选择合适的喷量和雾滴大小。作业时喷嘴朝向目标作物，根据需要调节伸缩喷杆的长度，使喷杆与地面最少保持在35°～40°，小于该角度会使流量降低，影响喷雾效果。作业时应当保持喷头方位，匀速前进，不要左右扫略，避免重喷。因超低容量药液浓度高，喷洒完毕后应当迅速离开施药区域。

### 2.4　清洗及保养

（1）使用完毕后倒出药箱内的残留药液

（2）使用清水清洗药箱，再注入适当清水，开机喷雾，全面清洗管路后取下雾化盘，清洁后装回。

（3）喷头不能浸入水中，否则将损坏电机。

（4）长期存放应取出电池。

（5）经常检查密封件和活动件，及时更换损坏、老化、变形的部件。

### 2.5　最佳喷洒量

每亩地的建议喷洒量不大于1升，具体应根据作物植株大小，药液种类等适时调整。

## 3　产品注意事项

（1）作业时喷头尽量靠近作物。

（2）不要肩扛喷杆或将喷头抬起，防止管路中的药液流出污染操作人员。

## 4　适宜地区

全国各大设施（日光温室、塑料大中棚）蔬菜产区。地面叶菜和非藤架类瓜果适用。

## 5　联系方式

产品依托单位：农业农村部南京农业机械化研究所

联系人：蔡晨

联系电话：025-84346244

电子邮箱：814420600@qq.com

# 第二篇

# 设施蔬菜化肥减施技术规程

# 一、化肥减施技术规程

## 基于发育阶段的设施番茄和黄瓜水肥一体化技术

### 1 技术简介

#### 1.1 技术研发背景

我国设施蔬菜生产中大水大肥现象很普遍，主要设施菜区番茄N、$P_2O_5$和$K_2O$每亩平均施用总量（化肥养分+有机肥养分）分别是各自推荐量的2.1、5.9和1.5倍，黄瓜N、$P_2O_5$和$K_2O$每亩平均施用总量分别是各自推荐量的2.6、5.8和2.8倍。大水冲施造成大量的肥料和水分损失、地下水硝酸盐污染，化肥过量和不合理施用也导致了土壤次生盐渍化、养分非均衡化等一系列较为严重的问题。为此，我国设施蔬菜生产肥水管理技术必须加以改进，亟待建立设施蔬菜肥水科学管理技术体系。水肥一体化技术是未来农业生产中具有广阔前景的新技术，设施蔬菜最具潜力发展水肥一体化技术。设施蔬菜水肥一体化技术的核心是借助压力灌溉系统，将完全水溶性固体肥料或液体肥料，按设施蔬菜生长各阶段对养分的需求和土壤养分的供给状况，配兑而成的肥液与灌溉水融为一体，适时、定量、均匀、准确地输送到蔬菜根部土壤。该技术解决了正确施肥总量、正确施肥模式、正确施肥时间、正确肥料产品、正确施肥位置、正确滴灌制度等关键问题，具有节工、节水、节肥、节药、高产、高效、优质、环保等好处。

#### 1.2 技术效果

在灌溉减量、化肥减施、养分平衡调控、有机肥替代化肥、新型滴灌专用肥、水肥协同共效等关键技术/产品优化的基础上，提出基于发育阶段的设施番茄、黄瓜水肥一体化技术。该技术在山东（寿光、兰陵）、河南（郑州）、河北（藁城、定兴、永清）、天津（武清）、新疆（阿克陶）、内蒙古（赤峰）等试验示范基地近5年应用取得良好效果（如图1、图2，番茄/黄瓜植株长势旺盛，坐果/瓜能力强，不黄叶，不早衰），可节水30%以上，减施化肥30%以上，增产8%以上，增效15%以上，并降低了设施番茄、黄瓜病虫害发生，改善了产品品质和生态环境。

### 2 技术操作要点

#### 2.1 设施番茄水肥一体化技术操作要点

（1）施肥总量的推荐。设施秋冬茬和冬春茬番茄目标产量8～10吨/亩，中肥力土壤的N、$P_2O_5$和$K_2O$适宜用量范围分别为25～31千克、8～10千克、36～44千克；设施越冬长茬番茄目标产量10～12吨/亩，中肥力土壤的N、$P_2O_5$和$K_2O$适宜用量范围分别为31～37千克、10～12千克、44～53千克。按照设施菜田不同肥力水平土壤养分管理策略，相对于中肥力土壤施肥总量，高肥力土壤减施肥料（养分）用量的20%，低肥力土壤增施肥料（养分）用量的20%。推荐的N、$P_2O_5$和$K_2O$总量根据设施菜田肥力状况、番茄不同生育阶段需肥规律，按基肥、追肥比例及追肥次数进行分配。

图1　基于发育阶段的设施番茄水肥一体化技术示范应用

图2　基于发育阶段的设施黄瓜水肥一体化技术示范应用

（2）基肥用量的确定。设施秋冬茬和冬春茬番茄每亩施腐熟有机肥4～5立方米（或商品有机肥1.2～1.5吨），化肥20～25千克作基肥（尽量选用低磷化肥品种）；设施越冬长茬番茄每亩施腐熟有机肥5～7立方米（或商品有机肥1.5～2.0吨），化肥25～30千克作基肥（尽量选用低磷化肥品种）。针对次生盐渍化、酸化等障碍土壤，每亩补施100千克的生物有机肥或土壤调理剂。

（3）滴灌水量的运筹。重点推广应用膜下滴灌技术。一般每亩每次滴灌水量为8～12立方米，滴灌时间、滴灌水量、滴灌次数需根据番茄长势、天气情况、棚内湿度、土壤水分状况等进行调节，使番茄不同生育阶段获得最佳需水量。

（4）滴灌追肥的运筹。设施番茄生育期间追肥结合水分滴灌同步进行。定植至开花期间，选用大量元素水溶性肥料（生根壮秧高氮型滴灌专用肥——黄博1号，N-$P_2O_5$-$K_2O$=22-12-16+TE+BS，TE指螯合态微量元素，BS指海藻酸钾、植物诱抗蛋白等植物刺激物；或氮磷钾配方相近的完全水溶性肥料），每亩每次5.0～7.5千克，定植后7～10天第1次滴灌追肥，之后15天左右1次（温度较高季节7天左右1次）。开花后至拉秧期间，选用大量元素水溶性肥料（膨果靓果高钾型滴灌专用肥——黄博2号，N-$P_2O_5$-$K_2O$=19-6-25+TE+BS，或氮磷钾配方相近的完全水溶性肥料），每亩每次7.5～12.5千克，温度较低季节15天左右1次，温度较高季节10天左右1次。

### 2.2　设施黄瓜水肥一体化技术操作要点

（1）施肥总量的推荐。设施秋冬茬和冬春茬黄瓜目标产量10～12吨/亩，中肥力土壤的N、$P_2O_5$和$K_2O$适宜用量范围分别为29～35千克/亩、11～14千克/亩、28～33千克/亩；设施越冬长茬黄瓜目标产量15～18吨/亩，中肥力土壤的N、$P_2O_5$和$K_2O$适宜用量范围分别为44～52千克/亩、17～20千克/亩、42～50千克/亩。按照设施菜田不同肥力水平土壤养分管理策略，相对于中肥力土壤施肥总量，高肥力土壤减施肥料（养分）用量的20%，低肥力土壤增施肥料（养分）用量的20%。推荐的N、$P_2O_5$和$K_2O$总量根据设施菜田肥力状况、黄瓜不同生育阶段需肥规律，按基肥、追肥比例及追肥次数进行分配。

（2）基肥用量的确定。设施秋冬茬和冬春茬黄瓜每亩施腐熟有机肥4～6立方米（或商品有机肥1.2～1.5吨），化肥25～30千克作基肥（尽量选用低磷化肥品种）；设施越冬长茬黄瓜每亩施腐熟有机肥6～8立方米（或商品有机肥1.5～2.0吨），化肥30～35千克作基肥（尽量选用低磷化肥品种）。针对次生盐渍化、酸化等障碍土壤，每亩补施100千克的生物有机肥或土壤调理剂。

（3）滴灌水量的运筹。重点推广应用膜下滴灌技术。一般每亩每次滴灌水量为10～15立方米，滴灌时间、滴灌水量、滴灌次数需根据黄瓜长势、天气情况、棚内湿度、土壤水分状况等进行调节，使黄瓜不同生育阶段获得最佳需水量。

（4）滴灌追肥的运筹。设施黄瓜生育期间追肥结合水分滴灌同步进行。定植至开花期间，选用黄博1号，每亩每次5.0～7.5千克，定植后7～10天第1次滴灌追肥，之后15天左右1次（温度较高季节7天左右1次）。开花后至拉秧期间，选用高钾高氮型滴灌专用肥（如$N-P_2O_5-K_2O$=20-8-22+TE+BS，或氮磷钾配方相近的完全水溶性肥料），每亩每次10.0～12.5千克，温度较低季节15天左右1次，温度较高季节7～10天1次。

## 3 技术注意事项

（1）水肥一体化条件下养分平衡更为重要。在滴灌施肥条件下，根系生长密集、量大，更多依赖于通过滴灌提供养分，对养分的合理比例和用量有更高要求。

（2）根据番茄/黄瓜长势、气候条件、土壤水分、棚内湿度等情况，调节滴灌追肥时间和用量。

（3）滴灌专用肥尽量选用含氨基酸、腐殖酸、海藻酸等具有促根抗逆作用功能型完全水溶性肥料。如使用低浓度滴灌专用肥，则肥料用量需要相应增加。

（4）逆境条件下需要加强叶面肥管理，如番茄花蕾期、花期和幼果期叶面喷施硼肥2～3次，第一穗果前期叶面喷施钙肥3～4次，开花期至果实膨大前叶面喷施镁肥2～3次；黄瓜花蕾期、花期和初瓜期叶面喷施硼肥2～3次，初花期至初瓜期叶面喷施钙肥3～4次，开花期至盛瓜期叶面喷施镁肥2～3次。

## 4 适宜地区

该技术适用于我国北方冬春茬、秋冬茬以及越冬长茬的设施番茄/黄瓜种植区，也适用于南方大棚番茄/黄瓜种植区。

## 5 联系方式

技术依托单位：中国农业科学院农业资源与农业区划研究所

联系人：黄绍文，张怀志，唐继伟

联系电话：010-82108662，010-82108685，010-82108669

电子邮箱：huangshaowen@caas.cn，zhanghuaizhi@caas.cn，tang-jiwei@163.com

# 设施有机基质栽培番茄和黄瓜水肥一体化技术

## 1　技术简介

### 1.1　技术研发背景

甘肃肃州和临泽两基地戈壁滩日光温室有机栽培基质速效氮量（数量）严重不足，速效磷量极为丰富，速效钾量较为丰富，中微量元素量丰富。肃州基地日光温室基质栽培番茄、黄瓜养分均衡管理试验证实，推荐施肥处理的产量均显著高于不施氮和不施钾处理，与不施磷处理之间差异不显著。两基地日光温室基质栽培番茄每亩化肥和有机肥中N、$P_2O_5$和$K_2O$平均施用总量分别是各自推荐用量的1.6、4.6和2.7倍，基质栽培黄瓜每亩化肥和有机肥中N、$P_2O_5$和$K_2O$平均施用总量分别是各自推荐用量的1.7、3.0和2.5倍。施肥量过大、施肥比例严重失调等问题，不仅会影响产量品质和经济效益，还存在生态环境风险。因此，氮和钾是两基地基质营养调控的投入重点，磷要少投。水肥一体化技术是未来农业生产中具有广阔前景的新技术，设施蔬菜最具潜力发展水肥一体化技术。日光温室基质栽培蔬菜水肥一体化技术的核心是借助压力灌溉系统，将完全水溶性固体肥料或液体肥料，按日光温室基质栽培蔬菜生长各阶段对养分的需求和基质养分的供给状况，配兑而成的肥液与灌溉水融为一体，适时、定量、均匀、准确地输送到蔬菜根部的栽培基质。该技术解决了正确施肥总量、正确施肥模式、正确施肥时间、正确肥料产品、正确施肥位置、正确滴灌制度等关键问题。

### 1.2　技术效果

在灌溉减量、化肥减施、养分平衡调控、有机肥替代化肥、新型滴灌专用肥、水肥协同共效等关键技术/产品优化的基础上，提出基于发育阶段的日光温室有机基质栽培番茄、黄瓜水肥一体化技术。该技术在甘肃肃州和临泽、宁夏吴忠、西藏拉萨等试验示范基地近5年应用取得良好效果（如图1、图2，番茄/黄瓜植株长势旺盛，坐果/瓜能力强，不黄叶，不早衰），可节水30%以上，减施化肥30%以上，增产8%以上，增效15%以上，并降低了日光温室基质栽培番茄、黄瓜病虫害发生，改善了产品品质和生态环境。

## 2　技术操作要点

### 2.1　设施有机基质栽培番茄水肥一体化技术操作要点

（1）施肥总量的推荐。日光温室基质栽培番茄目标产量9～12吨/亩，基质栽培番茄的N、$P_2O_5$和$K_2O$适宜用量范围分别为29～39千克/亩、11～14千克/亩、41～55千克/亩。推荐的N、$P_2O_5$和$K_2O$总量根据日光温室蔬菜栽培基质肥力状况、番茄不同生育阶段需肥规律，按基肥、追肥比例及追肥次数进行分配。

（2）基肥用量的确定。日光温室基质栽培番茄每亩施腐熟有机肥（腐熟牛粪或腐熟牛粪与腐熟秸秆的混合物最佳）8～10立方米，化肥20～25千克作基肥（尽量选用低磷化肥品种）。针对次生盐渍化、酸化等障碍基质，每亩补施100千克的生物有机肥或土壤调理剂。

（3）滴灌水量的运筹。重点推广应用膜下滴灌技术。根据番茄长势、需水规律，天气情况，棚内温度，实时基质水分状况，以及番茄不同生育阶段对基质含水量的要求，调节滴灌水量和次数，使番茄不同生育阶段获得最佳需水量。定植至开花期间，每亩每次滴灌水量2～3立方米，间隔3～4天1次；开花后至拉秧期间，每亩每次滴灌水量5～7立方米，间隔3～4天1次。

（4）滴灌追肥的运筹。日光温室基质栽培番茄生育期间追肥结合水分滴灌同步进行。定植至开花期间，选用生根壮秧高氮型滴灌专用肥（如N-$P_2O_5$-$K_2O$=24-8-18+TE+BS，或氮磷钾配方相近的完全水溶性肥料），每亩每次4～6千克，间隔7天左右滴灌追施1次。开花后至拉秧期间，选用膨果靓果高钾型滴灌专用肥（如N-$P_2O_5$-$K_2O$=18-6-26+TE+BS，或氮磷钾配方相近的完全水溶性肥料），每亩每次7.5～10.0千克，间隔10天左右滴灌追施1次。

图1　基于发育阶段的日光温室基质栽培番茄水肥一体化技术示范应用

图2　基于发育阶段的日光温室基质栽培黄瓜水肥一体化技术示范应用

### 2.2　设施有机基质栽培黄瓜水肥一体化技术操作要点

（1）施肥总量的推荐。日光温室黄瓜目标产量12～15吨/亩，基质栽培黄瓜的N、$P_2O_5$和$K_2O$适宜用量范围分别为27～34千克、10～13千克、33～41千克。推荐的N、$P_2O_5$和$K_2O$总量根据日光温室蔬菜栽培基质肥力状况、黄瓜不同生育阶段需肥规律，按基肥、追肥比例及追肥次数进行分配。

（2）基肥用量的确定。日光温室基质栽培黄瓜每亩施腐熟有机肥（腐熟牛粪或腐熟牛粪与腐熟秸秆的混合物最佳）8～10立方米，化肥20～25千克作基肥（尽量选用低磷化肥品种）。针对次生盐渍化、酸化等障碍基质，每亩补施100千克的生物有机肥或土壤调理剂。

（3）滴灌水量的运筹。重点推广应用膜下滴灌技术。根据黄瓜长势、需水规律，天气情况，棚内湿度，实时基质水分状况，以及黄瓜不同生育阶段对基质含水量的要求，调节滴灌水量和次数，使黄瓜不同生育阶段获得最佳需水量。定植至开花期间，每亩每次滴灌水量3～5立方米，间隔3～4天1次；开花后至拉秧期间，每亩每次滴灌水量5～7立方米，间隔2～3天1次。

（4）滴灌追肥的运筹。日光温室基质栽培黄瓜生育期间追肥结合水分滴灌同步进行。定植至开花期间，选用高氮型滴灌专用肥（如$N-P_2O_5-K_2O$=24-8-18+TE+BS，或氮磷钾配方相近的完全水溶性肥料），每亩每次4～6千克，间隔7天左右滴灌追施1次。开花后至拉秧期间，选用高钾型滴灌专用肥（如$N-P_2O_5-K_2O$=20-6-24+TE+BS，或氮磷钾配方相近的完全水溶性肥料），每亩每次7.5～10.0千克，间隔7天左右滴灌追施1次。

## 3　技术注意事项

（1）水肥一体化条件下养分平衡更为重要。在滴灌施肥条件下，根系生长密集、量大，更多依赖于通过滴灌提供养分，对养分的合理比例和用量有更高要求。

（2）根据番茄/黄瓜长势、气候条件、基质水分、棚内湿度等情况，调节滴灌追肥时间和用量。

（3）滴灌专用肥尽量选用含氨基酸、腐殖酸、海藻酸等具有促根抗逆作用功能型完全水溶性肥料。如使用低浓度滴灌专用肥，则肥料用量需要相应增加。

（4）持续低温寡照等逆境条件下需要加强叶面肥管理，如番茄花蕾期、花期和幼果期叶面喷施硼肥2～3次，初花期至第一穗果前期叶面喷施钙肥3～4次，开花期至果实膨大前叶面喷施镁肥2～3次；黄瓜花蕾期、开花期和幼瓜期叶面喷施硼肥2～3次，结瓜前期叶面喷施钙肥3～4次，盛瓜期叶面喷施镁肥2～3次。

## 4　适宜地区

该技术适用于我国西北非耕地设施有机基质栽培番茄/黄瓜地区，也适用于设施有机基质栽培番茄/黄瓜的其他地区。

## 5　联系方式

技术依托单位：中国农业科学院农业资源与农业区划研究所

联系人：黄绍文，唐继伟，张怀志

联系电话：010-82108662，010-82108669，010-82108685

电子邮箱：huangshaowen@caas.cn，tang-jiwei@163.com，zhanghuaizhi@caas.cn

# 设施番茄和黄瓜化肥减量与高效平衡施肥技术

## 1 技术简介

### 1.1 技术研发背景

目前我国设施蔬菜生产中普遍存在着化肥严重超量、重畜禽有机肥轻秸秆、肥料运筹比较随意、专用肥料极其缺乏、大水冲施肥料等现象，导致了设施菜田土壤pH值降低、有机质含量普遍处于中低水平、次生盐渍化、养分富集等一系列较为严重的问题。近期调查表明，全国主要设施菜区番茄N、$P_2O_5$和$K_2O$每亩平均施用总量（化肥养分+有机肥养分）分别是各自推荐施用量的2.1、5.9和1.5倍，黄瓜N、$P_2O_5$和$K_2O$每亩平均施用总量分别是各自推荐施用量的2.6、5.8和2.8倍；设施菜田土壤次生盐渍化的比例较大，土壤盐分总量处于2～5克/千克水平的土样数比例达到38.2%；设施土壤硝态氮和速效磷大量积累，对生态环境构成了严重威胁，49%和32%的土壤样品的硝态氮含量分别在100毫克/千克、150毫克/千克以上，土壤速效磷含量超过100毫克/千克、150毫克/千克的土壤样品数目分别占66%和47%。为此，我国设施蔬菜化肥施用技术必须加以改进。基于发育阶段的设施蔬菜养分平衡调控技术是实现土壤养分供应与吸收同步、提高肥料利用率的关键。在优化灌溉（如基于灌溉减量的膜下沟灌）的条件下，合理控制化肥的投入量，确定设施蔬菜最佳养分用量指标，实现基于发育阶段的设施蔬菜平衡施肥，对设施蔬菜化肥减施增效和菜田可持续利用具有重要意义。

### 1.2 技术效果

在河北（定兴、永清），天津（西青、武清）等设施果菜优势产区核心示范基地，研究提出基于常规施肥减施化肥、协调化肥养分比例、调整化肥基追比例、应用土壤改良剂、优化灌溉等的设施番茄、黄瓜化肥减量与高效平衡施肥技术。该技术在河北（定兴、永清），天津（西青、武清）等试验示范基地应用取得良好效果（如图1、图2，番茄/黄瓜植株长势旺盛，坐果/瓜能力强，不黄叶，不早衰），可减施化肥30%以上，增产6%以上，增效10%以上，并降低了设施番茄、黄瓜病虫害发生，改善了产品品质和生态环境（图1、图2）。

## 2 技术操作要点

### 2.1 设施番茄化肥减量与高效平衡施肥技术操作要点

（1）施肥总量的推荐。设施秋冬茬和冬春茬番茄目标产量8～10吨/亩，膜下沟灌下中肥力土壤的N、$P_2O_5$和$K_2O$适宜用量范围分别为28～35千克、10～12千克、41～51

千克；设施越冬长茬番茄目标产量10～12吨/亩，膜下沟灌下中肥力土壤的N、$P_2O_5$和$K_2O$适宜用量范围分别为35～42千克、12～14千克、51～61千克。按照设施菜田不同肥力水平土壤养分管理策略，相对于中肥力土壤施肥总量，高肥力土壤减施肥料（养分）用量的20%，低肥力土壤增施肥料（养分）用量的20%。

图1　设施番茄化肥减量与高效平衡施肥技术示范应用

图2　设施黄瓜化肥减量与高效平衡施肥技术示范应用

（2）基肥用量的确定。设施秋冬茬和冬春茬番茄每亩施腐熟有机肥4～5立方米（或商品有机肥1.2～1.5吨），化肥20～25千克（尽量选用低磷化肥品种）；设施越冬长茬番茄每亩施腐熟有机肥5～7立方米（或商品有机肥1.5～2.0吨），化肥25～30千克作基肥（尽量选用低磷化肥品种）。针对次生盐渍化、酸化等障碍土壤，每亩补施100千克的生物有机肥或土壤调理剂。

（3）沟灌水量的运筹。重点推广应用基于灌溉减量的膜下沟灌技术，该技术是目前设施蔬菜生产应用的主体。一般每亩每次沟灌水量为12～18立方米，根据具体情况调节沟灌水量，使番茄不同生育阶段获得适宜需水量。

（4）沟灌追肥的运筹。设施番茄生育期间追肥结合水分沟灌同步进行。设施秋冬茬、冬春茬番茄一般每株保留4～5穗果，每穗果膨大到乒乓球大小时（直径达3～4厘米）进行追肥，全生育期分4～5次随水追肥，每亩每次追施高浓度化肥（$N+P_2O_5+K_2O \geq 50\%$，尽量选用高钾低磷型冲施肥、水溶性肥料等品种）12～15千克，或尿素5～6千克和硫酸钾6～8千克；设施越冬长茬番茄一般每株保留7～9穗果，每穗果膨大到乒乓球大小时进行追肥，全生育期分7～9次随水追肥，每亩每次追施高浓度化肥（$N+P_2O_5+K_2O \geq 50\%$，尽量选用高钾低磷型冲施肥、水溶性肥料等品种）10～13千克，或尿素4～5千克和硫酸钾5～6千克。

### 2.2　设施黄瓜化肥减量与高效平衡施肥技术操作要点

（1）施肥总量的推荐。设施秋冬茬和冬春茬黄瓜目标产量10～12吨/亩，膜下沟灌下中肥力土壤的N、$P_2O_5$和$K_2O$适宜用量范围分别为34～40千克、13～15千克、32～38千克；设施越冬长茬黄瓜目标产量15～18吨/亩，膜下沟灌下中肥力土壤的N、$P_2O_5$和

$K_2O$适宜用量范围分别为50～60千克、19～23千克、48～57千克。按照设施菜田不同肥力水平土壤养分管理策略，相对于中肥力土壤施肥总量，高肥力土壤减施肥料（养分）用量的20%，低肥力土壤增施肥料（养分）用量的20%。

（2）基肥用量的确定。设施秋冬茬和冬春茬黄瓜每亩施腐熟有机肥4～6立方米（或商品有机肥1.2～1.5吨），化肥25～30千克（尽量选用低磷化肥品种）；设施越冬长茬黄瓜每亩施腐熟有机肥6～8立方米（或商品有机肥1.5～2.0吨），化肥30～35千克作基肥（尽量选用低磷化肥品种）。针对次生盐渍化、酸化等障碍土壤，每亩补施100千克的生物有机肥或土壤调理剂。

（3）沟灌水量的运筹。重点推广应用基于灌溉减量的膜下沟灌技术，该技术是目前设施蔬菜生产应用的主体。一般每亩每次沟灌水量为15～20立方米，根据具体情况调节沟灌水量，使黄瓜不同生育阶段获得适宜需水量。

（4）沟灌追肥的运筹。设施黄瓜生育期间追肥结合水分沟灌同步进行。设施秋冬茬、冬春茬黄瓜全生育期分7～9次随水追肥，一般在初花期和结瓜期根据采果情况每7～10天追肥1次，每亩每次追施高浓度化肥（$N+P_2O_5+K_2O \geq 50\%$，尽量选用高钾高氮低磷型冲施肥、水溶性肥料等品种）8～10千克，或尿素4～5千克和硫酸钾4～5千克；设施越冬长茬黄瓜全生育期分12～14次随水追肥，一般在初花期和结瓜期根据采果情况每7～10天追肥1次，每亩每次追施高浓度化肥（$N+P_2O_5+K_2O \geq 50\%$，尽量选用高钾高氮低磷型冲施肥、水溶性肥料等品种）8～10千克，或尿素4～5千克和硫酸钾4～5千克。

## 3 技术注意事项

（1）化肥减量不是简单减量，协调氮磷钾比例同等重要。

（2）根据番茄/黄瓜长势、气候条件、土壤水分、棚内湿度等情况，调节沟灌追肥时间和用量。

（3）如使用低浓度水溶肥（尽量选用高钾低磷型冲施肥、水溶性肥料等品种），则肥料用量需要相应增加。

## 4 适宜地区

该技术适用于我国北方冬春茬、秋冬茬以及越冬长茬的设施番茄、黄瓜种植区，也适用于南方大棚番茄、黄瓜种植区。

## 5 联系方式

技术依托单位：中国农业科学院农业资源与农业区划研究所

联系人：黄绍文，张怀志，唐继伟

联系电话：010-82108662，010-82108685，010-82108669

电子邮箱：huangshaowen@caas.cn，zhanghuaizhi@caas.cn，tang-jiwei@163.com

# 设施蔬菜有机肥/秸秆替代化肥技术

## 1　技术简介

### 1.1　技术研发背景

设施蔬菜生产中养分投入多，能量（碳）投入少，养分与能量之间关系严重失衡，导致土壤有机质降低。我国有机肥资源总养分7 000多万吨，实际利用不足40%，其中畜禽粪便养分还田率50%左右，农作物秸秆养分还田率35%左右。设施蔬菜重畜禽有机肥施用，轻秸秆使用，施用的有机肥一般以鸡粪、猪粪为主，施用量大。一些调查结果表明，设施蔬菜年均畜禽有机肥用量在7.0～13.8吨/亩。为何设施菜田在高量畜禽有机肥投入的前提下，土壤有机质含量仍然较低？这与施用的有机肥种类等有关，畜禽有机肥中速效性养分相对较多，含木质素、纤维素等较少，物料降解快，对土壤腐殖质形成的贡献有限。有机肥施用与秸秆还田是化学肥料的重要替代技术，是协调设施菜田土壤碳氮比、改善土壤质量的关键。针对我国设施蔬菜主产区有机物料资源特点差异，以及设施蔬菜肥料使用现状及产生的突出土壤问题，确定设施蔬菜有机肥/有机物料（秸秆等）替代化肥的适宜模式与比例，减施化肥，提升土壤有机质，加速养分循环利用，抑制土壤次生盐渍化，以保持设施菜田土壤高效生产和持续利用。

### 1.2　技术效果

在河北石家庄、天津西青等设施蔬菜优势产区核心示范基地，研究提出基于常规施肥减施化肥、优化有机肥和化肥配施模式、协调有机肥和化肥养分比例等的设施蔬菜有机肥/秸秆替代化肥技术。该技术解决了主要蔬菜生产中肥料用量过大、有机无机肥料养分比例失调、土壤有机质下降和健康质量降低等问题，技术示范效果显著（如图1所示，植株长势旺盛，坐果/瓜能力强，不黄叶，不早衰），在河北（定兴、藁城、鹿泉），天津（西青）等试验示范基地进行了推广应用，可减施化肥30%以上，提高土壤有机质含量5%以上，增产5%以上，增效10%以上，并降低了设施蔬菜病虫害发生，改善了产品品质和生态环境。

图1　设施番茄有机肥/秸秆替代化肥技术示范应用

## 2 技术操作要点

### 2.1 有机肥替代化肥原理

（1）有机肥替代化肥可以弥补各自缺点。有机肥含有多种养分和丰富的有机质，养分释放慢，肥效稳而长。施用有机肥有利于培肥地力，改进产品品质，减少化肥施用，节省成本，其缺点是养分含量低，单施有机肥不能获得高产。而化肥养分含量高，释放快，肥效猛，有利于高产，其缺点是肥效短，缺乏后劲，培肥效果差。化肥和有机肥配合施用，有利于设施蔬菜持续高产优质生产。

（2）有机肥替代化肥发挥极其重要的综合增效作用。2009年在河北石家庄与天津西青两个试验基地分别建立日光温室蔬菜不同比例有机肥/秸秆替代化肥模式长期定位试验（石家庄市基地日光温室冬春茬黄瓜—秋冬茬番茄，西青基地日光温室冬春茬番茄—秋冬茬芹菜），经过10年定位试验种植，从较长时间看，有机肥/秸秆替代化肥模式能显著提高设施蔬菜产量和品质，增加土壤有机质含量和团聚体稳定性，改善土壤生物活性，增强土壤抗逆性，维持根区养分适宜供应浓度，缓解土壤盐分积累，尤以配施秸秆模式在改善土壤有机碳化学结构、促进土壤固碳、增强土壤有机碳活性、减少氮素淋失、降低有毒有害物质（抗生素、重金属）残留等方面效果显著。

（3）依据土壤肥力水平确定有机肥替代化肥比例。在石家庄和西青两个基地已开展10年的温室蔬菜有机肥替代化肥模式定位试验结果表明，定位试验前4茬或5茬土壤有机质含量处于较低水平，基于减量施肥的有机肥替代化肥25%模式产量较高；之后，土壤有机质含量居于中等或较高水平，基于减量施肥的有机肥替代化肥50%模式，尤其是有机肥+秸秆替代化肥模式（2/4化肥氮+1/4有机肥氮+1/4秸秆氮）产量最佳。因此，低肥力土壤的有机肥替代比例低一些，高肥力土壤的有机肥替代比例高一些，培肥土壤是减肥增效的最有效措施。

### 2.2 有机肥替代化肥技术

目前我国主要设施菜区土壤有机质普遍处于中、低含量水平，依据在河北石家庄与天津西青两个试验基地种植10年的有机肥替代化肥模式定位试验结果，高产、优质、培肥、环保相协调的设施蔬菜最佳有机肥替代化肥模式是化肥－有机肥－秸秆（2/4化肥氮+1/4有机肥氮+1/4秸秆氮）或化肥－高碳有机肥配施模式，低、中、高肥力设施菜田的适宜有机肥替代化肥比例分别为30%左右、40%左右、50%左右。针对不同设施蔬菜优势产区，采用设施蔬菜有机肥+秸秆（鸡粪或猪粪中加入作物碎秸秆，按1：1或加入更多秸秆共同沤制，充分腐熟）替代化肥、有机肥替代化肥、沼肥替代化肥、秸秆生物反应堆替代化肥、绿肥替代化肥、有机基质替代化肥等技术，有针对性选择适于不同生态区养分资源特点的设施蔬菜有机肥/有机物料替代化肥技术模式。

### 2.3　有机肥替代化肥方案

设施蔬菜定植前科学施用有机肥是高产优质的基础，提高土壤C/N比、供肥平稳，蔬菜抗逆性强、高产稳产。按合理施肥条件下设施蔬菜有机肥/有机物料（或高碳有机肥）替代化肥养分30%～50%的比例（30%、40%、50%有机肥替代比例，分别对应低、中、高土壤肥力菜田）和养分（化肥+有机肥）施用总量，确定有机肥/有机物料（或高碳有机肥）用量；依据设施蔬菜适宜的基肥化肥养分用量占化肥（基肥+追肥）养分总量的15%～20%的比例及化肥养分（基肥化肥+追肥化肥）施用总量，确定基肥化肥用量、追肥化肥用量及追肥运筹方案。

## 3　技术注意事项

（1）有针对性选择适于区域有机肥养分资源特点和土壤地力状况的设施蔬菜有机肥/有机物料替代化肥技术模式和比例。

（2）施用腐熟有机肥。菜农为了施用方便，经常将人粪、畜禽粪在田间晾晒失水成干或直接施入土壤，这是很不科学的。未腐熟的有机肥施入土壤后，会造成蔬菜植株物理性烧根或生理性烧根，还会滋生杂草和传播病毒、病菌、虫卵；暴晒的有机肥，会使氮素挥发，造成肥料氮素损失。因此，蔬菜定植前一定要施用发酵好的腐熟有机肥，在翻耕之前均匀撒在土壤表面，然后翻耕入土壤。

## 4　适宜地区

该技术适用于我国北方冬春茬、秋冬茬以及越冬长茬的设施蔬菜种植区，也适用于南方大棚蔬菜种植区。

## 5　联系方式

技术依托单位：中国农业科学院农业资源与农业区划研究所

联系人：黄绍文，唐继伟，张怀志

联系电话：010-82108662，010-82108669，010-82108685

电子邮箱：huangshaowen@caas.cn，tang-jiwei@163.com，zhanghuaizhi@caas.cn

# 南方大棚果菜（番茄、黄瓜）基质栽培水肥一体化技术

## 1 技术简介

### 1.1 技术研发背景

过量施肥现象在我国设施蔬菜生产中很普遍，常年不合理施肥导致植株生长势减弱、土壤次生盐渍化加重等问题日益显现，一些设施果菜种植基地化肥农药用量显著提升，但产量却显著下降，严重影响了农户收益并产生日益严重的环境问题。目前，我国番茄、黄瓜等果菜的单位产量仅为荷兰番茄产量的1/6～1/4，肥料利用率仅为荷兰的50%以下。因此，急需创新替代土壤栽培的无土栽培模式，促进果菜产品提质增效。此外，水肥一体化技术是未来农业生产中最具广阔前景的新技术。大棚果菜基质栽培水肥一体化技术的核心是选择物理性状优良、经济性好的基质，借助压力灌溉系统，将完全水溶性固体肥料或液体肥料，按果菜生长各阶段对养分的需求和基质养分的供给状况，配兑而成的肥液与灌溉水融为一体，适时、定量、均匀、准确地输送到果菜根部基质。该技术具有节工、节水、节肥、节药、高产、高效、优质、环保等好处。

### 1.2 技术效果

在有机基质筛选、灌溉减量、化肥减施、养分平衡调控、液态肥代替传统化肥、水肥协同共效等关键技术优化的基础上，提出南方大棚果菜（番茄、黄瓜）基质栽培水肥一体化技术。该技术在浙江杭州和苍南蔬菜优势区示范基地近5年应用取得良好效果（如图1、图2，植株长势旺盛，坐果/瓜能力强，不黄叶，不早衰），可减少化肥养分用量40%以上，增产6%以上，增效10%以上，改善了产品品质和生态环境。

## 2 技术操作要点

### 2.1 施肥总量的推荐

大棚秋冬茬和早春茬番茄目标产量4～6吨/亩，番茄的N、$P_2O_5$和$K_2O$适宜用量范围分别为19～27千克/亩、5～8千克/亩、25～29千克/亩。推荐的N、$P_2O_5$和$K_2O$总量根据番茄不同生育阶段需肥规律，按基肥、追肥比例及追肥次数进行分配。

大棚秋冬茬黄瓜目标产量5～7吨/亩，黄瓜的N、$P_2O_5$和$K_2O$适宜用量范围分别为15～23千克/亩、5～9千克/亩、14～19千克/亩。推荐的N、$P_2O_5$和$K_2O$总量根据黄瓜不同生育阶段需肥规律，按基肥、追肥比例及追肥次数进行分配。

图1　南方大棚番茄基质栽培水肥一体化技术示范应用（浙江苍南）

图2　南方大棚黄瓜基质栽培水肥一体化技术示范应用（浙江杭州）

### 2.2　基质栽培方式

可选用椰糠、草炭+珍珠岩以及果菜专用基质等基质配方，施入基肥后，按照每株番茄/黄瓜5升基质进行栽培（2 000株/亩，10立方米），确定无土栽培基质用量。选用泡沫板（塑料槽）内铺塑料膜作为基质容器（高10厘米，宽20厘米），将其放置挖沟畦内，采用水肥一体化进行灌溉。

### 2.3　基肥用量的确定

大棚秋冬茬和早春茬番茄、黄瓜每亩施腐熟有机肥2～3立方米（或商品有机肥0.6～1吨），化肥20千克左右作基肥（尽量选用低磷化肥品种），与基质混合后，施入基质容器中。

### 2.4　滴灌水量的运筹

重点推广应用膜下滴灌技术。一般每亩每次滴灌水量为2～3立方米，滴灌时间、滴灌水量、滴灌次数需根据番茄/黄瓜长势、天气情况、棚内湿度、基质水分状况等进行调节，使番茄、黄瓜不同生育阶段获得最佳需水量。

### 2.5　滴灌追肥的运筹

大棚番茄生育期间追肥结合水分滴灌同步进行。定植至开花期间，选用果菜专用全素液态肥（$N-P_2O_5-K_2O$=11-5-18），每亩每次2～3千克（按比例稀释后施用），间隔7天左右滴灌追施1次。开花后至拉秧期间，施用果菜专用全素液态肥，每亩每次3～5千克（按比例稀释后施用），间隔10天左右滴灌追施1次；同时前2次每亩同时滴灌液态$CaCl_2$钙肥1～2千克（按比例稀释后施用）。滴灌专用肥尽量选用含氨基酸、腐殖酸、海藻酸等具有促根抗逆作用功能型液态肥料。如使用低浓度滴灌专用肥，则肥料用量需要相应增加。

大棚黄瓜生育期间追肥结合水分滴灌同步进行。定植至开花期间，选用果菜专用全素液态肥（$N\text{-}P_2O_5\text{-}K_2O$=11-5-18），每亩每次2～3千克（按比例稀释后施用），定植后7～10天第1次滴灌追肥，之后15天左右1次（温度较高季节7天左右1次）。开花后至拉秧期间，选用果菜专用全素液态肥，每亩每次3～5千克（按比例稀释后施用），间隔10天左右滴灌追施1次；同时前2次每亩同时滴灌液态$CaCl_2$钙肥1～2千克（按比例稀释后施用）。在农化服务指导下，菜农也可按设施黄瓜不同生育阶段专用肥配方自配滴灌专用肥。

## 3 技术注意事项

（1）由于基质容积相较于土壤容积较少，每次滴灌水肥用量少、滴灌次数频繁，需要精确控制，也可以适当加大基质用量提高缓冲性。

（2）根据番茄/黄瓜长势、气候条件、基质水分、棚内湿度等情况，调节滴灌追肥时间和用量。

（3）水肥一体化条件下养分平衡更为重要。在滴灌施肥条件下，根系生长密集、量大，更多依赖于通过滴灌提供养分，对养分的合理比例和用量有更高要求。

（4）滴灌专用肥尽量选用含氨基酸、腐殖酸、海藻酸等具有促根抗逆作用功能型完全水溶性肥料。如使用低浓度滴灌专用肥，则肥料用量需要相应增加。

（5）逆境条件下需要加强叶面肥管理，如花蕾期、花期和幼果期叶面喷施硼肥2～3次，第一穗果前期叶面喷施钙肥3～4次，开花期至果实膨大前叶面喷施镁肥2～3次。

（6）拉秧后，基质可消毒补充后重复使用2～3次。

## 4 适宜地区

该技术适用于我国南方大棚果菜类蔬菜种植区。

## 5 联系方式

技术依托单位：浙江大学农业与生物技术学院蔬菜研究所

联系人：周杰

联系电话：0571-88982276

电子邮箱：jie@zju.edu.cn

# 两种大棚叶菜有机肥替代化肥技术

## 1　技术简介

### 1.1　技术研发背景

随着我国农业农村产业结构的调整，蔬菜因其生产快速、品种丰富和效益明显的特点，已使其成为我国种植业中仅次于粮食的第二大农作物。据统计，2018年全国蔬菜生产面积约为2 043万公顷，占农作物总面积的12.3%。叶菜在蔬菜中占据了较大比例，叶菜类蔬菜能够提供人体所需的多种营养物质，还能对疾病起到一定的预防作用，是人们日常饮食中十分重要的食物之一。叶菜类蔬菜品种众多，其生长期短、根系较浅、生长迅速，对肥料和养分的需求较大，产量的提高大多依赖化肥的大量投入，尤其氮肥。生产实践表明，蔬菜纯氮的周年施用量是大田作物的2倍以上。然而我国蔬菜氮肥利用率较低，不足20%。化学氮肥持续高量的投入易导致土壤质量退化、环境污染等问题，严重制约了蔬菜产业的可持续发展，亟须研发化肥减施增效减排的系列技术。

目前，我国秸秆以及畜禽有机肥等资源丰富，但利用率低，利用方式较少。这些有机肥可以改善土壤的理化性质、提高土壤有机质的含量，同时有机肥的矿化过程会刺激土壤微生物活性，增加土壤中的分泌物，这些物质可以凝结土壤颗粒形成大团聚体。土壤大团聚体的分布和稳定性是表征土壤肥力的重要指标，不同粒级的土壤团聚体的分布决定了土壤孔隙的分布，进而影响通气性、透水性和养分的吸附与解吸。土壤团聚体的增加和有机质疏松的特性，使得有机肥替代化肥后，改善土壤紧实度，避免土壤板结，促进土壤养分转化、作物根系的生长及根系对养分的吸收。针对南方大棚叶菜主产区肥料施用现状、土壤养分状况以及目标产量等，选取2种广泛种植的叶菜甘蓝和小青菜，确定有机肥替代化肥的适宜模式与比例，确保维持高产的前提下，实现化肥的减施增效。

### 1.2　技术效果

为探究不同有机肥替代化肥比例对设施甘蓝和小青菜产量、效益的影响，确定最佳有机肥替代化肥比例，于2016－2019年在江苏宜兴周铁镇设施蔬菜种植基地开展了田间试验，有机肥替代比例处理见表1。

田间试验结果表明，随着有机肥氮替代化肥氮比例的增加，甘蓝和小青菜的产量都呈现先增加后降低的趋势。甘蓝生长季在25%M处理下产量最高，与纯化肥氮处理（0%M）的产量相比增加了15.0%，达到显著水平（$P<0.05$）。然而，继续增加替代比例，50%M、75%M和100%M处理与纯化肥处理间无显著差异。在小青菜生长季同样在

25%M处理下，与纯化肥氮处理相比，增产效果显著（$P<0.05$），增产比例达16.3%。同时进行了不同比例有机肥氮替代化肥氮下甘蓝和小青菜生产的经济效益分析，从甘蓝产值上看，25%M处理下的产值最高，比0M、50%M、75%M和100%M处理分别高15.1%、6.8%、10.0%和9.8%，且与纯化肥氮处理相比，25%M处理增收可达11.7%，其他替代比例呈负增收效益。与甘蓝观测结果相同，小青菜产值也在25%M处理下最高，比0M、50%M、75%M和100%M处理分别高7.7%、9.8%、10.1%和20.1%，且与纯化肥氮处理相比，25%M处理下增收可达5.4%。

**表1　不同施肥处理包心菜和小青菜的氮施用量**　　单位：千克/亩，纯氮计

| 处理 | 甘蓝 | | | | 小青菜 | | |
|---|---|---|---|---|---|---|---|
| | 基肥 | | 追肥 | 总化肥氮 | 基肥 | | 总化肥氮 |
| | 有机肥[①] | 化肥 | | | 有机肥 | 化肥 | |
| 0M（100%化肥） | 0 | 30 | 10 | 40 | 0 | 14.5 | 14.5 |
| 25%M（25%有机肥+75%化肥） | 10 | 20 | 10 | 30 | 3.5 | 11 | 11 |
| 50%M（50%有机肥+50%化肥） | 20 | 10 | 10 | 20 | 7.25 | 7.25 | 7.25 |
| 75%M（75%有机肥+25%化肥） | 30 | 0 | 10 | 10 | 11 | 3.5 | 3.5 |
| 100%M（100%有机肥） | 40 | 0 | 0 | 0 | 14.5 | 0 | 0 |

① 有机肥为商品有机肥，N、$P_2O_5$和$K_2O$含量分别为2.2%、0.93%和1.61%。

该技术于2017—2019年在江苏南京、宜兴、常熟等地逐步开展了大面积的示范应用。应用结果表明：该技术较常规施肥区增产6.2%（233.8千克/亩），增效16.0%（577元/亩）；减少化肥用量（实物量）33.3%（56千克/亩），减少化肥养分用量33.4%（26.8千克/亩），其中减施化肥N 31.4%（11.6千克/亩）、$P_2O_5$ 47.9%（7.9千克/亩）和$K_2O$ 27.7%（7.3千克/亩）（图1）。

图1　大棚叶菜有机肥替代化肥技术示范应用

## 2　技术操作要点

### 2.1　甘蓝施肥指导

（1）施肥原则。甘蓝是喜肥作物，有机肥的施用可以明显改良土壤，提高甘蓝产量。在播种甘蓝之前，根据土壤肥沃程度，每亩施用不少于450千克的有机肥。如果氮素供应不足，会导致甘蓝植株矮小，严重减产，相反，氮素施用过多，则不耐储存，有时会出现干烧心。氮肥的75%左右做基肥，25%左右做追肥，基肥中约1/3以上纯氮宜以有机肥施入，追肥在莲座期施入，一般不在结球后期施用（效果较差）。磷素能促进甘蓝细胞的分裂和叶原基的分化，加快叶球形成，促进根系发育，生长后期磷钾供应不足时，往往不易结球。

（2）施肥推荐。

① 设施甘蓝目标产量4～6吨/亩，每亩施入土壤N、$P_2O_5$和$K_2O$适宜用量范围分别为20～25千克、10～13千克、15～20千克，其中每亩化肥N、$P_2O_5$和$K_2O$适宜用量范围分别为15～20千克、6～8千克、10～15千克。

② 肥料品种选择。有机肥推荐施用商品有机肥、腐熟的农家肥、堆沤肥、绿肥、杂肥等；化肥尽量选用低磷化肥品种；追肥施用尿素。

③ 施肥运筹和方式。磷钾肥和有机肥作为基肥一次性施入，化肥氮分1次基肥和1次追肥施入，施肥运筹为3∶1，宜在莲座期进行追施。宜采用条施、穴施、环施的方式施肥，不宜撒施，施肥深度宜为土壤5厘米以下。

### 2.2　小青菜施肥指导

（1）施肥原则。针对小青菜栽培中氮磷化肥普遍偏高，肥料增产效益下降，而有机肥施用不足，提出以下原则。

① 增施有机肥，提倡有机、无机肥料配合。

② 小青菜生长前期短，肥料基肥一次性施入，不追肥。

③ 小青菜喜硝态氮，硝态氮比例应占氮素化肥的3/4以上。

（2）施肥推荐。

① 设施小青菜目标产量1～2吨/亩，每亩施入土壤N、$P_2O_5$和$K_2O$适宜用量范围分别为10～15千克、6～8千克、10～12千克，其中每亩化肥N、$P_2O_5$和$K_2O$适宜用量范围分别为8～12千克、4～6千克、8～10千克。

② 肥料品种选择。有机肥推荐施用商品有机肥、腐熟的农家肥、堆沤肥、绿肥、杂肥等。

③ 施肥运筹和方式。氮磷钾化肥和有机肥作为基肥一次性施入，不追肥。有机肥和复合肥随翻耕入土，施肥深度宜为土壤5厘米以下。

## 3 技术注意事项

（1）有机肥所含养分不是万能的。有机肥料所含养分种类较多，与养分单一的化肥相比是优点，但是它所含养分并不平衡，不能满足作物高产优质的需求。

（2）有机肥分解较慢，肥效较迟。有机肥虽然营养元素含量全，但含量较低，且在土壤中分解较慢，在有机肥用量不是很大的情况下，很难满足农作物对营养元素的需要。

（3）有机肥需经过发酵处理。许多有机肥料带有病菌、虫卵和杂草种子，有些有机肥料中有不利于作物生长的有机化合物，所以均应经过堆沤发酵、加工处理后才能施用，生粪不能下地。

（4）有机肥的使用禁忌。腐熟的有机肥不宜与碱性肥料和硝态氮肥混用。

## 4 适宜地区

大棚甘蓝、小青菜等叶菜产区。

## 5 联系方式

技术依托单位：中国科学院南京土壤研究所

联系人：闵炬

联系电话：025-86881577

电子邮箱：jmin@issas.ac.cn

# 二、化肥减施产品

## 基于发育阶段的设施果菜新型滴灌专用肥

### 1　产品简介

#### 1.1　产品研发背景

蔬菜要求钾多磷少，一般N：$P_2O_5$：$K_2O$吸收比例为1：（0.3～0.5）：（1.0～1.9），而设施蔬菜施用的化肥品种也不符合蔬菜生产要求，高磷化肥品种如磷酸二铵、三元复合肥、冲施肥等占较大比例，导致设施蔬菜磷施用比例远超需求比例。近期调查表明，专门针对蔬菜研发的肥料品种较少，仅占调查肥料品种总数的9.7%，其中比较适合蔬菜养分需求的专用肥、水溶性肥料等专用新型化肥品种数量不足专门针对蔬菜研发的肥料品种总数的20%。目前市场上大多数蔬菜专用肥、水溶性肥料等的主要问题一是养分配方比例失调，二是养分形态不匹配，三是促根抗逆功能不稳定，四是为了“通用”添加了不需要的养分成分，很难根据蔬菜需要和土壤养分状况使用。水肥一体化技术是未来农业生产中具有广阔前景的新技术，能实现设施蔬菜生长各阶段水肥供应与需求的同步。滴灌专用肥的使用是制约设施蔬菜水肥一体化精准管理技术发展的一个关键因素。研制适合设施蔬菜生长特点和养分需求的滴灌专用肥的养分配比与养分形态更趋合理，对调节土壤磷素，促进土壤养分均衡供应，提高肥料利用率，减施化肥，增产提质具有重大作用。

#### 1.2　产品效果

（1）果菜生育前期新型滴灌专用肥应用效果。大量元素水溶性肥料（生根壮秧高氮型滴灌专用肥——黄博1号，N-$P_2O_5$-$K_2O$=22-12-16+TE+BS，TE为螯合态微量元素，BS为海藻酸钾、植物诱抗蛋白等植物刺激物）是针对果菜生育前期需肥特点与规律，精心配制而成。富含独特的植物刺激物（BS），能提高作物根系多种酶活性，并催化酶促反应，促发白根，强健植株，同时在营养物质周围形成一层结构类似于植物自身组织的有机包裹层，使作物容易对营养物质进行吸收，能显著提高养分利用效率。

在甘肃（肃州、临泽）、河南（郑州）、河北（定兴、永清）、山东（寿光）等日光温室蔬菜优势区示范基地，近5年设施果菜定植至开花期间应用黄博1号取得良好效果（见图1，植株长势旺盛，坐果/瓜能力强，不黄叶，不早衰），可减少化肥养分用量30%以上，增产6%以上，增效10%以上，并改善了产品品质和生态环境。

图1　黄博1号产品示范应用

（2）果菜生育中后期新型滴灌专用肥应用效果。大量元素水溶性肥料（膨果靓果高钾型滴灌专用肥——黄博2号，$N-P_2O_5-K_2O$=19-6-25+TE+BS，TE为螯合态微量元素，BS为海藻酸钾、植物诱抗蛋白等植物刺激物）是针对果菜生育中后期需肥特点与规律，精心配制而成。富含独特的植物刺激物（BS），能平衡作物营养生长与生殖生长，促进花芽分化，高效膨果、增糖、转色，提升口感、果型、表光。防治因缺素造成的落花、落果、裂果、空洞果、小叶黄叶等作物生殖生长期营养障碍。同时在营养物质周围形成一层结构类似于植物自身组织的有机包裹层，使作物容易对营养物质进行吸收，能显著提高养分利用效率。

在甘肃（肃州）、河南（郑州）、河北（定兴、永清、藁城）、天津（西青）、山东（寿光）等日光温室蔬菜优势区示范基地，近5年设施果菜开花后至拉秧期间应用黄博2号取得良好效果（见图2，植株长势旺盛，坐果/瓜能力强，不黄叶，不早衰），可减少化肥养分用量30%以上，增产7%以上，增效15%以上，并改善了产品品质和生态环境。

图2　黄博2号产品示范应用

## 2 产品使用方法

在设施果菜生产中，每亩基施腐熟有机肥4～6立方米或商品有机肥1～1.5吨，化肥20～30千克作基肥（尽量选用低磷化肥品种），次生盐渍化、酸化等障碍土壤在补施100千克的生物有机肥或土壤调理剂的基础上，合理配施滴灌专用肥。定植至开花期间，选用黄博1号（N-$P_2O_5$-$K_2O$=22-12-16+TE+BS），或氮磷钾配方相近的完全水溶性肥料，每亩每次4～6千克，定植后7～10天第1次滴灌追肥，之后15天左右1次（温度较高季节7天左右1次）。开花后至拉秧期间，选用黄博2号（N-$P_2O_5$-$K_2O$=19-6-25+TE+BS），或氮磷钾配方相近的完全水溶性肥料，每亩每次7.5～10千克，温度较低季节15天左右1次，温度较高季节10天左右1次。根据蔬菜长势、气候条件、土壤水分、棚内湿度等因素调节滴灌追肥时间和用量。

## 3 适宜地区

该产品适用于我国北方冬春茬、秋冬茬以及越冬长茬的设施果菜种植区，也适用于南方大棚果菜种植区。

## 4 联系方式

产品依托单位：中国农业科学院农业资源与农业区划研究所

联系人：黄绍文，唐继伟，张怀志

联系电话：010-82108662，010-82108669，010-82108685

电子邮箱：huangshaowen@caas.cn，tang-jiwei@163.com，zhanghuaizhi@caas.cn

# 果菜专用系列液态肥

## 1 产品简介

### 1.1 产品研发背景

近30年来，随着种植结构的调整，浙江省等南方省市蔬菜等经济作物种植面积逐年扩大，有些市县的种植面积已超过了粮食作物。蔬菜生产因复种指数高，肥料投入量大，对土壤性质可产生较大的影响，导致了设施菜田土壤pH值降低、次生盐渍化、养分富集、重金属积累，化肥肥效和利用率下降，地下水硝酸盐污染，蔬菜产量和品质降低等一系列严重的问题。

除了不合理的化肥施用问题，蔬菜生产中施肥不均衡、缺素等问题也较为严重。在果菜类蔬菜生长发育过程中，钙元素是必不可少的元素，也是重要的胞内信号分子，不仅参与细胞壁和细胞膜的构成，而且作为第二信使参与细胞内信号转导与调控。由于其重要的生理功能，钙在植物的逆境中具有非常重要的作用。大多数果菜，都属于喜钙作物。对于茄果类蔬菜，缺钙能引起果实脐腐病、裂果等生理病害，降低果实品质，进而导致减产减收。

液体肥料具备养分含量高、营养全面、速溶性快、杂质少、肥效快、吸收率高、使用方便、多功能化、施用安全等优点，是真正符合现代农业发展方向的好肥料。为此，浙江大学研发团队针对南方大棚果菜类蔬菜的用肥特点开发了系列液态肥，主要有果菜专用全素液态肥（浙大全素三号）、有机液体糖醇螯合钙肥（浙大优钙一号）、果菜高钙悬浮液态肥（浙大优钙二号）。

### 1.2 产品效果

（1）大量元素水溶性肥料（浙大全素三号，$N+P_2O_5+K_2O$>500克/升）。该肥N≥110克/升、$P_2O_5$≥50克/升、$K_2O$≥180克/升，并且含腐殖酸（≥30克/升）和有机质（≥80克/升）。该肥料以尿素、硝酸钾、磷酸二氢钾、腐殖酸粉、表面活性剂（烷基芳烃聚氧乙烯醚）和水为原料。该肥料为水剂，$N$-$P_2O_5$-$K_2O$比例接近果菜类蔬菜需求。其主要特点是富含大量元素及多种有机质，能够延缓植株衰老，保持叶片青绿，延长采收期；促使果实膨大、有助于果实糖分积累，改善口感，提高品质，大幅提高产量（图1）。

（2）中量元素水溶性肥料（浙大优钙一号，钙（糖醇钙）>160克/升）。钙含量高达160克/升，由糖醇螯合钙和高效养分助剂组成，是可以实现通过叶面和果面双渠道吸收的钙肥。此种高钙液态肥可以及时补充钙元素，矫正作物缺钙症状，可明显提高果实硬度，有效预防钙吸收障碍，增强作物抗病性，延长储存时间，提高果实的外观品质和口感（图3）。

图1　浙大全素三号

图2　浙大全素三号田间效果

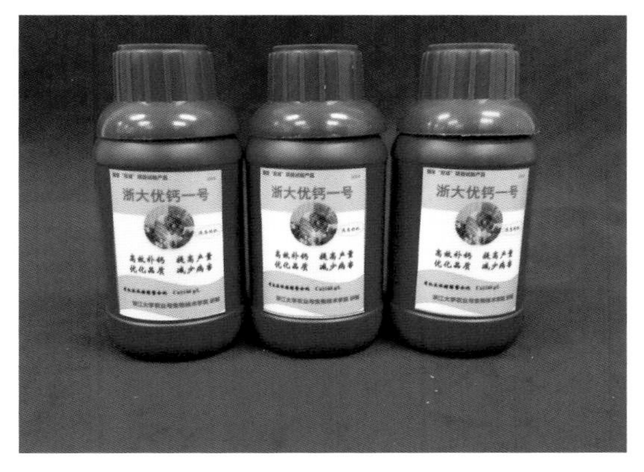


图3　浙大优钙一号

图4　浙大优钙一号田间效果

（3）中量元素水溶性肥料（浙大优钙二号，钙（氯化钙）>200克/升）。高钙配方（CaO≥200克/升），促进果实膨大，改善果实外观，提高果实品质；纯营养制剂，富含微量元素及大量有机质。此高钙肥能够有效预防落果、裂果、畸形果，改善果实缺钙症状，且土壤渗透力强，可以改良土壤的盐渍化，增强土壤的团粒性（图5）。

图5　浙大优钙二号

图6　浙大优钙二号田间效果

近5年，在江苏淮安、浙江杭州蔬菜优势区示范基地，示范了果菜专用系列液态肥（浙大全素三号、浙大优钙一号、浙大优钙二号）配合水肥一体化施用，取得了良好的示范效果（如图2、图4、图6，植株长势旺盛，坐果能力强，不黄叶，不早衰），可减少化肥养分用量35%以上，增产6%以上，增效10%以上，并改善了产品品质。

## 2 产品使用方法

在每亩基施腐熟有机肥1～2立方米或商品有机肥300～500千克，复合肥（含N-$P_2O_5$-$K_2O$=15-15-15）10～20千克的基础上，浙大全素三号作为追肥兑水稀释200～300倍滴灌施用，每10～15天施用1次，每次每亩用2～3瓶（5升/瓶）。也可根据作物长势适当增减用量和次数；或兑水500～800倍喷施，每10～15天施用1次，每次每亩用100毫升稀释喷施50升，也可根据作物长势适当增减用量和次数。在南方大棚果菜类全生长季，可全部使用浙大全素三号作为追肥，不用其他水溶性肥料。浙大全素三号可与大多数杀虫剂、叶面肥和调节剂混用，不可与除草剂和强碱性农药混用。

浙大优钙一号液态肥2 000倍稀释，可单独或与农药一起喷雾施用，根据长势在开花结果期每7～15天喷施1次。注意事项：即配即用，避免与硅肥同时施用。每次每亩用2～3瓶（100毫升/瓶）。

浙大优钙二号：稀释200～300倍，每10～15天施用1次，根据作物长势可适当增减用量和次数。注意事项：即配即用，不可与农药一起施用。滴灌时，每次每亩用3～5瓶（5升/瓶）。

## 3 适宜地区

该产品适用于我国南方大棚果菜类、瓜类蔬菜种植区。

## 4 联系方式

产品依托单位：浙江大学农业与生物技术学院蔬菜研究所

联系人：周杰

联系电话：0571-88982276

电子邮箱：jie@zju.edu.cn

# 大棚叶菜专用矿物质叶面碳肥

## 1　产品简介

### 1.1　产品研发背景

施用叶面肥，各种养分能够很快地被作物叶片吸收，可在短时间内增加作物体内的营养成分，迅速缓解作物的缺肥状况，从而发挥肥料最大的效益。叶面肥目前在蔬菜上应用比较广泛，具有针对性强、养分吸收运转快、可避免土壤中某些养分的流失或者被固定、提高养分利用率、减少土壤污染等优势。针对大棚光照强度弱、二氧化碳浓度低，短茬叶菜类蔬菜生育期短，养分投入量大，土壤残留量高，利用率低的特点，追肥时期可使用中量元素肥料（植力康，$CaCO_3$≥94.4%，以下简称矿物质叶面碳肥）。矿物质叶面碳肥，原料为方解石，通过快速粒子碰撞活化技术研制而成，使肥料颗粒直径在100～2 000纳米（7 500～150 000目），其包含的高分散度、高活性、高生物效能的矿物质颗粒可以直接通过叶面水剂喷施而被植物叶片气孔吸收利用。主要成分包括：碳酸钙94.4%（氧化钙52.9%）、碳酸镁、氧化硅、氧化铝、氧化钠、氧化铁、氧化钾及微量元素锰、锌、钼。

大棚叶菜生长期短，一般在30天内可收获，追肥大量施用传统化肥，其肥效慢、利用率低，施用叶面碳肥可以在细胞内部持续稳定释放和同化二氧化碳，加快光合速率、提高光利用率，增加叶绿体含量，从而显著增强光合作用，增加有机养分生成，达到减施化肥且提高蔬菜品质和产量的目的（图1）。

图1　大棚叶菜专用矿物质叶面碳肥

### 1.2　产品效果

近3年来在江苏南京、宜兴、常熟蔬菜优势区示范基地，示范了大棚叶菜专用矿物质叶面碳肥，取得了良好的示范效果，可减少化肥用量20%以上，增产10%以上，可显著提高叶绿素、可溶性糖和维生素C含量（分别为32.4%、22.6%和77.4%），可增强作物抗性，减少病虫害和农药使用，并可以使蔬菜作物提前成熟1～2周（图2）。

图2　大棚叶菜专用矿物质叶面碳肥示范应用

## 2　产品使用方法

（1）大棚叶菜施入底肥后，建议不追施大量元素化肥，建议追施矿物质叶面碳肥，用量为450～600克/亩，从幼苗期（3～4片真叶）开始，每7～10天喷施1次，连续喷施3～4次，每次用量150克/亩。

（2）每次追施时，先用小容器将50克（1袋）矿物质叶面肥粉剂加入水中充分搅拌均匀，再倒入喷药桶中加水15千克（1桶水）搅拌均匀后叶面喷施，每亩需配制3桶。

（3）可以和其他农药一起使用，需分别稀释后再混合施用，不建议与含磷（非有机磷）液体混用，不能与三乙膦酸铝混用。

（4）建议上午9—10时或者下午4时（夏季下午6时）后喷施，以叶片正反面喷施效果为佳，应避免中午使用。

（5）现用现配，长时间配好如未使用完，需重新搅拌使用。

## 3　适宜地区

大棚叶菜类蔬菜作物产区。

## 4　联系方式

产品依托单位：中国科学院南京土壤研究所

联系人：闵炬

联系电话：025-86881577

电子邮箱：jmin@issas.ac.cn

# 生物炭基肥料

## 1　产品简介

### 1.1　产品研发背景

国内为提高产量而大量施用化肥的现象越来越普遍，而施用大量的化肥不仅会造成土壤板结、保肥持水性降低，土壤次生盐渍化加重，而且会引起作物的品质下降，污染地下水等。

生物炭（Biochar）是生物质在缺氧条件下通过热化学转化得到的固态产物，其比表面积大，孔隙结构发达，具有高度稳定性和较强的吸附性能。利用生物炭的特性，以生物炭作为肥料载体，通过肥料熔融高压附载法、肥料水溶浸泡吸附法、肥料掺混造粒法、生物炭包裹肥料法、炭基脲醛复合反应法等工艺将生物炭与肥料复合，制备出具有不同外形、配方组合和功能的生物炭基肥料。

有机无机复混肥（生物炭基肥料，$N-P_2O_5-K_2O$=14-14-14）具有以下技术优点：炭基肥料的生物炭来源主要为秸秆等废弃物实现废弃物循环利用（图1）；生物炭基肥料具有缓释、保肥、保水等特性；随炭基肥料带入的生物炭具有提高土壤通气性、降低土壤容重等作用，改善土壤理化性状。

图1　生物炭基肥料

### 1.2　产品效果

在京郊设施蔬菜上应用，提高生菜产量10%～18%，土壤容重降低2.9%～5.9%（图2）；在河北张家口马铃薯上推广应用，马铃薯产量提高20%以上；在平谷大桃上应用，减少肥料投入成本340元以上，大桃单果重提高11%～13%，增加大桃糖度、维生素C含量，降低大桃硝酸盐含量，提高大桃品质，提高秋后大桃芽孢饱满度，有利于第二年开花、坐果。

图2　田间效果

## 2 产品使用方法

根据种植的不同作物应用不同，通常作为替代复合肥的基肥施用，可以比常规减少10%～30%的用量。该产品（生物炭基肥料）适用于作为底肥、追肥在蔬菜、马铃薯、果树等。

## 3 联系方式

产品依托单位：北京市农林科学院植物营养与资源研究所
联系人：孙焱鑫、廖上强
联系电话：010-51503503
电子邮箱：syanxin@163.com

# 温室多功能精准水肥一体机装备

## 1 产品简介

### 1.1 产品研发背景

我国温室生产长期存在盲目灌溉施肥情况，一方面制约了作物产量和品质的提升，另一方面过量施用造成水肥资源浪费、环境污染严重等问题。荷兰、以色列等设施园艺发达国家的经验表明，高性能水肥一体化装置的应用是破解上述问题的关键。由于我国设施园艺产业经营主体规模小、品种杂、生产茬口不统一，对水肥一体机的工况需求复杂，加之国内设备控肥不准、国外设备价格高，导致我国水肥一体化技术在温室园艺领域的应用推广缓慢，迫切需要针对性地开发适应多种工况需求、配肥精准、稳定性高、价格相对经济的水肥一体化设备。

### 1.2 产品效果

通过创新脉宽调制（PWM）算法调整多路吸肥通道电磁阀占空比，实现水肥输入比例及浓度的精准调节，缩短肥水浓度达到设定值的时间，减小运行时浓度的波动。2019年，经北京市农业机械试验鉴定推广站测试，温室多功能精准水肥一体机控制性能达到国内同类型设备的领先水平，获得北京市新产品鉴定1项。具体参数见表1。

表1 13SFJ-31035型温室水肥一体机主要参数

| 参数 | 数值 | 参数 | 数值 |
|---|---|---|---|
| 外形尺寸（毫米） | 1 000 × 840 × 1 100 | EC值准确度 | ≤10% |
| 输出压力范围（兆帕） | ≤0.3 | pH值准确度 | ≤0.1 |
| 输出流量范围（立方米/小时） | 3～10 | | |

## 2 产品使用方法

温室多功能精准水肥一体机的运行要点在于控制输出营养液的EC值和pH值，并在合理的情况下准确输送到种植作物根部。该机主要采用“自动+手动”两档运行模式，可采用手机App实现远程参数的设定和操作，具体组成详见图1。

### 2.1 操作前准备

（1）保证机器的输出管道的球阀处于打开状态。

（2）检查母液桶液位是否处于安全线以上，若低于液位安全线，请重新配置母液。

图1　温室多功能精准水肥一体机组成

2.2　操作

（1）主控页面。主控页面显示为自动设定、高级设定、手动设定三大类控制功能及环境参数的参数查页面，详见图2。点击目标值附近，触摸屏弹出输入框，手动输入种植作物所需营养液的EC值和pH值。点击肥料、酸的设定比例，确保机器处于最佳工作状态。

（2）高级设定。输入密码可进入高级设定界面，并可选择流量控制、光温耦合控制、土壤湿度控制模式，并可在高级设置中可设定设备保护参数、报警参数、查看EC值与pH值调控波动情况，详见图3。

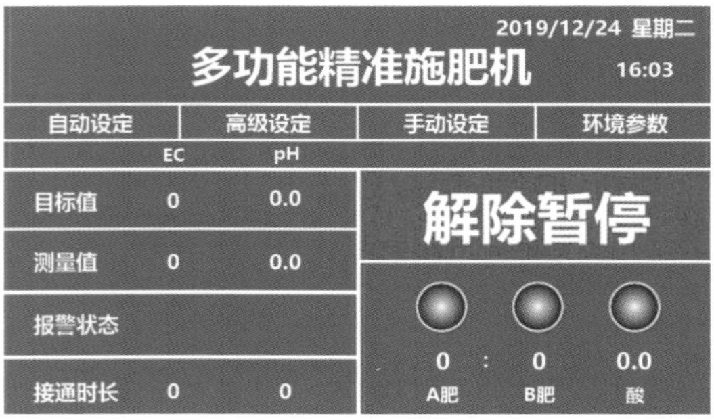

图2　温室多功能精准水肥一体机主控界面

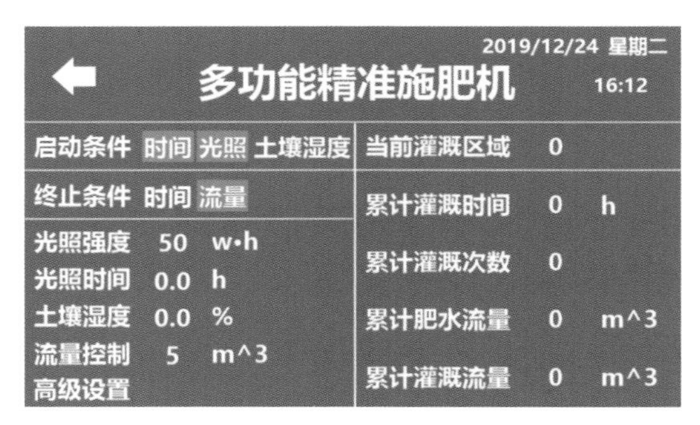


图3　温室多功能精准水肥一体机高级设定界面

（3）自动设定。自动设定页面，主要是设定机器自动灌溉时间。首先点击选择需要设定的灌溉区域，然后设定间隔时间和启动时间，具体见图4。

（4）手动设定。手动设定是面向简单应用场合，降低操作者的使用难度，通过直接点击灌溉控制区相对应的按钮实现设备的启停，详见图5。

（5）环境参数和手机远程控制。环境参数是显示机器所控制温室的环境参数，需要温室接入温度、湿度、光照和土壤湿度传感器。手机远程控制功能需要下载专用的手机App，实现设备的远程操控。

图4　温室多功能精准水肥一体机自动设定界面

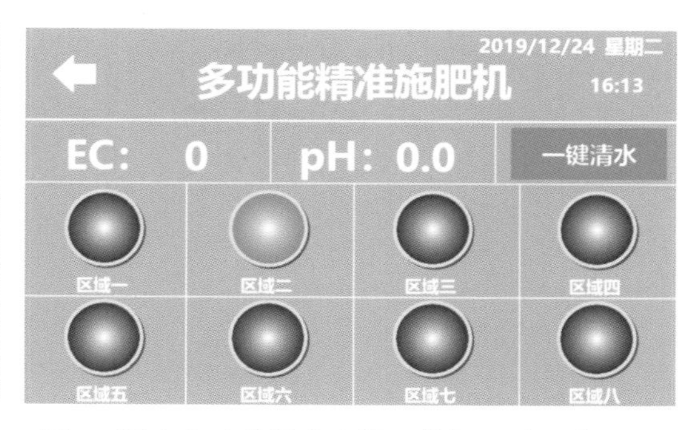


图5　温室多功能精准水肥一体机手动设定界面

## 3　产品注意事项

（1）当机器长期不用时，请把机器的EC和pH探头按照说明书妥善保存，每隔1个月，进行相应的校正。

（2）机器的放置位置应保证不能结冰。冬季不用时，应把系统内水和营养液全部排空。

（3）尽量选择溶解性好的专用水溶肥，酸母液优先选择磷酸和硝酸等。

## 4　适宜地区

该产品适用于对温室种植水肥浓度管理要求较高的场合，尤其适用于蔬菜育种、水培、岩棉椰糠、基质等栽培模式的地区。

## 5　联系方式

产品依托单位：农业农村部规划设计研究院

联系人：丁小明，尹义蕾，李恺，张凌风

联系电话：15801196316

电子邮箱：276089613@qq.com

# 第三篇

# 设施蔬菜高效栽培技术规程

# 日光温室越冬长茬果菜类蔬菜套餐施肥技术

## 1 技术简介

### 1.1 技术研发背景

设施蔬菜常年处于封闭与半封闭状态，透光通风不良，温度高，湿度相对较大，尤其在高强度水肥管理模式和长期连作种植下，导致设施菜田养分大量累积、土壤质量退化、作物抗逆性差，根系病虫害等时常发生。果菜类蔬菜套餐施肥技术基于“土、肥、水”综合调控技术，结合菜田土壤施肥历史与土壤问题，从源头入手，改良土壤障碍问题。

### 1.2 技术效果

根据果菜类蔬菜不同生育期养分需求特性与施肥历史选择营养型追肥产品；根据果菜类蔬菜生产的逆境胁迫情况，选择功能型液体肥产品；最终通过水肥一体化技术，少量多次，将水肥供应于作物根区附近，进行全程套餐施肥搭配，实现“土、肥、水”资源的高效利用。利用设施果菜类蔬菜套餐施肥技术后，与传统栽培模式相比，化学肥料N、$P_2O_5$、$K_2O$用量分别减少11.0%、16.6%、12.6%，而其肥料施用效率分别提高29.4%、37.8%、31.2%。

## 2 技术操作要点

### 2.1 灌溉模式

番茄：采用滴灌。定植水灌水量控制在30～40立方米/亩。定植后一周左右及时灌水，促进缓苗，灌水量为13～15立方米/亩。待第一穗果长至“乒乓球”大小时再开始进行灌水施肥。进入12月之前，每亩每次灌水量为13～15立方米，灌水间隔在5～7天；12月至翌年2月，每亩每次灌水量为11～13立方米，灌水间隔10～15天，如遇极端气候，根据天气情况可调节灌水间隔为15～25天；3月之后，每亩每次灌水量为15～20立方米，灌水间隔5～7天。

黄瓜：采用滴灌。定植水灌水量控制在30～40立方米/亩。定植后3～5天及时灌水，促进缓苗，灌水量为13～15立方米/亩。待根瓜坐住后再开始进行灌水施肥。进入12月之前，每亩每次灌水量为14～16立方米，灌水间隔5～7天；12月至翌年2月，每亩每次灌水量为12～15立方米，灌水间隔10～15天，如遇极端气候，根据天气情况可调节灌水间隔为15～25天；3月之后，每亩每次灌水量15～20立方米，灌水间隔5～7天。

茄子：采用滴灌。定植水灌水量控制在30～40立方米/亩。定植后一周左右及时浇水，促进缓苗，一般灌水量为15立方米/亩。进入12月前，每亩每次灌水量为14～16立方米，灌水间隔5～6天；12月至翌年2月，每亩每次灌水量为12～14立方米，灌水间隔7～10天，如遇极端气候，根据天气情况可调节灌水间隔为15～20天；3月之后，每亩每次灌水量为14～16立方米，灌水间隔5～7天。

### 2.2　定植前施肥管理

施用3～4吨/亩腐熟有机肥，100千克/亩生物有机肥或土壤调理剂调节土壤微生物区系平衡以及预防根结线虫。

### 2.3　苗期施肥管理

定植后7～10天，灌定植水时，施肥1次：16-20-14+TE水溶肥，5千克/亩；同时施用腐殖酸液体肥（HA≥30克/升，45-200-35），5升/亩。

### 2.4　开花坐果期施肥管理

番茄与茄子：共施肥2次，15～20天施肥1次。每次施用16-20-14+TE水溶肥12～15千克/亩，腐殖酸液体肥（HA≥30克/升，45-200-35）5升/亩，并叶面喷施流体硼肥15毫升/亩。

黄瓜：共施肥3次，10～15天施肥1次。每次施用16-20-14+TE水溶肥8～10千克/亩，腐殖酸液体肥（HA≥30克/升，45-200-35）5升/亩，并叶面喷施流体硼肥15毫升/亩。

### 2.5　结果初期施肥管理

番茄和黄瓜：施肥2次，15～20天施肥1次。第1次，施用18-5-27+TE水溶肥15～20千克/亩，钙镁清液肥（Ca≥70克/升，Mg≥35克/升，N 50克/升）5升/亩；第2次，施用18-5-27+TE水溶肥15～20千克/亩，腐殖酸液体肥（HA≥30克/升，45-200-35）5升/亩。

茄子：共施肥2次，15～20天施肥1次。第1次，施用15-5-22硝基肥15～25千克/亩，钙镁清液肥（Ca≥70克/升，Mg≥35克/升，N 50克/升）5升/亩；第2次，施用15-5-22硝基肥15～30千克/亩，腐殖酸液体肥（HA≥30克/升，45-200-35）5升/亩。

### 2.6　结果盛期施肥管理

番茄：共施肥12次，① 2月施肥1次，施用18-5-27+TE水溶肥10～12千克/亩，钙镁清液肥（Ca≥70克/升，Mg≥35克/升，N 50克/升）5升/亩；② 3月和4月施肥6次，10天施肥1次，每次施用18-5-27+TE水溶肥10～12千克/亩，每个月施用1次钙镁清液肥（Ca≥70克/升，Mg≥35克/升，N 50克/升）5升/亩；③ 5月和6月施肥5次，10～12天施肥1次，每次施用18-5-27+TE水溶肥8～10千克/亩。

黄瓜：共施肥10次，① 2月施肥1次，施用18-5-27+TE水溶肥8～10千克/亩，钙镁清液肥（Ca≥70克/升，Mg≥35克/升，N 50克/升）5升/亩；② 3月和4月施肥7次，7～10天施肥1次，每次施用18-5-27+TE水溶肥8～10千克/亩，每个月施用1次钙镁清液肥（Ca≥70克/升，Mg≥35克/升，N 50克/升）5升/亩；③ 5月施肥2次，每次施用18-5-27+TE水溶肥8～10千克/亩。

茄子：共施肥10次，① 2月施肥1次，施用15-5-22硝基肥8～10千克/亩，钙镁清液肥（Ca≥70克/升，Mg≥35克/升，N 50克/升）5升/亩；② 3月、4月、5月共施肥9次，10天施肥1次，每次施用15-5-22硝基肥8～10千克/亩，每个月施用1次钙镁清液肥（Ca≥70克/升，Mg≥35克/升，N 50克/升）5升/亩。

### 2.7 结果末期施肥管理

番茄和黄瓜：共施肥2次，10～12天施肥1次，每次施用18-5-27+TE水溶肥8～10千克/亩。

茄子：6月共施肥2次，每次施用15-5-22硝基肥10～15千克/亩。

## 3 技术注意事项

采用水肥一体化技术，少量多次，将水肥供应于作物根区附近。越冬长茬栽培中，可以选择含氨基酸、腐殖酸、海藻酸等具有促根抗逆作用的功能型水溶性肥料，在冬季采用此类肥料对设施果菜类蔬菜进行灌根或滴灌施肥，能够促进蔬菜根系的呼吸与生长，提高果菜类蔬菜的抗低温胁迫能力，改善作物的品质。而对于土壤速效钾累积含量高的大棚，需要考虑中和钾含量配方并辅以水溶性镁的水溶性肥料，以防止因钾素供应过高引起钙镁养分离子的拮抗作用。

## 4 适宜地区

华北地区设施越冬长茬果菜类蔬菜主产区、种植年限大于5年的高等肥力设施老菜地。

## 5 联系方式

技术依托单位：中国农业大学

联系人：陈清，田永强

联系电话：010-62733759

电子邮箱：qchen@cau.edu.cn，tianyq1984@cau.edu.cn

# 日光温室冬季综合增温保温技术

## 1　技术简介

### 1.1　技术研发背景

在实际生产中，虽然日光温室冬季晴天白天温度能够达到25℃以上（温室设计上采光没有问题），但是夜间温度经常在3～5℃，冬季喜温果菜生产低温障碍突出甚至难以进行喜温蔬菜生产。

### 1.2　技术效果

通过墙体和后屋面保温、增加前屋面保温覆盖物的厚度、在温室前屋面底脚挖防寒沟等综合技术，提高温室的夜间保温能力，使夜间温度在正常天气条件下，冬季1—3月最低气温能够达到8℃以上，确保喜温蔬菜冬季安全生产。

## 2　技术操作要点

### 2.1　温室墙体保温

温室墙体厚度小于60厘米，为增加墙体的夜间保温可根据当地经济及资源采取如下措施：① 砖墙温室可在温室北墙外侧贴10厘米厚聚苯保温板，注意保温板拼接方式不能留有缝隙，保温板外挂石膏或水泥，使苯板与墙体结合紧密；② 利用当地的玉米秸秆资源，将秸秆打捆贴在后墙上，厚度在15厘米左右，用上年的旧棚膜包紧固定在后墙上；③ 温室北墙堆土，根据实际情况，堆土高度最好与后墙高度一致，至少要达到1.5米，厚度在30厘米左右。

### 2.2　后屋面保温

后屋面只有一层10厘米左右聚苯板的日光温室，为增加后屋面的保温能力，可根据当地经济及资源采取如下措施：① 在后屋面上铺加10厘米以上旧草苫（2～3层）或20厘米厚的作物秸秆等，用旧薄膜等做好防水；② 在后屋面上铺加20厘米厚炉渣，在其上铺2厘米厚水泥砂浆抹平。采用 ① 或 ② 改进措施后，还需要将前屋面保温被或草苫覆盖到整个后屋面上（图1）。

### 2.3　设置防寒沟

该项措施主要是为了减少土壤的横向传热，提高温室内的土壤温度。为了提高阻隔土壤横向传热的效果，建议将防寒沟建在日光温室前屋面底脚处（以往建在前屋面外侧，因冷桥存在隔热效果不理想），深度要大于当地冻土层，沟宽10～30厘米，放置

5～10厘米厚的高密度聚苯泡沫板或填入珍珠岩等保温隔热材料，可提高温室前部15厘米土壤温度3℃左右（图2）。

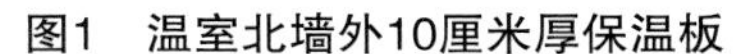

图1　温室北墙外10厘米厚保温板

图2　温室前屋面底脚防寒沟

2.4　前屋面透明覆盖材料选择

综合考虑透光与保温性，建议冬季温室生产选用PO膜或PE无滴消雾多功能薄膜，高寒地区选择PVC长寿无滴消雾多功能薄膜，并经常擦拭薄膜，减少由于着尘导致的透光率降低。

2.5　前屋面保温要求

前屋面是夜间热量散失最大的地方，因此前屋面保温对夜间温室温度的保持起重要作用，可采取以下前屋面保温方式：① 利用草苫做保温覆盖的，草苫重量要求达到4千克/平方米，一般每块草苫重量不低于120千克，雨雪天气及冬季气温比较低时，在草苫外盖旧棚膜，保温效果好于单独盖草苫；或采用覆盖双层草苫或草苫下加一层纸被，一般由4～8层牛皮纸做成，可比单层草苫提高温室夜间温度2℃以上；② 利用保温被做保温覆盖的，在材料相同时，保温被厚度与保温效果关系密切，目前生产选用保温被偏薄，冬季夜间保温效果不佳，要求保温被厚度在1.5厘米以上，最好能达到2.0厘米，每平方米重量不低于1.2千克；保温被厚度在1.5厘米以下的，采用保温被下面加一层由4层牛皮纸做成的纸被或覆盖2层保温被方法进行冬季温室的夜间保温（图3、图4）。

2.6　前屋面底脚保温要求

在前屋面底脚放置一块旧草苫，既可防止保温被或草苫底部因湿度过大而结冰，第2天白天难以卷起（卷帘机更困难），又可提高前屋面保温效果。

2.7　极端天气条件下的临时加温技术

在上述保温措施到位条件下，正常年份和正常天气条件下，日光温室冬季最低温度基本可以保持在8℃以上，但遇到极端降温或连续多日阴天情况，为确保喜温蔬菜安全生产，可采取临时加温措施，如在温室内临时加火炉、电热风加温、燃油热风炉加温、采用增温块加温等。

图3 保温被+纸被的前屋面

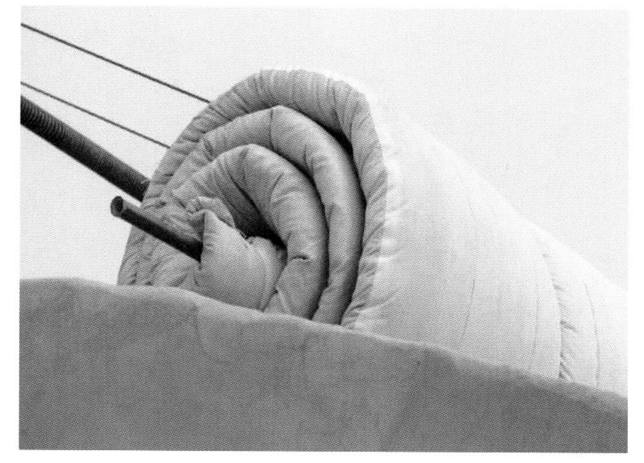

图4 厚度2厘米的保温被

## 3 技术注意事项

该技术属于集成技术，非常成熟，可以进行规模化应用。

## 4 适宜地区

北方日光温室冬季果菜类蔬菜主产区。

## 5 联系方式

技术依托单位：中国农业大学

联系人：高丽红，田永强，曲梅

联系电话：010-62732825

电子邮箱：gaolh@cau.edu.cn，tianyq1984@cau.edu.cn，qumei@cau.edu.cn

# 设施蔬菜基施微生物菌肥促根壮秧减肥技术

## 1 技术简介

### 1.1 技术研发背景

微生物菌肥（丰田宝，枯草芽孢杆菌，有效活菌数≥0.2亿/克，有机质≥40%）由山东农业大学植物保护学院王开运教授研发并进行产业化生产。产品以稳定性强且对病原菌有拮抗作用的芽孢杆菌为基础，利用现代生物技术进行功能改造，构建了解磷和解钾菌，形成了同类菌种发酵条件一致的，具有固氮、解磷、解钾和对病原菌有拮抗功能的4大类21种微生物菌群。以腐殖酸为载体，既为微生物提供能源，同时也为作物提供大量微量元素。在基本满足栽培作物全生长季节的营养供应基础上，还具有提高作物抗病性、增产和改良土壤生态环境的效果，通过促根壮秧来实现减肥减药目标。

### 1.2 技术效果

中国农业大学在执行国家重点研发项目设施蔬菜减药减肥项目过程中，对该产品的促根减肥应用效果进行多点试验，结果表明，定植时每穴用量根据栽培季节和生长期长短在300～800克不等，促根增产效果多点应用后均非常显著，与本底调研数据相比，在西葫芦、番茄和茄子上的化肥减量均达100%（所有试验点在整个作物生育期均未施化肥），其平均产量分别增加18.4%、10.7%和12.5%。项目组与产品生产商协作，在山东寿光、莘县、沂南等地区日光温室、塑料大棚多种果菜大规模应用该技术，仅此一项技术平均减少化肥用量达到60%以上，显著增加植株长势，全生长期平均减少化学药剂施用次数2～4次。该项技术在显著减少化肥、农药用量的同时，设施蔬菜产量没有降低，土壤质量得到一定改善，应用面积逐年增加。

## 2 技术操作要点

### 2.1 确定用量

根据栽培季节、生长天数和目标产量确定使用量，课题组与产品研发团队通过对目前日光温室和塑料大棚栽培面积较大的番茄、黄瓜、茄子、西葫芦和辣椒等设施蔬菜作物，进行多点、多茬口栽培试验，获得以上几种作物日光温室越冬栽培和塑料大棚春提早栽培茬口下，及其正常产量水平条件下微生物菌肥（丰田宝）的亩每株施用量和亩使用量，可供使用者参考，见表1。

表1　不同设施不同作物微生物菌肥（丰田宝）推荐用量

| 设施类型 | 栽培茬口 | 栽培作物 | 每株推荐用量（克） | 亩推荐用量（千克） |
| --- | --- | --- | --- | --- |
| 日光温室 | 越冬长季节 | 番茄 | 500～600 | 1 000～1 200 |
| 塑料大棚 | 春提早栽培 | 番茄 | 300～400 | 800～1 000 |
| 日光温室 | 越冬长季节 | 黄瓜 | 500～700 | 1 000～1 500 |
| 塑料大棚 | 春提早栽培 | 黄瓜 | 300～400 | 800～1 000 |
| 日光温室 | 越冬长季节 | 西葫芦 | 800～1 000 | 800～1 200 |
| 塑料大棚 | 春提早栽培 | 西葫芦 | 400～800 | 800～1 000 |
| 日光温室 | 越冬长季节 | 茄子 | 1 500 | 1 500 |
| 塑料大棚 | 春提早栽培 | 茄子 | 1 000～1 200 | 1 000～1 200 |
| 日光温室 | 越冬长季节 | 辣（甜）椒 | 800～1 000 | 1 000～1 200 |
| 塑料大棚 | 春提早栽培 | 辣（甜）椒 | 600～800 | 800～1 000 |

### 2.2　作为基肥一次施入

最佳使用方法是穴施，在定植时一次施入，不需要与土壤混合，直接将苗定植在菌肥上，不会产生肥害（图1～图3）。

图1　使用方法一作为基肥穴施

图2　生长健壮的植株

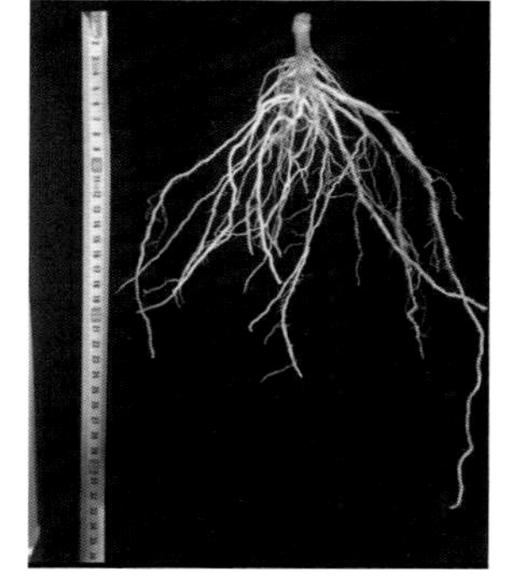

A. 0克/株

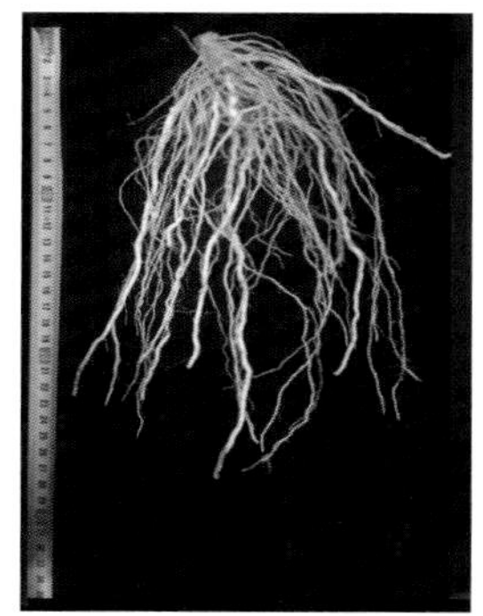

B. 200克/株

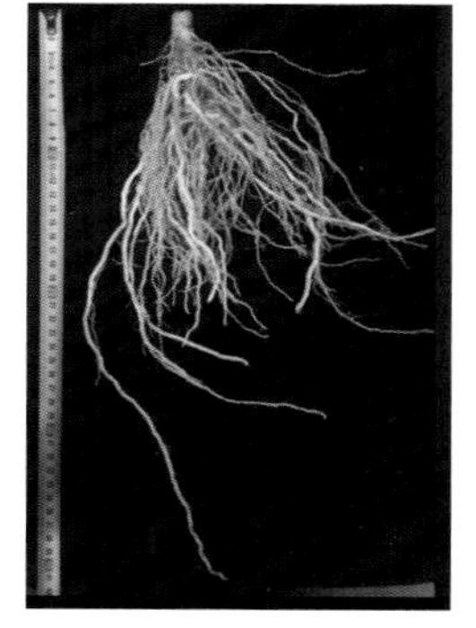

C. 400克/株

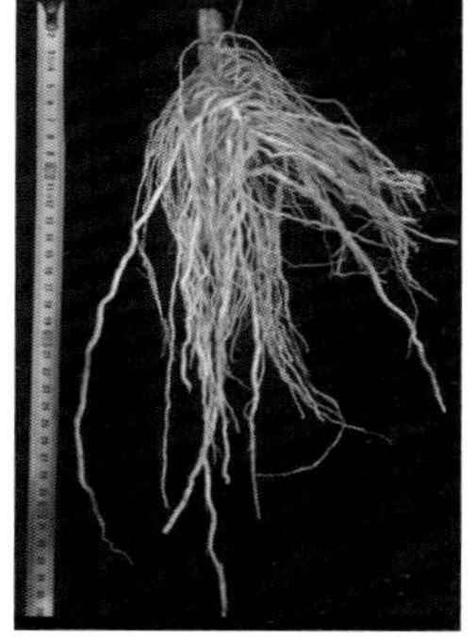

D. 600克/株

图3　不同用量丰田宝促根效果显著

### 2.3 定植后水肥管理

定植后需要保持土壤湿润。按照要求施入足量微生物菌肥（丰田宝）用作基肥后，作物整个生长期一般不需要再补充追肥，但对采收量大、生长期长的蔬菜，在结果盛期和生长后期，根据植株长势可适当补充1～3次追肥或叶面肥。其他措施按照正常田间管理进行。

## 3 技术注意事项

（1）表中列出的微生物菌肥（丰田宝）的推荐量为常规产量水平的用量，高产地块按照每增加产品鲜重的10%增加丰田宝的用量。

（2）施用微生物菌肥（丰田宝）的地块，日常管理中应经常浇水保持土壤湿润，才有利于发挥微生物肥料的肥效。

（3）果菜类蔬菜在结果初期，需要控制其生长时，可适当控水；进行高垄种植的作物，应在垄间筑小坝挡水，不宜浇滑水。

## 4 适宜地区

可在北方地区日光温室和塑料大棚等设施蔬菜栽培中应用。

## 5 联系方式

技术依托单位：中国农业大学

联系人：高丽红，眭晓蕾，田永强

联系电话：15911081057

电子邮箱：tianyq1984@cau.edu.cn

# 日光温室黄瓜营养液土耕栽培技术

## 1　技术简介

### 1.1　技术研发背景

该技术是将无土栽培水肥管理理念应用于土壤栽培，核心技术是基于目标产量和作物不同生育阶段对水肥需求规律，每天供应水分和养分，保证作物根层水分和养分供应稳定，作物每天所需要的水分和养分通过营养液的方式定量供给，实现“水肥根”同步，提高水肥利用效率，减少水肥的深层渗漏。该技术需要配置水肥一体化设备，可以实现自动控制，提高管理效率，主要面向规模化生产的企业或设施蔬菜种植大户使用。

### 1.2　技术效果

在北京市金六环农业园和顺义沿河特菜基地的日光温室示范了黄瓜营养液土耕栽培技术。在整个栽培期间，冬春茬栽培总灌水量控制在210～240立方米/亩，追氮量（纯氮）控制在22～32千克/亩；秋冬茬栽培总灌水量控制在120～150立方米/亩，追氮量（纯氮）控制在18～22千克/亩，确保了蔬菜生长对水分和氮肥的需求，同时达到节水30%以上，减少追肥氮用量50%以上的效果，形成了日光温室黄瓜栽培主要茬口的水肥管理模式。

## 2　技术操作要点

日光温室冬春茬和秋冬茬黄瓜营养液土耕栽培技术的操作要点如下。

### 2.1　氮肥推荐原则

氮肥推荐=氮素供应目标值-定植前土壤中的无机氮-有机肥氮素供应。

（1）在不清楚土壤无机氮和有机肥养分带入量的情况，可按以下值估算：

定植前土壤中的无机氮：2～4千克/亩；有机肥氮素供应量：3～4千克/亩；

氮肥推荐（千克氮/亩）=氮素供应目标值（千克氮/亩）-（5～8）（千克氮/亩）。

（2）如果不清楚定植前土壤无机氮，则根据土壤肥力高低来估算该值：高90～120千克氮/公顷；中60～90千克氮/公顷；低30～60千克氮/公顷。

设施黄瓜的氮素供应目标值见表1。

### 2.2　本方案选择的氮肥推荐量

冬春茬氮肥推荐量（千克氮/亩）=40千克氮/亩-8千克氮/亩=32千克氮/亩。

秋冬茬氮肥推荐量（千克氮/亩）=30千克氮/亩-8千克氮/亩=22千克氮/亩。

表1　日光温室冬春茬和秋冬茬黄瓜目标产量及氮素目标供应值

| 茬口 | 定植时间 | 拉秧时间 | 目标产量（千克/亩） | 氮素目标供应值（千克氮/亩） |
| --- | --- | --- | --- | --- |
| 冬春茬 | 2月上中旬 | 6月下旬至7月初 | 8 000 | 40 |
| 秋冬茬 | 8月下旬至9月初 | 12月底至1月初 | 5 000 | 30 |

### 2.3　所需设备

蓄水池、水泵、定时器、滴灌设备。

### 2.4　具体操作方法

（1）每茬基肥用量。商品袋装有机肥（以鸡粪为主）：1.5～2.0吨/亩（如果有机肥肥效较低，用量可以加倍，如牛粪或菇渣为主的有机肥）；复合肥（15-15-15）：25千克/亩。

（2）定植水及缓苗水灌溉总量见表2，每茬黄瓜初花期灌水量，可灌溉1～2次，每次灌溉量不超过25立方米/亩。

（3）黄瓜根瓜坐住后，进入初瓜期，可在蓄水池配制营养液，借助定时器与水泵进行每日营养液滴灌，营养液浓度及每日滴灌营养液用量见表2。

① 肥料选择。建议施用果菜类蔬菜配方水溶肥，初瓜期肥料氮磷钾配方（20-20-20）；盛瓜期（19-8-27）；末瓜期（16-8-34）。也可整个生育期仅施用（19-8-27）水溶肥。

② 肥料用量。配制营养液肥料用量（千克）=营养液浓度（千克氮/立方米）×所需营养液量（立方米）/肥料含氮量（%）。若整个生育期仅施用（19-8-27）水溶肥，不同生育期每日所需肥料的用量见表2。

③ 设置供水时间长短（分钟）。可设定为每天早晨定时供应营养液，供应时间长短依灌溉面积与水泵功率大小而定，经过试灌水可确定水泵在一定土地面积上单位时间的灌水量，进而可以按照表2每日灌溉量确定每日供液时间的长短（分钟）。

表2　日光温室冬春茬和秋冬茬黄瓜不同生育期每日需水需肥规律

| 茬口 | 内容 | 初花期 | 初瓜期 | 盛瓜期 | 末瓜期 | 全生育期 |
| --- | --- | --- | --- | --- | --- | --- |
| 冬春茬 | 天数（天） | 38 | 24 | 56 | 22 | 140 |
| | 需水总量（立方米/亩） | 38.0 | 28.3 | 124.3 | 25.7 | 216 |
| | 需氮总量（千克/亩） | 3.8 | 6.1 | 17.8 | 4.4 | 32 |
| | 日需水量（立方米/亩） | 1.00 | 1.18 | 2.22 | 1.17 | |
| | 日需氮量（千克/亩） | 0.10 | 0.25 | 0.32 | 0.20 | |
| | 营养液氮浓度（千克/立方米） | 0.10 | 0.22 | 0.14 | 0.17 | |

表2 （续）

| 茬口 | 内容 | 初花期 | 初瓜期 | 盛瓜期 | 末瓜期 | 全生育期 |
|---|---|---|---|---|---|---|
| 冬春茬 | 水溶肥（19-8-27）总量（千克/亩） | 20.0 | 32.1 | 93.7 | 23.2 | 168.9 |
| | 水溶肥（19-8-27）日需量（千克/亩） | 0.53 | 1.34 | 1.67 | 1.05 | |
| 秋冬茬 | 天数（天） | 32 | 15 | 42 | 26 | 115 |
| | 需水总量（立方米/亩） | 33.1 | 12.9 | 39.2 | 17.7 | 103 |
| | 需氮总量（千克/亩） | 5.0 | 9.7 | 5.4 | 1.9 | 22 |
| | 日需水量（立方米/亩） | 1.03 | 0.86 | 0.93 | 0.68 | |
| | 日需氮量（千克/亩） | 0.16 | 0.65 | 0.13 | 0.07 | |
| | 营养液氮浓度（千克/立方米） | 0.15 | 0.75 | 0.14 | 0.11 | |
| | 水溶肥（19-8-27）总量（千克/亩） | 26.3 | 51.1 | 28.4 | 10.0 | 115.8 |
| | 水溶肥（19-8-27）日需量（千克/亩） | 0.82 | 3.40 | 0.68 | 0.38 | |

## 3 技术注意事项

属于生产中应用较成熟技术，但由于需要前期设备投入和一定的管理专业知识，适于规模化生产的企业或设施蔬菜种植大户使用。

## 4 适宜地区

北方地区日光温室冬春茬或秋冬茬黄瓜规模化生产的企业或种植大户使用。

## 5 联系方式

技术依托单位：中国农业大学

联系人：高丽红，田永强

联系电话：010-62732825

电子邮箱：gaolh@cau.edu.cn，tianyq1984@cau.edu.cn

# 设施蔬菜栽培燃烧块增温技术

## 1 技术简介

### 1.1 技术研发背景

该技术通过使用“热宝”燃烧块来达到冬春低温季节设施内增加空气温度的效果。“热宝”燃烧块由北京市农业技术推广站于2012年引进北京，产品呈圆柱状、形似蜂窝煤，由木屑和石蜡压制而成。产品直径10厘米、高5.5厘米，每块重量300克，纵向均布5个通风孔。“热宝”是一种节能环保的应急增温产品，可在冬春季日光温室或大棚等设施中使用，燃烧时略有蜡烛的味道，正确使用不会沤烟，对人和作物安全。该产品通过在日光温室和塑料大棚早春和冬季多点试验，增温效果明显，目前已经作为北京地区冬春季低温期的临时增温技术措施在全市范围内推广。

### 1.2 技术效果

该技术分别在小汤山日光温室越冬茄子生产和怀柔单层无覆盖塑料大棚番茄早春生产中的阴雪天气下应用，温度增幅从1.68℃至5.70℃，增温效果显著；在大兴塑料大棚早春黄瓜多重覆盖栽培和大兴番茄越冬生产日光温室内连续3周使用，夜间至凌晨可增温4～6℃，确保了设施果菜冬春季安全生产，在连续阴雪天和雾霾天的应用效果非常明显。

## 2 技术操作要点

### 2.1 均匀布点

于温室内北侧东西走道上均匀布点，一般50米长的棚室可布3处（每点两块，可燃50分钟）或6处（每点1块，可燃35分钟），每处需用红砖两块，使红砖侧立、间距7～8厘米（以保证通风），将配套的筛网放于砖上。

### 2.2 点燃“热宝”

单块使用：点燃时，手持“热宝”顺时针倾斜45°，用打火机燃烤中间通风孔边缘，30秒左右即可点燃。点燃后，使火苗向上，将“热宝”放在支撑筛网上即可。

使用两块：先将一块置于筛网之上，待另一块点燃后，将其放在第一块之上（图1）。

## 3 技术注意事项

（1）点燃后远离易燃物。

（2）不要距离植株过近以防烤伤植株。

（3）放置时要保证燃烧面向上，以防产生浓烟。

（4）若每点摆放2块以上时，各燃料块通风口对齐，并且只点燃最上一块。

## 4　适宜地区

温室大棚冬春季蔬菜主产区。

图1　热宝燃烧块使用示意图

## 5　联系方式

技术依托单位：中国农业大学

联系人：高丽红，眭晓蕾

联系电话：010-62732825

电子邮箱：gaolh@cau.edu.cn，sui-office@cau.edu.cn

# 设施蔬菜土壤蚯蚓堆肥施用技术

## 1 技术简介

### 1.1 技术研发背景

连作障碍是制约设施蔬菜生产可持续发展的主要瓶颈之一。本技术将作物根际调控和土壤质量提升相结合，实现作物全生育期的土壤—作物同步调控，不仅可以提高作物抗性，而且能有效改善作物生长并增加其产量，最终实现节水、减肥和减药的三重效果。

蚯蚓堆肥通过蚯蚓的摄食和排泄，将有机物料转化为类似于土壤腐殖质的物质。由于与土壤腐殖质相似，蚯蚓堆肥改良土壤物理、化学和生物学性状的效果更为优良。蚯蚓堆肥可提高根区微生物对根系的协同促生效果，加强根系对水分和养分的吸收，以此增强水肥利用率并减少水肥淋洗损失。此外，蚯蚓堆肥富含具有促生效果的植物生长素和腐殖酸类物质，可有效增强植株自身的抗逆能力。本技术所用秸秆堆肥的原料为设施蔬菜秸秆和牛粪，并在此基础上开发了蚯蚓发酵液肥。

### 1.2 技术效果

本技术在宁夏、北京的多点示范试验表明，由于采用富含腐殖质的蚯蚓堆肥，显著增加了水肥固持量，加之使用滴灌，肥量投入和渗漏损失明显减少，可以节省氮肥14%～21%。此外，施用蚯蚓堆肥可显著改善作物生长，平均增产8.3%，产品品质也有一定程度的提高。

## 2 技术操作要点

### 2.1 确定基肥（蚯蚓堆肥）施用量

以宁夏地区为例，土地较为贫瘠，首次使用，冬春茬和秋冬茬蚯蚓堆肥建议施用量分别为15.4吨/公顷和22.8吨/公顷。第二年可适度减少蚯蚓肥用量，建议减少幅度10%～20%。若产量维系较好，在第三年维系该基肥施用量组合；否则，可适度增加蚯蚓肥用量，建议增加幅度10%～20%。

### 2.2 基肥（蚯蚓堆肥）施用方法

定植前当天，先将蚯蚓堆肥均匀撒在土壤表面，然后采用小型犁地机翻动0～20厘米土层，将蚯蚓堆肥与土壤充分混匀（图1）。

### 2.3 灌溉管理

灌溉模式采用滴灌。定植水灌水量控制在25～35立方米/亩，定植后3～5天及时灌水，促进缓苗，灌水量为10～13立方米/亩。冬春茬每亩每次灌水量为13～16立方米，灌水间隔为4～6天。秋冬茬每亩每次灌水量为12～13立方米，灌水间隔为5～7天。

### 2.4　追肥（蚯蚓发酵液肥）施用管理

采用水肥一体化管理，随水冲施。不同蔬菜作物建议施用量不同，其中番茄和黄瓜的苗期施用量为5千克/亩，生长期为10千克/亩；辣椒的苗期施用量为5千克/亩，生长期为8千克/亩。建议开花坐果期间隔15～20天滴灌追肥1次，共2～3次；结果初期间隔15～20天滴灌追肥1次，共2～3次；结果盛期间隔10天滴灌追肥1次，共10～12次；结果末期间隔10～12天滴灌追肥1次，共2～3次（图2）。

图1　蚯蚓堆肥

图2　蚯蚓发酵液肥

## 3　技术注意事项

该技术主要适用于新菜田和微生物功能退化的老菜田。

## 4　适宜地区

北方设施蔬菜主产区。

## 5　联系方式

技术依托单位：中国农业大学

联系人：田永强，高丽红

联系电话：010-62732825

电子邮箱：tianyq1984@cau.edu.cn，gaolh@cau.edu.cn

# 设施菜田填闲作物种植改良土壤技术

## 1 技术简介

本技术主要针对设施菜田普遍存在的过量水肥投入、复种指数高、蔬菜栽培种类单一等造成肥料浪费、次生盐渍化、土传病害等问题，从而影响蔬菜品质与产量的现象，通过在设施内种植玉米等填闲作物，并实行秸秆还田，持续改良设施土壤理化性质，实现改土减肥的目的。

## 2 技术操作要点

① 育苗。冬春茬作物拉秧前20天左右，一般在6月上旬开始育苗，育苗前进行浸种，一般采用冷浸和温汤方法，冷水浸种时间为12～24小时，温汤（55～58℃）6～12小时，或用0.2%的磷酸二氢钾或微量元素浸种12～14小时。采用营养钵育苗法。② 整地。冬春茬作物拉秧后，将残株移出温室，不需施基肥，直接翻耕整地，做畦。③ 移栽。玉米苗5～6片叶，株高10厘米时开沟定植，密度一般为30厘米×60厘米，定植后浇1次缓苗水，缓苗水应浇透，一般灌水量约为30立方米/亩。④ 灌溉。玉米生长前期过于干旱时，可在苗期进行1次灌溉。⑤ 施肥。整个作物生长期间不需要施肥，深根系的填闲玉米可以利用土壤中残留养分。⑥ 秸秆处理。收获后的秸秆可粉碎成2～3厘米小段均匀还田翻地，为下茬作物提供养分，或者收获后用于饲喂牲口。⑦ 移除玉米根。收获时将根系连同秸秆一并移出温室。⑧ 下茬作物整地。玉米收获后粉碎还田或移出，同时在秋冬茬作物定植前2～3天均匀撒施有机肥后进行深翻整地，做畦，进行秋冬茬作物定植。

## 3 技术注意事项

在高肥力设施菜田，可适度加大玉米的定植密度。

## 4 适宜地区

北方地区日光温室以及塑料大棚。

## 5 联系方式

技术依托单位：中国农业大学

联系人：陈清，田永强

联系电话：010-62733759

电子邮箱：qchen@cau.edu.cn，tianyq1984@cau.edu.cn

# 设施番茄健康种苗培育技术

## 1 技术简介

我国番茄集约化穴盘育苗的种植率已达30%以上。本技术综合品种选择、穴盘选型、基质配制、植物促生菌应用、种子处理、苗期环境管理、梯度精量灌溉、套管嫁接、商品苗出圃前炼苗和安全储运等，集成了设施番茄健康种苗培育技术。本技术在山东济南、山东寿光、河北邯郸等地的番茄育苗企业进行了示范推广，可显著提高蔬菜苗期水肥利用效率，减少肥料冲淋，缩短苗期，提高嫁接工效，提高壮苗率，适于机械化操作和自动化管理，经济效益和生态效益显著。

## 2 技术操作要点

### 2.1 品种选择

选择适宜当地生产消费特点和茬口要求、抗病、耐逆、丰产、耐储运、商品性好的品种。

### 2.2 穴盘选择与消毒

番茄宜选择72孔或105孔规格PS吹塑穴盘，穴盘深度≥5厘米。可选用福尔马林100倍液或高锰酸钾800～1 000倍液浸泡15～30分钟进行消毒，自来水冲洗、晾晒，备用。

### 2.3 基质配制

选择洁净、消过毒的混凝土地面或基质搅拌机，将草炭等有机物料和蛭石、珍珠岩、启动肥等无机物料按一定比例均匀混拌，接种哈茨木霉菌（T-22）可湿性粉剂（有效活菌数≥10亿CFU/克）和枯草芽孢杆菌（MB1600）可湿性粉剂（活芽孢数200亿～300亿CFU/克）。

### 2.4 种子消毒与播种

接穗和砧木种子采用热水－福美双复合消毒，种子依次37℃预热10分钟，50℃消毒25分钟，自来水冲洗5分钟，种子完全晾干后，用0.2%（质量/质量）的50%福美双可湿性粉剂拌种，夏季育苗时，采用10%磷酸三钠处理15分钟，以防治苗期病害。

基质中加水至相对湿度达到30%～40%，填装穴盘，用刮板刮去穴格以上多余基质。用穴盘规格相对应的打孔器，在填装有基质的穴盘每个孔穴中央打取直径1厘米、深度1.0～1.5厘米的播种穴。人工或机械方式将种子点播至每个播种穴，播种后覆盖蛭石或珍珠岩，刮去多余的基质，使穴盘孔格清晰可见。对播种后的穴盘洒水，洒水量为

0.8～1.0升/穴盘。应根据砧木和接穗的生长特性进行错期播种，以保证嫁接时砧木和接穗的下胚轴直径一致。

### 2.5 催芽

番茄催芽适宜的温度为（27～30）℃/（20～23）℃（昼/夜），空气相对湿度90%～95%，覆盖白色地膜、微孔地膜、无纺布等保湿，当60%左右种子拱出时及时揭去覆盖物。

### 2.6 苗期管理

（1）冬春季育苗，采用多层覆盖、热水（电）加热系统等保温加温措施，夏秋季育苗，采用遮阳网覆盖、湿帘风机系统等降温措施，以维持幼苗正常生育所需温度。番茄幼苗不同发育阶段适宜温度为：子叶平展期（20～23）℃/（12～15）℃（昼/夜），第1片真叶生长期（22～25）℃/（14～17）℃（昼/夜），成苗期（25～28）℃/（16～19）℃（昼/夜），炼苗期（15～18）℃/（11～14）℃（昼/夜）。

（2）采用通风、加热等措施降低育苗设施内空气湿度，采用洒水、弥雾等措施增加育苗设施内空气湿度，子叶平展期—成苗期设施内空气相对湿度保持50%～60%，炼苗期降低至40%。

（3）根据幼苗不同发育阶段，采取全水溶性肥料进行灌溉施肥，以补充水分和矿质养分，不同发育时期实行梯度精量灌溉施肥。播种—出苗期：播种前检测育苗基质养分含量，添加少量启动肥，使基质碱解氮（N）含量达到0.08～0.12千克/立方米，有效磷（$P_2O_5$）含量0.04～0.06千克/立方米，速效钾（$K_2O$）含量0.10～0.15千克/立方米。子叶平展期：选择低磷水溶肥，如14-0-14+TE、12-2-14+TE、15-5-15+TE等，施N浓度50～75毫克/升，0.8～1.0升/穴盘。第1片真叶发育期：施N浓度75～100毫克/升。真叶发育期：选择19-19-19+TE、20-20-20+TE等，施N浓度150～200毫克/升。炼苗期：施1次定植肥，选择高磷高钾肥料，如9-45-15+TE、10-30-20+TE等，施N浓度200～250毫克/升。

可采用悬臂式喷灌机、手推式喷灌机、人工将清水或配制好的肥料溶液从幼苗顶部喷洒灌溉，还可以通过潮汐式育苗床，将清水或配制好的肥料溶液从穴盘底部灌溉。潮汐式灌溉实现了水肥的循环利用，水肥零排放，可显著提高水肥利用效率。

### 2.7 株型调控

采用控湿、补光、化学控制等措施进行株型调控。控湿：采用通风、加热等措施降低育苗设施内空气湿度，采用洒水、弥雾等措施增加育苗设施内的空气湿度，育苗前期设施内空气相对湿度保持在50%～60%，后期降低至40%左右。补光：采用荧光灯、高压钠灯、白炽灯、LED灯等进行补光，补光一般从下午5—6时开始，补光时间4～6小时红、蓝光适宜混合比例为（7：3）～（3：1），红光和远红光的比值为1.5：1。化学控制：复配型植物生长调节剂（烯效唑1毫克/升+甲哌鎓100毫克/升+矮壮素200毫克/升+丁酰肼1 000毫克/升+芸苔素内酯0.05毫克/升），番茄幼苗叶面喷施，每平方米用量100～150毫升，视幼苗长势，第1次喷施后5～10天，可进行2次喷施，喷施量同首次，喷施时间宜选择阴天或傍晚时分。复配型植物生长调节剂由中国农业科学院蔬菜花卉研究所自行配制。

### 2.8　套管嫁接

当砧木和接穗幼苗具二叶一心、株高9～10厘米、茎粗2.0毫米以上时，即可进行嫁接。

（1）嫁接前准备。嫁接前1天进行灌溉，使砧木幼苗的基质湿度达到75%～85%，不宜过干或过湿，剔除砧木和接穗幼苗中的带病幼苗及弱苗，剩余健壮幼苗叶面喷施杀菌剂。准备嫁接用套管、切削刀片或切削器等嫁接用品，并用75%医用酒精消毒。

（2）切削与嫁接。在砧木下胚轴距离基部3.5厘米处，向上切削呈30°～45°斜面。选取内径与砧木切削位点下胚轴直径相当的套管，套插在砧木切削部位，插入深度以砧木切削面居套管中部为宜。选取接穗与砧木切削位点直径相近的位置，无论上胚轴或下胚轴，以直径相同或相近为准，向下切削成与砧木相同角度（30°～45°）斜面，并从上部插入套管中，使砧木、接穗斜切面密合。为提高嫁接效率，可整盘切削后再进行嫁接。

（3）嫁接苗愈合期管理。嫁接后第1～3天，保持昼夜温度26℃/16℃，空气相对湿度90%左右，光照强度5 000勒克斯左右，光周期10小时；第4～7天，降低空气相对湿度至70%～80%，增加光照强度至10 000勒克斯，温度和光周期不变。愈合期嫁接苗出现萎蔫时，可适当喷水雾2～3次，水温应接近室温，时间选择上午为宜。第7天后，砧木与接穗接合部木质部初步贯通，逐步恢复正常管理。嫁接后及时摘除砧木发生的不定芽。

### 2.9　炼苗及成苗储运

（1）商品苗出圃标准。待番茄幼苗长出四片真叶和一个顶芽，即四叶一心时，即可出圃。出圃时，番茄苗茎秆粗壮、节间短，叶片舒展、深绿色，根系呈白色、发达无病、侧根数多，且与基质紧实成坨。

（2）出圃前炼苗技术。出圃前5～7天进行炼苗，炼苗期温室内温度（15～18）℃/（11～14）℃（昼/夜），基质相对含水量60%～75%；幼苗叶面喷施复配型植物生长调节剂（烯效唑1毫克/升+甲哌鎓100毫克/升+矮壮素200毫克/升+丁酰肼1 000毫克/升+芸苔素内酯0.05毫克/升），剂量为30毫升/穴盘，以诱导幼苗产生抗逆性，利于定植后缓苗。

（3）商品苗安全储运。短期储运0～2天时，储藏期的环境条件为温度15～17℃，基质相对含水量50%～55%，无须补光，采取带盘方式运输，以防根系散坨。幼苗运输后，第1、第2片真叶发育正常，叶色深绿、无病斑，叶边缘无卷曲，子叶发黄程度控制在30%以内，表明商品苗运输后未发生劣变。

## 3 技术注意事项

（1）基质中接种促生真菌或细菌后不得添加杀菌剂，并避免大水冲灌苗床。

（2）番茄集约化育苗应使用全水溶性肥料，要求肥料中水不溶物含量≤0.1%，pH值5.5～7.0，溶解肥料的水质总硬度（以$CaCO_3$计）应≤450毫克/升，避免堵塞喷嘴。

（3）在育苗灌溉施肥期间，每5～7天校准稀释定比器1次，保证设备的精确性，每5～7天检测基质pH值、EC值，根据检测结果适当调整肥料种类、施肥浓度和施肥频度。如果采用顶部喷灌，每次施肥后应轻轻喷洒1遍清水，防止附着在叶片上的肥料对叶片造成危害。

（4）喷施复配型植物生长调节剂应遵循“低浓度、多频次”的原则，视幼苗长势，喷施后5～10天可进行再次喷施，喷施时间宜选择阴天或傍晚时分。应根据环境适当调整复配型植物生长调节剂的喷施浓度、剂量和频次等，低温有增效作用，应适当降低喷施浓度；高温有减效作用，应适当升高施用浓度。

（5）嫁接操作应在适当遮光的棚内进行，可引入嫁接流水线，使嫁接作业更加有序；嫁接前需保证各种器皿、工具、嫁接工作台面以及操作人员双手清洁、无菌；愈合期嫁接苗出现萎蔫时，可适当喷水雾2～3次，水温应接近室温，时间选择上午为宜，喷水时严禁嫁接伤口处积留水滴，防止伤口腐烂；嫁接愈合后，应及时摘除砧木萌生的不定芽，去除时应注意避免损伤到砧木子叶和接穗。

## 4 适宜地区

本技术适用于全国各地的大、中、小型番茄集约化育苗企业或专业合作社等。

## 5 联系方式

技术依托单位：中国农业科学院蔬菜花卉研究所

联系人：董春娟

联系电话：010-82109540

电子邮箱：dongchunjuan@caas.cn

# 设施黄瓜健康种苗培育技术

## 1　技术简介

黄瓜生产多采用育苗移栽方式，其中穴盘育苗量占总育苗量的30%～40%。本技术综合品种选择、穴盘选型、基质配制、植物促生菌应用、种子处理、苗期环境管理、梯度精量灌溉、嫁接、商品苗出圃前炼苗和安全储运等，集成了设施黄瓜健康种苗培育技术。本技术在山东济南、山东寿光、河北邯郸等地的黄瓜育苗企业进行了示范推广，可显著提高苗期水肥利用效率，减少肥料冲淋，缩短苗期，提高嫁接工效，提高壮苗率，适于机械化操作和自动化管理，经济效益和生态效益显著。

## 2　技术操作要点

### 2.1　品种选择

品种选择要适宜当地生产消费特点和茬口要求。若需嫁接，砧木以南瓜为主，应选择嫁接亲和力强、共生性好，且抗黄瓜根部病害、提高品质，符合市场需求的品种；接穗应选择符合市场需求，越冬保护地栽培要求选择耐低温、弱光，抗霜霉病、白粉病等，植株长势强、产量高、优质的品种；早春保护地栽培应以雌花节位低、瓜码密、不易徒长、早熟、抗病、优质的品种为主。

### 2.2　穴盘选择与消毒

选择50孔或72孔标准规格穴盘，用福尔马林100倍液或高锰酸钾800～1 000倍液浸泡15～30分钟进行消毒，自来水冲洗、晾晒，备用。若需嫁接，砧木采用50孔标准穴盘，接穗播种采用200孔标准穴盘或平盘。

### 2.3　基质配制

选择洁净、已消毒的混凝土地面或基质搅拌机，将草炭等有机物料和蛭石、珍珠岩、启动肥等无机物料按一定比例均匀混拌，接种哈茨木霉菌T-22可湿性粉剂（有效活菌数≥10亿CFU/克）和枯草芽孢杆菌MB1600可湿性粉剂（活芽孢数200亿～300亿CFU/克）。黄瓜育苗基质适宜的pH值为5.8～6.4，适宜EC值为0.75～2.0毫西/厘米（饱和浸提法）。

### 2.4　种子消毒与播种

接穗和砧木种子采用次氯酸钠－福美双复合消毒方法，即25%次氯酸钠水溶液（体积/体积）浸种1分钟，清水冲淋5分钟，无污染条件下晾干，0.2%种子量（质量/质量）

的50%福美双可湿性粉剂拌种。

基质中加水至相对湿度达到30%～40%，填装穴盘，用刮板刮去穴格以上多余基质。用穴盘规格相对应的打孔器，在填装有基质的穴盘每个孔穴中央打取直径1厘米、深度1.0～1.5厘米的播种穴。人工或机械方式将种子点播至每个播种穴，播种后覆盖蛭石或珍珠岩，刮去多余的基质，使穴盘孔格清晰可见。对播种后的穴盘洒水，洒水量为0.8～1.0升/穴盘。冬春季播种砧木比接穗提早3～5天，夏秋季提早2～3天。

### 2.5 催芽

播种后苗床覆盖白色地膜、微孔地膜、无纺布等保湿、保温，进行催芽。黄瓜催芽适宜的温度为（28～30）℃/（18～20）℃（昼/夜），空气相对湿度90%～95%。当有50%～70%的种子萌发，子叶即将拱出基质表面时移出催芽室进入温室育苗，及时揭去地膜，加强、加长光照时间，培育壮苗。

### 2.6 黄瓜实生苗管理

（1）冬春季育苗，采用多层覆盖、热水（电）加热系统等保温加温措施，夏秋季育苗，采用遮阳网覆盖、湿帘风机系统等降温措施，以维持幼苗正常生育所需温度。黄瓜幼苗不同发育阶段适宜温度为：子叶平展期（20～22）℃/（12～15）℃（昼/夜），生长期（20～25）℃/（13～17）℃（昼/夜），炼苗期（15～20）℃/（8～10）℃（昼/夜）。

（2）采用通风、加热等措施降低育苗设施内空气湿度，采用洒水、弥雾等措施增加育苗设施内空气湿度，子叶平展期—成苗期设施内空气相对湿度保持60%～70%，炼苗期降低至50%～60%。

（3）根据幼苗不同发育阶段，采取全水溶性肥料进行灌溉施肥，以补充水分和矿质养分，不同发育时期实行梯度精量灌溉施肥。播种—出苗期：播种前检测育苗基质养分含量，添加少量启动肥，使基质碱解氮（N）含量达到0.08～0.12千克/立方米，有效磷（$P_2O_5$）含量0.04～0.06千克/立方米，速效钾（$K_2O$）含量0.10～0.15千克/立方米。子叶平展期：选择低磷肥料，如14-0-14+TE、12-2-14+TE、15-5-15+TE等，施N浓度25～50毫克/升，0.8～1.0升/穴盘。第1片真叶发育期：施N浓度75～100毫克/升。第1片真叶发育期：选择19-19-19+TE、20-20-20+TE等，施N浓度50～100毫克/升。真叶发育期（即第1片真叶展开到第2片真叶展开）：施N浓度100～200毫克/升。炼苗期：施1次定植肥，选择高磷高钾肥料，如9-45-15+TE、10-30-20+TE等，施N浓度200～300毫克/升。

可采用悬臂式喷灌机、手推式喷灌机、人工将清水或配制好的肥料溶液从幼苗顶部喷洒灌溉，还可以通过潮汐式育苗床，将清水或配制好的肥料溶液从穴盘底部灌溉。潮汐式灌溉实现了水肥的循环利用，水肥零排放，可显著提高水肥利用效率。

（4）采用控湿、补光、化学控制等措施对黄瓜穴盘苗进行株型调控。控湿：采用通风、加热等措施降低育苗设施内空气湿度，采用洒水、弥雾等措施增加育苗设施内的空气湿度，育苗前期设施内空气相对湿度保持在60%～70%，后期降低至50%～70%。补光：采用荧光灯、高压钠灯、白炽灯、LED灯等进行补光，补光一般从下午5—6时开始，补光时间4～6小时。化学控制：高温弱光条件时，当黄瓜幼苗子叶宽1厘米，长2厘米，下胚轴长2厘米左右，叶面喷施复配型植物生长调节剂（烯效唑1毫克/升+甲哌鎓100毫克/升+矮壮素200毫克/升+丁酰肼1 000毫克/升+芸苔素内酯0.05毫克/升），每穴盘喷施量约20毫升；当外界温度过高，空气湿度过大，幼苗胚轴还有徒长迹象，第1次喷施7～10天后，可进行第2次喷施，喷施量同首次，喷施时间宜选择阴天或傍晚时分。复配型植物生长调节剂由中国农业科学院蔬菜花卉研究所自行配制。

### 2.7　黄瓜穴盘苗嫁接

黄瓜常用的嫁接方法包括贴接法和双断根嫁接法，贴接法便于机械化操作，双断根嫁接苗接口愈合快、根系活力强、生长旺盛、育苗周期短，定植后缓苗快，育苗企业应视技术熟练程度选择适宜的嫁接方法。

（1）贴接法。

① 砧穗准备。砧木子叶展平、第1片真叶露心时为适宜嫁接时期。接穗子叶转绿、展平为最佳嫁接时期。嫁接前一天砧木、接穗需淋透水，同时叶面喷杀菌剂，预防病虫害发生。

② 切削与嫁接。用刀片与砧木胚轴成35°～45°角度切去砧木的生长点和一侧子叶，切口长度约0.5厘米；接穗自胚轴基部切取，然后在子叶节下0.5厘米处斜切，角度为35°～45°，切口长0.5厘米；将接穗切口对准砧木切口，用嫁接夹固定，砧穗子叶交叉呈“T”字形。

③ 嫁接苗愈合期管理。嫁接后第1～3天，嫁接苗伤口愈合的适宜温度是20～28℃，苗床覆盖棚膜保湿，维持空气相对湿度90%左右，在棚膜上覆盖黑色遮阳网，晴天可全日遮光，并逐渐增加早、晚见光时间，缩短午间遮光时间，直至完全不遮阳。嫁接后若遇阴雨天，光照弱，可不遮光。嫁接后第4～7天，保持白天温度为25～28℃，夜间温度为20～22℃，不宜低于18℃，并视苗情开始由小到大、时间由短到长逐渐增加通风换气时间和换气量。嫁接后第8～10天，嫁接苗不再萎蔫即可转入正常管理，白天温度保持在22～30℃，高于32℃要降温，夜间温度保持在16～20℃，低于16℃要加温，保持空气相对湿度为50%～60%。嫁接后及时摘除砧木发生的萌蘖。

（2）双断根嫁接法。

① 砧穗准备。砧木第1片真叶展平，第2片真叶刚露心时为适宜嫁接时期。接穗子叶转绿、展平为最佳嫁接时期。嫁接前一天砧木、接穗须淋透水，同时叶面喷杀菌剂，

预防病虫害发生。

② 基质准备。将混合好的新基质（见“2.3　基质配制”部分），装入50孔或72孔穴盘，淋水至基质湿度80%，覆盖地膜保湿，供双断根嫁接扦插用。

③ 切削与嫁接。将砧木在下胚轴自子叶下方5～7厘米处切断，将砧木苗的真叶和生长点剔除；左手拿住砧木，用嫁接签紧贴砧木任一子叶基部的内侧，向另一子叶基部的下方呈35º～40º斜刺1孔，插孔深0.5～0.8厘米，稍稍刺破砧木表皮。取接穗苗，在子叶下部1厘米处用刀片斜切长0.5～0.8厘米的楔形面，长度大致与砧木插孔的深度相同。从砧木上拔出嫁接签，将接穗迅速插入砧木的插孔中，稍露出接穗切削面的尖部，接穗与砧木子叶呈“十”字形。嫁接完成后，回栽至装好基质的穴盘中，扦插深度2～3厘米为宜，及时覆膜进行保温保湿处理。

④ 嫁接苗愈合期管理。同贴接法的嫁接苗愈合期管理措施一致。

### 2.8　炼苗及成苗储运

（1）商品苗出圃标准。待黄瓜幼苗长出两片真叶和一个顶芽即两叶一心时，即可出圃。出圃时，黄瓜茎秆粗壮、节间短，叶片舒展、深绿色，根系呈白色、发达无病、侧根数多，且与基质紧实成坨。

（2）出圃前炼苗技术。当黄瓜商品苗需要进行短期储运（0～2天）时，炼苗期保持昼夜温度25℃/15℃左右，基质相对含水量为40%～55%；当黄瓜商品苗需要进行长期储运3～6天时，炼苗期保持温度（18～20）℃/（8～10）℃（昼/夜），基质相对含水量为60%～75%。在炼苗期，幼苗叶面喷施复配型植物生长调节剂（烯效唑1毫克/升+甲哌鎓100毫克/升+矮壮素200毫克/升+丁酰肼1 000毫克/升+芸苔素内酯0.05毫克/升），剂量为30毫升/穴盘，可诱导幼苗产生抗逆性，利于定植后缓苗。

（3）商品苗安全储运。短期储运（0～2天）时，储藏期的环境条件为温度20℃，基质相对含水量50%～55%，补光强度15微摩/（平方米·秒），持续光照，储运方式带盘或脱盘均可；长期储运（3～6天）时，储藏期的环境条件为温度11～12℃，基质相对含水量50%～55%，补光强度45微摩/（平方米·秒），持续光照。储运方式以带盘为主。幼苗运输后，第1、第2片真叶发育正常，叶色深绿、无病斑，叶边缘无卷曲，子叶发黄程度控制在30%以内，表明商品苗运输后未发生劣变。

## 3　技术注意事项

（1）基质中接种促生真菌或细菌后，基质中不得添加杀菌剂，并避免大水冲灌苗床。

（2）黄瓜集约化育苗应使用全水溶性肥料，要求肥料中水不溶物含量≤0.1%，pH值5.5～7.0，溶解肥料的水质总硬度（以$CaCO_3$计）应≤450毫克/升，避免堵塞喷嘴。

（3）育苗期间，每5～7天校准稀释定比器1次，保证设备的精确性。如果采用顶部喷灌，每次施肥后应轻轻喷洒1遍清水，防止附着在叶片上的肥料对叶片造成危害。

（4）喷施复配型植物生长调节剂应遵循“低浓度、多频次”的原则，两次喷施间隔时间为5～10天，喷施宜选择阴天或傍晚时分，并应根据环境适当调整复配型植物生长调节剂的喷施浓度、剂量和频次等，低温有增效作用，应适当降低喷施浓度；高温有减效作用，应适当升高施用浓度。

（5）嫁接操作应在适当遮光的棚内进行，嫁接前保证各种器皿、工具、嫁接工作台面以及操作人员双手清洁、无菌；嫁接愈合后，应及时剔除砧木长出的萌蘖，保证接穗健康生长，去除萌蘖时切忌损伤子叶及摆动接穗。

（6）穴盘苗达到适宜的苗龄应及时出苗，供苗前1～2天可喷施一遍广谱杀菌剂。

## 4　适宜地区

本技术适用于全国各地的大、中、小型黄瓜集约化育苗企业或专业合作社等。

## 5　联系方式

技术依托单位：中国农业科学院蔬菜花卉研究所

联系人：董春娟

联系电话：010-82109540

电子邮箱：dongchunjuan@caas.cn

# 设施主要蔬菜基质栽培模式及水肥一体化精准高效管理技术

## 1　技术简介

就无土栽培技术的多年推广应用情况而言，水肥管理受人为因素影响大、经验性强、重复性差，这也是阻碍无土栽培面积进一步扩大的重要影响因子之一。因此，迫切需要一种有效、低成本、可操作性强的技术来解决无土栽培水肥精准高效管理的问题。该技术硬件系统采用云计算、移动互联网以及无线传感网技术实现灌溉自动化控制，其通过田间的无线传感器收集土壤水分、光照强度等数据，按照作物生长环境所需要的基质湿度值进行管理，实现对基质水分及环境的持续监测和精准控制。该系统具有成本低、可操作性强、拓展性好、手机和电脑端远程监测控制的特点。种植模式和养分管理基于有机肥的蔬菜简易营养液配方。基于有机肥的蔬菜简易营养液配方只需考虑有机肥缺乏的氮、钾、钙、镁和硼5种元素，大大简化了营养液配制难度，按蔬菜茬口及不同生育阶段进行配制，实现蔬菜养分的精准化管理。

## 2　技术操作要点

### 2.1　无土栽培模式，可选用以下4种模式中的一种

（1）自然沙培模式无须隔离，改良基质和基肥施入宽50厘米，高40厘米的种植区域内，改良基质（如发酵好的菇渣、秸秆等）按改良区体积15%的量加入（图1、图2）。

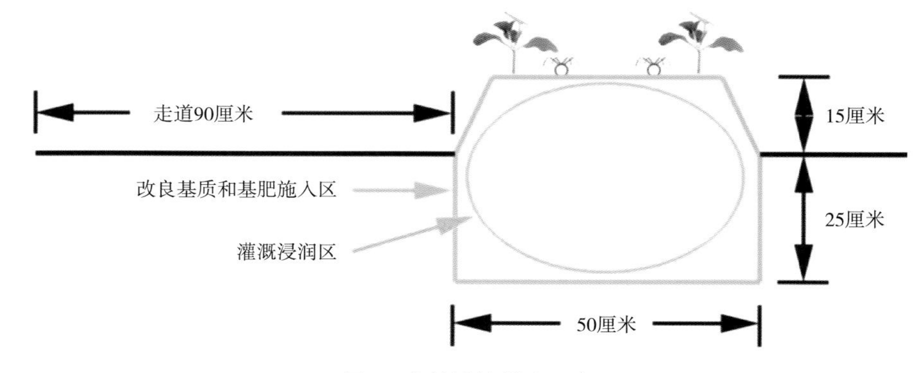


图1　自然沙培模式示意

（2）椰糠袋培模式选用圆形无纺布袋，直径26厘米，高30厘米。栽培基质选用椰糠，每畦放置一行栽培袋，行距140厘米，袋距40厘米。滴灌带出水孔距10厘米，两个出水孔与另两个出水孔的间隔距离30厘米，每畦铺设2条滴灌带，每袋种植2株（图3）。

（3）地下槽培模式采用栽培槽下挖方式，槽宽35厘米，深20厘米，用塑料膜与土

壤隔离，形成相对完整封闭的种植空间，无排水口（图4）。

（4）地上槽培模式采用砖或其他材料制成，槽内径宽35厘米，深15厘米，用塑料膜与土壤隔离，形成相对完整封闭的种植空间，无排水口（图5）。

图2　自然沙培模式种植

图3　椰糠袋培模式种植

图4　地下槽培模式种植

图5　地上槽培模式种植

## 2.2　栽培基质选择

有机基质：可因地制宜，就地取材，充分利用本地资源丰富、价格低廉的原材料如各种作物秸秆、菇渣、中药渣等，有机物基质使用前必须经过充分发酵。无机基质：为了调整基质的物理性能，可加入一定量的蛭石、炉渣、沙等。一般有机基质占总体积的50%～70%，无机基质占30%～50%。椰糠袋培模式所用基质为椰糠，但该模式与其他模式相比基质用量减少60%～70%。

## 2.3　水肥一体精准控制系统

（1）自控设备。北京紫藤连线ZWSN-C-A设备，包括水分传感器、光照传感器、控制箱等（图6）。

（2）控水设备。电磁阀或水泵。

图6　水肥一体精准控制系统

（3）施肥装置。并列式压差施肥罐。

（4）水分传感器。水分传感器位置选择滴灌供水口远端，植株生长和滴头出水正常处，离滴头3厘米，插深10～15厘米。

（5）自控策略。基质水分和光照复因子控制，水分传感器灌水下限阈值根据基质类型不同设为28%～40%，光照传感器灌水下限阈值根据茬口不同设为≥15 000～20 000勒克斯；单次灌水时长根据无土栽培模式设为3～7分钟，数据采集间隔15～30分钟；工作时段：春茬上午9时至下午5时，秋茬上午10时至下午3时。

### 2.4　基于有机肥的简易营养液配方

定植前基质中施入基肥量牛粪55千克/立方米（或鸡粪40千克/立方米），磷酸二铵1.5千克/立方米。根据种植番茄、黄瓜、辣椒、茄子等主要蔬菜茬口差异及不同生育阶段对养分的需求规律，施用对应的茬口及不同阶段的简易营养液配方灌溉。每株作物每次滴灌量约0.5升，每亩每次滴灌肥量约1 250升，间隔10～15天滴灌追肥1次。简易营养液只需考虑有机肥缺乏时氮、钾、钙、镁和硼5种元素，大大简化了营养液配制，同时在简易营养中添加了腐殖酸成分，可显著提高蔬菜的产量、品质及根系活力。简易营养液配方所用的肥料（硝酸钙、硝酸钾、硫酸钾、硫酸镁、硼酸、腐殖酸等）通过并列式压差施肥罐装置施入。

## 3　技术注意事项

在配制营养液时，要注意根据蔬菜不同生育期的需肥规律，对营养液中的氮（N）、钾（K）元素的浓度进行调整。调整参考浓度见表1。

表1 黄瓜、番茄、辣椒、茄子不同生育阶段简易营养液元素浓度 单位：毫克/升

| 元素 | 第一阶段浓度（定植至第30天） | | | | 第二阶段浓度（第31天至第60天） | | | | 第三阶段浓度（第61天至拉秧） | | | |
|---|---|---|---|---|---|---|---|---|---|---|---|---|
| | 黄瓜 | 番茄 | 辣椒 | 茄子 | 黄瓜 | 番茄 | 辣椒 | 茄子 | 黄瓜 | 番茄 | 辣椒 | 茄子 |
| N | 136.50 | 117.60 | 75.40 | 110.79 | 227.50 | 196.00 | 118.46 | 132.42 | 227.50 | 196.00 | 105.39 | 154.47 |
| K | 187.20 | 108.20 | 60.62 | 60.62 | 187.20 | 288.60 | 191.17 | 152.14 | 187.20 | 288.60 | 300.48 | 227.82 |
| Ca | 85.00 | 85.00 | 75.00 | 75.00 | 85.00 | 85.00 | 75.00 | 75.00 | 85.00 | 85.00 | 75.00 | 75.00 |
| Mg | 16.50 | 16.50 | 11.00 | 11.00 | 16.50 | 16.50 | 11.00 | 11.00 | 16.50 | 16.50 | 11.00 | 11.00 |

## 4 适宜地区

该技术适应于我国设施土壤连作障碍严重的老菜区，以及各种荒地、盐碱地、废矿区和中低产田改造区，例如，山东、内蒙古、甘肃、宁夏等地。有利于提高蔬菜品质、产量，促进农民增收，提高我国土地资源和水肥资源的利用率。

## 5 联系方式

技术依托单位：中国农业科学院蔬菜花卉研究所

联系人：蒋卫杰，余宏军，李强

联系电话：010-82108797

电子邮箱：jiangweijie@caas.cn，yuhongjun@caas.cn，liqiang05@caas.cn

# 寡雄腐霉诱抗保健育苗技术

## 1 技术简介

### 1.1 技术研发背景

设施农业是现代农业主要的产业形态，其经济效益显著，是农业增效、农民增收的重要渠道。但由于新品种的引进、连作等因素，蔬菜病虫害的发生愈加严重，给设施蔬菜生产带来了严重危害。为了避免或减轻病虫害的发生，盲目用药、频繁用药的现象在生产上较为普遍，给食品安全带来了隐患，也在一定程度上影响了品质，限制了产品的销路。另外，设施蔬菜产业是劳动密集型产业，降低人工投入和生产成本也是行业必须面对的问题。

诱抗保健育苗是在苗期使用诱抗剂来激活植物自身的免疫力，提高抗逆性，增强对病害的抵御能力。100万孢子/克寡雄腐霉可湿性粉剂（*Pythium Oligandrum*，登记证号PD 20131756）是自然界中存在的一种攻击性很强的寄生真菌，能在多种农作物根围定殖，抑制或杀死其他致病真菌和土传病原菌，诱导植物产生防卫反应，减少病原菌的入侵；同时，寡雄腐霉产生的分泌物及各种酶，是植物很好的促长活性剂，能促进作物根系发育，提高养分吸收，在苗期使用可预防病害发生，有利于培育健苗，减少中后期病害发生风险。

### 1.2 技术效果

本技术结合优良品种选择、天敌防控、化学防控、物理防控以及生态调控等措施，能够使化学农药使用量减少50%，防治效果达到80%以上，增产5%左右，且能减少中后期的管理成本。

## 2 技术操作要点

### 2.1 寡雄腐霉诱抗剂育苗

1 000～3 000倍喷雾或浸苗，间隔7～10天，育苗期间使用3次；也可拌入土或基质，每升基质中添加0.1～0.2克寡雄腐霉。

### 2.2 水肥一体化和配方施肥

前期高氮果期高钾配方追肥，随水滴灌。

### 2.3 天敌防控

巴氏钝绥螨、异色瓢虫等，防控不同发育阶段的设施农业害虫。

### 2.4　化学防控、物理防控、生态调控等

生防菌剂、防虫网、粘虫板，温湿度调控，光照管理等。设置防虫网，黄板；做好温湿度调控，预防病毒病；如遇白粉病、灰霉病发生严重，可以喷施25%吡唑醚菌酯乳油、43%氟菌・肟菌酯悬浮剂防治；若蚜虫、粉虱、螨发生严重，可喷施22.4%螺虫乙酯悬浮剂、10%溴氰虫酰胺悬乳剂、43%联苯肼酯悬浮剂进行防治。

诱抗育苗

定植

水肥药一体化

天敌

对照

示范

## 3　技术注意事项

（1）寡雄腐霉是活性真菌孢子，不能与化学杀菌剂类产品混合使用，喷施化学杀菌剂后的作物，在药效期内禁止使用。

（2）寡雄腐霉施用宜在早晨或傍晚进行。

## 4　适宜地区

全国各大设施蔬菜产区日光温室或塑料大、中棚等设施蔬菜育苗中使用。

## 5　联系方式

技术依托单位：北京市农林科学院植物保护环境保护研究所

联系人：刘梅，李兴红

联系电话：010-51503733

电子邮箱：liumeidmw@163.com，lixinghong1962@163.com

# 第四篇

# 设施蔬菜化肥农药减施增效集成模式

# 一、东北寒区设施蔬菜化肥农药减施增效集成模式

## 辽宁北票日光温室越夏茬番茄化肥农药减施增效技术模式

### 1 背景简介

北票市位于辽宁西部，隶属于辽宁省朝阳市，地形地貌为“七山一水二分田”的丘陵山区。北票市属北温带大陆性季风气候，温差大，积温高。年平均气温8.6℃。1月平均气温-11.1℃，最低气温-26.6℃；7月平均气温24.7℃，最高气温40.7℃。年平均降水量509毫米。无霜期153天左右。年平均日照2 983小时。光照资源丰富，是辽宁省适宜发展日光温室的优势地区。

北票市是我国北方地区重要的日光温室番茄生产基地，号称北方日光温室番茄生产第一县。北票市从1980年开始日光温室番茄生产。目前设施番茄种植面积10万亩左右，其中日光温室越夏番茄是其重要的栽培特色，每年6月末前后定植，8月末至10月收获，产品主要销往我国长江以南的地区，解决南方地区因夏季高温导致的果菜类蔬菜供应短缺问题，农户生产效益好。但由于夏季高温强光逆境条件严重，设施越夏番茄栽培和病虫害防治的难度较大。

北票市长期以来是沈阳农业大学设施蔬菜团队的科研教学试验示范基地。2016年“东北寒区设施蔬菜化肥农药减施技术模式建立与示范”课题组对北票市设施栽培模式与灌水、土壤与施肥、病害发生与农药防治三个方面进行了调研，发现北票市日光温室配套环境调控设备简陋、环境调控能力弱；大水漫灌导致的水肥药使用量大，市场上肥料和农药品种繁多，质量参差不齐，农户使用量随意性大，基本靠经验在进行环境和水肥药的管理，夏季虫害、病毒病等频发，土壤连作障碍问题严重。为此，课题组在总结北票市日光温室越夏番茄栽培成功经验的基础上，结合课题组的研究成果，从越夏番茄品种与育苗、栽培方式、环境管理、水肥药管理和植株管理等生产的全过程，集成国内外先进技术，优化完善形成了辽宁北票日光温室越夏番茄化肥农药减施增效技术模式。

### 2 栽培技术

#### 2.1 温室结构与配套设备

越夏栽培时外界光照强、气温高，因此，降温是温室环境管理的关键环节。要求温室有良好的通风降温条件和配套的外遮阳降温条件。

### 2.2　优质种苗培育

与北票市蔬菜站科技示范园等合作，筛选适宜北票市越夏栽培的耐高温，早熟，连续坐果能力强，耐裂果，转色均匀，耐储运，且抗TY病毒、叶霉病的品种。与北票市四季春天棚菜技术服务部等育苗企业合作，使用杀菌剂浸泡种子消毒，浸泡后反复冲洗、晾干，清除种子表面携带的病原菌，培育优质壮苗。

### 2.3　栽培方式

5月中下旬育苗，6月中下旬定植，10月上中旬拉秧。单垄单行或大垄双行，平畦或小垄栽培。行距100厘米，其中作业道40厘米，定植畦60厘米；株距30～33厘米；亩定植1 800～2 000株（图1）。

图1　北票市日光温室越夏番茄单垄单行与大垄双行栽培

### 2.4　环境管理

苗期：白天保持上午25～28℃，下午23℃，夜间15～17℃，将顶风、前底脚风全部放开；晴天时上午11时左右悬挂50%透光率的遮阳网，下午3时左右收起遮阳网。

结果期：白天保持25～28℃，夜间12～15℃。9月中旬更换新棚膜。晴天可使用遮阳网遮阴降温，气温高时往水沟和过道灌水或地面喷水，增加棚内湿度，降低室温和地温。

结果末期：白天保持25～28℃，夜间不低于10℃。9月下旬安装保温被，设置自动擦条布，或经常擦拭棚膜，保持棚膜清洁，增加温室透光率。

### 2.5　植株管理

（1）定植初期。单秆整枝，吊蔓栽培。如果发现缺株，临近植株可双秆整枝。如出现徒长，用微量元素水溶肥料（那氏778）灌根1～2次，灌根后1小时浇水。

（2）坐果期。每株留6～8穗花，每穗留4～5穗果。一般选择晴天进行蘸花，温度在18～25℃为宜，每穗选留5个果，第四穗至第八穗可选留4个果。若遇到长期高温寡照天气，每隔7～10天叶面喷施磷酸二氢钾，补充营养，防止落花、落果。

（3）果实成熟期。果实充分膨大后，打掉其下部老叶，有利于通风、透光和着色（图2）。

图2　北票市日光温室越夏茬番茄栽培

## 3　病虫害防治技术

### 3.1　土壤消毒

首先是在6月高温休闲季节，采用太阳能高温闷棚20天，使温室温度达到60～70℃，30厘米土层温度达50°以上。对包括使用工具在内的整个温室进行太阳能消毒，杀灭设施土壤、温室空间的病菌、害虫和杂草。

其次对于土壤连作障碍严重的温室，结合日光高温消毒，同时采取氰氨化钙+秸秆土壤消毒，解决土传病害或根际病害问题。

### 3.2　病虫害防治

日光温室越夏茬番茄栽培主要病害及防治方法见表1，主要虫害及防治方法见表2。

表1　日光温室越夏茬番茄栽培主要病害防治

| 生长阶段 | 主要病害 | 化学方法 | | 生态与农艺方法 |
|---|---|---|---|---|
| | | 预防药剂 | 治疗药剂 | |
| 苗期 | 猝倒病 | 30%甲霜·噁霉灵水剂60倍液喷洒苗床土壤湿润，每亩1升制剂 | 722克/升霜霉威盐酸盐水剂750倍液喷施2次，间隔5天喷施1次，连续喷施2～3次 | |
| 结果期 | 晚疫病 | 40%百菌清悬浮剂600倍液每隔7天喷施1次 | 10%氟噻唑吡乙酮可分散油悬浮剂3 000倍液+80%代森锰锌可湿性粉剂500倍液、687.5克/升氟菌·霜霉威悬浮剂600倍液、100克/升氰霜唑悬浮剂1 000倍液、50%烯酰吗啉可湿性粉剂750倍液交替喷施，间隔7～10天喷施1次，连续喷施2～3次 | 1.采用温室内温湿度控制，减轻发病 |

表1 （续）

| 生长阶段 | 主要病害 | 化学方法 | | 生态与农艺方法 |
|---|---|---|---|---|
| | | 预防药剂 | 治疗药剂 | |
| 结果期 | 灰霉病 | 40%百菌清悬浮剂600倍液每隔7天喷施1次 | 43%氟菌·肟菌酯悬浮剂1 500倍液、35%氟菌·戊唑醇悬浮剂1 500倍液、42.4%唑醚·氟酰胺悬浮剂2 000倍液，交替喷施，间隔7～10天喷施1次，连续喷施2～3次 | 2.夏季太阳能高温闷棚，消除温室病虫草害<br>3.及时清理植株病残体<br>4.与芸豆轮作 |
| | 溃疡病 | 33.5%喹啉铜悬浮剂750倍液每隔7天喷施1次 | 45%春雷·喹啉铜悬浮剂1 000倍液、40%噻唑锌悬浮剂750倍液、2%春雷霉素水剂500倍液，交替喷施，间隔7～10天喷施1次，连续喷施2～3次 | |
| | 叶霉病 | 40%百菌清悬浮剂600倍液隔7天喷施1次 | 10%多抗霉素可湿性粉剂600倍液、47%春雷·王铜可湿性粉剂600倍液交替喷施，间隔7～10天喷施1次，连续喷施2～3次 | |
| | 茎基腐 | 70%甲基硫菌灵可湿性粉剂1 000倍液每隔7天喷施1次 | 722克/升霜霉威盐酸盐水剂750倍液+25克/升咯菌腈种子处理悬浮剂1 500倍液、或30%甲霜·噁霉灵水剂1 500倍液灌根，每株灌0.5千克药液 | |

注：每亩地喷施药液量为45～60升，可根据植株大小调整药液喷施量。

表2 日光温室越夏茬番茄栽培主要虫害防治

| 生长阶段 | 主要虫害 | 物理方法 | 生物方法 | 化学方法 | |
|---|---|---|---|---|---|
| | | | | 预防药剂 | 治疗药剂 |
| 苗期 | 潜叶蝇 | 黄板、防虫网 | 无 | 15%溴氰虫酰胺悬浮剂1 500倍液，移栽前2天全株喷淋，带土移栽 | 1.8%阿维菌素乳油1 000倍液，20%灭蝇胺可湿性粉剂1 500倍液喷施，5天喷施1次，连续喷施2～3次 |
| | 白粉虱 | 黄板、防虫网 | 捕食螨、丽蚜小蜂 | 25%噻虫嗪水分散粒剂1 500倍液，定植时灌根，每株灌0.5千克药液 | 3%啶虫脒微乳剂1 000倍液或70%吡虫啉水分散粒剂3 000倍液喷施，每6天喷施1次，连续喷施2～3次 |
| 结果期 | 红蜘蛛 | 无 | 捕食螨、丽蚜小蜂 | 1.8%阿维菌素乳油750倍液喷施 | 60%联肼·乙螨唑水分散粒剂3 000倍液，30%乙唑螨腈悬浮剂3 000倍液，240克/升螺螨酯悬浮剂1 500倍液喷施，7天喷施1次，连续喷施2～3次 |
| | 甜菜夜蛾 | 无 | 无 | 5%甲氨基阿维菌素苯甲酸盐微乳剂1 000倍液喷施 | 5%氯虫苯甲酰胺悬浮剂1 000倍液、20%氟虫双酰胺水分散粒剂2 500倍液，7天喷施1次，连续喷施2～3次 |
| | 蓟马 | 蓝板 | 捕食螨 | 70%噻虫嗪水分散粒剂1 500倍液，定植时灌根每株灌0.5千克药液 | 5%甲氨基阿维菌素苯甲酸盐微乳剂1 000倍液，60克/升乙基多杀菌素悬浮剂1 000倍液喷施，5天喷施1次，连续喷施2～3次 |

注：每亩地喷施药液量为45～60升，可根据植株大小调整药液喷施量。

## 4 水肥管理技术

### 4.1 有机肥替代化肥技术

北票市靠近内蒙古，牛羊粪资源丰富。化肥替代试验表明，羊粪可替代化肥养分的

20%～43%，一般选择30%为宜。每亩底肥使用10～15立方米牛羊粪。降低底肥化肥用量每亩30千克以上。

### 4.2 水肥一体化管理技术

以北票市日光温室越夏茬番茄栽培目标产量1万千克/亩，通过测土平衡施肥，确定底肥和追肥的使用量和使用方法。以使用高氮型（前期）和高钾型（中后期）纯化学大量元素水溶肥为主，少量使用有机型水溶肥或有机无机混合水溶肥（表3）。

底肥：每亩施用腐熟的牛羊粪10～15立方米，氮磷钾复合肥20～30千克，粉碎玉米秸秆1 000千克。

苗期：定植初期，正值高温季节，为防止高温干旱的危害，可向垄沟浇水，使土壤保持湿润状态，以降低地温，增加棚内空气湿度，抑制病毒病的发生，促进番茄生长。定植后20天，根据长势，使用生根壮秧高氮型（22-12-16）水溶肥滴灌1～2次，每次5～6千克。

开花坐果期：7～10天灌水施肥1次，每次灌水量10～15立方米，施用氮磷钾平衡型水溶肥，每亩每次5～8千克。

果实膨大期：10～15天灌水施肥1次，每次灌水15立方米左右，施用高钾型（19-6-25）大量元素水溶肥，每亩每次5～8千克。

果实采收期：15～20天灌水1次，每次灌水量8～10立方米，施用高钾型（19-6-25）大量元素水溶肥，拉秧前半个月停止施肥。

**表3　北票市日光温室越夏番茄栽培施肥量**

| 有机物料 | | 化肥 | | | |
|---|---|---|---|---|---|
| | | N（千克/亩） | $P_2O_5$（千克/亩） | $K_2O$（千克/亩） | 中、微量元素 |
| 基肥 | 羊粪、牛粪、鸡粪，秸秆，菌肥 | 3～4 | 1.5～2 | 3～4 | 钙镁肥等 |
| 追肥 | 叶面肥、冲施肥 | 12～16.6 | 4～9.28 | 10.3～14.32 | 微量元素、钙肥 |
| 合计 | | 14～18.6 | 6～11.28 | 15.3～19.32 | |

## 5 适宜地区

辽宁及其周边的河北、内蒙古等地区。

## 6 联系方式

集成模式依托单位：沈阳农业大学

联系人：孙周平

联系电话：024-88487231

电子邮箱：sunzp@syau.edu.cn

# 辽宁灯塔日光温室越冬茬番茄化肥农药减施增效技术模式

## 1 背景简介

灯塔市位于辽宁省中部，隶属于辽阳市。地势东高西低，整体地貌为“二山一水七分田”。灯塔市属北温带大陆性季风气候。春暖、夏热、秋凉、冬寒，四季分明，雨热同期，日照充足，年光照2 930小时。常年平均气温8.8℃，年平均无霜期171天。雨量充沛，主要集中在夏季，年总降水量平均为686.0毫米左右。是适宜日光温室蔬菜生产区。

灯塔市是辽宁省重要的设施蔬菜生产区。目前日光温室面积9万亩，其中日光温室番茄面积3万亩。日光温室番茄的主要茬口是越冬茬栽培，即11月定植，翌年5月拉秧，留7～8穗果，由于上市销售是在春节前后，价格好，收入高，而此时温室常常处于低温弱光高湿逆境条件下，不利作物生长，栽培难度大。

2016年“东北寒区设施蔬菜化肥农药减施技术模式建立与示范”课题组对灯塔市日光温室结构与环境、栽培模式与灌水、土壤与肥料、病害与农药防治四个方面进行了全面的调研，分析发现灯塔市日光温室结构第二代和第三代高效节能日光温室优型结构占比较少；温室配套环境调控设备简陋、环境调控能力弱；栽培密度高、水肥药用量大，市场上肥料和农药品种繁多、质量参差不齐、农户使用量随意性大，基本靠经验在进行环境和水肥药的管理，番茄病虫害等频发、土壤连作障碍问题严重。为此，课题组在总结灯塔市日光温室越冬茬番茄栽培成功经验的基础上，结合课题组的研究成果，从温室结构与配套设备、品种与育苗、栽培方式、环境管理、水肥药管理和植株管理等生产的全过程，集成国内外先进技术，优化完善形成辽宁灯塔日光温室秋冬茬番茄化肥农药减施增效技术模式，实现了节本、提质和增效，取得明显效果。

## 2 栽培技术

### 2.1 优型日光温室结构及其环境调控设备

首先优选沈阳农业大学研制的第三代高效节能日光温室：北纬41°－42°地区，温室跨度8米、脊高4.7米左右、冬季温室外覆盖采取双层保温，采光量提高5%以上，温室夜间内外最大温差可达35℃，在冬季夜间温度在-25℃左右时，保证良好的温室温度环境。

其次完善卷帘和放风等温室配套设备。示范温室安装智能放风器，改变人工凭经验和手动调控温室温度的手段，提高温室环境调控水平和工作效率；优化不同生长阶段温室环境调控指标，降低真菌病害发生条件，为番茄生长创造了良好的光照、温度、湿度和$CO_2$环境，促进植株旺盛生长，增强抗病能力（图1）。

图1　灯塔市第三代高效节能日光温室及其配套卷帘机与智能放风器

### 2.2　优质种苗培育技术

选择耐低寒、耐弱光、抗病性强、连续坐果能力强、货架期长的粉果品种。与盘锦鑫叶农业科技公司等集约化育苗场合作。使用杀菌剂浸泡种子进行消毒处理，消毒后用清水反复冲洗以消除种子表面的病原菌。

### 2.3　促根壮秧栽培技术

栽培方式。单垄单行：作业道40厘米，畦宽100厘米，畦高15～20厘米，株距25～30厘米，配合滴灌管灌溉。大垄双行：作业道50厘米，大行畦宽120厘米，小行株距30厘米，每畦定植两行。番茄栽培定植密度2 000株左右。采用比例吸肥器或文丘里式吸肥器、膜下滴灌的方式，实现水肥一体化灌溉。

采用先定植后覆盖地膜的方法。采取深栽浅埋、半月合垄、覆土发根的方法，缓苗后隔3～5天连续松土2次，定植20天左右，植株高度30厘米左右，再覆盖黑色地膜，促进根系深扎，增强越冬抗性。

### 2.4　温湿度管理技术

（1）温度管理。优化日光温室黄瓜越冬生产不同生长阶段温度管理指标见表1。

表1　日光温室越冬茬番茄不同生长阶段温度管理指标　　单位：℃

| 生长阶段 | 上午气温 | 下午气温 | 前半夜气温 | 后半夜气温 | 地温 |
|---|---|---|---|---|---|
| 苗期（11—12月） | 24～28 | 20～25 | 15～18 | 12～14 | 18～20 |
| 结果初期（12月至翌年2月） | 25～29 | 20～22 | ≥15 | 10～12 | ≥15 |
| 盛果期（2—5月） | 24～28 | 18～24 | 15～19 | 8～12 | 18～20 |

（2）光照管理。每年秋冬更换新棚膜；11月至翌年3月棚膜上设置自动擦模条带、或定期擦干净棚膜等方法，可提高温室采光率4%以上；11月以后，尽量提早和晚盖保温被等，延长光照时间，增强温室光照和热量蓄积；后墙悬挂反光膜，增加温室北侧光照，在12月至翌年1月寒冷时期可采取晴天上午11时30分后将后墙的反光膜去掉，增加蓄热，实现补光和蓄热的兼顾。

（3）湿度管理。白天温室内的空气相对湿度保持在70%以下。冬季采取早中晚三段式放风方法，加强排湿；膜下滴灌，少量多次灌溉，减少蒸发；垄沟间铺设锯末、稻壳、粉碎秸秆等方法，增加吸湿，降低湿度。

（4）温室综合环境管理。建立日光温室番茄等果菜类蔬菜不同光照条件下$CO_2$浓度与昼夜温度的综合管理方案（表2）。越冬期阴雪天时温度管理指标比正常天气温度低3～5℃。

表2　日光温室果菜类蔬菜适宜光照度、$CO_2$浓度和昼夜温度综合管理方案

| 光照分段 | 昼间最大光照度[微摩/（平方米·秒）] | 昼间适宜$CO_2$浓度（微升/升） | 昼间适宜温度（℃） | 夜间适宜温度（℃） |
|---|---|---|---|---|
| 强光段 | >1 200 | >500 | 30 ± 2 | 18 ± 2 |
| 次强光段 | 1 000～1 200 | >600 | 28 ± 2 | 16 ± 2 |
| 中光段 | 800～1 000 | >700 | 26 ± 2 | 14 ± 2 |
| 次中光段 | 600～800 | >800 | 24 ± 2 | 12 ± 2 |
| 弱光 | 400～600 | >900 | 22 ± 2 | 11 ± 2 |

## 2.5　植株管理

采用单干整枝，植株生长30厘米吊秧，保证直立生长。结果期可用蘸花剂喷花处理，也可用熊蜂授粉，保花保果。每穗留果4～5个，每株7～8穗，单株产量3.5～4千克，亩产量1万千克。下茬套种芸豆，进行间作套种（图2）。

图2　日光温室越冬茬番茄及其套种芸豆栽培

## 3 病虫害防治技术

### 3.1 土壤消毒

在夏季高温休闲季节，采用太阳能高温闷棚1个月左右，使温室温度达到60～70℃，30厘米土层温度达50℃以上。对包括使用工具在内的整个温室进行太阳能消毒，杀灭设施土壤、温室空间的病虫草害。

### 3.2 病虫害防治

（1）主要病虫害防治。日光温室越冬茬番茄栽培主要病害及防治方法见本书“辽宁北票日光温室越夏茬番茄化肥农药减施增效技术模式”中表1，主要虫害及防治方法见本书“辽宁北票日光温室越夏茬番茄化肥农药减施增效技术模式”中表2。

（2）采用新型植保器械。使用精量电动弥粉机，高效电动喷雾器等，提高农药利用效率和病害防控效果。

## 4 水肥管理技术

### 4.1 有机肥/有机物料替代化肥技术

（1）有机肥替代化肥。试验表明，畜禽粪等农家肥可替代化肥养分的20%～43%，一般选择30%为宜。因此，为了改善土壤理化性质，提高设施菜田土壤肥力。每亩底肥使用10立方米腐熟的猪粪和牛粪、氮磷钾复合肥30千克，减少底肥化肥用量20～40千克。

（2）玉米秸秆整捆还田。采取秸秆反应堆技术，每垄挖沟填满玉米秸秆，每亩使用秸秆1 000千克，可提高冬季土壤温度1～2℃，早晨揭草帘前温室$CO_2$浓度达到900～1 000毫升/立方米，提高番茄植株光合能力和产量（表3、表4）。

### 4.2 水肥一体化管理技术

以灯塔市日光温室番茄越冬茬目标产量1.25万千克，通过测土平衡施肥，确定底肥和追肥的使用量和使用方法。春秋季温室适宜时期采用大量元素水溶肥。冬季低温弱光季节施用有机型水溶肥或有机无机混合水溶肥为主。

**表3 灯塔市日光温室越冬茬番茄栽培施肥方案**

| 不同生育阶段 | 灌水 | 施肥 |
|---|---|---|
| 底肥 | | 每亩施用猪粪、牛粪、鸡粪10～12立方米，氮磷钾复合肥30千克，玉米秸秆1 000千克 |
| 苗期（10月中旬至11月） | 定植时适当浇水，定植后6～10天浇1次缓苗水，亩灌水量10立方米。一直到坐果基本不旱不浇水 | 根据秧苗长势，适当补充，高氮型（22-12-16）水溶肥，每亩每次4～5千克，1～2次 |

表3 （续）

| 不同生育阶段 | 灌水 | 施肥 |
|---|---|---|
| 结果初<br>（12月至翌年2月） | 亩灌水10～12立方米，15～20天浇1次，水量不要太大，少量多次。水最好提前在温室水池中晒几天 | 施用高钾型（19-6-25）大量元素水溶肥，每亩每次5～8千克，15～20天1次。同时配合施用氨基酸、腐殖酸等有机型水溶肥，每亩每次10～15千克 |
| 盛果期<br>（3—6月） | 亩灌水量15立方米，7天左右1次 | 施用高钾型大量元素水溶肥，每亩每次5～8千克，10～15天1次 |

表4 日光温室越冬茬番茄栽培施肥量

| 有机物料 | | 化肥 | | | |
|---|---|---|---|---|---|
| | | N（千克/亩） | $P_2O_5$（千克/亩） | $K_2O$（千克/亩） | 中、微量元素 |
| 基肥 | 猪粪、牛粪、鸡粪，秸秆，菌肥 | 4.5 | 2 | 4.5 | 钙镁肥等 |
| 追肥 | 叶面肥、冲施肥 | 21.5～27.1 | 12.1～18.0 | 31.1～36.8 | 微量元素、钙肥 |
| 合计 | | 25.8～31.6 | 14.6～20.5 | 35.6～41.3 | |

## 5 适宜地区

辽宁及其周边的河北、内蒙古等地区。

## 6 联系方式

集成模式依托单位：沈阳农业大学

联系人：孙周平

联系电话：024-88487231

电子邮箱：sunzp@syau.edu.cn

# 黑龙江高寒区日光温室冬春茬番茄化肥农药减施技术模式

## 1 背景简介

黑龙江省位于欧亚大陆东部、太平洋西岸、中国最东北部，气候为温带大陆性季风气候。全省年平均气温多在-5～5℃，无霜冻期全省平均介于100～150天。黑龙江省全省蔬菜种植面积1 157万亩，其中设施蔬菜播种面积近140万亩，是发展最为迅速的产业之一。日光温室番茄的主要栽培茬口：越冬茬栽培9月至翌年5月、春提早栽培（2—7月）、秋冬茬（7月末至12月末）。主要有灰霉病、晚疫病、立枯病、细菌性溃疡病、病毒病、白粉虱等病虫害。生产者多依据经验进行管理，不注重有机肥的施用及环境的综合调控，化肥和农药施用量大、利用率低，农药滥混滥用、施药方法落后，导致土壤盐渍化、环境污染、农药残留超标等问题。“东北寒区设施蔬菜化肥农药减施增效技术模式建立与示范”课题组于2016年开始针对上述问题开展关键技术攻关。课题组以番茄为代表性温室果菜主栽种类，从适用温室的结构、番茄品种、育苗技术、有机肥及缓释肥施用、温光管理、灰霉病病害防治等方面开展试验示范，集成创新了“设施+设备+品种+育苗+栽培+保鲜”六位一体模式；创建了“高地温+适气温+减气湿+增二氧化碳”的“冬季果菜生产管理四基点”；构建了黑龙江高寒地区设施冬春果菜安全生产技术新模式。

## 2 栽培技术

### 2.1 越冬生产适用的温室要求

高寒地区的日光温室结构一般为跨度小于10米，高度小于5.0米，复合保温墙体，外保温采用防水棉被（密度为2千克/立方米），温室要配制临时加温设备如热风炉等，在番茄生产过程遇到连续阴雪天气及极端低温时段要加温（图1）。

图1　黑龙江省高寒地区冬季生产用日光温室

### 2.2　育苗

选择耐低温耐弱光抗病的番茄品种。优先采用苗场集约化培育的秧苗。

### 2.3　基本栽培制度

前茬选择为非茄科作物，如豆科、瓜类等作物。日光温室越冬茬番茄生产：6月末至8月中旬播种育苗——8月中旬至10月末定植——10月下旬至翌年1月初开始采收——翌年2月上旬至5月末拉秧。

### 2.4　灌溉方式

采用膜下滴灌的方式，每个定植垄铺设1根滴灌管，设有首部设备、水箱和营养液罐，就可实现水肥一体化（图2）。

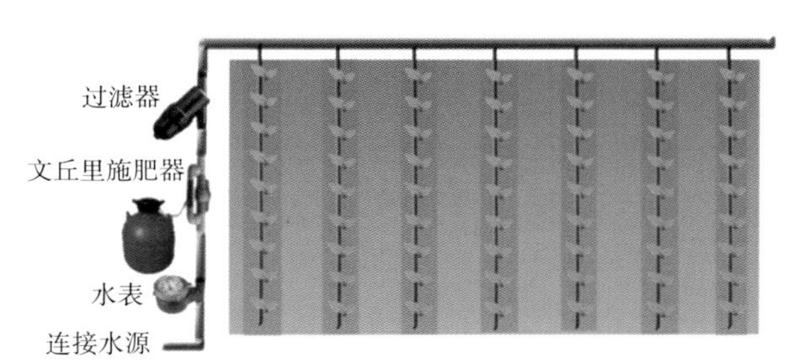

图2　日光温室水肥一体化设备

## 3　病虫害防治技术

### 3.1　土壤消毒

冬春季番茄定植前要对温室进行休闲期的高温闷棚，具体操作步骤为：清除温室残茬——撒施生石灰50千克/亩——精细旋耕松土——土壤浇透水——地膜覆盖地面——封闭温室棚膜——太阳能消毒21天以上。土壤消毒技术参照本书“节能环保型设施土壤日光消毒技术”。

### 3.2　病虫害防治

番茄定植后为促生防病可采用在番茄苗外侧5厘米处栽种2～3株毛葱（分蘖洋葱），进行伴生栽培（图3）。

病害防治：采用本书第2页弥粉法施药技术，结合肥剂药三合一套餐施用。杀虫营养防病组合：“呋虫胺+吡蚜酮+农用有机硅制剂+盐酸吗啉胍·乙酸铜+寡糖·链蛋白+微量元素水溶性肥料[锌旺，Zn（螯合态）≥20%、Gu+Mn≥0.5%、类营养物质≥0.3%]”。营养防病组合：“吡唑醚菌酯+苯醚甲环唑+微量元素水溶性肥料（落保，Gu+Mn+Zn≥10%、类营养物质≥0.4%、促花促果因子≥0.2%、乙烯抑制剂≥0.1%）”。实现增产8%以上，减药30%以上。上述肥药组合，在番茄越冬生产期间，最多施用3次，分别是缓苗后、开花期、果实膨大期。

图3　日光温室番茄伴生毛葱栽培模式

在温室每亩地悬挂规格为25厘米×30厘米的黄色诱虫板30张防治烟粉虱，悬挂规格为25厘米×40厘米的蓝色诱虫板20张防治种蝇和蓟马；当诱虫板上粘的害虫数量较多时，用钢锯条或木竹片及时将虫体刮掉，可重复使用（图4）。

图4　日光温室病虫害防治

## 4　水肥等田间管理技术

### 4.1　整地施肥

撒施有机肥/有机物料（在番茄定植前施入以“牛粪+秸秆+酵素菌剂”为主要原料的腐熟有机肥，每亩施入量4吨，另外，每亩施过磷酸钙50千克，采用普遍撒施）——旋耕整地（南北向延长，按照1.1米行距做高畦）（表1）。

表1　黑龙江省日光温室冬春茬番茄生产施肥方案

| 处理 | 化肥养分用量（千克/亩） | | | | 商品有机肥（千克/亩） | 腐熟农家肥（吨） | 过磷酸钙（千克） |
|---|---|---|---|---|---|---|---|
| | N | $P_2O_5$ | $K_2O$ | 总量 | | | |
| 缓释肥1 | 3.78 | 3.78 | 3.78 | 11.34 | 800 | 4 | 50 |
| 缓释肥2 | 2.16 | 1.08 | 2.16 | 5.4 | 800 | 4 | 50 |

注：预期每亩商品番茄产量4 000～6 000千克。

### 4.2 开沟施底肥

开定植沟（在畦面中按40厘米间距开两行定植沟）——沟施底肥（每亩施用：商品有机肥800千克，300亿孢子/克枯草芽孢杆菌粉剂或100亿孢子/克地衣芽孢杆菌粉剂1千克，缓释肥15～30千克）。

### 4.3 定植覆膜铺滴灌

选择在下午进行番茄苗定植，定植前番茄苗适当控水蹲苗，栽苗时可采用先造墒覆膜后再定植苗；也可以再用先坐水栽苗按照株距40厘米进行定植，水沉下后，覆土扶苗，然后进行地膜覆盖；膜下铺设滴灌管（图5）。

图5 日光温室番茄整地与定植

### 4.4 田间管理

缓苗后，根据土壤及秧苗情况，依据“先控后促”的原则灌水；及时吊绳绑蔓，在第一穗花开花时控制浇水，促进坐果；可采用熊蜂授粉保花保果；大型果番茄每穗保留3～4个果，小型果番茄不疏果。基本上采用单干整枝的方式，要及时打杈，大型果番茄可保留7～8穗果后，上留两片叶摘心，小型果番茄留果12～14穗，然后摘心。根据植株生长，可在坐果后定期（每2周1次）用0.3%浓度的磷酸二氢钾进行叶面追肥（图6）。

图6 日光温室番茄授粉及生长情况

## 5 模式注意事项

“高地温、适气温、高二氧化碳、相对低气湿”是高寒地区番茄越冬生产的关键。

温室冬季番茄生产的变温管理模式——“5段变温管理模式”：第一段26℃（揭棉被至13时），第二段24℃（13时至盖棉被），第三段18℃（盖棉被至19时），第四段12℃（19时至凌晨4时），第五段18℃（凌晨4时至揭棉被）。

冬季温室番茄补光（植物生长灯为上海合鸣照明电器有限公司生产的HMZ40型植物补光灯）强度为≥500勒克斯，于上午揭棉被前补光1小时、下午盖棉被后补光2小时效果最佳。

番茄植株较高大时，后期要进行适当落蔓，注意专用绑绳装置的使用。

## 6 适宜地区

该栽培模式适宜于黑龙江、吉林、内蒙古东北部地区。

## 7 联系方式

集成模式依托单位：东北农业大学

联系人：潘凯

联系电话：18686848832

电子邮箱：282015728@qq.com

# 辽宁沈阳辽中区日光温室秋冬茬番茄化肥农药减施增效技术模式

## 1　背景介绍

辽中区隶属辽宁省沈阳市，位于辽宁省中部、沈阳市西南部。属辽河、浑河冲积平原，海拔由22米降至6米左右，起伏甚微。辽中区地处北温带，属大陆性气候。春季多风，夏季频雨。年平均日照2 575小时，年平均气温8℃。1月平均气温-12℃，最低气温-31℃；7月平均气温24.5℃，最高气温35℃。平均相对湿度65%，平均无霜期171天。年平均降水量640毫米。

辽中区是辽宁省最早开始日光温室蔬菜栽培的地区，也是辽宁省重要的设施蔬菜生产基地。目前日光温室蔬菜栽培面积达7万多亩，其中日光温室番茄面积3.2万亩。辽中区长期以来是沈阳农业大学设施蔬菜团队的科研教学试验示范基地。2016年"东北寒区设施蔬菜化肥农药减施技术模式建立与示范"课题组对辽中区日光温室结构与环境、栽培模式与灌水、土壤与施肥、病害与农药防治四个方面进行了全面的调研，结果发现辽中区日光温室结构以第一代节能日光温室为主，第二代和第三代节能日光温室发展较慢；温室配套环境调控设备简陋、环境调控能力弱；栽培密度高、水肥药用量大，市场上肥料和农药品种繁多、质量参差不齐、农户使用量随意性大，基本靠经验进行环境和水肥药的管理，灰霉病、晚疫病、叶霉病、病毒病、白粉虱、潜叶蝇等病虫害和土壤连作障碍发生普遍、为害严重，成为该地制约设施番茄生产的关键因素。

为此，课题组在总结辽中区日光温室秋冬茬番茄栽培成功经验的基础上，结合课题组的研究成果，从温室结构与配套设备、品种与育苗、栽培方式、环境管理、水肥药管理和植株管理等生产的全过程，集成国内外先进技术，优化完善形成了辽中区日光温室秋冬茬番茄化肥农药减施增效技术模式。

## 2　栽培技术

### 2.1　优型日光温室结构及其配套环境调控设备

首先优选沈阳农业大学研制的第三代高效节能日光温室：北纬41°－42°地区，温室跨度8米、脊高4.7米左右、冬季双层外覆盖保温，采光量提高5%以上，温室夜间内外最大温差可达35℃，冬季夜间温度在-25℃左右时，保证良好的温室温度环境。

其次完善卷帘和放风等温室配套设备。在示范温室安装智能放风器，改变人工凭经验调控温室温度的手段，提高温室环境调控水平；优化不同生长阶段温室环境调控指标，降低真菌病害发生条件，为番茄生长创造了良好的光照、温度与湿度环境，促进番茄植株旺盛生长，增强抗病能力（图1）。

图1　第三代高效节能日光温室及其配套卷帘机、智能放风器

### 2.2　优质种苗培育技术

选择耐高温、抗病毒、红果或粉果，中后期低温转色好，市场货架期长的品种。与辽中区禾欣农业生态有限公司等集约化育苗场合作。使用杀菌剂浸泡种子，消毒后用清水多次冲洗，待晾干后催芽播种（图2）。

图2　日光温室越夏番茄品种筛选及其种子消毒与集约化培育穴盘壮苗

### 2.3　促根壮秧栽培技术

该模式一般8月初定植，12月中旬拉秧。采用单垄单行，做畦宽1米，畦高15～20厘米，株距25～30厘米，作业道40厘米。采用大垄双行，大行畦宽1.2米，小行株距30厘米，作业道50厘米，每畦定植两行，番茄栽培定植密度2 000株左右。采用比例吸肥器或文丘里式吸肥器、膜下滴灌的方式，实现水肥一体化灌溉。

采用先定植后覆盖地膜的方法，定植后6天左右浇透1次缓苗水，亩灌水量15立方米左右。缓苗后隔3～5天连续松土2次，定植20天左右，植株高度30厘米左右，再覆盖黑色地膜，促进根系深扎，增强越冬抗性（图3）。

图3　番茄单垄单行与大垄双行先定植后覆盖地膜及黄蓝板应用

### 2.4　温室环境管理技术

（1）温湿度管理。苗期：定植初期要防止高温，保证良好的通风。缓苗期间，白天上午25～28℃，下午22～25℃，夜间保证18～20℃。如果温度过高，可在垄沟间浇水，降低室温，增加湿度，有利用于防止病毒病发生。缓苗后，最高温度不超过30℃为宜，最好控制在25～28℃，夜间气温可在14～16℃。结果期：当夜温低于10℃应放保温草帘或保温被，白天温度控制在25～28℃，下午20～22℃，夜间保证13℃以上，合理温差有利于果实转色与品质提升。白天空气相对湿度保持在70%以下。

（2）光照管理。9月下旬更换新棚膜，安装保温被；11月至翌年3月棚膜上设置自动擦模条带、或定期擦干净棚膜等方法，可提高温室采光率4%以上；11月以后，尽量提早和晚盖保温被等，延长光照时间，增强温室光照和热量蓄积；后墙悬挂反光膜，增加温室北侧光照。

（3）植株管理。采用单干整枝，植株生长30厘米可用渔网线吊秧，保证直立生长。结果期可用蘸花剂喷花处理，也可用熊蜂授粉，保花保果。每穗留果4～5个，每株6穗左右，单株产量3.5～4千克，亩产量10 000千克。

## 3　病虫害防治技术

### 3.1　温室与土壤消毒技术

首先是在夏季高温休闲季节，采用太阳能高温闷棚1个月左右，使温室温度达到60～70℃，对包括使用工具在内的整个温室进行太阳能消毒，杀灭设施土壤、温室空间的病虫草害。

其次对于土壤障碍严重的温室，采取粉碎玉米秸秆+氰氨化钙+高温闷棚的方法，解决土壤障碍问题。6—7月，清除棚内上茬作物及其周围杂草、杂物，于土壤表面每亩撒施50%氰氨化钙颗粒剂60千克和粉碎秸秆1 000千克，再施入基肥，进行深翻起垄，浇大水，覆盖地膜，密闭棚室15～30天，杀灭土壤、棚室空间的病虫草害。

### 3.2 病虫害综合防治技术

（1）主要病虫害防治。日光温室秋冬茬番茄栽培主要病害及防治方法见本书“辽宁北票日光温室越夏茬番茄化肥农药减施增效技术模式”中表1，主要虫害及防治方法见本书“辽宁北票日光温室越夏茬番茄化肥农药减施增效技术模式”中表2。

（2）采用新型植保器械。使用精量电动弥粉机，高效电动喷雾器等，提高农药利用效率和病害防控效果。

## 4 水肥管理技术

### 4.1 有机肥/有机物料替代化肥技术

可根据具体情况采取以下1种或多种有机肥/有机物料替代化肥技术。

（1）有机肥替代化肥。试验表明，畜禽粪等农家肥可替代化肥养分的20%～43%，一般选择30%为宜。因此，为了改善土壤理化性质，提高设施土壤肥力。每亩底肥使用6～8立方米牛粪和鸡粪。

（2）粉碎玉米秸秆还田。在夏季休闲季节，与氰氨化钙土壤消毒结合使用，每亩施用粉碎玉米秸秆1 000～1 500千克。

（3）番茄青秆直接还田。在6月上茬番茄收获结束后，把温室中番茄植株的吊绳松开，或搭架的竹竿取出，使茎秧放倒。采用秸秆粉碎机进入温室中作业，直接把秸秆粉碎，并旋入土壤中。通过微喷灌和滴灌等方式，每亩施入1.5千克有机物料发酵微生物菌剂。扣上棚膜。温室密闭，高温闷棚20～30天，即可完成秸秆的充分发酵和腐烂，进行整地、施肥和秧苗定植作业（图4）。

图4 辽中区日光温室番茄青秆直接还田及其高温闷棚现场照片

### 4.2 水肥管理

以辽中区日光温室秋冬茬番茄目标产量1.2万千克，通过测土平衡施肥，确定底肥和追肥的使用量和使用方法。秋季温室适宜时期采用无机大量元素水溶肥。冬季低温弱光季节施用有机型水溶肥或有机无机混合水溶肥为主。

（1）灌水。结果期，10天左右浇1次，亩灌水量15～20立方米。转色期，10天左右浇1次水，亩滴灌水15立方米左右。冬季低温时期，宜采取少量多次灌水方法，而且水最好提前在温室水池中晒几天，提高水温。拉秧期，进入12月地温偏低，根系活动下降，减少浇水，亩浇水量10立方米。

（2）施肥。底肥，每亩使用牛粪鸡粪6～8立方米，复合肥20～30千克，粉碎玉米秸秆1 000～1 500千克。追肥：8—9月，根据植株长势结合浇水追肥。前三次以高氮型（22-12-16）水溶肥为主，每亩每次5～8千克，10天左右1次。此后使用氮磷钾平衡水溶肥，每亩每次5～8千克，10天左右1次。同时，钙、镁、硼等中微量元素，进行叶面喷肥。转色期（9月下旬至11月下旬），以高钾肥（19-6-25）为主，每亩每次6～8千克，10天左右1次。同时配合施用腐殖酸型有机水溶肥10～15千克/亩，1～2次，养护番茄根系增加肥效。进入12月，地温偏低，减少纯化肥大量水溶肥使用，多施用含活性菌或腐殖酸、氨基酸等有机型水溶肥（表1）。

表1 日光温室秋冬茬番茄栽培施肥量

| 有机物料 | | 化肥 | | | |
|---|---|---|---|---|---|
| | | N（千克/亩） | $P_2O_5$（千克/亩） | $K_2O$（千克/亩） | 中、微量元素 |
| 基肥 | 猪粪、牛粪、鸡粪，秸秆，菌肥 | 3 | 1.5 | 3 | 钙镁肥等 |
| 追肥 | 叶面肥、冲施肥 | 12.6～16.5 | 7.4～12.2 | 15.3～20.8 | 微量元素、钙肥 |
| 合计 | | 15.6～19.5 | 8.9～13.7 | 18.3～23.8 | |

## 5 适宜地区

辽宁及其周边的河北、内蒙古等地区。

## 6 联系方式

集成模式依托单位：沈阳农业大学

联系人：孙周平

联系电话：024-88487231

电子邮箱：sunzp@syau.edu.cn

# 辽宁凌源日光温室越冬长季节黄瓜化肥农药减施增效技术模式

## 1　背景简介

凌源市地处辽宁省西部，隶属辽宁省朝阳市，位于辽、冀、蒙三省（区）交会处。境内以低山丘陵地为主。山地面积1 983.3平方千米，占总面积的60.5%。平均海拔552.1米。属于中纬度温带大陆性季风气候区，干燥寒冷期长，春秋季风大，雨量集中，日照充足，四季分明，光照资源丰富。年平均气温8.0℃。1月平均气温-11.2℃，最低气温-37.6℃，年日照时数2 850～2 960小时。年均太阳辐射量141.04千卡/平方厘米。凌源冬季严寒，但光资源丰富，为日光温室蔬菜的发展提供了有利条件。

凌源市自1992年开始日光温室黄瓜种植，目前日光温室黄瓜面积达到15万亩，占设施总面积的70%左右，形成了全国最大的反季节无公害黄瓜生产基地、被命名为日光温室黄瓜生产第一县。主要栽培茬口为越冬长季节一大茬生产，即当年9月播种，10－11月初定植，新年即可批量上市，翌年6月拉秧，有的黄瓜可以达到8－9月拉秧。采收期长达150～180天。产量高、效益好，每亩高产可达2.5万千克、效益在6万～8万元，最高收益可超过10万元。越冬长季节黄瓜栽培由高温长日照的深秋，逐渐到低温短日照的冬季，再逐渐到日照见长、气温回升的早春，历经深秋、冬季、早春三个季节，历时8～9个月。在自然条件上不适应黄瓜生长、病虫害多的情况下，此茬口的黄瓜栽培难度高，但经济效益比较高。

凌源市长期以来是沈阳农业大学设施蔬菜团队的科研教学试验示范基地。2016年"东北寒区设施蔬菜化肥农药减施技术模式建立与示范"课题组对凌源市日光温室结构与环境、栽培模式与灌水、土壤与施肥、病害与防治四个方面进行了系统的调研，发现凌源市高效节能日光温室优型结构仍然需要改造提高；日光温室配套环境设备简陋、以人工手动调控为主，环境调控能力弱；平畦和大水漫灌的栽培模式亟须改变，灌水、化肥和农药使用量大，市场上肥料和农药品种繁多、质量参差不齐、农户使用量随意性大，基本靠经验在进行环境、水肥药的管理，导致许多农户的温室内湿度长时间过大，病害频发，土壤连作障碍严重等问题，成为凌源日光温室黄瓜绿色可持续发展的重要限制因素。

为此，课题组在总结凌源日光温室黄瓜越冬长季节栽培成功经验的基础上，结合课题组的研究成果，从温室结构与配套设备、品种与育苗、栽培方式、环境管理、水肥药管理和植株管理等生产的全过程，集成国内外先进技术，优化完善形成凌源日光温室黄瓜化肥农药减施增效栽培技术模式。

## 2　栽培技术

### 2.1　日光温室结构与配套环境调控

优先选用沈阳农业大学设施蔬菜团队研制的第二代和第三代高效节能日光温室优型结构：北纬41°地区，温室跨度8米、脊高4.7米左右，冬季温室的外保温覆盖应采用双层保温被、双层草帘、草帘+保温被等方式，采光量提高5%以上，温室夜间内外最大温差可达35℃，在冬季夜间室外温度在-25℃左右时，保证良好的温室温度环境。

完善温室配套设备，提高温室环境调控水平。在示范温室安装新型推拉式智能放风器，采用5段式多点放风模式，温室温度调控精度从传统卷轴式放风的±5℃提高到±2℃；优化不同季节温室环境调控指标，不仅降低真菌病害发生条件，而且有助于作物旺盛生长，提高抗病能力（图1）。

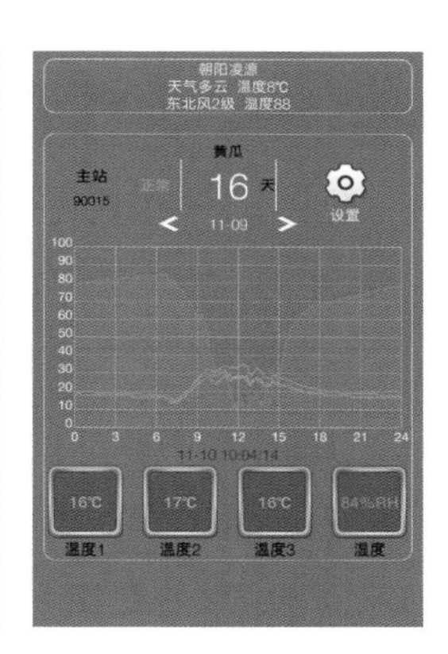


图1　凌源市第三代高效节能日光温室及其配套智能放风器与手机控制界面

### 2.2　壮苗培育技术

与凌源市种苗中心等集约化育苗场合作，筛选适宜凌源市栽培的耐低温耐弱光抗病高产连续坐果能力强的品种，于9月末培育嫁接种苗，解决黄瓜植株冬季耐低温和早春早衰问题。种子使用前可使用杀菌剂消毒处理，清洗后催芽播种，消除种子表面的病原菌。

### 2.3　促根壮秧栽培技术

（1）采用1米单行高畦大垄和膜下滴灌的方式，即垄台下宽60厘米、上宽40厘米，作业道40厘米，垄台高20厘米。每亩稀植3 000株，可增加地面通风透光、提高地温、促进植株根系生长，增强植株对水分和养分的吸收能力，解决冬季低温弱光、植株易早衰的问题。与平畦双行栽培方式比较，平均增产8.3%左右。

（2）采取先定植后覆盖地膜方式。越冬栽培定植密度3 000株，定植后6天左右浇透1次缓苗水，亩灌水量30立方米左右，一直到开花期基本不旱不浇水。缓苗后隔3～5天连续松土2次，定植20～30天，植株高度30厘米左右，再覆盖黑色地膜，促进根系深扎，增强越冬抗性（图2）。

图2　凌源市日光温室越冬茬黄瓜1米单行高垄栽培覆膜前后

### 2.4　温室环境管理指标

（1）温度管理。优化日光温室黄瓜越冬生产不同生长阶段温度管理指标见表1。

表1　日光温室黄瓜越冬生产不同生育阶段温室管理指标　　单位：℃

| 生长阶段 | 放风温度 | 放风后保持温度 | 早晨（揭帘前）温度 |
|---|---|---|---|
| 定植初期（10—11月） | 30 | 25～28 | 12～15 |
| 缓苗后（11月） | 35 | 31～33 | 10～12 |
| 结瓜初期（12月） | 33 | 30～32 | 9～11 |
| 结瓜中期（1—2月） | 37 | 33～35 | 12～14 |
| 结瓜后期（3—4月） | 32 | 25～28 | 11～13 |
| 结瓜后期（5—6月） | 正常情况下放风口晚上可以不关闭，下雨时放风口需关闭 | | |

（2）光照管理。秋季更换新棚膜；11月至翌年3月棚膜上设置自动擦模条带或定期擦干净棚膜等方法，可提高温室采光率4%以上；尽量提早揭开和晚盖保温被等，延长光照时间，增强温室光照和热量蓄积；后墙悬挂反光膜，增加温室北侧光照，在12月和1月寒冷时期可采取晴天上午11时30分后将后墙的反光膜去掉，增加蓄热，实现补光和蓄热的兼顾。

（3）湿度管理。采取早、中、晚三段式放风，加强排湿；垄沟间铺设稻壳、碎秸秆等，加强吸湿，提高地温；采用膜下滴灌，减少地面蒸发。

（4）温室综合环境管理。建立日光温室黄瓜不同光照条件下$CO_2$浓度与昼夜温度的综合管理方案（表2）。

表2　日光温室果菜类蔬菜适宜光照度、$CO_2$浓度和昼夜温度综合管理方案

| 光照分段 | 昼间最大光照度[微摩/（平方米·秒）] | 昼间适宜$CO_2$浓度（微升/升） | 昼间适宜温度（℃） | 夜间适宜温度（℃） |
|---|---|---|---|---|
| 强光段 | >1 200 | >500 | 30 ± 2 | 18 ± 2 |
| 次强光段 | 1 000～1 200 | >600 | 28 ± 2 | 16 ± 2 |
| 中光段 | 800～1 000 | >700 | 26 ± 2 | 14 ± 2 |
| 次中光段 | 600～800 | >800 | 24 ± 2 | 12 ± 2 |
| 弱光 | 400～600 | >900 | 22 ± 2 | 11 ± 2 |

### 2.5　植株管理

（1）结瓜初期，温度适合秧苗极易徒长，管理以控为主。如果徒长，极易出现化瓜、早衰等生理病害，黄瓜5节以下花全部抹去，以促根为主，当黄瓜植株长到15厘米，具有5～6片叶时，秧苗甩蔓，用落秧夹吊蔓。

（2）结瓜中期，温度低、光照时间短，遇极端天气采取夜间加温措施。用清洁带清洁棚膜，增加透光率。使用植物补光灯，增加光照。低温期保持2～3节一条瓜，不要等幼瓜化掉再摘瓜，一定要直接摘掉刚长出的幼瓜。这样膨瓜速度快，产量高，不容易歇茬。1次落秧25厘米左右，留13片叶。

（3）结瓜后期，温度逐渐升高，光照也逐渐加长。防止白天高温，降低夜温非常关键。根据植株长势，可多留一些瓜，并及时落秧（图3）。

图3　凌源市日光温室越冬长季节黄瓜栽培与黄蓝板、轻便运输车

## 3　病虫害防治技术

### 3.1　土壤消毒

在夏季高温休闲季节，采用太阳能高温闷棚1个月左右，使温室温度达到60～

70℃，30厘米土层温度达50℃以上。对包括使用工具在内的整个温室进行太阳能消毒，杀灭设施土壤、温室空间的病虫草害。

对于根结线虫病和根腐病等土传病害严重的温室，同时还采取辣根素土壤消毒方法，解决根际病害问题。于7月前茬黄瓜拉秧后清洁温室病残叶，然后旋地起垄，辣根素消毒前一天浇透水覆盖地膜（留小的进水口），次日随水冲施20%辣根素水乳剂，用量为5～6升/亩，将膜四周压严实，15天后揭膜散气，3天以上使气体挥发完全，即可种植（图4）。

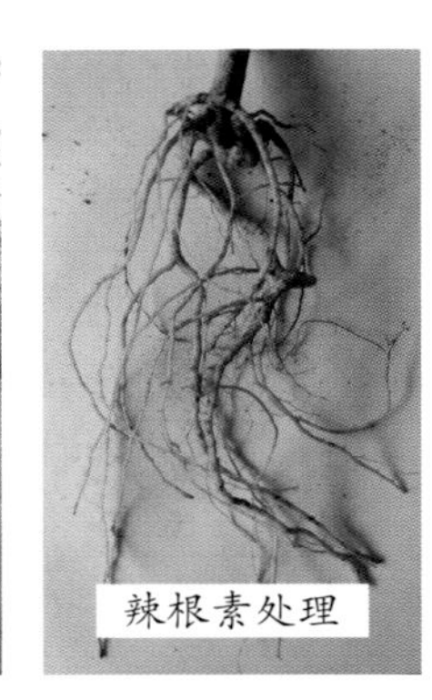

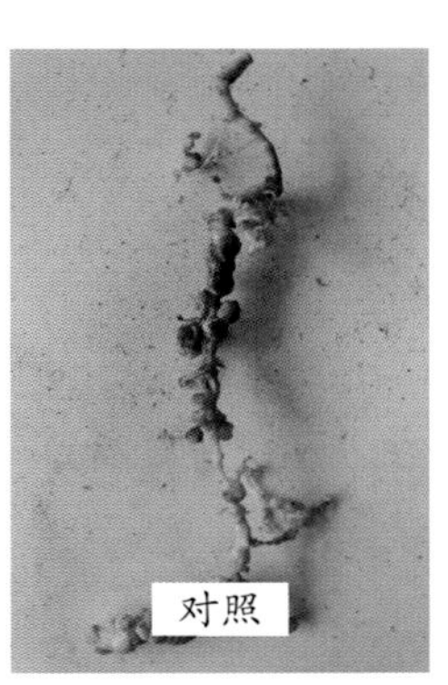


图4　日光温室辣根素土壤消毒及防治黄瓜根结线虫病效果

### 3.2　病虫害防治

（1）主要病虫害防治方法。日光温室越冬长季节黄瓜主要病害及防治方法见表3，主要虫害及防治方法见表4。

（2）采用新型植保器械。使用精量电动弥粉机等，提高农药利用效率和病害防控效果参照本书“弥粉法施药防治设施蔬菜病害技术”。

表3　日光温室黄瓜越冬长季节栽培主要病害防治

| 生长阶段 | 主要病害 | 化学方法 | | 生态与农艺方法 |
|---|---|---|---|---|
| | | 预防药剂 | 治疗药剂 | |
| 苗期 | 猝倒病 | 30%甲霜·噁霉灵水剂600倍液喷洒苗床土壤湿润，1升制剂/亩 | 722克/升霜霉威盐酸盐水剂750倍液喷施，5天喷施1次，连续喷施2～3次 | |
| | 白粉病 | 育苗前用45%百菌清烟剂250克，分放几处点燃，密封熏蒸1夜 | 25%乙嘧酚悬浮剂750倍液、25%乙嘧酚磺酸酯微乳剂500倍液、4%四氟醚唑水乳剂750倍液、29%吡萘·嘧菌酯悬浮剂1 000倍液喷施，7天喷施1次，连续喷施2～3次 | 1.采用温室内温湿度控制，降低发病条件 |
| 结果期 | 黑星病 | 40%百菌清悬浮剂600倍液喷施 | 10%苯醚甲环唑水分散粒剂1 500倍液、250克/升嘧菌脂悬浮剂1 500倍液、40%腈菌唑悬浮剂2 000倍液喷施，5天喷施1次，连续喷施2～3次 | |

表3 （续）

| 生长阶段 | 主要病害 | 化学方法 | | 生态与农艺方法 |
|---|---|---|---|---|
| | | 预防药剂 | 治疗药剂 | |
| 结果期 | 灰霉病 | 40%百菌清悬浮剂600倍液喷施 | 43%氟菌·肟菌酯悬浮剂1 500倍液、35%氟菌·戊唑醇悬浮剂1 500倍液、42.4%唑醚·氟酰胺悬浮剂2 000倍液，5～7天喷施1次，连续喷施2～3次 | 2.夏季太阳能高温闷棚，消除温室病虫草害<br>3.及时清除植株病残体<br>4.轮作与嫁接 |
| | 霜霉病 | 40%百菌清悬浮剂600倍液喷施 | 10%氟噻唑吡乙酮可分散油悬浮剂3 000倍液+80%代森锰锌可湿性粉剂500倍液、687.5克/升氟菌·霜霉威悬浮剂600倍液、100克/升氰霜唑悬浮剂、50%烯酰吗啉可湿性粉剂750倍液喷施，5天喷施1次，连续喷施2～3次 | |
| | 棒孢叶斑病 | 40%百菌清悬浮剂600倍液喷施 | 43%氟菌·肟菌酯悬浮剂1 500倍液、35%氟菌·戊唑醇悬浮剂1 500倍液、45%春雷·喹啉铜悬浮剂1 000倍液、50%咪鲜胺锰盐可湿性粉剂1 500倍液喷施，5天喷施1次，连续喷施2～3次 | |
| | 细菌性角斑病 | 33.5%喹啉铜悬浮剂750倍液喷施 | 45%春雷·喹啉铜悬浮剂1 000倍液，40%噻唑锌悬浮剂750倍液，2%春雷霉素水剂500倍液喷施，7天喷施1次，连续喷施2～3次 | |
| | 细菌性茎软腐病 | 33.5%喹啉铜悬浮剂750倍液喷施 | 45%春雷·喹啉铜悬浮剂1 000倍液、40%噻唑锌悬浮剂750倍液、2%春雷霉素水剂500倍液喷施，7天喷施1次，连续喷施2～3次 | |

注：每亩地喷施药液量为45～60升，可根据植株大小调整药液喷施量。

表4 日光温室黄瓜越冬长季节栽培主要虫害防治

| 生长阶段 | 主要虫害 | 物理方法 | 化学方法 | |
|---|---|---|---|---|
| | | | 预防药剂 | 治疗药剂 |
| 苗期 | 蚜虫 | 黄板 | 10%溴氰虫酰胺悬浮剂1 500倍液，移栽前2天全株喷淋，带土移栽 | 22%氟啶虫胺腈悬浮剂1 500倍液，70%吡虫啉水分散粒剂5 000倍液，60%吡蚜酮水分散粒剂4 000倍液，5天喷施1次，连续喷施2～3次 |
| | 潜叶蝇 | 黄板 | 15%溴氰虫酰胺悬浮剂1 500倍液，移栽前2天全株喷淋，带土移栽 | 1.8%阿维菌素乳油750倍液，20%灭蝇胺可湿性粉剂1 000倍液喷施，4天后再喷1遍 |
| 结果期 | 白粉虱 | 黄板 | 70%噻虫嗪水分散粒剂1 500倍液，定植时每株用0.5千克药液灌根 | 20%烯啶虫胺水分散粒剂300倍液，28%杀虫环·啶虫脒可湿性粉剂600倍液，22.4%螺虫乙酯悬浮剂1 500倍液喷施，5天喷施1次，连续喷施2～3次 |

表4 （续）

| 生长阶段 | 主要虫害 | 物理方法 | 化学方法 | |
|---|---|---|---|---|
| | | | 预防药剂 | 治疗药剂 |
| 结果期 | 蓟马 | 蓝板 | 70%噻虫嗪水分散粒剂1 500倍液，定植时每株用0.5千克药液灌根 | 5%甲氨基阿维菌素苯甲酸盐微乳剂500倍液，60克/升乙基多杀菌素悬浮剂1 000倍液喷施。5天喷施1次，连续喷施2～3次 |

注：每亩地喷施药液量为45～60升，可根据植株大小调整药液喷施量。

## 4 水肥管理技术

### 4.1 有机肥/有机物料替代化肥

凌源市靠近内蒙古大草原，羊粪资源丰富。化肥替代试验表明，羊粪可替代化肥养分的20%～43%，一般选择30%为宜。因此，每亩底肥施用12～15立方米羊粪，氮磷钾复合肥20～30千克，减少底肥化肥用量20～40千克，使用玉米秸秆每亩1 000千克，而且冬季早晨揭开草帘前的温室内$CO_2$浓度可达到800～1 000毫克/千克，有助于提高植株光合能力和产量。

### 4.2 水肥管理

以凌源市日光温室黄瓜越冬长季节栽培目标产量2.5万千克/亩，通过测土平衡施肥，确定底肥和追肥的使用量和使用方法（表5、表6）。春秋温光好的季节，使用氮磷钾平衡型纯化学大量元素水溶肥；冬季低温弱光季节施用有机型水溶肥或有机无机混合水溶肥为主。

表5 凌源市日光温室黄瓜越冬长季节双减水肥管理方案

| 不同生育阶段 | 灌水 | 施肥 |
|---|---|---|
| 底肥 | | 每亩施用羊粪牛粪共12～15立方米，氮磷钾复合肥20～30千克，玉米秸秆1 000千克 |
| 苗期（10—11月） | 定植时适当浇水，定植后6天左右浇1次缓苗水，亩灌水量20立方米。一直到开花期不旱不浇水 | 根据秧苗长势，适当补充高氮型（25-5-10）大量元素水溶肥，每亩5千克，1～2次 |
| 结瓜初期（12月） | 亩灌水15立方米，10天左右浇1次，水量不要太大，少量多次。水最好提前在温室水池中晒几天 | 交替施用高氮型（20-5-10）与平衡型（13-13-13）大量元素水溶肥，每亩5～7千克，10天左右1次，同时配合施用有机型水溶肥每亩每次15千克 |
| 结瓜中期（1—2月） | 滴灌每亩每次灌水量10立方米左右。10～15天1次　水最好提前在温室水池中晒几天 | 施用有机无机混合平衡型（13-13-13）水溶肥，每亩5～7千克，10～15天1次，同时使用菌肥、含氨基酸、腐殖酸、海藻、甲壳素等有机型水溶肥3次，每次15～20千克 |

表5　（续）

| 不同生育阶段 | 灌水 | 施肥 |
|---|---|---|
| 结瓜后期（3—6月） | 每亩每次灌水量20立方米，7天左右1次 | 交替施用有机无机混合平衡型（13-13-13）与高钾型（19-6-25）水溶肥，每亩6～8千克，约7天1次，配合施用有机型水溶肥2～3次，每次15千克 |

表6　日光温室黄瓜越冬长季节栽培施肥量

| 有机物料 | | 化肥 | | | |
|---|---|---|---|---|---|
| | | N（千克/亩） | $P_2O_5$（千克/亩） | $K_2O$（千克/亩） | 中、微量元素 |
| 基肥 | 羊粪、牛粪、鸡粪，秸秆，菌肥 | 3～4.5 | 1.5～2 | 3～4.5 | 钙镁肥等 |
| 追肥 | 叶面肥、冲施肥 | 35.2～43.7 | 17.5～23.4 | 30.8～38.3 | 微量元素 |
| 合计 | | 39.2～47.7 | 19.5～25.4 | 34.8～42.4 | |

## 5　适宜地区

辽宁及其周边的河北、内蒙古等地区。

## 6　联系方式

集成模式依托单位：沈阳农业大学

联系人：孙周平

联系电话：024-88487231

电子邮箱：sunzp@syau.edu.cn

# 辽宁凌源日光温室越冬长季节辣椒化肥农药减施增效技术模式

## 1 背景简介

辽宁省凌源市属于中纬度温带大陆性季风气候区，干燥寒冷期长，春秋季风大，雨量集中，日照充足，四季分明，光照资源丰富，年日照时数2 850～2 960小时，为日光温室蔬菜的发展提供了有利条件。

凌源市自2004年开始日光温室辣椒种植，目前日光温室辣椒种植面积2万亩，占设施总面积的20%左右。主要栽培茬口为越冬长季节一大茬生产，即7月播种，9月定植，新年即可批量上市，直到翌年6月拉秧。采收期长达180天左右。每亩高产可达1.5万千克、效益在6万～8万元，最高收益可超过10万元。越冬长季节辣椒栽培由高温长日照的深秋，逐渐到低温短日照的冬季，再逐渐到日照见长、气温回升的早春，历经深秋、冬季、早春三个季节，历时9～10个月。尤其是冬季生产条件不适合辣椒生长的要求，同时，较其他茬口的栽培病虫害多，因此，该茬口的辣椒栽培难度高。

2016年“东北寒区设施蔬菜化肥农药减施技术模式建立与示范”课题组对凌源市日光温室结构与环境、栽培模式与灌水、土壤与施肥、病害与防治四个方面进行了系统的调研，发现凌源市高效节能日光温室优型结构仍然需要改造提高；日光温室配套环境设备简陋、以人工手动调控为主，环境调控能力弱；灌水、化肥和农药使用量大，市场上肥料和农药品种繁多，质量参差不齐，农户使用量随意性大，基本靠经验在进行环境、水肥药的管理，导致许多农户的温室内湿度长时间过大、病害频发、土壤连作障碍严重等，生产中病虫害主要为灰霉病、病毒病、白粉病、疫病、根腐病、螨虫等。

为此，课题组在总结凌源市日光温室辣椒越冬长季节栽培成功经验的基础上，结合课题组的研究成果，从温室结构与配套设备、品种与育苗、栽培方式、环境管理、水肥药管理和植株管理等生产的全过程，集成国内外先进技术，优化完善建立凌源日光温室辣椒越冬长季节化肥农药减施增效技术模式，实现了节本、提质和增效，取得明显效果。

## 2 栽培技术

### 2.1 优型日光温室结构及其配套设备

优先采用沈阳农业大学研制的第三代高效节能日光温室优型结构：北纬41°—42°地区，温室跨度8米、脊高4.7米左右、后墙高3米左右，冬季温室的外保温覆盖应采用双层保温被、双层草帘、草帘+保温被等方式，采光量提高5%以上，温室夜间内外最大温差可达35℃，在冬季夜间室外温度在-25℃左右时，保证良好的温室温度环境。

温室配备卷帘机，在示范温室安装智能放风器等环境调控设备，改变传统手动放风习惯，提高温室温度调控的精度和工作效率；优化不同季节温室环境调控指标，为辣椒生长创造了良好的光照、温度与湿度环境，降低辣椒真菌病害发生率40%以上，促进辣椒旺盛生长，增强抗病能力。

### 2.2 优质种苗培育技术

与凌源市种苗中心等集约化育苗场合作，筛选适宜凌源市栽培的耐寒、耐弱光、抗病、高产品种，培育优质种苗。种子需经杀菌剂处理，清洗后使用。

### 2.3 水肥一体化灌溉设备

采用比例吸肥器或文丘里式吸肥器、膜下滴灌或膜下微喷、每行单根或双根铺设滴灌带，实现水肥一体化灌溉，可节约灌水35%以上。

### 2.4 促根壮秧栽培技术

（1）针对冬季光照弱、地温低、植株易早衰的问题，采用1.2米单垄单行和膜下滴灌的方式，过道40厘米，垄台面80厘米，低洼区垄高15～20厘米，缺水地区垄高10～15厘米。每亩定植2 000～2 200株，可增加地面通风透光、提高地温、促进植株根系生长，保持冬季旺盛生长能力。

（2）采取后覆盖地膜方式。定植水要浇透不浇涝；栽苗后3～5天，浇缓苗水。进行中耕松土2～3次，开花后结束。株高20～30厘米，架线前覆盖黑色地膜，促进根系深扎，减少地表根，增强越冬抗性（图1）。

图1 凌源市日光温室越冬茬辣椒高畦大垄栽培

### 2.5 温室环境管理指标

（1）温湿度管理。优化日光温室辣椒越冬生产不同生长阶段温度管理指标（表1）。

表1　日光温室辣椒越冬长季节栽培不同生育阶段温室管理指标

| 生长阶段 | 白天最高温度（℃） | 白天最低温度（℃） | 夜温（℃） | 湿度（%） |
|---|---|---|---|---|
| 定植初期9月上旬 | 23～27 | 20～23 | 18～20 | 70～75 |
| 苗期9月中下旬 | 随自然温度，尽量降低温度 | | 10～12 | 70～75 |
| 结果初期10月 | 27～30 | 23～26 | 12～13 | 70～75 |
| 结果中期（11月） | 30～32 | 26～28 | ≥12 | 65～70 |
| 结果中期（12月至翌年1月） | 32～35 | 26～28 | ≥12 | 65～70 |
| 结果中期（2月） | 28～30 | 26～28 | ≥12 | 65～70 |
| 结果后期（3—4月） | 30～32 | 26～28 | 12～14 | 70～75 |
| 结果后期（4—6月） | 25～28 | 24～26 | 12～14 | 70～75 |

（2）光照管理。秋季更换新棚膜，11月至翌年3月棚膜上设置自动擦模条带或定期擦干净棚膜等方法，可提高温室采光率4%以上；尽量提早揭开和晚盖保温被等，延长光照时间，增强温室光照和热量蓄积。

（3）湿度管理。在11月至翌年2月的结果中期，正是低温弱光期阶段，要采取早中晚三段式放风，将强排湿，降低夜间温室高湿持续时间，减少病害。

### 2.6　植株管理

越冬栽培因时间长、分枝数多、植株高大，要重视植株调整使枝条生长分布均匀，植株通风透光条件好，并且能防止倒伏，还能调节各枝之间的生长势。

（1）苗期。株高20～30厘米及时吊绳，防止浇水倒伏。双秆整枝，每架应搭两根主线使植株具有良好的开展度。

（2）结果初期。防徒长，培育壮秧。门椒长到10厘米左右，植株60～70厘米高时，选2个平衡健壮的枝条做主秆，其他枝干留1～2个椒，椒前留3片叶，掐尖。

（3）结果中期。主秆留果，侧枝留1果，侧枝花前留3片叶掐尖。最后一个椒下留3片功能叶，低温期适当去除大叶，留小叶，及时对植株下部的病残叶、黄叶、衰老叶及时摘除，同时还要随时去掉内膛无效枝，增加通风透光。

（4）结果后期。植株长到1.6～1.7米高，进行掐尖定头（图2）。

图2　凌源市日光温室越冬长季节辣椒栽培

## 3 病虫害防治技术

### 3.1 土壤消毒

首先是在夏季高温休闲季节，采用太阳能高温闷棚1个月左右，使温室温度达到60～70℃，30厘米土层温度达50℃以上。可对包括使用工具在内的整个温室进行太阳能消毒，杀灭设施土壤、温室空间的病虫草害。

其次对于根结线虫和根腐病等土传病害严重的温室，同时还采取辣根素土壤消毒方法，解决根际病害问题。于6月前茬辣椒拉秧后清洁温室病残叶，然后旋地起垄，辣根素消毒前一天浇透水覆盖地膜（留小的进水口），次日随水冲施20%辣根素水乳剂，用量为5～6升/亩，将膜四周压严实，15天后揭膜散气，3天以上使气体挥发完全，即可种植。

### 3.2 病虫害防治

主要病虫害防治。日光温室越冬长季节辣椒主要病害及防治方法见表2，主要虫害及防治方法见表3。

表2 日光温室辣椒越冬长季节栽培主要病害防治

| 生长阶段 | 主要病害 | 化学方法 | | 生态与农艺方法 |
|---|---|---|---|---|
| | | 预防药剂 | 治疗药剂 | |
| 苗期 | 病毒病 | 8%宁南霉素水剂1 000倍液喷施 | 6%寡糖·链蛋白可湿性粉剂1 000倍液、13.7%苦参·硫黄[1]水剂500倍液、20%吗胍·乙酸铜可湿性粉剂600倍液喷施，5～7天喷施1次，连续喷施2～3次 | 1.采用温室内温湿度控制，降低发病条件<br>2.夏季太阳能高温闷棚，消除温室病虫草害<br>3.及时清除植株病残体 |
| | 猝倒病 | 30%甲霜·噁霉灵水剂600倍液喷洒苗床土壤湿润，1升制剂/亩 | 772克/升霜霉威盐酸盐水剂750倍液喷施，5天喷施1次，连续喷施2～3次 | |
| 结果期 | 疫病 | 40%百菌清悬浮剂600倍液喷施 | 10%氟噻唑吡乙酮可分散油悬浮剂3 000倍液+80%代森锰锌可湿性粉剂500倍液、687.5克/升氟菌·霜霉威悬浮剂600倍液、100克/升氰霜唑悬浮剂600倍液，5～7天喷施1次，连续喷施2～3次 | |
| | 灰霉病 | 40%百菌清悬浮剂600倍液喷施 | 43%氟菌·肟菌酯悬浮剂1 500倍液、35%氟菌·戊唑醇悬浮剂1 500倍液、42.4%唑醚·氟酰胺悬浮剂2 000倍液，5～7天喷施1次，连续喷施2～3次 | |
| | 白粉病 | 40%百菌清悬浮剂600倍液喷施 | 25%乙嘧酚悬浮剂750倍液、25%乙嘧酚磺酸酯微乳剂500倍液、4%四氟醚唑水乳剂750倍液、29%吡萘·嘧菌酯悬浮剂1 000倍液喷施，5～7天喷施1次，连续喷施2～3次 | |
| | 疮痂病 | 33.5%喹啉铜悬浮剂600倍液喷施 | 45%春雷·喹啉铜悬浮剂1 000倍液，40%噻唑锌悬浮剂750倍液，2%春雷霉素水剂500倍液喷施，5～7天喷施1次，连续喷施2～3次 | |

① 硫黄，旧称硫磺，全书同。

表2 （续）

| 生长阶段 | 主要病害 | 化学方法 | | 生态与农艺方法 |
|---|---|---|---|---|
| | | 预防药剂 | 治疗药剂 | |
| 结果期 | 细菌性髓枯病 | 33.5%喹啉铜悬浮剂750倍液喷施 | 45%春雷·喹啉铜悬浮剂1 000倍液，40%噻唑锌悬浮剂750倍液，2%春雷霉素水剂500倍液喷施，5天喷施1次，连续喷施2～3次 | 4.轮作与嫁接 |

表3 日光温室辣椒越冬长季节栽培主要虫害防治

| 生长阶段 | 主要虫害 | 物理方法 | 化学方法 | |
|---|---|---|---|---|
| | | | 预防药剂 | 治疗药剂 |
| 苗期 | 白粉虱 | 黄板 | 25%噻虫嗪水分散粒剂1 500倍液，定植时灌根，每株灌0.5千克药液 | 20%烯啶虫胺水分散粒剂300倍液，28%杀虫·啶虫脒可湿性粉剂600倍液，5天喷施1次，连续喷施2～3次 |
| | 潜叶蝇 | 黄板 | 15%溴氰虫酰胺悬浮剂1 500倍液，移栽前2天全株喷淋，带土移栽 | 1.8%阿维菌素乳油1 000倍液，20%灭蝇胺可湿性粉剂1 500倍液喷施，5天喷施1次，连续喷施2～3次 |
| 结果期 | 甜菜夜蛾 | 无 | 5%甲氨基阿维菌素苯甲酸盐微乳剂1 000倍液喷施 | 5%氯虫苯甲酰胺悬浮剂1 000倍液、20%氟虫双酰胺水分散粒剂2 500倍液，12%甲维·虫螨腈悬浮剂1 000倍液喷施，7天喷施1次，连续喷施2～3次 |
| | 蓟马 | 蓝板 | 70%噻虫嗪水分散粒剂1 500倍液，定植时灌根，每株灌0.5千克药液 | 5%甲氨基阿维菌素苯甲酸盐微乳剂1 000倍液，60克/升乙基多杀菌素悬浮剂1 000倍液喷施。5天喷施1次，连续喷施2～3次 |
| | 蚜虫 | 黄板 | 15%溴氰虫酰胺悬浮剂1 500倍液，移栽前2天全株喷淋，带土移栽 | 22%氟啶虫胺腈悬浮剂1 500倍液，70%吡虫啉水分散粒剂5 000倍液，60%吡蚜酮水分散粒剂4 000倍液，5天喷施1次，连续喷施2～3次 |
| | 红蜘蛛 | 无 | 1.8%阿维菌素乳油750倍液喷施 | 60%联肼·乙螨唑水分散粒剂3 000倍液，30%乙唑螨腈悬浮剂3 000倍液，240克/升螺螨酯悬浮剂1 500倍液喷施，7天喷施1次，连续喷施2～3次 |

## 4 水肥管理技术

### 4.1 有机肥/有机物料替代化肥

凌源市靠近内蒙古，羊粪资源丰富。化肥替代试验表明，羊粪可替代化肥养分的20%～43%，一般选择30%为宜。底肥每亩使用12～15立方米羊粪，化肥使用氮磷钾复合肥20～30千克，比传统底肥化肥用量降低20～40千克；采用秸秆反应堆每亩施入1 000千克玉米秸秆，可改善土壤理化性质，冬季早晨揭开草帘前温室内$CO_2$浓度800～1 000毫升/立方米，有助于提高植株光合能力和产量。

### 4.2　水肥管理

针对设施蔬菜老棚区土壤氮磷积累较多问题，以凌源市日光温室辣椒目标产量1.5万千克，通过测土平衡施肥，确定底肥和追肥的使用量和使用方法。冬季低温弱光季节施用有机型水溶肥或有机无机混合水溶肥为主，秋季和春季温度适宜季节使用纯化学水溶肥。

（1）底肥。每亩施用腐熟羊粪12～15立方米，氮磷钾复合肥20～30千克，次生盐渍化严重土壤可以不施底肥化肥，增施玉米秸秆1 000千克。

（2）苗期（9月）。当门椒长至3～5厘米时，随水每亩冲施5～6千克高氮型（22-12-16）的大量元素水溶肥。15天后每亩再追施6～8千克高氮型（22-12-16）大量元素水溶肥，以后每7天左右施用优质平衡型（13-13-13）的大量元素水溶肥6～8千克。每亩每次滴灌用水量15立方米。

（3）结果期（10月至翌年2月）。这段时间光照时间少，地温低，要减少纯化学大量元素水溶肥使用，可使用有机无机混合平衡型（13-13-13）水溶肥每亩每次5千克左右，同时配合使用腐殖酸和氨基酸等有机型水溶肥、菌肥等每亩每次施用量10～15千克，灌水量每亩每次10～15立方米，10～15天1次。

（4）结果后期（3—6月）。开春后，地温恢复到20℃以上，可以交替施用3次平衡型和1次高钾型（19-6-25）的大量元素水溶肥，每亩每次用肥量6～8千克，滴灌用水量每亩每次10～15立方米，7天左右1次，1～2次水1次肥。减少平衡肥使用次数，增加高钾型水溶肥使用次数（表4）。

表4　凌源市日光温室辣椒越冬长季节栽培施肥量

| 有机物料 | | 化肥 | | | |
|---|---|---|---|---|---|
| | | N（千克/亩） | $P_2O_5$（千克/亩） | $K_2O$（千克/亩） | 中、微量元素 |
| 基肥 | 羊粪、牛粪、鸡粪，秸秆，菌肥 | 4 | 2 | 4 | 钙镁肥等 |
| 追肥 | 叶面肥、冲施肥 | 28.5～33.2 | 16.6～21.7 | 24.2～29.5 | 微量元素、钙肥 |
| 合计 | | 32.5～37.2 | 18.6～23.7 | 28.2～33.5 | |

## 5　适宜地区

辽宁及其周边的河北、内蒙古等地区。

## 6　联系方式

集成模式依托单位：沈阳农业大学

联系人：孙周平

联系电话：024-88487231

电子邮箱：sunzp@syau.edu.cn

# 二、西北干旱区设施蔬菜化肥农药减施增效集成模式

## 甘肃渭河流域大棚多层覆盖越冬韭菜化肥农药减施技术模式

### 1 背景简介

武山县位于天水市西北部的渭河上游，甘肃省东南部，地处秦岭山地北坡西段与陇中黄土高原西南边缘复合地带，海拔1 365～3 120米，属温带大陆性季风气候，年平均气温10.3℃，无霜期195天，年均日照2 331小时，降水量500毫米左右。蔬菜生产为该地区的主导产业，但生产过程中施肥用药问题突出，如施肥量过大，氮、磷、钾肥比例失衡，生物有机肥和微生物肥应用少，有机肥用量少且多未经过腐熟处理，病虫害防治措施单一，非化学防治技术应用较少，盲目用药、过量用药等现象突出。

大棚韭菜是武山设施蔬菜主栽蔬菜之一，其为多年生蔬菜。春播苗约6—7月上旬、秋播苗约翌年5—7月移栽。第一年，从定植到越冬生产扣棚之前属于养根阶段（6、7—11月）；第二至四年，每年从韭菜收获结束至扣棚前属于养根阶段（3—11月），于11月中旬天气转凉后扣棚，进入生产期（11月至翌年2月中下旬）。

调研分析表明，该区域大棚韭菜传统栽培施肥量较大，化肥（纯养分）施肥量约为140千克/（亩·年）。病虫害主要有灰霉病、疫病及韭蛆等。应用的农药主要有阿维菌素、高效氯氟氰菊酯、灭幼脲、霜脲·锰锌、多菌灵等。

在研究、试验、示范的基础上，课题组集成生物肥、缓释肥、平衡施肥、氰氨化钙消毒、新型施药方法的应用，总结提出了“甘肃渭河流域大棚多层覆盖越冬韭菜化肥农药减施增效技术栽培模式”，在当地蔬菜生产中产生了显著的应用效果。

### 2 栽培技术

#### 2.1 大棚

典型多层覆盖大棚为竹木结构，跨度6～8米，脊高2.0～2.3米，拱杆采用竹片，设置4层，5排立柱。部分新建大棚以镀锌钢管为骨架材料。外层覆盖0.08～0.10毫米EVA、PVC或PE棚膜，内部3层覆盖普通地膜。棚膜与地膜间隔20厘米，地膜与地膜间隔15厘米，采用多层覆盖（1层棚膜+3层地膜）保温方式，具体参数如图1所示。

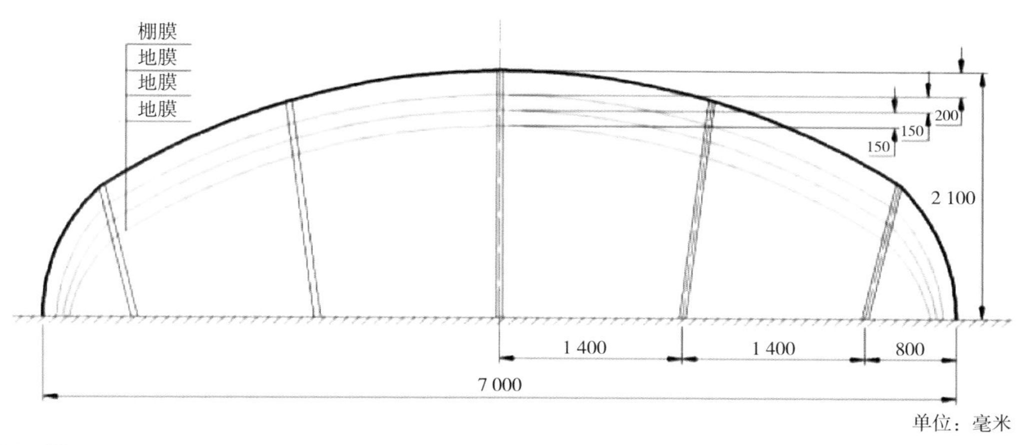

图1　多层覆盖塑料大棚结构截面图和实际生产图

## 2.2　品种选择、种子处理及育苗

（1）选种。选用抗病虫、抗寒、耐热、分株能力强、外观和商品品质好的品种种植，如‘雪韭’‘韭神’‘久星21号’等品种。

（2）育苗。将韭菜种子放在30～40℃温水中浸种8～12小时，搓洗掉种子表面黏液，冲洗干净后用湿布包好，在15～20℃下催芽，每天用清水淘洗1～2次，经2～3天，胚根伸出后即可播种。春播苗2月初在塑料小拱棚内播种育苗、秋播苗7—8月在露地播种育苗（图2）。

图2　韭菜种子和育苗

### 2.3 定植

春播苗当年6—7月上旬定植，秋播苗翌年5—7月定植。亩栽苗10万～12万株。移栽前，起出幼苗，选择鳞茎肥大、鞘部粗壮、无病虫害的植株，剪留2～3厘米长须根、15厘米韭叶。将经过选择的幼苗紧贴在沟壁上，株距5～8厘米，每穴约2～3株，边栽边覆土，深度以不超过叶鞘为宜，行距20厘米，栽后浅灌。全生育期不覆地膜（图3）。

图3 新韭定植

### 2.4 田间管理

新韭定植后及时灌水，长出新叶后浇缓苗水。从定植到扣棚之前属于养根阶段（6—11月），其间不收割韭菜，田间正常水肥管理。

定植第二年及以后，从韭菜收获完至扣棚之前均属于养根阶段（3—11月）。第三刀韭菜生长期间，视天气气温变化白天进行适当放风。养根阶段，注重养根积累养分，适量灌水，控制追肥，及时除草。6月中旬，韭菜开始抽薹、开花结实，为避免消耗大量营养、影响植株分蘖和生长，除留种外及时打掉韭薹。11月中旬天气转凉后扣棚生产。先清理干枯韭叶，随后施肥、培土，最后灌水，晾晒2～3天后扣棚。扣棚时先将外层棚膜覆盖固定，内膜根据气温变化逐层加覆。扣棚后至产品收获期间不施肥、不施药、不灌水。

### 2.5 采收

头刀韭菜在元旦左右开始采收，间隔约30天采收第二刀，再间隔约25天收割第三刀。一般在上午11时以前完成收割（图4）。

图4 韭菜采收

## 3　病虫害防治技术

甘肃渭河流域塑料大棚韭菜栽培主要害虫有韭蛆，病害有疫病和灰霉病等。

### 3.1　土壤消毒技术

采用氰氨化钙土壤消毒技术，可有效防治韭蛆的发生。5月中下旬，新韭定植前，先清除棚内前茬枯叶，每亩施腐熟的有机肥6～8立方米或油渣500千克、50%氰氨化钙颗粒剂50千克，均匀撒施于土壤表面，深翻土壤、充分混匀。平地后，用透明地膜覆盖土壤表面，再灌水，直至土壤湿透为止。最后将大棚通风口密闭，棚膜清扫干净，闷棚15天。消毒完成后，通风、揭地膜、翻耕土壤，7天后可定植（图5）。

图5　氰氨化钙土壤消毒

### 3.2　绿色防控技术

（1）物理防治。韭菜养根期间，采用黄板或黑板诱杀韭蛆成虫。每亩挂40厘米×25厘米黄板或黑板30张，当粘满害虫时及时更换或除去虫体后涂一层机油，再利用（图6）。

韭菜收割后，受切口影响，气味浓郁，容易引来韭蛆成虫产卵，可在地面覆盖塑料薄膜3～5天，待韭菜伤口愈合、气味消失后，再揭掉薄膜。

图6　色板诱杀

（2）农业防治。成虫畏光、喜湿、怕干。根据天气变化情况，注意通风，降低湿度，使棚室内相对湿度保持在75%以下。不施未腐熟有机肥。每次收获后清除所有韭菜残体，并将其带出棚室外深埋或烧毁，防止病虫传播。

（3）生物防治。扣棚前，用1%苦参碱水剂灌根、每亩用细菌性杀虫剂苏云金杆菌悬浮剂（8 000 IU/微升）180毫升喷施。推荐药剂及用量见表1。

绿色防控技术较传统盲目、随机施药可有效防治韭蛆成虫繁殖，减轻韭菜疫病及灰霉病的发生，且可大幅度降低化学农药用量，保证韭菜产品安全。

### 3.3 高效化学药剂防治技术

8月中旬用2.5%高效氯氟氰菊酯水乳剂30毫升/亩、1.8%阿维菌素乳油剂30毫升/亩、3.2%甲维盐·氯氰微乳剂25毫升/亩喷雾2～3次，每隔20天喷施1次。推荐药剂及用量见表1。

**表1 推荐药剂及用量**

| 防治对象 | 药剂 | 施用方式 | 施药用量 | 施药次数及间隔期 |
|---|---|---|---|---|
| 韭蛆 | 1%苦参碱水剂 | 灌根 | 45毫升/（亩·次） | 1次 |
| | 8 000 IU/微升苏云金杆菌悬浮剂 | 喷雾 | 180毫升/（亩·次） | 1次 |
| | 2.5%高效氯氟氰菊酯水乳剂 | 喷雾 | 30毫升/（亩·次） | 3～4次，1次/20天 |
| | 1.8%阿维菌素乳油剂 | 喷雾 | 30毫升/（亩·次） | 3～4次，1次/20天 |
| | 3.2%甲维盐·氯氰微乳剂 | 喷雾 | 25毫升/（亩·次） | 3～4次，1次/20天 |

### 3.4 新型精量电动弥粉机施药技术

采用精量电动弥粉机及配套专用微粉，进行弥粉法施药，药剂分布均匀，农药有效利用率高达70%，远远高于常规喷雾法30%的农药利用率，降低了农药使用量40%以上，可有效防治韭菜疫病和灰霉病的发生，参照本书“弥粉法施药防治设施蔬菜病害技术”。

## 4 水肥管理技术

### 4.1 肥料管理

韭菜生产期间，主要通过有机肥应用、缓释肥替代普通化肥、平衡施肥等相关配套技术达到减肥增效生产。

（1）有机肥应用技术。采用腐熟农家肥或商品生物有机肥应用技术，可提高菜田土壤有机质含量、改良土壤理化性状，减少化肥用量，促进化肥的利用，提高化肥利用率，同时可提供蔬菜作物所需的中微量元素，提高产量。新韭定植前、养根期或扣棚前一次性施入6～8立方米/亩腐熟农家肥和200～400千克/亩生物有机肥。

（2）缓释肥替代普通化肥技术。施用缓释肥，可有效减少施肥次数及肥料用量，提高肥料利用率。韭菜养根期和扣棚生产期，用缓释肥替代普通化肥，化肥（纯养分）施用总量可减施36%左右。

（3）平衡施肥技术。武山塑料大棚韭菜产量约为3 000千克/亩，根据韭菜需肥规律计算其养根期和扣棚生产期总施肥量为88.6千克/亩，其中纯氮为42.2千克/亩、五氧化二磷为25.8千克/亩、氧化钾为20.6千克/亩。选用优质缓释肥及其含量换算施用量，不足的磷钾肥以过磷酸钙和硫酸钾补充（图7）。

图7 韭菜养根期和扣棚前施肥

养根期分3次追施。4月中旬（谷雨前后）进行第1次追肥，氮、磷、钾肥分别追施8.4千克/亩、5.2千克/亩和4.1千克/亩，农家肥6～8立方米/亩，油渣200千克/亩；6月中旬（夏至左右）第2次追肥，氮、磷、钾肥分别追施6.3千克/亩、3.9千克/亩和3.1千克/亩；7月20日（大暑前）可视降雨情况灌水1次；9月上旬（白露前后）第3次追肥，氮、磷、钾肥分别追施6.3千克/亩、3.9千克/亩和3.1千克/亩。养根期间根据天气变化及时浇水，保持土壤湿润，养根蹲苗，适时中耕除草。11月中旬天气转凉后清理枯韭，进行扣棚前最后1次施肥，满足韭菜生产期的养分需求，氮、磷、钾肥分别追施21.1千克/亩、12.9千克/亩和10.3千克/亩。培土整地、浇水，待5～7天土壤表层松散时进行扣棚。施肥量及施肥时期见表2。

表2 施肥量及施肥时期

| 种植年限 | 生长阶段 | 施肥时期 | 施肥量（千克/亩） | | |
|---|---|---|---|---|---|
| | | | N | $P_2O_5$ | $K_2O$ |
| 定植当年 | 定植前（基肥） | 5月中旬 | 6.3 | 3.9 | 3.1 |
| | 养根期 | 6月下旬 | 4.2 | 2.6 | 2.1 |
| | | 7月下旬 | 6.3 | 3.9 | 3.1 |

表2 （续）

| 种植年限 | 生长阶段 | 施肥时期 | 施肥量（千克/亩） | | |
|---|---|---|---|---|---|
| | | | N | $P_2O_5$ | $K_2O$ |
| 定植当年 | 养根期 | 9月上旬 | 4.2 | 2.6 | 2.1 |
| | 扣棚生产期 | 11月下旬 | 21.1 | 12.9 | 10.3 |
| 定植第二年及以后 | 养根期 | 4月中旬（谷雨前后） | 8.4 | 5.2 | 4.1 |
| | | 6月中旬（夏至左右） | 6.3 | 3.9 | 3.1 |
| | | 9月上旬（白露前后） | 6.3 | 3.9 | 3.1 |
| | 扣棚生产期 | 11月中旬 | 21.1 | 12.9 | 10.3 |

### 4.2 水分管理

韭菜生产过程中灌水方式以漫灌为主。一般韭菜全生育期灌水5次：4月中旬随水冲肥，灌水量为30～35立方米/亩；6月中旬随水冲肥，灌水量为25～30立方米/亩；8月上旬，灌水量为30～35立方米/亩；9月上旬随水冲肥，灌水量为18～20立方米/亩；11月中旬（扣棚前）灌水量为38～40立方米/亩。

## 5 模式注意事项

（1）为避免韭菜贪青，影响叶部养分向根部转移，养根期最后1次追肥和灌水不宜晚于9月上旬。

（2）收割时刀口不宜过低，防止破坏生长点。

## 6 适宜地区

适宜于甘肃渭河流域的武山、甘谷等地及气候相似区域应用。

## 7 联系方式

集成模式依托单位：甘肃农业大学园艺学院

联系人：颉建明

联系电话：0931-7631230

电子邮箱：xiejianming@gsau.edu.cn

# 甘肃渭河流域大棚莴笋—蒜苗周年生产化肥农药减施增效技术模式

## 1　背景简介

武山县位于天水市西北部的渭河上游，甘肃省东南部，海拔1 365～3 120米，属温带大陆性季风气候，年平均气温10.3℃，无霜期195天，年均日照2 331小时，降水量500毫米左右。武山大南河蔬菜生产基地莴笋种植面积1.2万亩，蒜苗种植面积1.5万亩。作为全县蔬菜产业的主栽蔬菜，但生产过程中施肥用药问题突出，如施肥量过大，氮、磷、钾肥比例失衡，生物有机肥和微生物肥施用少，有机肥施用较少且大多未经腐熟处理，病虫害防治措施单一，非化学防治技术应用较少，盲目用药、过量用药等问题。

当地传统栽培中，莴笋、蒜苗等蔬菜化肥用量较大，全生育期化肥（纯养分）亩用总量约为280千克。病害主要为灰霉病、霜霉病、菌核病（莴笋）、紫斑病（蒜苗），虫害主要为根蛆、蓟马、蚜虫等，小型虫害发生较轻。生产中使用的农药主要有代森锌、嘧霉胺、菌核净、氯氰·吡虫啉等。在试验研究、试验示范的基础上，课题组集成生物肥、缓释肥、平衡施肥、氰氨化钙消毒、新型施药方法的应用，总结提出了"甘肃渭河流域大棚莴笋—蒜苗周年生产化肥农药减施增效技术栽培模式"，在当地蔬菜生产中产生了显著的应用效果。

## 2　栽培技术

### 2.1　塑料大棚

多采用竹木结构塑料大棚，跨度6～8米，脊高2.0～2.3米，5排立柱。覆盖0.08～0.10毫米EVA、PVC或PE棚膜，无加温措施，具体参数如图1所示。

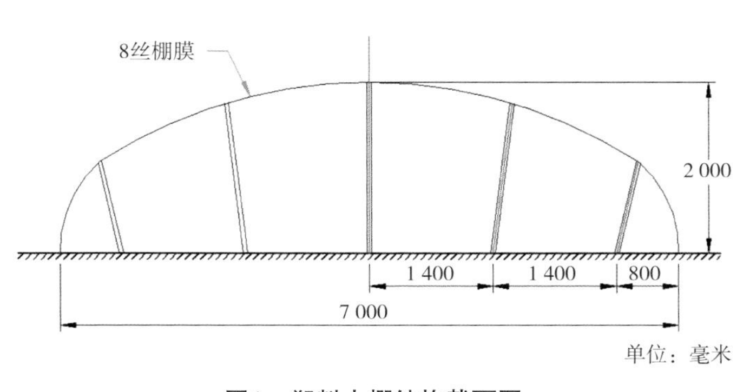


图1　塑料大棚结构截面图

### 2.2　茬口安排

塑料大棚莴笋—蒜苗栽培模式为一年两茬，分别为早春茬莴笋和秋茬蒜苗。莴笋于12月中旬直播，翌年4月下旬至5月上中旬采收，产量一般为6 000千克/亩，产值约12 000元/亩；蒜苗于7月中旬直播，10月中旬至11月中下旬采收，产量一般为5 500～6 000千克/亩，产值约15 400元/亩以上。

### 2.3 品种选择与种子处理

（1）莴笋。

① 选种。一般于12月中旬播种莴笋，需选用耐寒、适应性强、抽薹迟、高产、商品性好的品种，如‘耐寒白叶尖’‘耐寒二白皮’‘苦马叶’‘武山青笋’等。

② 种子处理。播前需将干瘪、残缺破损等种子剔除，保留干净、饱满的种子，确保播种后无缺苗、出苗整齐。

（2）蒜苗。

① 选种。为使蒜苗早熟丰产，要选择早熟、耐热、抗病、抗虫、蒜瓣整齐、大而硬实、商品性好、剔除带伤的良种作为种蒜，一般应用‘成县早蒜’‘徽县早蒜’‘涪陵蒜’‘紫皮蒜’等品种。

② 蒜子筛选。播种的蒜子要严格筛选。蒜头大小要均匀一致；用手握有硬实感的蒜头可用作蒜种，软的蒜头不能再作种用；不能使用储藏过程中温度过高，呼吸消耗多的种子。

③ 蒜子处理。播种期一般在7月中下旬，此时大蒜尚处于休眠期。为了促使早出苗，达到苗齐苗壮，可对蒜子做如下处理：① 潮蒜法。先将蒜种置于土窖、菜窖内摊开，地面充分浇透水，覆盖麻袋，保持湿润，窖温控制在10～15℃；或将蒜种置于水井内，利用水井中低温、潮湿环境处理，待蒜瓣发出0.5厘米左右的白根后即可播种。② 冷冻法。将蒜瓣喷湿后，存放于冷藏库或冷藏柜中，在2～4℃低温处理2～4周，打破休眠，使之及早出芽发根。经过以上处理的蒜子播种后出苗早而整齐，可提早15～20天采收（图2）。

图2　蒜子

### 2.4 整地播种

（1）莴笋。因前茬蒜苗所施农家肥较多，故莴笋播种时无须基施农家肥和化肥，只需撒施生物有机肥240千克/亩。播种前深翻菜田，平地，起垄。播种时用直径1厘米的木棍开深约3～4厘米的播种穴，每穴点种子3～4粒，之后覆土。株距30～35厘米，行距25～30厘米，每亩需种量150～200克（图3）。

（2）蒜苗。播前翻耕菜田，整理平地，开沟播种，沟距25厘米。每条沟播种3～4行大蒜，行距7厘米，株距5厘米；播种时蒜头朝下，按蒜瓣分级播种；用下一条开沟的土壤覆盖已播种好的沟垄，深度为3～6厘米，覆土厚度要均匀，以确保幼苗整齐。种蒜用量300～400千克/亩（图4）。

图3　莴笋起垄播种

图4　蒜苗播种

### 2.5　苗期管理

（1）莴笋苗期管理。播种后立即浇透水，随即密封塑料大棚两端口，根据气温变化，可在棚两端或大棚中间设置通风口，控制棚内温度。

莴笋种子在30～40天后破壳出土。出苗后要控制好大棚内温度，以免温度过低造成冻害、过高导致徒长。3月初，待莴笋6叶1心时进行分苗，每穴保留一株生长健壮、无病虫害的幼苗，摘除生长纤细瘦弱苗、徒长苗，确保所留幼苗大小一致。分苗结束后覆盖地膜。

（2）蒜苗苗期管理。播完后立即浇透水。3～4天后浇二次水，连续灌水3～4次，保持菜田土壤湿润。出苗后蹲苗。蒜苗根系弱，对肥水较为敏感，前期处于高温季节，易干，蹲苗后要及时浇水，保持土壤表面湿润。当株高20～25厘米时，结合中耕除草追肥。

### 2.6　采收

根据市场价格变动，适当调整采收时间。一般莴笋于4月下旬至5月初开始采收，直至5月下旬结束；蒜苗于10月中旬开始采收，直至12月上旬结束（图5）。

图5 莴笋采收

## 3 病虫害防治技术

### 3.1 土壤消毒技术

采用氰氨化钙土壤消毒技术，可有效防治根蛆的发生，同时可减轻莴笋菌核病的发生。7月中旬蒜苗播种前，每亩施腐熟的有机肥4～5立方米或油渣150～200千克、50%氰氨化钙颗粒剂50千克，均匀撒施于土壤表面，深翻土壤、充分混匀。平地后，用透明地膜覆盖土壤表面，再灌水，直至土壤湿透为止。最后将大棚通风口密闭，棚膜清扫干净，闷棚15天。消毒完成后，通风、揭地膜、翻耕土壤，7天后可播种（图6）。

图6 氰氨化钙土壤消毒

### 3.2　色板监测及诱杀技术

在大棚内悬挂3～5张诱虫板，以监测虫口密度。当诱虫板上诱捕的虫量明显增多时，增加诱虫板，每亩地悬挂规格为25厘米×40厘米的蓝色诱虫板20张或25厘米×20厘米蓝色诱虫板40张防治种蝇和蓟马，或视情况增加诱虫板数量，参照本书“新型诱虫板监测和防治蓟马”。

### 3.3　新型精量电动弥粉机施药技术

采用新型精量电动弥粉机进行弥粉法施药，药剂分布均匀，农药有效利用率高达70%，远高于常规喷雾法30%的农药利用率，降低了农药使用量40%以上，可有效防治灰霉病、霜霉病及莴笋菌核病和蒜苗紫斑病的发生，参照本书“弥粉法施药防治设施蔬菜病害技术”。

## 4　水肥管理技术

### 4.1　肥料管理

莴笋、蒜苗周年生产中，主要通过有机肥应用、缓释肥替代普通化肥、平衡施肥等相关配套技术达到减肥增效生产（图7）。

图7　施肥

（1）有机肥应用技术。采用腐熟农家肥或商品生物有机肥应用技术，可提高菜田土壤有机质含量、改良土壤理化性状，减少化肥用量，促进化肥的利用，提高化肥利用率，同时可提供蔬菜作物所需的中微量元素，提高产量。氰氨化钙土壤消毒时一次性施入4～5立方米/亩腐熟农家肥，待蒜苗和莴笋播种前分别基施200～400千克/亩生物有机肥。

（2）缓释肥替代普通化肥技术。施用缓释肥，可有效地减少施肥次数及肥料用量，提高肥料利用率。在莴笋、蒜苗周年生产中，用缓释肥替代普通化肥，化肥（纯养分）施用总量可减施35%以上。

（3）平衡施肥技术。根据目标产量和莴笋、蒜苗需肥规律计算其全生育期施肥量，其中春提早莴笋全生育期总施肥量为73.6千克/亩，其中纯氮为39.6千克/亩、五氧化二磷为12.3千克/亩、氧化钾为21.7千克/亩；秋延后蒜苗全生育期总施肥量为90.7千克/亩，其中纯氮为40.3千克/亩、五氧化二磷为23.8千克/亩、氧化钾为26.6千克/亩。选用优质缓释肥及其含量换算施用量，不足的磷钾肥以过磷酸钙和硫酸钾补充。

① 莴笋施肥。该栽培模式春提早莴笋生产中，不施基肥，待翌年3月上旬（幼苗期）开始追肥，全生育期共追肥3次。首次追肥时先在垄沟用犁拉一条小沟，再将肥料均匀撒施到小沟，之后用土覆盖肥料。施肥量为纯氮19.8千克/亩、五氧化二磷6.2千克/亩、氧化钾6.5千克/亩。4月初第2次追肥，追肥量为纯氮7.9千克/亩、五氧化二磷2.5千克/亩、氧化钾6.5千克/亩，4月中下旬进行第3次追肥，追肥量为纯氮11.9千克/亩、五氧化二磷3.6千克/亩、氧化钾8.7千克/亩。追肥期间，适时灌水。施肥量及施肥时期见表1。

② 蒜苗施肥。蒜苗播种前施基肥，其中纯氮12.1千克/亩、五氧化二磷7.1千克/亩、氧化钾5.3千克/亩。全生育期追肥4次。前期因苗小根弱，追肥量较小，时间间隔短。如7月中下旬播种，25～30天，即可第1次追肥（8月中旬），追肥量为纯氮6.1千克/亩、五氧化二磷3.6千克/亩、氧化钾4.0千克/亩；9月初第2次追肥（追肥量同第1次）；9月中旬、10月上旬分别进行第3、第4次追肥，追肥量均为纯氮8.1千克/亩、五氧化二磷4.8千克/亩、氧化钾6.7千克/亩。施肥量及施肥时期见表2。

**表1　施肥量及施肥时期（莴笋）**　　单位：千克/亩

| 施肥时期 | 施肥量 | | |
|---|---|---|---|
| | N | $P_2O_5$ | $K_2O$ |
| 3月上旬（幼苗期） | 19.8 | 6.2 | 6.5 |
| 4月上旬（莲座期） | 7.9 | 2.5 | 6.5 |
| 4月中下旬（肉质茎形成期） | 11.9 | 3.6 | 8.7 |

**表2　施肥量及施肥时期（蒜苗）**　　单位：千克/亩

| 施肥 | 时间 | 施肥量 | | |
|---|---|---|---|---|
| | | N | $P_2O_5$ | $K_2O$ |
| 基肥 | 7月中下旬 | 12.1 | 7.1 | 5.3 |
| 追肥 | 8月中旬、9月初 | 6.1 | 3.6 | 4.0 |
| | 9月中旬、10月上旬 | 8.1 | 4.8 | 6.7 |

### 4.2　水肥管理

塑料大棚莴笋、蒜苗周年生产中，灌水方式采用漫灌。

（1）莴笋。莴笋全生育期灌水6次。莴笋播种后灌水30～35立方米/亩；3月上旬（幼苗期）追肥后灌水20～23立方米/亩；4月上旬（莲座期）随水冲肥灌水25～28立方米/亩，1周后再次灌水25～28立方米/亩；肉质茎形成期灌水2次，灌水量为28～30立方米/亩。

（2）蒜苗。蒜苗全生育期灌水10～12次。蒜子播种后灌水28～30立方米/亩，3～4天后，再次灌水，连续3～4次，每次灌水量20～25立方米/亩。出苗后至9月中旬，每隔5～7天灌水1次，连续4次，每次灌水量23～25立方米/亩。9月下旬至采收前，每隔8～10天灌水1次，连续2～3次，每次灌水量为25～28立方米/亩（图8）。

图8　灌溉

## 5　模式注意事项

（1）春提早莴笋生产中，大棚中央易因温度过高导致莴笋徒长，影响品质和产量。要加强大棚温度管理。

（2）蒜苗生长幼苗期，正适逢高温季节，切忌追肥量过大，避免烧根或烧伤蒜头，抑制地上部产品器官生长，影响蒜苗产量和品质。

## 6　适宜地区

适宜在甘肃渭河流域的武山、甘谷等地及气候条件相似区域应用。

## 7　联系方式

集成模式依托单位：甘肃农业大学园艺学院

联系人：颉建明

联系电话：0931-7631230

电子邮箱：xiejianming@gsau.edu.cn

# 河西走廊日光温室基质栽培辣椒—番茄周年生产化肥农药减施增效技术模式

## 1 背景简介

河西走廊位于甘肃省西北部，东起乌鞘岭，西至古玉门关，南北介于南山（祁连山和阿尔金山）和北山（马鬃山、合黎山和龙首山）之间，东西长约1 200千米，南北宽约100～200千米，海拔1 500米，属大陆性干旱气候，年降水量只有200毫米左右，云量稀少，日照时间长，全年日照可达2 550～3 500小时，光照资源丰富，对农作物的生长发育十分有利，其中戈壁日光温室蔬菜生产已成为当地农业增效、农民增收的主要渠道之一。但传统土壤栽培中存在施肥量过大，氮、磷、钾肥比例失衡，生物有机肥和微生物肥施用少，并且有机肥未腐熟，容易导致病虫害的发生，病虫害防治措施单一，非化学防治技术应用较少，用药混乱、量大，不能对症下药等现象。

调研分析表明，该区域日光温室辣椒、番茄等蔬菜化肥施用量较大，年亩施用化肥（纯养分）约为300千克。病害主要有疫病、病毒病、灰霉病、白粉病、猝倒病、立枯病；虫害主要有斑潜蝇、蚜虫、蓟马、烟粉虱、叶螨。使用的农药主要有嘧霉胺、盐酸吗啉胍、甲霜灵·锰锌、乙铝·锰锌、吡虫啉、阿维菌素等。

在研究、试验、示范推广的基础上，课题组提出了“河西走廊日光温室基质栽培辣椒—番茄周年生产化肥农药减施增效技术模式”，利用该地区丰富的光热资源及畜禽粪便等农业废弃物，示范推广基质栽培、水肥一体化、平衡施肥、病虫害绿色防控等相关技术，实现设施蔬菜化肥农药减施增效生产。

## 2 栽培技术

### 2.1 设施结构

（1）日光温室。日光温室均为东西走向，跨度10米，下沉0.7米，长度80～100米。后墙均为梯形截面异质复合墙体（夯实黏土墙体、法兰式堆砂墙体、混凝土堆砂墙体、石墙堆砂墙体、加气块堆砂墙体、空心砖堆砂墙体）（图1、图2）。

（2）保温方式。日光温室主要以后墙利用太阳能辐射来蓄热、保温和隔热。一般在前屋面棚膜上覆盖5厘米厚的保温棉被，极端低温季节棉被上还要加一层棚膜二次覆盖，可增强保温效果，这是日光温室不加温，实现喜温蔬菜安全生产的重要措施。

### 2.2 栽培基质配制、栽培槽及供水系统

（1）栽培基质配制。栽培基质以粉碎的玉米秆、牛粪、菌渣、麦衣、葵花秆、椰壳、酒糟、锯末等为有机基质原料。有机基质在使用前要粉碎、高温发酵后才能使用。为调整

基质物理性质，可加入一定量的无机基质，如蛭石、珍珠岩、炉渣、沙子等。有机基质与无机基质的体积比为（2∶8）～（7∶3），一般2～3种有机基质与1～2种无机基质混配。

筛选出的基质配方有玉米秸秆∶蘑菇渣∶牛粪∶鸡粪∶炉渣=6.0∶2.0∶2.5∶1.0∶5.0。基质使用年限大多为3～4年，栽培蔬菜主要为辣椒、番茄等喜温性蔬菜（图3）。

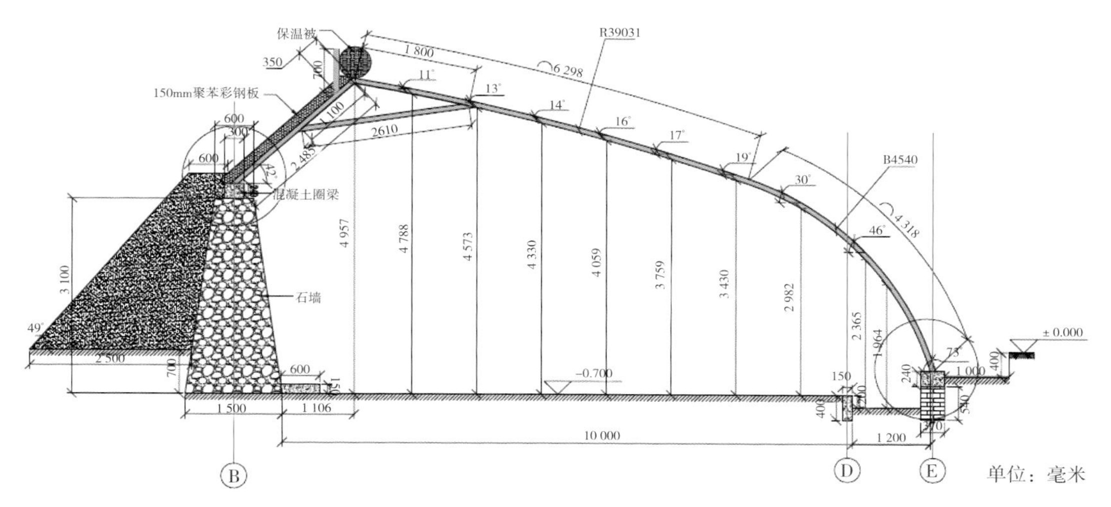


图1 日光温室结构示意图

图2 日光温室实际生产图

图3 基质原料处理

（2）栽培槽。栽培槽南北走向。在地面开“U”形槽，就地取材，用挖出的块石砌槽边，槽深25～35厘米，槽长6.5～10米，槽内径宽50～60厘米，槽间走道宽80～90厘米。槽前端外侧下挖略低于槽底的排水坑，并留排水口。栽培槽底部填3～5厘米厚的瓜子石，上铺一层编织袋，填充25～27厘米深的栽培基质，覆盖地膜。也可以采取基质袋或基质枕栽培（图4）。

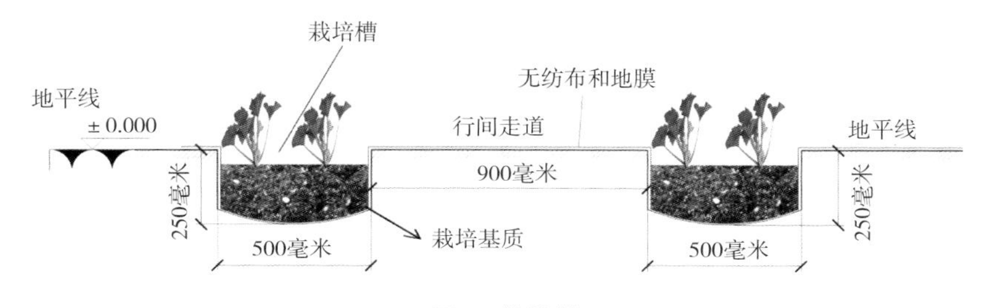


图4 栽培槽

（3）供水系统。采用滴灌系统供水，实现水肥一体化。冬春季节一般在上午10时左右灌水，阴雨雪天不浇水（图5）。

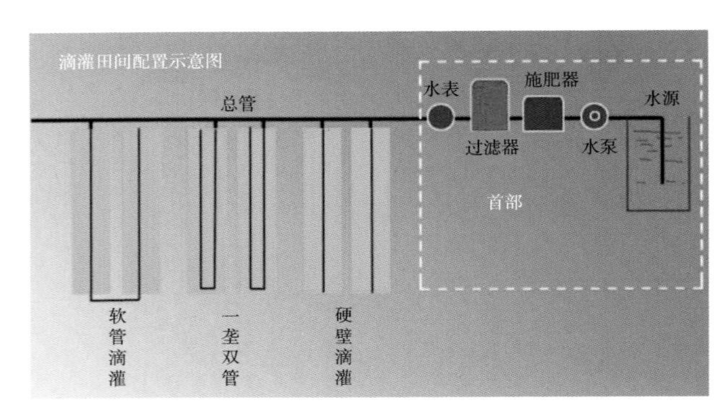

**图5　滴灌系统**

### 2.3　茬口安排

冬春茬辣椒一般于10月中下旬育苗，12月下旬定植，2月中下旬上市，总产量为4 000～5 000千克/亩；夏秋茬番茄一般于5月中下旬育苗，7月中下旬定植，10月中下旬上市，总产量约为7 000千克/亩。

### 2.4　集约化育苗技术

（1）品种选择。辣椒：多选用早熟、抗病、丰产、耐寒性强的羊角型品种，如‘华美105’‘娇子11号’‘西北旅旋风’‘美娇501’‘陇椒10号’‘陇椒2号’‘陇椒3号’‘陇椒5号’等。

番茄：多选用抗逆性、抗病性强的品种，主要栽培品种以粉果品种为主，有‘利园10号’‘风采’‘东风199’‘丰收105’‘华美168’‘粉都28’等。近年来，开始注重高品质的要求，高糖、风味浓郁的番茄品种开始推广应用。

（2）种子及育苗基质处理。种子采用常规温汤浸种或药剂消毒，即用40%磷酸三钠100倍液浸种20分钟，或用50%多菌灵可湿性粉剂500倍液浸种30分钟，冲洗种子后浸泡6小时后28～32℃催芽，50%种子露白时播种。育苗基质消毒可用50%多菌灵可湿性粉剂500倍液均匀喷洒，堆闷2小时后使用。

（3）播种及苗期管理。将育苗基质混合并装盘、压穴，点播或手动播种机播种，每穴2粒种子。播种后覆盖并浇透水，保持环境温度20～25℃，保持基质湿润为宜。低温时覆盖地膜保温保湿；高温时需要用遮阳网或其他材料遮光降温，防止烧苗。每隔15～20天喷洒1次叶面肥，待苗龄达到4～5片真叶、株高10～15厘米时定植，一般需要45～50天（图6）。

图6 基质育苗

### 2.5 定植及定植后管理

（1）冬春茬辣椒。12月上旬，采取双行错位定植，株距50～55厘米。定植后至采收前以促根促秧为主，开始采收至盛果期以促秧攻果为主，后期加强肥水管理。采收前室内白天温度保持在20～25℃，采收期内白天22～27℃，夜间保持14～16℃。深冬季节应经常擦洗棚膜，坚持早拉晚放保温被，尽量延长光照时间。室内温度达到25℃以上时通风。

（2）夏秋茬番茄。7月中下旬定植，方法同辣椒。番茄定植前，基质表面用地膜覆盖，覆盖后四周用戈壁卵石压住，覆盖时期至番茄生育期结束。将番茄幼苗按大小分级进行定植，通常小苗移栽在温室中间，大苗移栽在温室两侧，移栽前对幼苗进行消毒，一般用50%多菌灵可湿性粉剂800倍液对幼苗进行喷雾，定植时苗坨适宜深栽萌生不定根，定植后穴内浇灌20%噁霉・稻瘟灵乳油或根施微肥NEB（Cu+Fe+Mn+Zn+B+Mo≥100克/升）溶液，定植株距40～45厘米，每槽定制两行，每亩栽苗1 900～2 200株。

### 2.6 植株调整

（1）辣椒。辣椒整枝一般采用双杆或三杆整枝，株高达到50厘米左右时进行吊秧，每株保持4个生长枝结果。

（2）番茄。植株长至20～25厘米时及时吊蔓。番茄采用单蔓换头整枝。结合整枝及时疏花疏果，每穗留3～5个果实。番茄分支能力强，要及早摘除，一般在不影响吸收营养与水分的前提下，5厘米以上的侧枝要及早去除，并及时摘除花叶、老叶和病叶。

番茄第一穗果开花前1～2天，开花量达到15%～25%时，开始熊蜂授粉，一般单座温室放置熊蜂1～2箱。蜂箱高度30厘米左右支架，确保蜂箱盖子不受作物遮挡。在炎热季节，将蜂箱放置在避光的一侧，或增加遮挡，避免阳光直射。

### 2.7 采收

辣椒：正常情况下，开花授粉后20～25天，果实已达到充分膨大，果皮具有光泽，达到采收青果的成熟标准。一般2月中下旬开始上市。门椒应提前采收，若采收不及时果实消耗大量养分，影响后期植株的生长和结果。

番茄：果实因品种不同，其保存时间不同，根据不同品种确定适宜采收期。一般夏秋茬番茄在10月下旬上市。

## 3 病虫害防治技术

### 3.1 基质消毒技术

番茄定植前，采用发酵消毒的基质栽培，或采用氰氨化钙对基质进行消毒。6月下旬，清理温室，栽培槽中均匀撒施50%氰氨化钙颗粒剂50千克，深翻基质、充分混匀。平整后，用透明地膜覆盖基质表面，再灌水，直至基质湿透为止。最后将温室通风口密闭，棚膜清扫干净，密封15天。消毒完成后，通风、揭地膜、深翻基质，7天后可定植。

### 3.2 色板监测及诱杀技术

在温室内悬挂3～5张诱虫板，监测虫口密度。当诱虫板上诱捕虫量明显增多时，增加诱虫板，每亩悬挂规格为25厘米×40厘米的蓝色诱虫板20张或25厘米×20厘米蓝色诱虫板40张防治种蝇和蓟马，可或视情况增加诱虫板数量（参照本书“新型诱虫板监测和防治蓟马”）。

### 3.3 臭氧防控技术

利用臭氧消毒技术防病杀虫。将臭氧发生器悬挂于温室中间顶部，最大有效管控长度70米。移苗定植后，下午6时以后，温室内湿度达到50%以上时使用，每周2次、每次半小时；当棚内病害严重时，加大使用次数及时间。经观察测试，臭氧发生器防病效果可达85%以上（图7）。

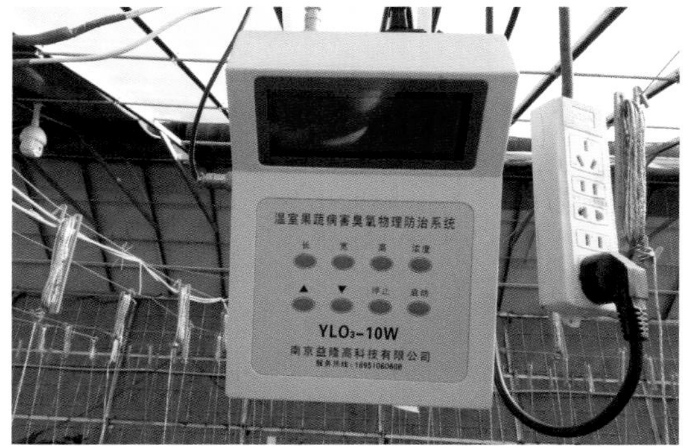


图7 臭氧防控

### 3.4 高效低毒农药精准施用技术

观察设施蔬菜病害初期症状，通过比对症状图像进行病害识别，快速、准确地确定病害发生种类，选择适合的药剂和使用浓度进行防控（表1）。可选用生物药剂2%武夷菌素水剂（参照本书“武夷菌素防治设施蔬菜叶部病害”）、10亿孢子/克枯草芽孢杆菌可湿性粉剂，进行喷施防治白粉病、灰霉病、叶霉病等病害，也可选择使用烟剂熏蒸、弥粉机或喷雾器进行施药，提高农药利用率（参照本书“弥粉法施药防治设施蔬菜病害技术”）。

表1 推荐药剂及用量

| 防治对象 | 药剂 | 施用方式 | 施药用量 | 施药次数及间隔期 |
|---|---|---|---|---|
| 灰霉病、白粉病 | 2%武夷菌素水剂 | 喷施 | 100毫升/（亩·次） | 3～5次，1次/10天 |
| | 10亿孢子/克枯草芽孢杆菌可湿性粉剂 | 喷施 | 100克/（亩·次） | 3～5次，1次/15天 |
| 蓟马 | 20%异丙威烟剂 | 烟熏 | 400克/（亩·次） | 1～2次，1次/10天 |
| 斑潜蝇、蚜虫、烟粉虱、叶螨 | 1.8%阿维菌素乳油 | 喷施 | 30毫升/（亩·次） | 2～3次，1次/7天 |
| | 10%吡虫啉可湿性粉剂 | 喷施 | 20克/（亩·次） | 2～3次，1次/7天 |

## 4 水肥管理技术

### 4.1 肥料管理

日光温室辣椒、番茄周年生产中，主要通过有机生态型无土栽培、平衡施肥、水肥一体化等相关配套技术达到减肥增效生产。

（1）有机基质栽培技术。充分采用牛粪、秸秆、菌渣等农业废弃物中的营养，可减少化肥用量35%以上；基质原料经过高温发酵，灭杀有害生物，可减少农药用量40%以上。

（2）平衡施肥技术。根据目标产量和辣椒、番茄需肥规律、肥料利用率及栽培基质养分含量确定施肥量。冬春茬辣椒全生育期总施肥量为78.9千克/亩，其中纯N为36.6千克/亩、$P_2O_5$为16.5千克/亩、$K_2O$为25.8千克/亩。基肥施用量为19.9千克/亩（以尿素、磷酸二铵及硫酸钾为主），N、$P_2O_5$、$K_2O$分别为11.0千克/亩、5.0千克/亩和3.9千克/亩。待门椒采收后，开始第1次追肥，至5月上旬共追肥7次，每隔15天追肥1次，每次追肥量为8.5千克/亩（以中氮、低磷、高钾型水溶性复合肥及尿素为主），N、$P_2O_5$、$K_2O$分别为3.7千克/亩、1.7千克/亩和3.1千克/亩。

夏秋茬番茄全生育期总施肥量为115.7千克/亩，其中纯N为57.3千克/亩、$P_2O_5$为21.9千克/亩、$K_2O$为36.5千克/亩。基肥施用总量为27.5千克/亩，N、$P_2O_5$、$K_2O$分别为17.2千克/亩、6.6千克/亩和3.7千克/亩（以尿素、磷酸二铵及硫酸钾为主）。待第一穗果核桃大小时，开始第1次追肥，至11月中旬共追肥6次，每隔12～15天追肥1次，每次追肥量为14.7千克/亩（以中氮、低磷、高钾型水溶性复合肥及尿素为主），N、$P_2O_5$、$K_2O$分别为6.6千克/亩、2.6千克/亩和5.5千克/亩。

（3）水肥一体化技术。确定好施肥量后借助压力灌溉系统，将优质水溶性固体肥料或液体肥料，按日光温室基质栽培辣椒、番茄生长各阶段对养分的需求和基质养分的供给状况，配兑而成的肥液与灌溉水混为一体，适时、定量、均匀、准确地输送到辣椒、番茄根部的栽培基质（参照本书“设施有机基质栽培番茄和黄瓜水肥一体化技术”）。

### 4.2 水分管理

日光温室基质栽培中，主要采用滴灌系统供水。灌水量根据气候变化和植株大小进行调整，一般定植后3～5天开始灌水，在上午9－10时进行，根据基质湿度和植株长势调控每次灌水时间。

（1）冬春茬辣椒。冬春茬辣椒全生育期灌水18～20次。辣椒定植前灌水1次，灌水量6～7立方米/亩，定植后至门椒采收前，每15天灌水1次，每次灌水量7～8立方米/亩。第1次追肥，即门椒采收后，两次追肥期间，可根据天气状况和基质湿度加灌清水1～2次，灌水量为8～10立方米/亩。

（2）夏秋茬番茄。夏秋茬番茄全生育期灌水23～28次。番茄定植前灌水1次，灌水量6～7立方米/亩，定植后至首次追肥，每15天灌水1次，每次灌水量8～10立方米/亩。开始追肥后，两次追肥期间，可根据天气状况和基质湿度加灌清水2～3次，灌水量为10～12立方米/亩。

## 5 模式注意事项

（1）因季节性等原因，戈壁日光温室冬春茬辣椒主要面临低温弱光，故要经常擦洗棚膜，坚持早拉晚放草苫，尽量延长光照时间，以免影响辣椒品质和产量。

（2）番茄定植后要加强通风、降温。番茄对光强度要求较高，要悬挂反光幕并及时清洁棚膜。

## 6 适宜地区

适宜在河西走廊的酒泉、张掖、武威、嘉峪关、金昌等地及气候相似区域应用。

## 7 联系方式

集成模式依托单位：甘肃农业大学

联系人：颉建明

联系电话：0931-7631230

电子邮箱：xiejianming@gsau.edu.cn

# 新疆温室冬春茬辣椒间套种立体栽培化肥农药减施技术模式

## 1 背景简介

阿克苏市的"秋冬茬芹菜—冬春茬辣椒/甘蓝/豆角/生菜/莜麦菜"，是新疆典型的设施蔬菜立体间套作高效种植模式，已辐射到塔西南缘的疏勒县良种场、塔北缘的阿克苏市、和硕县等地，具有"一茬多熟，一水多用，一肥分餐，一药多防"等特点，充分利用温室的时间和空间，提高了土地利用率、光能利用率及水肥利用率，大大提高了综合效益。同时土壤生态得到优化，微生物群落更加丰富，生物多样、温室环境小气候自调能力增强，病害减少，水肥利用率提高。

吐鲁番市夏季高温，以"火焰山"著称全国，但近年来随着日光温室的发展，粉虱特别是烟粉虱给当地带来极大的灾害，温室蔬菜更加严重，不仅给蔬菜造成直接为害，由此而带来的番茄黄化曲叶病毒病更是严重，以至于吐鲁番不得不因此而改变周年种植模式，形成吐鲁番市秋冬茬叶菜—冬春茬辣椒/莜麦菜/生菜/哈密瓜的种植模式。项目组经过调研，提出了"早防，物理防治辅以化学防治"的综合防治策略，不仅节约了农药防治成本，还大大降低了病虫害造成的产量损失。

阿克苏市温室冬春茬辣椒间套种立体栽培模式，秋冬茬芹菜基本不施肥。周年生产化肥投入总量为430～1 177千克/亩，平均为826千克/亩，投入化肥折合氮、磷、钾养分纯量分别为110千克/亩、131千克/亩、98千克/亩，投入化肥纯量总计339千克/亩。

吐鲁番市温室辣椒冬春茬间套种立体栽培模式，秋冬茬叶菜基本不施肥，周年生产化肥投入总量为395～810千克/亩，平均为520千克/亩，投入化肥折合氮、磷、钾养分纯量分别为79千克/亩、90千克/亩、73千克/亩，投入化肥纯量总计242千克/亩。

使用的农药达到30种，其中杀菌剂19种、杀虫剂8种、生长调节剂3种，其中生物杀菌剂2种。

病害种类：辣椒猝倒病、疮痂病、疫霉病和白粉病。

虫害种类：烟粉虱、斑潜蝇、蓟马、蚜虫、烟青虫和叶螨，其中烟粉虱为害最严重。

## 2 栽培技术

### 2.1 棚型、保温方式

棚型：钢架结构日光温室。保温方式：棉被，不加温。

温室为干打垒土墙结构日光温室，温室跨度9米，脊高3.5米，土墙高3.0米，墙厚80

厘米，后屋面仰角36°，水平投影宽度80厘米，温室长150米，单栋面积1 350平方米。墙体为人工干打垒的80厘米厚的土墙结构，后屋面木板+秸秆+草泥。后屋面中部厚80厘米。屋面承重骨架为钢竹木琴弦式结构。温室前屋面外保温材料为棉被，厚度2～3厘米，配有电动卷帘机（图1）。

图1　日光温室实际生产图

### 2.2　品种、种子处理方式、育苗方式、时间

冬春茬辣椒选择适合保护地栽培的抗病、大果型、耐弱光的优质品种，如‘新陇椒2号’‘改良猪大肠’等。种子处理方式先晒种1～2小时，将种子放入55℃温水中，搅拌至水温30℃左右继续浸种4～6小时。捞出洗净，用吸水纱布包好，放在25～28℃催芽，当80%种子露白即可播种。套作速生类叶菜（小白菜、莜麦菜等），品种主要有‘纯香’‘泰国香’‘杭州早油冬’等。甜瓜品种为‘西州蜜25号’。

秋冬茬种植小白菜、莜麦菜、芹菜等叶菜。平畦宽约20米，每畦面积约200～300平方米，采取15～20厘米行距条播，一般9月上旬播种，10月中旬陆续上市。

### 2.3　基本栽培制度

阿克苏市温室辣椒冬春茬栽培采用典型的立体间作套种高效种植模式，即辣椒/莜麦菜/生菜/菜豆。10月下旬辣椒穴盘基质育苗，翌年1月下旬至2月初垄上双行单株定植。3月下旬开始采收，6月中旬前后结束；生菜12月上旬育苗，翌年1月上中旬定植于垄腰，2月中下旬上市；辣椒行间和温室后立柱前种植菜豆，12月中下旬育苗，与辣椒同期定植或直播，6月结束；莜麦菜12月上中旬育苗，翌年1月上中旬定植或直播，2月初或3月上旬上市（图2～图5）。

图2　先期套种甘蓝和菜豆

图3　垄侧套种生菜

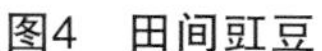

图4　田间豇豆

图5　中后期田间长势

吐鲁番市辣椒采用地膜全地面覆盖高垄栽培，垄宽70厘米，垄距50厘米，垄高25厘米。莜麦菜、生菜、菜豆垄间作套种哈密瓜。秋冬茬叶菜平畦栽培畦灌。

冬春茬辣椒10月下旬穴盘育苗，翌年1月下旬至2月初垄上双行单株定植，每穴1株，株距35厘米，3月下旬始收上市，6月上旬结束；套作速生类叶菜，穴距15厘米，1月中旬播种，在垄背中间点播叶菜，2月下旬收获结束。哈密瓜12月上中旬育苗，2月上中旬定植，每条垄中间定植5株，株距1米，4月中下旬至5月中旬采收（图6、图7）。

图6　辣椒/油白菜/甜瓜

### 2.4　灌溉方式

辣椒垄作主要以沟灌为主，部分设施温室安装滴灌系统。

### 2.5　水肥一体化系统配置等

（1）沟灌水肥管理。不需另外增加设施，直接在灌溉入水口处按每次施肥量12.5千克/亩随水均匀倒入即可。

（2）滴灌水肥一体化系统。需要根据设施的建筑及种植规格，设计安装滴灌系

图7　辣椒套种甜瓜后期

统（根据水源供给条件建设成加压滴灌施肥系统或自压滴灌施肥系统），滴灌水肥一体化系统由水源、动力装置（加压、自压）、过滤装置、施肥装置、管网系统（干管、支管、毛管）构成。

自压滴灌系统：支撑台高度1.2米，采用自压滴灌毛管，毛管铺设长度≤10米，追施水溶性肥料注入储水罐中（图8）。

加压滴灌系统：采用浅层地下水（符合灌溉水质标准），加压滴灌毛管，独立动力加压运行，追施水溶性肥料添加入首部施肥罐中（图9）。

图8　自压滴灌系统

图9　加压滴灌系统

## 3　病虫害防治技术

### 3.1　土壤消毒技术

闷棚在7月中上旬，闷棚前需要深翻30厘米、灌水、地面覆膜后关闭棚膜。闷棚时间在25天左右，闷棚后及时晾晒，晾晒时间为20天。为补充土壤有益菌，下茬作物定植时补充微生物菌肥或微生物菌剂，微生物菌剂可选择蜡样芽孢杆菌和枯草芽孢杆菌复合菌水剂。

### 3.2　苗期病虫害管理技术

种子消毒采用温汤浸种或药剂浸种。温汤浸种方法是将辣椒种子使用洁净纱布包扎好，放入55℃的恒温水浸泡15～20分钟后再放入清水中浸泡4～8小时。药剂浸种为30%琥胶肥酸铜可湿性粉剂200倍液浸种60分钟（图10）。

图10　药剂浸种

采用穴盘基质育苗，育苗期喷施5%氨基寡糖素水剂20～30毫升/亩或6%寡糖·链蛋白可湿性粉剂75～100克/亩，连续喷施2～3次，提高植株抗逆性。

穴盘苗出齐之后，采用微生物菌剂（宁盾一号A型，蜡质芽孢杆菌+枯草芽孢杆菌，有效活菌数≥2亿CFU/毫升）100倍液喷淋至穴盘底部渗水，间隔15天，连续喷淋2～3次，可促进辣椒苗生长，且可预防辣椒猝倒病；辣椒2～3片叶时，使用微生物菌剂（宁盾一号B型，蜡质芽孢杆菌+枯草芽孢杆菌+助剂吐温20，有效活菌数≥2亿CFU/毫升）100倍液喷雾，间隔10天，连续使用4～5次，可预防辣椒苗期叶部病害（图11）（注意：使用微生物菌剂后不可使用任何杀菌剂）。

育苗温室采用黄板和蓝板诱杀防治，配合使用10%异丙威烟剂250～300克/亩进行熏蒸，间隔7～10天施用1次（图12）。

图11　微生物菌剂在辣椒苗期的应用

图12　穴盘基质育苗及黄蓝板诱杀

### 3.3　成株期病虫害管理技术

辣椒定植时，可使用微生物菌剂（宁盾一号A型）随水滴灌至辣椒植株根部预防辣椒疫病，使用量4升/亩，间隔20～30天使用1次，连续使用2～3次；辣椒始花期开始叶面喷雾微生物菌剂（宁盾一号B型）100倍液，间隔10～15天施用1次，连续使用4～5次（注意：使用微生物菌剂后，不使用任何化学杀菌剂）。辣椒生长期间，喷施5%氨基寡糖素水剂20～30毫升/亩或6%寡糖・链蛋白可湿性粉剂75～100克/亩，连续喷施3～4次，提高植株抗病性。

猝倒病：以30%甲霜・噁霉灵水剂兑水稀释灌根或喷施苗床，1.5～2克/平方米。

灰霉病：发病前，以50%异菌脲可湿性粉剂50～65克/亩兑水喷雾或50%腐霉利可湿性粉剂100克/亩喷粉，并以50%咯菌腈可湿性粉剂稀释5 000倍液蘸花预防。发病初期，以30%啶酰・咯菌腈悬浮剂45～60克/亩或43%氟菌・肟菌酯悬浮剂30～45毫升/亩兑水喷施，交替用药，间隔期7～10天。

疫病：发病前，以75%百菌清可湿性粉剂100克/亩喷粉，以722克/升霜霉威盐酸盐水剂80毫升/亩兑水喷淋茎基部。发病初，以50%烯酰吗啉可湿性粉剂50克/亩喷粉，并与687.5克/升氟菌·霜霉威悬浮剂60～75毫升/亩、66.8%丙森·缬霉威可湿性粉剂100～133克/亩、10%氟噻唑吡乙酮可分散油悬浮剂15～20毫升/亩+80%代森锰锌可湿性粉剂250克/亩兑水交替喷施，间隔期7～10天。

疮痂病：发病初期，可选择以下药剂，20%噻森铜悬浮剂120～200毫升/亩；77%氢氧化铜可湿性粉剂150～200克/亩；20%噻菌铜悬浮剂75～100克/亩；3%春雷霉素水剂60～70毫升/亩，交替喷施药剂，间隔期7～10天，连续喷施2～3次。

白粉病：发病初期，交替喷施10%苯醚甲环唑水分散粒剂30～40克/亩、43%氟菌·肟菌酯悬浮剂20～30毫升/亩、42.4%唑醚·氟酰胺悬浮剂20～30毫升/亩，间隔期7～10天。

未使用微生物菌剂的温室使用精量电动弥粉机喷施超细75%百菌清可湿性粉剂80克/亩或100亿CFU/克枯草芽孢杆菌可湿性粉剂100克/亩，间隔10～15天施用1次，连续喷施4～5次。辣椒白粉病发生期，使用25%嘧菌酯悬浮剂1 000倍液喷施，间隔7～10天使用1次，连续使用3次。

温室安装60目防虫网并悬挂黄板和蓝板诱杀害虫，色板30～40张/亩。化学药剂使用70%吡虫啉可湿性粉剂4～6克/亩、20%啶虫脒乳油15～20毫升/亩、35%吡虫·杀虫单可湿性粉剂80～100克/亩、75%灭蝇胺可湿性粉剂30～40克/亩、2.5%高效氯氟氰菊酯水乳剂10～20克/亩、1.3%苦参碱水剂30～40毫升/亩、10%异丙威烟剂300克/亩。药剂交替使用，7～10天施用1次。

## 4 水肥管理技术

阿克苏市的“秋冬茬芹菜－冬春茬辣椒/甘蓝/豆角/生菜/莜麦菜”模式每年7月中下旬，结合深翻施入底肥（腐熟牛粪9立方米/亩，15-15-15化肥50千克/亩，占化肥总量20%），8月初种植叶菜进行倒茬；翌年2月初起垄定植辣椒，80%水溶性化肥全程冲施追施，主要为（15-5-20，16-6-30）中氮低磷高钾肥料，全生育季化肥总施肥量260千克/亩，定植蹲苗15天左右浇头水，同时随水冲施肥料，全程灌水16次，追施肥料次数相同，坐果前以（15-5-20）水溶性冲施肥料为主，灌水周期7～10天，灌水定额15～20立方米/亩，追肥量约13千克/亩；坐果后以（16-6-30）水溶性冲施肥料为主，灌水周期5～7天，灌水定额10～15立方米/亩，追肥量约13千克/亩；采用勤灌勤施和辣椒专用冲施肥的水肥管理方式，化肥总用量与技术实施前相比每亩减少566千克，同比减施68%。

吐鲁番市秋冬茬叶菜－冬春茬辣椒/莜麦菜/生菜/哈密瓜模式每年7月中下旬，结合深翻施入底肥（腐熟鸡粪6立方米/亩，15-15-15化肥50千克/亩，约占化肥总量20%），8月初种植叶菜进行倒茬；翌年元月底起垄定植辣椒，80%水溶性化肥全程追施，主要为（15-5-20，16-6-30）中氮低磷高钾肥料，全生育季总施肥量170千克/亩，定植蹲苗15天左右浇头水，同时随水冲施肥料，全程灌水20次左右，追施肥料次数相同，坐果前以（15-5-20）水溶性冲施肥料为主，灌水周期8～10天，灌水定额12～16立方米/亩，追肥量约6千克/亩；坐果后以（16-6-30）水溶性冲施肥料为主，灌水周期5～7天，灌水定额10～12立方米/亩，追肥量约6千克/亩；采用勤灌勤施和辣椒专用冲施肥的水肥管理方式，化肥总用量与技术实施前相比每亩减少350千克，同比减施67%。

## 5 模式注意事项

滴灌水肥一体化系统的设计和施工必须根据设施的建造规格、水源情况、电力情况、长期种植作物的种类及种植结构进行；测土配方平衡施肥方案制订后，应选用全溶性的化学肥料配制成种植作物的专用滴灌肥；化肥最好不要用作底肥，全程通过滴灌系统追施；整个生育期最好采用高频灌溉施肥（灌水周期3～5天，每次追肥量为总追施肥量的5%～10%）；系统运行过程中，要经常检查过滤系统的清洁情况，防止系统堵塞。

## 6 适宜地区

该技术完全成熟，适宜在南北疆设施蔬菜生产区域推广。

滴灌水肥一体化管理系统技术成熟，可有效地减少化肥用量，提高化肥利用率，适宜任何区域的设施生产。

## 7 联系方式

集成模式依托单位：新疆农业科学院园艺作物研究所

联系人：王浩

联系电话：15009910026

电子邮箱：wanghao183@163.com

# 阿克苏市温室冬春茬黄瓜—秋冬茬番茄化肥农药减施技术模式

## 1 背景简介

阿克苏市位于新疆维吾尔自治区西南部，塔里木盆地的西北边缘。地理坐标为北纬39°30′—41°27′，东经79°39′—82°01′。属暖温带干旱气候地区，降水量稀少，蒸发量大，气候干燥。市境地势平坦，土层深厚，水源充足，光热资源丰富，年平均太阳总辐射量130～141千卡/平方厘米，年日照2 855～2 967小时，是全国太阳辐射量较多的地区之一，光热资源十分丰富，无霜期长达205～219天，昼夜温差大，是新疆设施农业优势发展区。

阿克苏市冬春茬黄瓜—秋冬茬番茄周年生产化肥投入总量为430～1 177千克/亩，平均为826千克/亩，投入化肥折合氮、磷、钾养分纯量分别为110千克/亩、131千克/亩、98千克/亩，投入化肥纯量总计339千克/亩。

阿克苏市农药品种使用达到28种，其中杀菌剂12种、杀虫剂13种、生长调节剂3种，其中生物杀菌剂1种，生物杀虫剂1种。

病害种类：苗期病害主要有黄瓜霜霉病、细菌性角斑病。成株期病害主要有黄瓜霜霉病、白粉病和细菌性角斑病。

虫害种类：烟粉虱、斑潜蝇、蓟马、蚜虫和叶螨，其中烟粉虱和斑潜蝇危害程度较重。

## 2 栽培技术

### 2.1 日光温室结构

棚型：钢架结构。保温方式：棉被，加温。

温室为干打垒土墙结构日光温室（图1）。温室跨度9.5米，脊高3.5米，土墙高3.0米，墙厚80厘米，后屋面仰角36°，水平投影宽度80厘米，温室长140米，单栋面积1 330平方米。墙体为人工干打垒的80厘米厚的土墙结构，后屋面木板+秸秆+草泥。后屋面中部厚80厘米。屋面承重骨架为钢竹木

图1 日光温室实际生产图

琴弦式结构，设单排立柱。温室前屋面外保温材料为棉被，厚度2～3厘米，配有电动卷帘机。

### 2.2　育苗方式与栽培制度

冬春茬黄瓜品种：‘中农203’‘津优38号’等，砧木品种：黑籽南瓜。种子晒种2天，用1%硫酸铜溶液浸泡5分钟，清水洗净。放入55℃温水中，搅拌至水温30℃，继续浸泡6～8小时，捞出后用吸水纱布包好，置于28～30℃下催芽。冬春茬黄瓜一般在12月中旬至翌年2月初黄瓜嫁接育苗，1月底至3月上中旬定植，5月中下旬至6月上旬采收。

秋冬茬番茄品种是‘金鹏’‘中研958’等。包衣种子不需要处理，直接播种。未包衣的种子必须进行种子处理，清水漂除秕籽，泡2～4小时，捞出晾干，用10%磷酸三钠处理20分钟或1%硫酸铜溶液浸种15分钟捞出冲净药物后55℃的温水烫种，搅动15分钟，水温降至30℃以下，4～6小时后捞出沥干，置于25～28℃下催芽，6～7天即可播种。催芽中每天温水淘洗1～2遍，4～5小时翻动1次，透气。秋冬茬番茄一般在5月下旬至7月上旬育苗，6月中下旬至8月中下旬定植，翌年1月下旬至2月上旬收获。

### 2.3　基本栽培制度

冬春茬黄瓜一般在12月中旬至翌年2月初穴盘基质嫁接育苗，1月底至3月上中旬定植。1月上旬温室消毒，然后每亩施优质腐熟有机肥8 000千克，磷酸二铵50千克，深翻30厘米，起垄铺膜。起垄铺膜，2月上中旬，垄上打孔，双行单株定植，垄宽70厘米，沟宽50厘米，垄高25～30厘米。每垄双行，穴距35～40厘米，每穴单株。

单蔓整枝，当株高30厘米左右进入甩蔓期，及时吊绳绑蔓“S”形缠绕，及时摘除卷须和根瓜以下萌蘖，生长中后期摘除下部老化、黄化、病残老叶，以利于通风透光，在摘除老叶后落蔓延长至结果期，一般降至生长点高度1.5～1.7米较好（图2、图3）。

图2　黄瓜后期摘叶落蔓

图3　番茄后期打老叶

秋冬茬番茄一般在5月下旬至7月上旬穴盘基质或营养钵育苗，苗期25～35天，6～7片叶现小花蕾时开始定植。起垄覆盖地膜，垄宽70厘米，沟宽50厘米，垄高20～25厘米。7月15日前后，一垄双行单株定植，穴距30～35厘米。

定植时每株浇定植水1千克左右，定植后3～5天浇缓苗水1次。缓苗后进入蹲苗期，促进根系生长控制地上徒长。保持室内白天25～28℃，夜间12～15℃，温室栽培番茄一般采取单干整枝，摘除全部侧枝，吊绳绑蔓，秋冬茬留5～7穗果打顶，植株生长中后期摘除下部老化、黄化、病残叶片，通风透光。疏花疏果，去大去小，每穗保留大小均匀的果实3～4个，以确保果实生长整齐、大小均匀，外观品质基本一致。

### 2.4 灌溉方式

冬春茬种植黄瓜、秋冬茬种植番茄均采用高垄地膜栽培，膜下沟灌为主，部分设施温室安装滴灌系统采用垄上膜下滴灌水肥一体化管理方式。若要实现化肥减施和肥料高效利用目的，应采用垄上膜下沟灌冲施肥的水肥管理方式，在经济条件允许的情况下，逐步提升为膜下滴灌水肥一体化管理方式。

### 2.5 水肥一体化系统配置等

沟灌水肥管理：不需另外增加设施，直接在灌溉入水口处按每次施肥量（10～15千克/亩）随水均匀倒入即可；肥料采用茄果生长专用的水溶性商品复合肥（15-15-15，15-5-20，16-6-30）或根据测土配方制定的水溶性复混冲施肥料，灌溉施肥同步进行。

自压滴灌系统：支撑台高度1.2米，采用自压滴灌毛管，毛管铺设长度≤10米，追施水溶性肥料注入储水罐中。

加压滴灌系统：采用浅层地下水（符合灌溉水质标准），加压滴灌毛管，独立动力加压运行，追施水溶性肥料添加入首部施肥罐中（图4）。

图4 加压滴灌系统

## 3 病虫害防治技术

### 3.1 高温闷棚技术

闷棚在7月中上旬，闷棚前需要深翻30厘米、灌水、地面覆膜后关闭棚膜。闷棚时间在25天左右，闷棚后及时晾晒，晾晒时间为20天。为补充土壤有益菌，下茬作物定植时补充微生物菌肥或微生物菌剂，微生物菌剂可选择蜡样芽孢杆菌和枯草芽孢杆菌复合菌水剂（图5、图6）。

图5　高温闷棚过程—浇水

图6　高温闷棚过程—覆膜

### 3.2　苗期病虫害管理技术

种子消毒采用温汤浸种或药剂浸种。温汤浸种方法是将黄瓜或番茄种子使用洁净纱布包扎好，放入55℃的恒温水浸泡15～20分钟后再放入清水中浸泡4～8小时。药剂浸种为30%琥胶肥酸铜可湿性粉剂250倍液浸种60分钟。

采用穴盘基质育苗，育苗期喷施5%氨基寡糖素水剂20～30毫升/亩或6%寡糖·链蛋白可湿性粉剂75～100克/亩，连续喷施2～3次，提高植株抗逆性。

穴盘苗出齐之后，采用微生物菌剂（宁盾一号A型，蜡质芽孢杆菌+枯草芽孢杆菌，有效活菌数≥2亿CFU/毫升）100倍液喷淋至穴盘底部渗水，间隔15天，连续喷淋2～3次，可预防苗期猝倒病；黄瓜或番茄2～3片叶时，使用微生物菌剂（宁盾一号B型，蜡质芽孢杆菌+枯草芽孢杆菌+助剂吐温20，有效活菌数≥2亿CFU/毫升）100倍液喷雾，间隔10天，连续使用4～5次，预防苗期叶部病害（注意：使用微生物菌剂后不使用任何化学杀菌剂）。

育苗温室采用黄板和蓝板诱杀防治害虫，配合使用10%异丙威烟剂250～300克/亩进行熏蒸，间隔7～10天施用1次。

### 3.3　成株期病虫害管理技术

黄瓜生长期，喷施5%氨基寡糖素水剂20～30毫升/亩或6%寡糖·链蛋白可湿性粉剂75～100克/亩，连续喷施3～4次，提高植株抗病性。病害发生前或发生初期，使用精量电动弥粉机喷施超细75%百菌清可湿性粉剂80克/亩或100亿CFU/克枯草芽孢杆菌可湿性粉剂100克/亩进行病害预防。间隔10～15天施用1次，连续喷施3～4次。病害发生期，使用精量电动弥粉机喷施50%烯酰吗啉可湿性粉剂50克/亩或5亿芽孢/克荧光假单孢杆菌可湿性粉剂100克/亩或50%腐霉利可湿性粉剂100克/亩或72%霜脲·锰锌可湿性粉剂100克/亩或50%异菌脲可湿性粉剂100克/亩，间隔7～10天施用1次，连续喷施3～4次，交替使用。

温室安装60目防虫网并悬挂黄板和蓝板诱杀害虫，色板30～40张/亩。化学药剂使用70%吡虫啉可湿性粉剂4～6克/亩、20%啶虫脒乳油15～20毫升/亩、35%吡虫·杀虫单可湿性粉剂80～100克/亩、75%灭蝇胺可湿性粉剂30～40克/亩、2.5%高效氯氟氰菊酯水乳剂10～20克/亩、1.3%苦参碱水剂30～40毫升/亩、10%异丙威烟剂300克/亩。药剂交替使用，7～10天施用1次（图7）。

图7　物理防治

病害防治中使用常规管理方式和减药技术管理方式，化学药剂使用品种和施药量对比见表1。

表1　病害防治中不同管理方式化学药剂施用量比较

| 技术名称 | 药剂 | 施药总量（克） |
| --- | --- | --- |
| 常规管理 | 72.2%霜霉威盐酸盐水剂、10%多抗霉素可湿性粉剂、60%烯酰吗啉可湿性粉剂、30%醚菌酯悬浮剂、20%噻菌铜悬浮剂、20%噻唑锌悬浮剂、25%嘧菌酯悬浮剂、72%霜脲·锰锌可湿性粉剂、69%烯酰·锰锌可湿性粉剂、50%腐霉利可湿性粉剂、20%异菌·百菌清悬浮剂和0.3%多抗霉素水剂 | 1 500～2 000 |
| 减药技术管理 | 蜡样芽孢杆菌和枯草芽孢杆菌的复合微生物菌剂；诱抗剂包括5%氨基寡糖素水剂、6%寡糖·链蛋白可湿性粉剂；5%百菌清可湿性粉剂、100亿CFU/克枯草芽孢杆菌可湿性粉剂、50%烯酰吗啉可湿性粉剂、5亿芽孢/克荧光假单孢可湿性粉剂、50%腐霉利可湿性粉剂、72%霜脲·锰锌可湿性粉剂、50%异菌脲可湿性粉剂 | 700～1 000 |

## 4　水肥管理技术

冬春茬黄瓜翌年元月下旬结合旋耕整地施入20%化肥总量约50千克/亩（15-15-15）化肥起垄，2月初定植黄瓜，约80%水溶性化肥全程冲施追施，主要为（15-5-20，16-6-30）中氮低磷高钾肥料，冬春茬化肥总施肥量240千克/亩；定植蹲苗15天左右浇头水，同时随水冲施肥料，全程灌水20次左右，追施肥料次数相同；坐果前以（15-5-20）水溶性冲施肥料为主，灌水周期7～9天，灌水定额15～20立方米/亩，追肥量约9.5千克/亩；坐果后以（16-6-30）水溶性冲施肥料为主，灌水周期4～6天，灌水定额12～15立方米/亩，追肥量约9.5千克/亩；亩产9.8吨。

秋冬茬番茄每年7月初结合深翻施入底肥（腐熟牛粪9立方米/亩，15-15-15化肥总量20%约50千克/亩）起垄，7月下旬定植番茄，剩余约80%水溶性化肥全程冲施追施，主要为（15-5-20，16-6-30）中氮低磷高钾肥料，秋冬茬化肥总施肥量230千克/亩，定植蹲苗15天左右浇头水，同时随水冲施肥料，全程灌水18次左右，追施肥料次数相同，坐果前以（15-5-20）水溶性冲施肥料为主，灌水周期6～8天，灌水定额15～20立方米/亩，追肥量约10千克/亩；坐果后以（16-6-30）水溶性冲施肥料为主，灌水周期10～12天，灌水定额10～15立方米/亩，追肥量约10千克/亩；亩产8.7吨。

采用测土配方、勤灌勤施、少灌少施和茄果类专用冲施肥的水肥管理方式，化肥总用量与技术实施前相比每亩减少356千克，同比减施43%。

## 5　模式注意事项

滴灌水肥一体化系统的设计和施工必须根据设施的建造规格、水源情况、电力情况、长期种植作物的种类及种植结构进行；测土配方平衡施肥方案制订后，应选用全溶性的化学肥料配制成种植作物的专用滴灌肥；化肥最好不要用作底肥，全程通过滴灌系统追施；整个生育期最好采用高频灌溉施肥（灌水周期3～5天，每次追肥量为总追施肥量的5%～10%）；系统运行过程中，要经常检查过滤系统的清洁情况，防止系统堵塞。

## 6　适宜地区

该技术完全成熟，适宜在南北疆设施蔬菜生产区域推广。

滴灌水肥一体化管理系统技术成熟，可有效地减少化肥用量，提高化肥利用率，适宜任何区域的设施生产。

## 7　联系方式

集成模式依托单位：新疆农业科学院园艺作物研究所

联系人：王浩

联系电话：15009910026

电子邮箱：wanghao183@163.com

# 黄土高原山地温室番茄长季节栽培化肥农药减施高效种植模式

## 1 背景简介

陕西省延安市安塞区地处西北内陆黄土高原腹地，位于陕西省北部，属典型的黄土高原丘陵沟壑区，平均海拔1 371.9米。安塞区属中温带大陆性半干旱季风气候，四季分明，年平均气温8.8℃（极端最高温36.8℃，极端最低温-23.6℃）；光照资源充足，年日照时数为2 395.6小时，日照百分率达54%，全年无霜期157天；水资源丰富，年平均降水量505.3毫米。

设施栽培蔬菜生产为本地区农业主导产业，以山地日光温室设施番茄、辣椒等果菜类蔬菜长季节栽培为主。2016年延安市安塞区设施蔬菜种植中，75%的种植者底肥均施用羊粪；25%的种植者底肥中施用磷肥，用量为78.4千克/亩；41.67%的种植者底肥施用尿素，用量为50千克/亩。40.24%的种植者追肥施用尿素，33.33%的种植者的追肥中施用复合肥，平均施用量为104.4千克/亩。番茄生产中应用的农药品种主要有百菌清、代森锰锌、多菌灵、腐霉利、甲霜·锰锌、霜脲·锰锌、吡虫啉和甲氨基阿维菌素苯甲酸盐等，且不同区域使用量有较大差异，有些区域农药品种使用较为多样，有些区域较为单一。从使用剂量来看，代森锰锌、多菌灵、甲霜·锰锌、霜脲·锰锌和阿维菌素等品种用量较大，其他杀虫剂品种使用剂量较低。杀虫剂有效成分用量360～540克/亩，杀菌剂有效成分用量400～600克/亩。为此，课题组以番茄为模式作物提出化肥农药减施增效技术模式。

## 2 主要栽培技术

### 2.1 温室结构

温室为“95”式山地日光温室，分为有后坡型和无后坡型两种结构类型。

（1）有后坡型温室结构。温室长度100米，脊高5.5米，土墙高4.8米、座底厚5米、收顶厚2米，温室背墙内侧从顶到底向南移出1.3米左右，温室内净宽9米。温室前屋面角为31°，后屋面角30°。钢架每3.6米一片，用径32毫米（DN32）、壁厚2.5毫米以上钢管作上弦，用径20毫米（DN20）、壁厚2.5毫米以上钢管作下弦，用径12毫米钢筋作撑筋焊接而成，撑筋长30厘米，上下弦间距从最高点到前沿地面由宽变窄，在14～24厘米。钢架间每50厘米上一道直径3厘米竹竿（图1）。

（2）无后坡型温室结构。温室长度100米，土墙高6米、座底厚5米、收顶厚2米，温室背墙内侧从顶到底向南移出1.3米左右，温室内径宽9米。温室前屋面角为30.2°。钢架每3.6米一片，用径32毫米（DN32）、壁厚2.5毫米以上钢管作上弦，用径20毫米（DN20）、壁厚2.5毫米以上钢管作下弦，用径12毫米钢筋作撑筋焊接而成，撑筋长30厘米，上下弦间距从最高点到前沿地面由宽变窄，在14～24厘米。钢架间每50厘米上一道直径3厘米竹竿（图2）。

图1 有后坡型温室

图2 无后坡型温室

### 2.2 环境调控措施

（1）温室通风。采用屋脊通风口与前屋面底脚通风口相结合的方式，采用人工把缝的方式控制启闭。底脚通风口冬季大部分时间处于关闭状态。

（2）温室保温。冬季生产不加温，利用保温被保温，保温被用背负式卷帘机卷放。

### 2.3 栽培管理技术

（1）品种选择。由于生长时期较长，所以宜选用抗病、优质、丰产、抗逆性强、耐弱光、耐低温且适应日光温室栽培的无限生长型杂一代大果品种，如‘图腾518’‘金鹏8号’‘秋盛’等。

（2）茬口安排。为一年一大茬。6月下旬至7月上旬育苗，9月上旬至10月上旬定植。11月下旬采收至翌年5—6月拉秧。

（3）育苗。利用健康种苗培育技术育苗。

（4）定植。9月上旬至10月上旬，当幼苗长至5～7片真叶、株高约25厘米时，选择晴天上午定植。南北向起垄，全膜覆盖。按大小行种植，大行80厘米，小行50厘米，垄高30厘米，垄面中央开宽5～8厘米、深4～6厘米的“V”形小沟，用于铺设滴灌管道，铺银灰色地膜75千克/公顷。在垄面上开5～6厘米深的双行定植穴，株距50～55厘米，行距40厘米。将苗坨放入定植穴，用土将苗坨四周的膜压实，随定植随浇稳苗水。

（5）定植后管理。

① 温湿度管理。缓苗后，温室内温度控制在23～28℃、夜间13～18℃。定植初期温度高，注意遮阳、通风降温，防治白粉虱和病毒病发生。进入坐果期后，尽量保持较高的温度，白天25～30℃、夜间15～20℃，并在保证温度的前提下，注意保温被的开闭。进入春夏后，番茄正处于结果盛期，注意温室通风，保持棚内湿度50%～60%。湿度可通过地面覆地膜和通风等调节。

② 植株管理。采取单干整枝的方法。摘心时，一般在最后一穗果上部留下2～3片叶。

③ 保花保果。花期，振动植株或摇动花序，进行人工辅助授粉，较为简单有效，也可以采用熊蜂辅助授粉。如果遇到连续阴天低温或者高温，坐果率低的可以使用生长调节剂进行处理。

蘸花法：应用植物生长调节剂时可采用此种方法，生产上应用时应严格按说明书要求配制。将配好的药液倒入小碗中，然后将开有3～4朵花的整个花穗在激素溶液中浸一下即可。

喷雾法：应用植物生长调节剂也可采用喷雾法。当番茄每穗花有3～4朵开放时，用装有药液的小喷雾器或喷枪对准花穗喷洒，使雾滴布满花朵又不下滴。

## 3 病虫害防治技术

### 3.1 种子处理技术

温汤浸种：未包衣的种子播种前3～4天，用清水浸泡种子2～3小时，然后捞出放入55℃温水中浸泡20分钟，浸泡过程中要不断、迅速地搅拌使种子均匀受热，以防烫伤种子，搅拌冷却至30℃时，再继续浸种3～4小时，捞出沥干催芽。该法可预防叶霉病、溃疡病、早疫病等病害发生。

磷酸三钠浸种：先用清水浸种3～4小时，再放入10%磷酸三钠溶液中浸泡20～30分钟，捞出用清水洗净，沥干催芽。该法可钝化种子携带的病毒，对预防番茄病毒病有比较明显的效果。

### 3.2 利用静电喷雾器施用生物农药技术

静电电动喷雾器是一种新型植保机械，在静电作用下，提高了药液的对靶性，显著地提高命中率，减少了药液雾滴漂移损失，且沉降速度快，覆盖密度高，覆盖均匀，提高了农药在作物上的附着量，延长药效期，并不易被雨水冲刷掉及在阳光下蒸发。科学有效地利用了农药，以最少的农药达到最佳的防治效果。与普通喷雾器相比，可节省农药30%以上；减少了药液对空气和地面造成的污染。

防治番茄早疫病、晚疫病、灰霉病、病毒病、烟粉虱等病虫害可以用静电电动喷雾器施用生物源农药（如嘧啶核苷类抗菌素、丁子香酚、几丁聚糖、木霉菌、枯草芽孢杆菌、氨基寡糖素、低聚糖素、宁南霉素、多黏类芽孢杆菌、d-柠檬烯等）部分替代化学农药施用。一般传统方法及化学杀菌剂的使用次数为4～5次/茬，推荐方法及农药则为2～3次/茬；传统化学杀虫剂的使用次数为2～3次/茬，推荐农药则为1～2次/茬。用水量2.5～7.5升/亩，根据作物大小选择用水量。

（1）早疫病。在发病初期，可选用77%氢氧化铜可湿性粉剂（80～120克/亩）、52.5%噁酮·霜脲氰水分散粒剂（20～28克/亩）、60%唑醚·代森联水分散粒剂（28～42克/亩）、6%嘧啶核苷类抗菌素水剂（52.5～75毫升/亩）中任意2种药剂兑水后交替喷施，间隔期7～10天。

（2）晚疫病。发病初期，可以选用75%百菌清悬浮剂（60～80克/亩）、60%唑醚·代森联水分散粒剂（28～42克/亩）、0.3%丁子香酚可溶液剂（52.5～70毫升/亩）、2%几丁聚糖水剂60～90（毫升/亩）中任意2种药剂兑水后交替喷施，间隔期7～10天。

（3）灰霉病。发病前，可用2亿孢子/克木霉菌可湿性粉剂75～125克/亩，或40%双胍三辛烷基苯磺酸盐可湿性粉剂20～30克/亩，兑水喷雾。蘸花药中加入25克/升咯菌腈种子处理悬浮剂200～300倍稀释液蘸花。发病初期，可选用0.3%丁子香酚可溶液剂（52.5～70毫升/亩）、50%腐霉利可湿性粉剂（35～60克/亩）、225克/升啶氧菌酯悬浮剂（20～30毫升/亩）、100亿孢子/克枯草芽孢杆菌可湿性粉剂（70～80克/亩）中任意2种药剂兑水后交替喷施，间隔期7～10天。

（4）病毒病。发病前，交替兑水喷施1%氨基寡糖素植物诱抗剂（260～320毫升/亩）、6%低聚糖素水剂（36～48毫升/亩）、8%宁南霉素水剂（45～60毫升/亩）、20%吗胍·乙酸铜可湿性粉剂（100～150克/亩）、20%盐酸吗啉胍可湿性粉剂（140～200克/亩）中任意2种药剂兑水后交替喷施，间隔期7～10天。

（5）青枯病。初发期，选用5亿CFU/克多黏类芽孢杆菌KN-03悬浮剂（2～3升/亩）、3%中生菌素可湿性粉剂（600～800倍液）、20%噻森铜悬浮剂（300～500倍液）、0.1亿CFU/克多黏类芽孢杆菌细粒剂300倍液等药剂进行灌根，水量根据土壤情况可适当减少或增加稀释倍数，确保药液被植物根部土壤吸收，一般100毫升/株。每隔7天灌根1次，共灌根2～3次。

（6）烟粉虱。发生初期，选用10%溴氰虫酰胺可分散油悬浮剂（26～34毫升/亩）、22.4%螺虫乙酯悬浮剂（15～18毫升/亩）、5% d-柠檬烯可溶液剂（60～75毫升/亩），任意1种兑水喷施。初盛期，选用100克/升联苯菊酯乳油（3.5～7毫升/亩）兑水喷雾，间隔期7～10天。

### 3.3 土壤消毒技术

可以选用本书“设施蔬菜土传病害生物与化学协同防治技术”“节能环保型设施土壤日光消毒技术”；在根结线虫等土传病害危害严重的温室，也可选用成本相对较低的垄沟式太阳能消毒技术，具体操作如下。

6—7月温室休闲期，清除前茬作物，深翻后做成波浪式垄沟，垄呈梯形，上宽25厘米，下宽35厘米，高60厘米，沟呈倒梯形，上底宽35厘米，下底宽25厘米、垄上覆盖透明地膜，密闭棚室及通风口进行升温，持续8天后重新翻整，将垄变沟，沟变垄后继续覆膜密闭棚室8天。

注意：垄沟制作一定要规范，垄沟深应大于30厘米，垄腰宽应小于30厘米，垄底宽应小于40厘米。选择晴天进行，若遇阴雨天气，需要延长消毒时间，晴天累计天数满足太阳能消毒所需要的基本天数，即15天。对根腐病、疫病等土传病害发生严重的棚室应适当延长消毒天数。太阳能消毒对温室土壤酶的活性、土壤有益微生物有一定的副作用，因此不宜每年进行，一般以2～3年消毒1次为宜。

## 4 水肥管理技术

一年一大茬栽培番茄，基肥每亩施入无害化处理的羊粪10～13立方米，60～80千克复合肥。混合均匀后铺于地面，再经过旋耕做垄，垄中央铺设滴灌带。

根据番茄目标产量设定番茄生长需要氮磷钾用量，一年一大茬设施番茄采用水肥一体化精准调控技术。依据目标产量（17 000千克/亩）计算出番茄所需全部肥料用量，在番茄定植前，将基肥（有机肥和复合肥）全部施入，在番茄坐果后开始以追肥的方式施入其余的氮肥、钾肥和磷肥。留7穗果实，追肥7次。

可以采用以下方法追肥：采用膜下滴灌随水施用水溶性复合肥（N-$P_2O_5$-$K_2O$：20-8-25），在第一穗果坐住后施入12～15千克/亩，灌溉水量为7～8立方米/亩；第二穗和第三穗果坐住后施入14～20千克/亩，灌溉水量为8～10立方米/亩，其间每15天左右灌水1次；第四穗和第五穗果坐住后施入12～15千克/亩，第六穗和第七穗果坐住后施入2～5千克/亩。第四穗果坐住后，每次灌溉水量为10～12立方米/亩，每7～15天左右灌水1次。

## 5 适宜地区

适于在陕北黄土高原设施蔬菜生产区。

## 6 联系方式

集成模式依托单位：西北农林科技大学

联系人：胡晓辉，李建明，师宝君

联系电话：13892854816，13892854816，18991298675

电子邮箱：hxh1977@163.com，lijianming66@163.com，sbj9612@aliyun.com

# 陕西杨凌塑料大棚春茬黄瓜基质袋培技术模式

## 1 背景介绍

陕西省杨凌区地处关中平原腹地，地势南低北高，依次形成三道塬坡，海拔435～563米，境内塬、坡、滩地交错，土壤肥沃，区内三面环水，水资源丰富、水利条件优越，适宜多种农作物生长。年降水量635.1～663.9毫米，年平均气温12.9℃，属暖温带季风半湿润气候区。

本地区设施栽培蔬菜主要栽培种类为黄瓜、番茄，其中，黄瓜设施栽培分为春茬和秋延后两茬栽培，以春茬为主；主要销售形式为批发商收购，兼有散户零散批发；目标市场主要为大型蔬菜批发市场。

目前本地区设施蔬菜种植中，种植者底肥施用鸡粪（67.67%，2 000千克/亩）和商品有机肥（33.33%，1 200千克/亩），施用冲肥作为追肥（83.33%，100千克/亩），每亩地施入的N、$P_2O_5$、$K_2O$平均施用量分别为46.80千克、38千克、42.23千克，传统的土壤栽培黄瓜产量9 000千克/亩，采用本模式的技术种植，黄瓜产量可达到12 000千克/亩，N利用率提高25%左右。本地区黄瓜生产中使用的农药主要成分以阿维菌素、吡虫啉、代森锰锌等为主，黄瓜主要病虫害有黄瓜枯萎病、疫病、霜霉病、炭疽病及美洲斑潜蝇、烟粉虱、蚜虫等，其中霜霉病和美洲斑潜蝇发生面积较大，危害最为严重。为此，课题组提出了设施黄瓜基质袋式栽培模式。

## 2 栽培技术

### 2.1 栽培设施

大跨度非对称双拱双膜大棚，分为南北不对称设计，南部12米，北部8米，显著提高采光能力与保温能力。大棚跨度20米，脊高6.0米，内外两层均为钢骨架结构，并覆盖塑料薄膜，采用保温被自动开启系统。大棚长度一般为60～100米。大棚采用保温被自动开启系统，南北两侧均设置通风口，通风口处安装防虫网（图1）。

### 2.2 品种选择和茬口安排

（1）品种选择。选择品种时，要求早熟，前期产量高。瓜条形状好，植株生长势强，连续结瓜性好。耐低温能力强，对霜霉病、白粉病具有较强的抗性，如‘博耐14-3’‘新春优1号’‘津春4号’等。

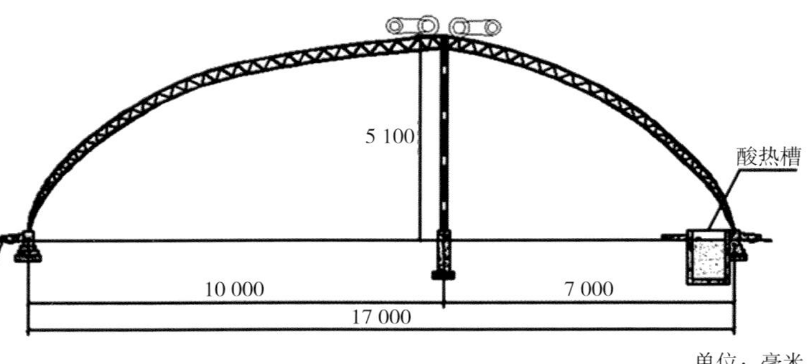

图1　大跨度非对称双拱双膜大棚

（2）茬口安排。育苗时间根据定植时间确定，定植前25天开始育苗，定植时间一般为3月上旬，但也要结合当年具体的天气状况。如果当年温度太低，或遇到倒春寒现象，可以适当进行调整，采摘期一般为4月中旬至7月下旬。

（3）育苗方式。要严格按要求配制基质，将草炭和珍珠岩混合均匀，比例为4：1，加入50%多菌灵可湿性粉剂200克/立方米，加水搅拌均匀，使得含水量为45%即可。利用健康种苗穴盘培育技术育苗。

## 2.3　基本栽培方法

（1）栽培基质及基质袋的摆放。

① 栽培基质。用商品基质，或用草炭、腐熟的农业废弃物（畜禽粪便、菇渣等）、珍珠岩、蛭石等基质混合物，可选腐熟牛粪、菇渣和珍珠岩以体积比3：3：4混合或草炭、蛭石、珍珠岩以体积比2：1：1混合而成。基质有机质含量≥30%、速效氮≥300毫克/千克、速效磷≥160毫克/千克、速效钾≥600毫克/千克、总孔隙度50%～68.50%、EC值≤2 400微西/厘米、pH值6.0～7.0。

② 装袋和摆放。基质栽培袋是由外白内黑的双层PE薄膜制成，规格为60厘米×40厘米（长×宽，也可以根据设施具体长度选择栽培袋的长度）。将装有基质（以20升为宜）的栽培袋沿着滴灌毛管两侧摆放，两个基质袋南北方向的间距为20厘米（以确保植株的株距为40厘米），在栽培袋南北方向中线位置上用刀片划两个7～8厘米长的十字，十字中心点间距40厘米，在底部离四角处3～4厘米开孔，防止水分过多发生沤根。或选用规格为120厘米×25厘米×20厘米的条形基质袋，南北方向紧密相接。每个基质袋定植黄瓜3株，保证40厘米的株距。在栽培袋的侧面距离最底端3～5厘米开孔，保证每株黄瓜对应4个孔，防止水分过多发生沤根。基质袋南北摆放，大小行放置。东西方向保证大行行距0.8米，小行行距0.4米。南北方向紧密相连（图2）。

（2）定植。定植时间：春茬黄瓜定植一般选在3月上旬，但也要考虑当年具体的气候状况，气温过低，适当延缓定植时间，生产上掌握距大棚前沿30～40厘米处，10厘米深地温连续3～4天稳定在12℃以上时，方可定植。栽植宜浅不宜深，株距为30～35厘米密度为2 000～2 200株/亩（图3）。

图2　栽培基质袋的摆放

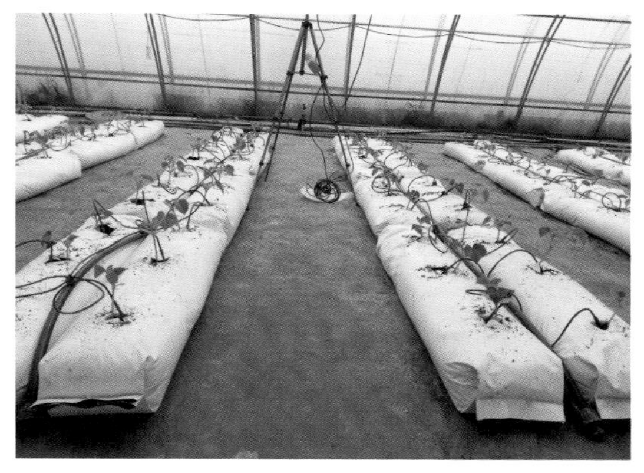

图3　黄瓜苗定植

（3）定植后管理。

① 缓苗期间——增温保温促缓苗。气温白天最好控制在28～30℃，最高温度不能高于35℃；夜间以20～22℃为宜，最低温度不要低于16～18℃。采取措施：气温低时加强保温，主要通过棚膜密闭，不放风；张挂内层塑料薄膜，晴天适当晚揭早盖保温被；气温高时，通过顶部和大棚底部通风（图4）。

图4　缓苗期的秧苗

② 缓苗后到根瓜坐住前——以促根控秧为主。

缓苗水：缓苗后（定植后6～10天）轻浇缓苗水。

温度管理原则：白天25～30℃不高于30℃；夜晚13～15℃不低于10℃。

营养管理：若秧苗长势差且黄弱，可叶面施肥，并提高管理温度。

植株调整：吊蔓和整枝（图5）。

图5　缓苗期至坐瓜期的秧苗

### 2.4　灌溉方式

营养液供应系统由水源、进水管道、营养液罐（池）、出水管道、自吸泵、过滤器以及输配水管道组成。输配水管道由黑色32毫米的PE主管道、黑色20毫米的毛管（含控制阀）以及4头滴箭组成。以规格为60米×20米的大跨度非对称双拱双膜大棚为设计实例，主管道沿东西方向布置，长以56米为宜（两端各留2米），毛管沿南北方向设置，宽以17.5米为宜（南北各预留0.6米，中间走道预留1.3米），毛管间距为1.2米，4头滴箭（流量为4升/小时）每隔80厘米设置一个（确保每株黄瓜一个滴箭头）。

## 3　病虫害防治技术

### 3.1　小型害虫新型物理防控技术

在温室移栽后开始悬挂3～5张诱虫板，以监测虫口密度。当诱虫板上诱虫量增加时，每亩地悬挂规格为25厘米×30厘米的黄色诱虫板30张或25厘米×20厘米黄色诱虫板40张防治粉虱；每亩地悬挂规格为25厘米×40厘米的蓝色诱虫板20张或25厘米×20厘米蓝色诱虫板40张防治种蝇和蓟马，诱虫板数量可视情况增加。

### 3.2　利用静电喷雾器施用生物农药和化学农药技术

静电电动喷雾器是一种新型的植保机械，在静电的作用下，提高了药液的对靶性，显著地提高农药有效利用率，减少了药液雾滴漂移损失，且沉降速度快，覆盖密度高，覆盖均匀，提高了农药在作物上的附着量，延长药效期，并不易被雨水冲刷掉及在阳光下蒸发，科学有效地利用了农药，以最少的农药达到最佳的防治效果。与普通喷雾器相比，节省农药30%以上；减少了药液对空气和地面造成的污染。

防治黄瓜霜霉病、白粉病、细菌性角斑病、棒孢叶斑病、灰霉病、病毒病、烟粉虱可以用静电电动喷雾器施用生物源农药（多抗霉素、蛇床子素、申嗪霉素、枯草芽孢杆菌、宁南霉素、大黄素甲醚、春雷霉素、中生菌素、丁子香酚、木霉菌、氨基寡糖素、低聚糖素、多黏类芽孢杆菌、d-柠檬烯等）部分替代化学农药施用，一般杀菌剂的使用次数为2～3次/茬；杀虫剂的使用次数为1～2次/茬。亩用水量2.5～7.5升，根据作物大小选择用水量。

（1）霜霉病。发病初期，选用60%吡醚・代森联水分散粒剂（30～40克/亩）、或52.5%噁酮・霜脲氰水分散粒剂（18～24克/亩）、66.8%丙森・缬霉威可湿性粉剂（60～80克/亩）、80%烯酰吗啉水分散粒剂（10～15克/亩）、72%霜脲・锰锌可湿性粉剂（80～120克/亩）、3%多抗霉素可湿性粉剂（120～180克/亩）、1%蛇床子素水乳剂（90～120毫升/亩）、1%申嗪霉素悬浮剂（100～120毫升/亩）中任意2种，兑水后交替喷施，间隔期7～10天。

（2）白粉病、棒孢叶斑病。在发病初期，选用10%苯醚甲环唑水分散粒剂（36～48克/亩）、43%氟菌・肟菌酯悬浮剂（10～20毫升/亩）、42%吡醚・氟酰胺悬浮剂（12～20毫升/亩）、1 000亿孢子/克枯草芽孢杆菌可湿性粉剂（42～60克/亩）、1%蛇床子素水乳剂（120～132毫升/亩）、10%宁南霉素可溶粉剂（35～45克/亩）、0.5%大黄素甲醚水剂（60～90毫升/亩）中任意2种，兑水后交替喷施，间隔期7～10天。

（3）细菌性角斑病。发病前或发病初，选用47%春雷・王铜可湿性粉剂（60～80克/亩）、77%氢氧化铜可湿性粉剂（90～120克/亩）、3%噻霉酮可湿性粉剂（45～66克/亩）、2%春雷霉素水剂（84～100毫升/亩）、3%中生菌素可溶液剂（48～66毫升/亩）中任意2种兑水后交替喷施，间隔期7～10天。

（4）灰霉病。发病前，选用2亿孢子/克木霉菌可湿性粉剂（75～125克/亩），或40%双胍三辛烷基苯磺酸盐可湿性粉剂（20～30克/亩），兑水喷雾。也可蘸花药中加入25克/升咯菌腈种子处理悬浮剂200～300倍稀释液蘸花。发病初期，选用0.3%丁子香酚可溶液剂（52.5～70毫升/亩）、50%腐霉利可湿性粉剂（35～60克/亩）、225克/升啶氧菌酯悬浮剂（20～30毫升/亩）、100亿孢子/克枯草芽孢杆菌可湿性粉剂（70～80克/亩）中任意2种，兑水后交替喷施，间隔期7～10天。

（5）病毒病。发病前，选用植物诱抗剂1%氨基寡糖素可溶液剂（260～320毫升/亩）、6%低聚糖素水剂（36～48毫升/亩）、8%宁南霉素水剂（45～60毫升/亩）、20%吗胍・乙酸铜可湿性粉剂（100～150克/亩）、20%盐酸吗啉胍可湿性粉剂（140～200克/亩）中任意2种兑水喷施，间隔期7～10天。

（6）烟粉虱。发生初期，选用10%溴氰虫酰胺可分散油悬浮剂（26～34毫升/亩）、22.4%螺虫乙酯悬浮剂（15～18毫升/亩）、5% d-柠檬烯可溶液剂（60～75毫升/亩）中任意一种兑水喷施。在初盛期，选用17%氟吡呋喃酮可溶液剂（18～24毫升/亩）、100克/升联苯菊酯乳油（3.5～7毫升/亩）兑水喷雾，间隔期7～10天。

## 4 营养液管理技术

以亩产12 000千克，需要N 33.6千克，$P_2O_5$ 10.8千克，$K_2O$ 36.2千克，根据所选用的肥料种类以及其含量进行换算，最终以营养液的形式补充到基质袋内。可采用表1中所需肥料用量进行栽培管理。

有储存条件的种植者，可根据表1，将营养液配制成A、B和C 3种母液保存，A母液和B母液为200倍浓度（即表1配方中相应肥料用量扩大200倍），C母液为1 000倍浓度（即表1配方中相应肥料用量扩大1 000倍）。使用时稀释到1倍剂量的浓度进行浇灌。

在开花坐果期，每隔2～3天浇灌清水200～400毫升，每隔7天浇1倍剂量的营养液800～1 000毫升。进入结瓜期后，黄瓜植株每日的需水量增大，每天每株浇1倍剂量营养液500～700毫升；之后随着温度的升高，结果中后期每天每株浇1倍剂量营养液1 200～1 500毫升。在结果中后期由于基质袋储水能力有限，每天每株浇灌清水300～500毫升，可分上下午浇灌。建议每次浇灌营养液后，滴灌清水5分钟，以防止营养液堵塞滴灌管道。

**表1 营养液配方（可直接浇灌）** 单位：毫克/升

| 营养液 | 化合物名称 | 肥料含量 | 营养液 | 化合物名称 | 肥料含量 |
|---|---|---|---|---|---|
| A | 四水硝酸钙 | 826 | C | 硼酸 | 2.86 |
| | 硝酸钾 | 425 | | 一水硫酸锰 | 1.61 |
| B | 磷酸二氢铵 | 115 | | 七水硫酸锌 | 0.22 |
| | 七水硫酸镁 | 483 | | 五水硫酸铜 | 0.08 |
| C | 螯合铁 | 25 | | 四水钼酸铵 | 0.02 |

注：1倍剂量的营养液配方，可直接浇灌植株，pH值控制在6.5左右。

## 5 适宜地区

本模式适于在关中地区及气候条件相似区域推广。

## 6 联系方式

集成模式依托单位：西北农林科技大学

联系人：胡晓辉，师宝君

联系电话：13892854816，18991298675

电子邮箱：hxh1977@163.com，sbj9612@aliyun.com

# 宁夏设施黄瓜化肥农药减施技术模式

## 1　背景简介

宁夏回族自治区位于西北地区，属于温带大陆性气候。截至2015年，宁夏地区设施蔬菜种植面积达300万亩（塑料大棚276万亩，日光温室24万亩），是农业的主导产业之一。“设施蔬菜水肥药协同增效高产关键技术优化”课题组于2016年对宁夏地区设施蔬菜优势区域肥料农药投入、土壤肥力水平和土壤重金属残留情况进行调研，基于调研数据分析发现，在肥料使用方面：存在过施氮肥、重施钾肥、肥料滥用等问题；有些区域年氮肥施用量可高达3 130千克/公顷，而日光温室年氮肥施用量的平均值也达到了1 200千克/公顷；在病虫害防控方面：存在防治药剂种类繁多、杀虫剂、杀菌剂和植物生长调节剂滥用、物理防治等非化学防治效果低等问题。

黄瓜是宁夏地区设施栽培的主要果类蔬菜作物之一，主要分为早春茬和秋冬茬种植。生产中日光温室（塑料大棚）早春茬黄瓜化肥N、$P_2O_5$和$K_2O$投入量分别为38.8千克/亩、34.2千克/亩和28.2千克/亩，秋冬茬分别为27.6千克/亩、24.3千克/亩和20.0千克/亩。设施黄瓜病害主要包括霜霉病、灰霉病、疫病、细菌性角斑病、枯萎病、根结线虫病等；虫害主要包括烟粉虱、斑潜蝇、侧多食跗线螨等。该地区农药一般按推荐剂量1～3倍使用。

课题组针对宁夏地区温室大棚黄瓜栽培中化肥农药使用不规范问题，开展了基施微生物菌肥和蚯蚓堆肥改土促根技术、土壤消毒技术等的试验示范，形成宁夏地区设施黄瓜化肥农药减施技术模式，与原有模式相比，化肥用量减少25%以上，栽培期减少施药3～5次，大多数地区增产3%以上，部分地区可增产6%～11%。

## 2　栽培技术

### 2.1　栽培设施

日光温室和塑料大棚均可。

保温方式：日光温室通过合理选择前屋面透明覆盖材料、前屋面保温等方式即可满足早春生产温度要求；塑料大棚定植前期可采取多层覆盖方式保温，温室增温保温组图见本书“日光温室冬季综合增温保温技术”中图1至图4。

### 2.2　品种与茬口安排

黄瓜品种：以当地农户习惯种植品种为主，推荐‘中农26’‘中农16’‘津优35’‘京研108’等。

育苗方法：一般采用穴盘育苗（自根苗）。种植年限超过5年的老菜田，建议采用抗逆性强的南瓜品种做砧木，培育嫁接苗。黄瓜壮苗培育技术参照本书“设施黄瓜健康种苗培育技术”。

日光温室早春茬1月上中旬育苗，2月中下旬定植，7月下旬结束；塑料大棚早春茬2月上中旬育苗，3月下旬至4月上旬定植，7月下旬结束。日光温室秋冬茬8月上旬育苗，8月下旬至9月初定植，翌年1月上旬结束；塑料大棚秋延后栽培7月中旬育苗，8月上中旬定植，11月初结束。

### 2.3 促根壮秧技术

（1）基施生物菌肥促根技术参照本书“设施蔬菜基施微生物菌肥促根壮秧减肥技术”。

（2）以宁夏地区为例，土地较为贫瘠，首次使用，冬春茬和秋冬茬蚯蚓堆肥建议施用量分别为15.4吨/公顷和22.8吨/公顷。第二年可适度减少蚯蚓肥用量，建议减少幅度10%～20%。若产量维系较好，在第三年维系该基肥施用量组合；否则，可适度增加蚯蚓肥用量，建议增加幅度10%～20%。与后面数据不一致。

### 2.4 基本栽培制度

建议采用早春茬黄瓜－夏茬叶菜（苋菜/茼蒿）－秋冬茬黄瓜的栽培制度。一般黄瓜定植密度为3 200～3 400株/亩。定植时，采用M畦，宽窄行定植，1.4米双行，宽行距90厘米，窄行距50厘米，株距25厘米。为节水、控湿、便于操作，进行地膜覆盖。夏茬种植叶菜主要是预防连作障碍发生。

### 2.5 灌溉方式

灌溉方式采用滴灌。

### 2.6 水肥一体化系统配置

一般单个温室或大棚可配置蓄水池、水泵、定时器、滴灌设备即可满足水肥一体化要求。

## 3 病虫害防治技术

### 3.1 土壤消毒技术

对连作障碍发生严重的土壤，采用有机物料（稻草、麦秸或其他未腐熟的有机物），结合密闭高温闷棚技术，定植前对土壤进行消毒参照本书“节能环保型设施土壤日光消毒技术”。

对根结线虫发生严重的土壤，采用氰氨化钙土壤消毒技术。将稻草或麦秸（最好粉碎或铡成4～6厘米的小段）或其他未腐熟的有机物均匀撒于地表，亩用量600～1 200千克，再在表面均匀撒施50%氰氨化钙颗粒剂60～100千克/亩，用旋耕机或人工将其深翻入土壤30～40厘米，做高30厘米，宽60～70厘米的畦，用塑料薄膜密封并从薄膜下往畦灌水，直至畦面湿透。密闭大棚，持续20～30天。闷棚结束后，揭开膜晾晒2～3天后可定植作物。

### 3.2　苗期病虫害管理技术

选择抗病砧木培育嫁接苗。病虫害管理以预防病害为主，使用防虫网、诱虫板等物理防治粉虱、蚜虫等害虫参照本书“新型诱虫板监测和防治蓟马”。定植前，使用内吸性杀虫剂（吡虫啉、噻虫嗪等）进行穴盘喷淋处理；定植2～3天缓苗后，使用内吸性杀虫剂进行灌根处理。

### 3.3　成株期病虫害管理技术

坚持“预防为主，综合防治”的植保方针。

（1）物理防治。应用黄板、蓝板，通风口安装40目防虫网等。

（2）生态防治。重视生态防控，通过促根壮秧和温光湿环境管理等减少作物病害发生。

（3）化学防治。对黄瓜重要病害进行抗药性监测，选择未产生严重抗药性、低风险药剂；在病害早期根据症状进行诊断，并根据诊断结果选择高效、低毒、低残留的农药种类；针对黄瓜常见病虫害，选择以下高效低风险杀菌剂或杀虫剂进行防治，并注意轮换用药，避免产生抗药性（表1）。阴雨天，可以使用烟雾剂，或采用高效烟雾机、精量电动弥粉机、弥雾机或多喷头喷雾器进行施药，提高农药利用率参照本书“弥粉法施药防治设施蔬菜病害技术”。

表1　黄瓜生产中可使用的高效低风险杀菌剂和杀虫剂

| 病害 | 药剂名称 |
| --- | --- |
| 霜霉病 | 氟噻唑吡乙酮+代森锰锌、丙森·缬霉威、氟菌·霜霉威、烯酰·唑醚菌 |
| 白粉病、炭疽病、黑星病 | 氟菌·肟菌酯、唑醚·氟酰胺、吡萘·嘧菌酯、肟菌·戊唑醇、苯甲·氟酰胺、苯甲·咪鲜胺、吡唑醚菌酯 |
| 灰霉病 | 啶酰菌胺、咯菌腈、啶菌噁唑、氟菌·肟菌酯、唑醚·氟酰胺、唑醚·啶酰菌 |
| 菌核病 | 氟菌·肟菌酯、乙烯菌核利、菌核净 |
| 细菌性角斑病、流胶病、溃疡病 | 氢氧化铜、春雷·王铜、噻森铜、噻唑锌、中生菌素、四霉素 |
| 蓟马 | 乙基多杀菌素、噻虫嗪、啶虫脒、溴氰虫酰胺 |
| 烟粉虱 | 氟啶虫胺腈、溴氰虫酰胺、噻虫嗪、烯啶虫胺、螺虫乙酯、氟吡呋喃酮 |
| 蚜虫 | 噻虫嗪、吡蚜酮、溴氰虫酰胺、氟啶虫酰胺、烯啶虫胺 |
| 斑潜蝇 | 阿维菌素、灭蝇胺、溴氰虫酰胺、乙基多杀菌素 |
| 瓜绢螟 | 阿维菌素、溴氰虫酰胺、氯虫苯甲酰胺 |
| 侧多食跗线螨、叶螨 | 阿维菌素、哒螨灵、炔螨特 |

## 4　水肥管理技术

### 4.1　确定基肥（蚯蚓堆肥）施用量

以宁夏地区为例，土地较为贫瘠，首次使用，冬春茬和秋冬茬蚯蚓堆肥建议施用量分别为15.4吨/公顷和22.8吨/公顷。第二年可适度减少蚯蚓肥用量，建议减少幅度10%～20%。若产量维系较好，在第三年维系该基肥施用量组合；否则，可适度增加蚯蚓肥用量，建议增加幅度10%～20%。

### 4.2　蚯蚓液追施管理

采用水肥一体化管理，蚯蚓发酵液肥随水冲施。黄瓜的苗期施用量为5千克/亩，生长期为10千克/亩或采用营养液土耕技术进行水肥一体化管理。建议开花坐果期间隔15～20天滴灌追肥1次，共2～3次；结果初期间隔15～20天滴灌追肥1次，共2～3次；结果盛期间隔10天滴灌追肥1次，共10～12次；结果末期间隔10～12天滴灌追肥1次，共2～3次。

### 4.3　营养液土耕技术

早春茬目标产量8 000千克/亩，秋冬茬5 000千克/亩，具体操作参照本书“日光温室黄瓜营养液土耕栽培技术”。定植水及缓苗水灌溉总量见表2，每茬黄瓜初花期灌水量建议每次灌溉量不超过25立方米/亩，可灌溉1～2次。黄瓜根瓜坐住后，进入初瓜期，可在蓄水池配制营养液，借助定时器与水泵进行每日营养液滴灌，营养液浓度及每日滴灌营养液用量见表2。

定时供应营养液建议设定为每天早晨，供应时间长短依灌溉面积与水泵功率大小而定，经过试灌水可确定水泵在一定土地面积上单位时间的灌水量，进而可以按照表2每日灌溉量确定每日供液时间的长短（分钟）。

**表2　宁夏地区日光温室早春茬和秋冬茬黄瓜每日需水需肥规律**

| 种植茬口 | 定植后天数（天） | 化肥施用量（千克/公顷） | | | 灌水量（立方米/亩） |
|---|---|---|---|---|---|
| | | N | $P_2O_5$ | $K_2O$ | |
| 早春茬 | 5 | 0.0（0.0） | 0.0（0.0） | 0.0（0.0） | 6.95（0.99） |
| | 15 | 0.0（0.0） | 0.0（0.0） | 0.0（0.0） | 6.95（0.99） |
| | 23 | 0.0（0.0） | 0.0（0.0） | 0.0（0.0） | 6.95（0.99） |
| | 30 | 18.3（2.6） | 6.9（1.0） | 18.9（2.7） | 8.93（1.27） |
| | 37 | 18.3（2.6） | 6.9（1.0） | 18.9（2.7） | 8.93（1.27） |
| | 44 | 18.3（2.6） | 6.9（1.0） | 18.9（2.7） | 8.93（1.27） |

表2 （续）

| 种植茬口 | 定植后天数（天） | 化肥施用量（千克/公顷） | | | 灌水量（立方米/亩） |
|---|---|---|---|---|---|
| | | N | $P_2O_5$ | $K_2O$ | |
| 早春茬 | 51 | 32.1（4.6） | 12（1.7） | 33.1（4.75） | 20.93（3.00） |
| | 58 | 32.1（4.6） | 12（1.7） | 33.1（4.75） | 20.93（3.00） |
| | 65 | 32.1（4.6） | 12（1.7） | 33.1（4.75） | 20.93（3.00） |
| | 72 | 32.1（4.6） | 12（1.7） | 33.1（4.75） | 20.93（3.00） |
| | 79 | 32.1（4.6） | 12（1.7） | 33.1（4.75） | 20.93（3.00） |
| | 86 | 13.1（1.9） | 4.9（0.7） | 13.5（1.85） | 8.13（1.13） |
| | 93 | 13.1（1.9） | 4.9（0.7） | 13.5（1.85） | 8.13（1.13） |
| | 100 | 13.1（1.9） | 4.9（0.7） | 13.5（1.85） | 8.13（1.13） |
| | 总投入 | 254.8 | 95.6 | 262.6 | 176.8 |
| 秋冬茬 | 5 | 0.0（0.0） | 0.0（0.0） | 0.0（0.0） | 4.47（0.67） |
| | 15 | 0.0（0.0） | 0.0（0.0） | 0.0（0.0） | 4.47（0.67） |
| | 25 | 0.0（0.0） | 0.0（0.0） | 0.0（0.0） | 4.47（0.67） |
| | 32 | 9.3（1.3） | 4.6（0.7） | 6.4（0.93） | 3.53（0.53） |
| | 39 | 9.3（1.3） | 4.6（0.7） | 12.8（1.85） | 3.53（0.53） |
| | 46 | 14.9（2.1） | 4.6（0.7） | 12.8（1.85） | 4.20（0.60） |
| | 53 | 14.9（2.1） | 4.6（0.7） | 12.8（1.85） | 4.20（0.60） |
| | 60 | 14.9（2.1） | 4.6（0.7） | 12.8（1.85） | 4.20（0.60） |
| | 67 | 14.9（2.1） | 4.6（0.7） | 12.8（1.85） | 4.20（0.60） |
| | 74 | 14.9（2.1） | 4.6（0.7） | 12.8（1.85） | 4.20（0.60） |
| | 81 | 9.3（1.3） | 4.6（0.7） | 12.8（1.85） | 3.67（0.53） |
| | 88 | 9.3（1.3） | 4.6（0.7） | 12.8（1.85） | 3.67（0.53） |
| | 总投入 | 111.5 | 41.8 | 115.0 | 48.53 |

注：括号中表示每日用量。

## 5 模式注意事项

（1）采用营养液土耕技术，少量多次，将水肥供应于作物根区附近。对于土壤速效钾累积含量很高的大棚，需要考虑表中钾含量配方并辅以钙镁的水溶性肥料，以防因钾素供应过高引起钙镁养分离子的拮抗作用。

（2）若采用基施微生物菌肥（丰田宝）促根减肥技术，前期可以不追肥，结瓜盛期可减少每日肥灌时的肥料投入量。

（3）施用微生物菌肥（丰田宝）的地块，应经常浇水保持土壤湿润，才有利于发挥微生物肥料的肥效。因此，建议基施微生物菌肥（丰田宝）促根减肥技术与每日滴灌技术配套。

## 6 适宜地区

西北地区设施蔬菜生产区。

## 7 联系方式

集成模式依托单位：中国农业大学
联系人：田永强，高丽红，眭晓蕾
联系电话：010-62733759，010-62732825
电子邮箱：tianyq1984@cau.edu.cn

# 宁夏越夏茬塑料大棚番茄化肥农药减施技术模式

## 1　背景简介

宁夏回族自治区位于西北地区，属于温带大陆性气候。截至2015年，宁夏地区设施蔬菜种植面积达300万亩（塑料大棚276万亩，日光温室24万亩），是农业的主导产业之一。宁夏地区年日照时数3 000小时以上，太阳辐射强，光热资源丰富。由于夏季几乎没有酷暑，越夏日光温室番茄已成为宁夏地区的优势蔬菜作物栽培茬口。

“设施蔬菜水肥药协同增效高产关键技术优化”课题组于2016年对宁夏地区设施蔬菜优势区域肥料农药投入、土壤肥力水平和土壤重金属残留情况进行调研，基于调研数据分析发现：日光温室果类蔬菜化肥N、$P_2O_5$和$K_2O$的年投入量分别为91.6千克/亩、74.3千克/亩和69.4千克/亩；番茄病害主要包括灰霉病、早疫病、青枯病、病毒病、猝倒病、根结线虫病等；番茄虫害主要包括棉铃虫、烟粉虱、斑潜蝇、叶螨等。

课题组针对宁夏地区大棚番茄越夏栽培中化肥农药使用不规范问题，开展了基施微生物菌肥和蚯蚓堆肥改土促根技术、土壤消毒技术、水肥一体化与套餐施肥技术等的试验示范，形成宁夏地区大棚越夏番茄化肥农药减施技术模式，与原有模式相比，化肥用量减少30%左右，栽培期减少施药3～5次，大多数地区增产3%以上，部分地区可增产8%左右。

## 2　栽培技术

### 2.1　棚型、降温方式

棚型：塑料大棚。设施越夏茬番茄生产的关键环境调控技术是遮阳降温，应对夏季高温强光对蔬菜作物造成的不利影响。主要采取以下降温方式。

（1）通风降温。不同跨度的塑料大棚，采用通风方式有一定差异。

① 8米及以下跨度的塑料大棚在薄膜覆盖时，要留腰（侧）风，即用3块薄膜进行覆盖，上中部一块整膜，大棚两侧距地面1.5米左右各一块膜，3块膜搭接处有15厘米左右重叠，通风时将搭接处的薄膜分别向上向下拉开，根据温度情况确定通风口大小；不推荐整个大棚用一块整膜覆盖，从底部扒风口进行通风，这种覆膜方式一方面在早春容易对栽培作物造成扫地风危害，其次在高温季节通风降温效果也较差，大棚内温度分布不均匀。

② 跨度10米及以上塑料大棚，建议同时留顶风口和腰风口，即需要用4块膜进行覆盖，将原大棚中上部的1块膜变为2块膜，在顶部进行搭接，搭接处薄膜重叠面积15～20厘米，腰风覆膜方式不变。在高温时通过同时打开顶风口和腰（侧）风口，设施内温度比只采用腰（侧）风口通风方式平均降低0.3～1.2℃。

③ 为了防止粉虱、蚜虫等害虫为害，通风口处覆盖30～40目防虫网；为减轻劳动强度，可安装卷膜器。

（2）遮阳降温。根据栽培作物对光强要求，选择不同遮光率的遮阳网。果菜在晴热天气上午10时至下午3时覆盖遮光率60%左右遮阳网，但每天拉盖遮阳网的劳动强度比较大。可用喷涂遮光率40%左右的利凉涂料代替遮阳网，可以获得同样生产效果（图1～图3）。

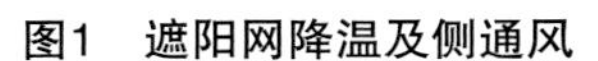

图1　遮阳网降温及侧通风　　图2　顶风口与侧风口放风　　图3　利凉遮阳降温

（3）降低土壤温度。

① 覆盖银灰色、超反射地膜或纸膜。银灰色地膜能够反射阳光，对降低地温效果显著。此外，蚜虫对银灰色地膜具有负趋性，可以降低夏季栽培作物病毒病的发生；试验表明日本近几年研发的超反射地膜在夏季蔬菜栽培中具有较好降低地温和驱避蚜虫的效果；此外，采用近几年研制的可降解纸膜进行地面覆盖在设施蔬菜夏季生产中也可获得良好的降温效果。

② 小水勤浇，降低地温。在生产实践中，为了降低土壤温度，通常采取小水勤浇方式；如有滴灌，可以每天进行灌溉，每次每亩灌水量为2～3立方米；畦灌或沟灌可3～5天灌溉1次，每次每亩灌水量8～10立方米。

### 2.2　品种与栽培茬口

番茄品种：以当地农户已有习惯种植品种为主，推荐‘丰收128’‘圣尼斯欧盾’‘博瑞1号’‘嘉粉8346’‘粉太郎’等。

育苗方法：一般采用穴盘育苗（自根苗）。对于根结线虫病害严重的温室，应选用抗根结线虫品种育苗，或采用抗性番茄作为砧木培育嫁接苗。番茄壮苗培育技术参照本书“设施番茄健康种苗培育技术”。

育苗定植时间：5月中旬育苗，6月上旬定植，11月上中旬栽培结束。

### 2.3　定植前改土促根技术

可根据需要采用以下技术。

（1）基施生物炭改土促根技术。在每个茬口定植前，增施5吨/公顷生物炭，连续施用8茬后停止。

（2）基施微生物菌肥促根技术。参照本书“设施蔬菜基施微生物菌肥促根壮秧减肥技术”。

（3）基施蚯蚓粪肥促根技术。在每个茬口定植前，增施15～24吨/公顷蚯蚓粪肥。

### 2.4 基本栽培制度

越夏茬番茄种植期一般为6月上旬至11月上旬。一般番茄定植密度为2 000～2 200株/亩。定植时，根据灌溉方式选择栽培畦做畦方式，采用滴灌建议采用小高畦或平畦；采用沟灌建议采用M畦。宽窄行定植，1.4米双行，宽行距90厘米，窄行距50厘米，株距40厘米。为节水、降温、便于操作，进行地膜覆盖。为提高大棚和土壤养分利用率，避免连作障碍，可在3－5月种植一茬喜凉速生叶菜，以利用前茬蔬菜余留在土壤中养分为主，叶菜种植不需要增施底肥，作物生长期根据需要适当进行叶面和根部追肥2～3次。

### 2.5 定植后可降解纸膜覆盖土壤技术

在夏季栽培中，定植畦覆盖可降解牛皮纸地膜具有调温保湿的效果。覆盖纸膜后，灌溉和追肥需在膜下进行，可有效减少水分蒸发和养分挥发（图4～图6）。

图4 可降解纸膜

图5 纸膜覆盖定植

图6 纸膜覆盖番茄生长图

### 2.6 灌溉方式

膜下滴灌。

### 2.7 水肥一体化系统配置

蓄水池、水泵、滴灌设备。

## 3 病虫害防治技术

### 3.1 土壤消毒技术

对连作障碍发生严重的土壤，采用有机物料（稻草、麦秸或其他未腐熟的有机物），结合密闭高温闷棚技术，定植前对土壤进行消毒，参照本书“节能环保型设施土壤日光消毒技术”。

对根结线虫发生严重的土壤，采用氰氨化钙土壤消毒技术。将稻草或麦秸（最好粉碎或铡成4～6厘米的小段）或其他未腐熟的有机物均匀撒于地表，亩用量600～1 200千克，再在表面均匀撒施50%氰氨化钙60～100千克/亩，用旋耕机或人工将其深翻入土壤30～40厘米，做高30厘米，宽60～70厘米的畦，用塑料薄膜密封并从薄膜下往畦灌水，直至畦面湿透。密闭大棚，持续20～30天。闷棚结束后，揭开膜晾晒2～3天后可定植作物。

### 3.2 苗期病虫害管理技术

选择抗病砧木培育嫁接苗。病虫害管理以预防病害为主，使用防虫网、诱虫板等物理防治粉虱、蚜虫等害虫，参照本书“新型诱虫板监测和防治蓟马”进行操作。定植前，使用内吸性杀虫剂（吡虫啉、噻虫嗪等）进行穴盘喷淋处理；定植2～3天缓苗后，使用内吸性杀虫剂进行灌根处理。

### 3.3 成株期病虫害管理技术

坚持“预防为主，综合防治”植保方针。

（1）物理防治。应用黄板、蓝板，通风口安装40目防虫网等。

（2）生态防治。重视生态防控，通过促根壮秧和温光湿环境管理等减少作物病害发生。

（3）化学防治。对黄瓜重要病害进行抗药性监测，选择未产生严重抗药性、低风险药剂；在病害早期根据症状进行诊断，并根据诊断结果选择高效、低毒、低残留农药种类；针对黄瓜常见病虫害，选择以下高效低风险杀菌剂或杀虫剂进行防治，并注意轮换用药，避免产生抗药性（表1）。阴雨天，可以使用烟雾剂，或采用高效烟雾机、精量电动弥粉机、弥雾机或多喷头喷雾器进行施药，提高农药利用率，参照本书“弥粉法施药防治设施蔬菜病害技术”。

**表1　高效低风险杀菌剂和杀虫剂种类**

| 病害 | 药剂名称 |
|---|---|
| 晚疫病 | 氟噻唑吡乙酮、丙森·缬霉威、氟菌·霜霉威、烯酰·唑醚菌 |
| 白粉病 | 氟菌·肟菌酯、唑醚·氟酰胺、吡萘·嘧菌酯、硝苯菌酯、肟菌·戊唑醇、苯甲·氟酰胺、苯甲·咪鲜胺、吡唑醚菌酯 |
| 叶霉病 | 氟菌·肟菌酯、唑醚·氟酰胺、苯醚甲环唑 |
| 烟粉虱 | 氟啶虫胺腈、溴氰虫酰胺、噻虫嗪、烯啶虫胺、螺虫乙酯、氟吡呋喃酮 |
| 斑潜蝇 | 阿维菌素、灭蝇胺、溴氰虫酰胺、乙基多杀菌素 |
| 棉铃虫 | 甲氨基阿维菌素苯甲酸盐、溴氰虫酰胺、氯虫苯甲酰胺 |
| 叶螨 | 阿维菌素、哒螨灵、炔螨特 |

## 4 水肥管理技术

采用滴灌进行采用水肥一体化管理。定植水灌水量控制在20～30立方米/亩，此后灌水量控制在13～15立方米/亩，灌水施肥间隔根据作物长势、天气情况控制在7～10天，夏季温度高时7天左右1次，9月下旬以后10天左右1次。具体灌水施肥管理参照以下方案。

（1）苗期施肥管理（6月上旬至中旬）。定植后7～10天，灌定植水时，施肥1次：16-20-14+TE水溶肥，4千克/亩；同时施用腐殖酸液体肥（HA≥30克/升，45-200-35），5升/亩。

（2）开花坐果期施肥管理（6月中下旬至7月上旬）。共施肥4次，7～10天施肥1次。每次施用16-20-14+TE水溶肥5～6千克/亩，腐殖酸液体肥（HA≥30克/升，45-200-35）2升/亩，并叶面喷施流体硼肥15毫升/亩。

（3）结果期施肥管理。共施肥13次。

① 7月中旬至8月施肥5次，10天施肥1次，每次施用18-5-27+TE水溶肥8～10千克/亩，每个月施用1次钙镁清液肥（Ca≥70克/升，Mg≥35克/升，N 50克/升）4升/亩；

② 9月和10月施肥7次，10天左右施肥1次，每次施用18-5-27+TE水溶肥5～8千克/亩。

③ 11月施肥1次，10～12天施肥1次，每次施用18-5-27+TE水溶肥5～7千克/亩。

如果前期底肥按照要求使用了微生物菌肥（丰田宝），后期追肥次数可以减少2/3，只根据番茄生长需求进行正常水分管理和补充追肥，追肥化肥用量可减少50%～70%，产量和品质不会降低。

## 5 模式注意事项

（1）定植前，先铺设滴灌管道，再覆盖纸膜。

（2）对于土壤速效钾累积含量很高的大棚，需要考虑中钾含量配方并辅以水溶性镁的水溶性肥料，以防因钾素供应过高引起钙镁养分离子的拮抗作用。

## 6 适宜地区

夏季冷凉地区的设施蔬菜生产区。

## 7 联系方式

集成模式依托单位：中国农业大学

联系人：田永强，高丽红，眭晓蕾

联系电话：010-62732825，010-62733759

电子邮箱：tianyq1984@cau.edu.cn，gaolh@cau.edu.cn，sui-office@cau.edu.cn

# 三、环渤海暖温带区设施蔬菜化肥农药减施增效集成模式

## 华北地区塑料大棚多膜覆盖越冬生菜农药减施增效技术模式

### 1 背景简介

北京市设施农业实际利用占地面积为22.4万亩，近两年设施蔬菜播种面积同比下降6.5%，北京蔬菜产业发展总体思路为：围绕高产、高效、优质、安全、生态的现代农业发展理念，以蔬菜质量安全为核心，以促进菜农增收为目标，全面推进蔬菜产业的规模化、集约化、标准化水平，提高单产，增加总量，提质增效。北京农业科技推广项目将重点支持农业节水、高产高效、质量安全、智能装备、生态环保、繁种育种等领域的关键技术示范推广。大力发展能够自给自足的设施蔬菜生产，叶类蔬菜因其生产周期短，可周年供应，但不耐运输等特点成为北京发展的重要蔬菜品类，目前种植面积占蔬菜种植面积55%，超过北京蔬菜种植面积的一半，产量占蔬菜总产量的49%。

由于叶类蔬菜品种多、茬口多，周年生产涉及病虫种类多，发生为害复杂多变。首先，叶类蔬菜生长快，短期用药多。一般每茬叶菜用药平均在2～4次。其次，施用农药种类多，未严格遵守农药安全用药工作表。主要施用的农药种类有腐霉利、嘧霉胺、啶酰菌胺、烯酰吗啉、苯醚甲环唑、百菌清、吡虫啉、阿维菌素，阿维·杀虫单等，上述药剂安全间隔期在7～20天不等。最后，连作障碍问题严重，缺乏叶类蔬菜生产病虫全程安全防控技术，使菜农生产中无据可依，给叶菜生产造成了很大的损失。同时，叶类蔬菜产品的安全也造成了巨大隐患。

根据农业农村部制定了《到2020年化肥使用量零增长行动方案》和《到2020年农药使用量零增长行动方案》，针对叶类蔬菜生产中存在的病虫害诊断错误，对化学农药应用技术和化学农药剂型特点、病虫害危害特点不了解，盲目扩大用药时间和用药种类，导致化学农药使用量居高不下的问题，近年来在叶类蔬菜化学农药减量使用技术、产品等方面推陈出新，集成了相应的技术模式，除应用于北京地区外，在京津冀地区也广泛应用，取得明显的示范效果。

### 2 主要环节关键技术

#### 2.1 集约化育苗技术

种子55℃温汤浸种后备用。配置育苗基质，每袋育苗基质加入15克枯草芽孢杆菌制剂，配成含药育苗基质，采用常规穴盘育苗，预防苗期病害，并提高根系抗病能力（图1）。

图1　集约化育苗

### 2.2　移栽棚室处理技术

前茬作物收获后，清洁大棚，平整土地，密闭大棚，用中蔬微粉®100克/亩，全棚空间消毒，保障定植安全。

### 2.3　土壤改良技术

建议施用商品有机肥为主，未经处理的禽畜粪便等农家肥，需经前期堆沤及无害化处理后再施用，并且不能长期大量施用，以防其中的高盐分对生菜田造成次生盐渍化。商品有机肥的施用量一般为2 000千克/亩，以基施为主。

### 2.4　关键技术环节

该技术模式通过多膜覆盖增加冬季棚室温度，以提高塑料大棚冬季生产的利用率；在此基础上通过微生物菌剂使用培育壮苗，改善土壤的生态环境，预防土传病害；通过生物药剂的利用减少化学农药的使用量，通过弥粉剂的利用，提高化学农药的利用率，最终实现化肥农药减施增效的目标。

（1）整地。11下旬至12月中旬，在霜冻之前整地完成，整地过程中同时施入炭基肥25千克，有机肥2 000千克，做成平高畦，铺设滴灌，双畦搭建60厘米高小拱棚，覆盖保温。

（2）育苗。12月下旬至翌年1月上旬育苗，其苗床按照500倍液稀释量，浇灌复合微生物菌剂（中蔬根保®101，地衣芽孢杆菌+枯草芽孢杆菌，有效活菌数≥5亿/毫升）1次。

（3）定植。化肥的不平衡施用导致耕地土壤次生盐渍化、酸化等问题日益严重。微生物菌剂能够通过微生物生命代谢活动，有效提高植物养分利用率，降低土壤连作障碍的发生，在化肥减施和土壤病害防控中起着重要的辅助作用。1月底至2月初定植时随着定植水同时施入土壤改良剂：按照2升/亩的使用量滴灌中蔬根保®101或其他微生物菌剂（使用量按照微生物菌剂使用说明）。之后盖好小拱棚，密闭大棚，养根至3月初。

（4）3月初揭开小拱棚。由于初春大棚低温高湿的生长现状，揭开小拱棚后，首次喷施中蔬微粉®100克/亩，降低棚室湿度，预防霜霉病和灰霉病的发生，同时通过施肥罐施入复合微生物菌剂（中蔬根保®101）2升，纳米水溶肥3.5千克。

（5）生长期对病虫害的预防。3月中旬和3月底释放剑毛帕厉螨6瓶，预防蚜虫及危害生菜根部的韭蛆。3月中旬喷施中蔬微粉®100克/亩。3月底喷施10%氟噻唑吡乙酮可分散油悬浮剂30毫升1次，预防霜霉病。4月初喷施中蔬微粉®100克/亩，4月中旬后陆续采收（图2）。

A. 穴盘育苗　B. 定植　C. 小拱棚中生长情况

D. 揭膜后生长情况　E. 示范棚生菜　F. 对照棚生菜

**图2　京津冀地区塑料大棚多膜覆盖越冬生菜农药减施栽培技术模式效果**

### 2.5　其他病虫害防治环节

如遇蚜虫发生严重，可以补施吡虫啉1次。

### 2.6　技术模式实施效果

利用该模式示范后，化肥减施28%；降低化学农药使用次数3次，降低化学农药比本地调研数据减量85%，农药利用率提高12.5%，增产5.6%，霜霉病发生率降低100%，土传病害发生率降低93%。同期生菜，模式示范棚已经封垄，对照棚尚未封垄。

## 3　适宜地区

适用于京津冀地区、华北地区塑料大棚越冬茬口生产。

## 4　联系方式

集成模式依托单位：中国农业科学院蔬菜花卉研究所

联系人：石延霞，李宝聚，谢学文

联系电话：010-62197975

电子邮箱：shiyanxia@caas.cn

# 环渤海温暖带区日光温室芹菜减药技术模式

## 1　背景简介

环渤海地区作为我国经济最为活跃的地区之一，以节能型日光温室为代表的现代设施农业的生产规模和水平都居于全国前列。该地区交通便利，资金和劳动力集中，设施农业生产的技术交流频繁，使得该地区的设施农业生产和销售形成了相对固定的区域结构。更为重要的是，环渤海地区具有较为相似的气候背景，这为该地区发展区域农业设施生产提供了优势资源。

由于芹菜生产涉及病虫种类多，发生为害复杂多变。土传病害严重威胁芹菜生产，一般芹菜生产涉及土传病害、叶部病害防控等多种用药，主要病害包括根腐病、软腐病、斑枯病、尾孢叶斑病、根结线虫病等，病原不清导致用药比较混乱，药不对症的情况时有发生，导致用药量大，芹菜产品的安全性问题频出，严重影响了芹菜产业的发展，缺乏芹菜生产病虫全程安全防控技术模式，使菜农生产中无据可依，给芹菜生产造成了很大的损失。同时，对产品安全也造成了巨大隐患。

根据农业农村部制定的《到2020年化肥使用量零增长行动方案》和《到2020年农药使用量零增长行动方案》，针对芹菜生产中存在的病虫害诊断错误，对化学农药应用技术和化学农药剂型特点、病虫害危害特点不了解，盲目扩大用药时间和用药种类，导致化学农药使用量居高不下的问题，近年来在芹菜化学农药减量使用技术、产品等方面推陈出新，集成了相应的技术模式，取得明显的示范效果。

## 2　栽培技术

### 2.1　集约化育苗技术

采取分苗的育苗方式，将芹菜种子撒播到秧苗盘内，盘内基质使用复合微生物菌剂进行配置，使用量为2升/立方米，芹菜苗长至5厘米高时进行分苗，将芹菜苗分至含解淀粉纸钵育苗容器内（图1）。

A. 芹菜分苗

B. 芹菜纸钵苗对比效果

**图1　芹菜纸钵育苗技术**

### 2.2　日光消毒防治设施蔬菜土传病害技术

前茬作物收获后，将所有秧子清理干净，对棚内土壤进行灌水处理，灌水过程中添加耐高温的复合芽孢杆菌，促进土壤中有机质分解，将土壤中固化的磷钾，活化为可溶性的速效磷钾，灌水后覆膜并密闭棚室，利用高温高湿有效杀灭土壤的植物病原菌。

### 2.3 土壤生物有机肥改良技术

使用经过生物发酵的有机肥进行底肥处理，传统的禽畜粪便添加腐熟菌剂后进行好氧发酵处理，腐熟发酵后添加功能性芽孢杆菌，形成生物有机肥，一般生物有机肥的用量300千克/亩，以基施为主。

### 2.4 设施蔬菜专用复合微生物菌剂促生防病技术

定植后随着定植水冲施功能型复合微生物菌剂（中蔬根保®101）和含氨基酸水溶肥，促进根系发育，提高根系活力，有效抑制根际有害微生物的侵染，预防土传病害的发生。

### 2.5 日光温室芹菜蘸根防虫技术

使用新烟碱类药剂在定植前进行蘸根处理，可以有效预防苗期及生长前期蚜虫及粉虱的为害。

### 2.6 弥粉法施药防治日光温室芹菜叶部病害技术

田间病害发生前利用精量电动弥粉机结合中蔬微粉®系列药剂进行弥粉法施药，做到田间病害的预防，实现高湿病害的轻简化高效防控。

### 2.7 关键技术环节

该技术模式有效利用生防微生物、纸钵育苗技术、日光消毒技术和弥粉防治技术，通过大量生物替代技术减少了芹菜土传病害防治过程中的化学药剂投入量，提高了芹菜叶部病害防治用药的利用率，减少生产过程中的化学农药投入量，最终实现日光温室芹菜化学农药减施增效的目标。

（1）土壤消毒。当年7下旬至8月中旬，整地过程中同时施入耐高温复合微生物菌剂（中蔬根保®101），进行大水冲施，覆膜同时密闭棚膜，闷棚时间超过15天。

（2）育苗。当年7月下旬育苗，统一使用秧苗盘进行育苗，育苗土壤采用复合微生物菌剂（中蔬根保®101）进行处理，处理浓度为2升/立方米，芹菜苗长至5厘米时，将秧苗盘内的芹菜苗分至含解淀粉纸钵育苗容器内，苗期用复合微生物菌剂（中蔬根保®101）1 000倍液苗盘喷淋1次。

图2 纸钵育苗芹菜田间定植效果

（3）定植。将纸钵芹菜苗在30%螺虫·噻虫嗪悬浮剂4 000倍液中进行蘸根处理，专用纸钵高度为3厘米，定植时要求纸钵表面高出地表0.5厘米（图2），随着定植水冲施中蔬根保®101，使用量为2升/亩，以强根壮苗，预防芹菜土传病害，降低连作障碍的风险。

（4）生长期对芹菜病虫害的预防。田间定植后采取“预防为主、综合防治”的方针进行病虫害的防治，定植后30天采用100亿孢子/克枯草芽孢杆菌微粉剂进行喷粉法防治，预防各类真菌病害的发生，连续使用3次，施药间隔期为10天；定植后30天，使用41.7%氟吡菌酰胺悬浮剂进行冲施，预防根结线虫的发生，用量为100毫升/亩，全程使用1次；田间灰霉病发生初期使用中蔬微粉®301（50%腐霉利微粉剂+100亿孢子/克枯草芽孢杆菌）进行喷粉防治，每次用量60克，施药间隔期为7天，连续施药3次；斑枯病和尾孢叶斑病发生初期使用中蔬微粉®201（75%百菌清可湿性粉剂+50%异菌脲可湿性粉剂）进行喷粉防治，每次用量60克，施药间隔期为7天，连续施药3次；田间根腐病发生初期使用45%代森铵水剂全田冲施，用量为500毫升/亩，全程施用次数1次；田间粉虱虫口密度较低时使用30%螺虫·噻虫嗪悬浮剂2 500倍液进行喷雾防治，成熟期每亩地用水60升。

### 2.8　技术模式实施效果

利用该模式示范后，化肥减施30%；降低化学农药使用次数3次，降低化学农药比本地调研数据减量50%，农药利用率提高12.8%，增产15.4%，模式示范棚芹菜生长健壮，病虫害发生轻，田间根结线虫的发生率降低90%，土传病害发生率降低80%（图3）。

图3　环渤海温暖带区日光温室芹菜减药技术模式效果

## 3　适宜地区

适用环渤海温暖带区日光温室芹菜的生产。

## 4　联系方式

集成模式依托单位：中国农业科学院蔬菜花卉研究所

联系人：谢学文，李宝聚，石延霞

联系电话：010-62197975

电子邮箱：xiexuewen@caas.cn

# 华北地区设施散叶生菜周年化肥减量不减产技术模式

## 1　技术简介

生菜是北京地区种植面积最大的叶类蔬菜，本地生产仅能满足北京25%左右的消费量，市场潜力巨大。本地生产的散叶生菜主要供应呷哺呷哺、海底捞等火锅类型的餐饮企业。生菜种植中，其中有82%是设施栽培。

本技术主要解决北京本地散叶生菜的周年生产问题，特别是高温季节抽薹问题，利用耐高温品种、遮阳网等栽培技术措施，采用有机肥替代部分化肥技术；生菜的主要病虫害有菌核病、灰霉病、霜霉病、蚜虫、斑潜蝇、菜青虫、蓟马、粉虱等，利用防虫网、黄板等物理防治病虫技术，以生物农药为主，辅以化学农药。从而实现散叶生菜的周年生产，一年种植6茬，亩收益达到2.5万～3万元，带动低收入农户增收致富。本技术推广至京津冀地区，乃至华北地区，也取得了良好的效果。

利用该模式示范后，与本底调研数据相比，化肥氮利用率提高14.1个百分点，平均减施化肥13.8%、增产8.4%；减少农药施用量25.7%，农药利用率提高14.7个百分点。

## 2　主要环节关键技术

### 2.1　高温季节生菜种子引发技术

散叶生菜是喜冷凉作物，高温抑制生菜的萌发。在高温季节采用种子引发技术具有促进种子萌发、提高出苗速度和整齐度、增强种子对逆境的抵抗力和耐受力、打破种子的热休眠、克服远红光的抑制作用、提高未成熟种子和老化种子的活力等效果。该技术可以促进幼苗生长，提高育苗质量。

在播种前将种子采用10%聚乙二醇（PEG）充分浸泡，引发对生菜种子效果较好。经引发处理过的生菜种子，种子活力显著提高，种子发芽势提高10%～20%，种子发芽率提高5%～10%。

### 2.2　集约化育苗技术

采用128孔穴盘进行育苗，基质选用草炭：蛭石：珍珠岩=2：1：1（体积比）配方，或者选用商品基质，如山东的鲁青、国青等品牌。在采用商品基质前，应先进行小规模试种，效果良好之后再扩大规模。

根据栽培季节、品种特性、育苗方式等确定适宜的播种期，苗龄30天左右。每亩用种量20克左右。每穴1～2粒种子，播种后覆盖约0.5厘米厚基质。冬春季节床面上覆盖塑料膜，夏秋季床面覆盖遮阳网，70%幼苗顶土时，撤除床面覆盖物。冬春季育苗应保证光照充足；夏秋季育苗应适当遮光降温。苗期应保持基质湿润，可根据苗情适当追施提苗肥或叶面喷肥。定植前5～7天适当控水降温。冬春育苗昼温宜在15～20℃，夜温宜在5～8℃。夏秋季育苗逐渐撤去遮阳网。幼苗应生长整齐，根系发达，4～5片真叶，叶片浓绿肥厚，无病虫。

### 2.3　采用有机肥替代化肥技术

在测土配方施肥技术的基础上，底肥采用有机肥替代化肥技术，追肥采用水肥一体化技术。

采用综合施肥技术后，整体减少化肥在底肥中的施用量，既能够保证作物生长，又能有效减少化肥投入。结果表明，底肥化肥施用量比常规施肥减少50%，减少化肥纯量投入6.75千克/亩，作物产量和品质并没有下降。施用天然来源（竹）碳肥，调节土壤C/N，减少20%有机肥使用量，有效降低生菜亚硝酸盐含量，提高蔬菜品质。

### 2.4　全程绿色防控技术

采用物理防治与化学防治相结合。

物理防治应做好环境清洁、土壤消毒、设施消毒、培育无病虫苗等。在设施通风口和人员出入口设置40目防虫网阻隔害虫传入；在植株上方5～10厘米处，悬挂色板。重点采用防虫网、高温闷棚、药剂熏蒸、遮阳网降温、色板诱杀等技术。

药剂防治。应优先选用生物农药，不应使用国家禁限用农药，设施内宜采用背负式高效常温烟雾机施药。

### 2.5　生菜根蛆综合绿色防控技术

生菜连作多年，产生了较为严重的根蛆为害。本技术针对华北地区生菜种植出现的根蛆进行综合防治，有效地降低了虫害的发生。

在生菜定植前，清理棚室内枯枝烂叶，选择晴朗天气，在土层上附一层塑料膜，利用高温杀灭土壤中越冬幼虫，在棚室的通风口和入口处设置60目防虫网，阻隔成虫进入棚中。生菜苗定植初期，是根蛆幼虫发生高峰期，在棚中进行噻虫胺、噻虫嗪、吡虫啉、辛硫磷、除虫菊素、苦参碱、印楝素、阿维菌素8种药剂的灌根试验。其中，噻虫胺对生菜的保苗效果最好，噻虫嗪次之，另外，植物源药剂印楝素也对生菜起到了很好的保苗效果，前两种药剂作为新烟碱类药剂，毒性较低，而印楝素作为植物源药剂，对环境友好无污染，均值得在生产上推广使用。生菜定植后，在畦间垂直地面、南北向放置黑色粘虫板（30张/棚），诱杀和监测害虫效果最好。该技术对害虫起到了很好的控制效果，显著提升了蔬菜品质，促进了农业的可持续发展。

### 2.6 清洁田园技术

洁净的环境有利于减少病虫的传播机会，同时可以改善工作环境，提高蔬菜生产的品质。

收获后，应及时清理残株叶片、杂草等，集中堆放并用薄膜覆盖，注射20%辣根素水乳剂20毫升/立方米，密闭熏蒸3～5天杀灭病虫。

## 3 技术要点

第一茬：10月下旬播种，翌年1月中下旬定植。

品种采用‘美国大速生’‘北散生3号’‘北散生4号’等；每年春天种植前使用福美双进行土壤消毒，深翻旋耕。每亩施用复合肥20千克，牛粪6立方米。多层覆盖，3层膜。定植时浇足水后，2月18日浇水、随水冲施10千克水溶性肥料（钾宝），全生育期打药2次，使用吡虫啉预防蚜虫。

3月下旬采收，亩产量：2 150千克，平均单价2元/千克，亩产值4 300元。

第二茬：2月上旬播种，4月初定植。

品种采用‘美国大速生’‘北散生3号’‘北散生4号’等，亩施复合肥20千克；定植水浇足后，浇水半小时，并随水冲施水溶性肥料（钾宝或叶菜巨丰）10千克每亩。全生育期打药3次，预防潜叶蝇、蚜虫。

5月中旬采收，亩产量2 000千克，平均单价2元/千克，亩产值4 000元。

第三茬：4月上旬播种，5月中旬定植（定植前28天左右开始播种）。

品种采用‘美国大速生’‘北散生3号’‘北散生4号’等，亩施复合肥20千克；浇水并随水冲施水溶性肥料（钾宝或叶菜巨丰），每亩10千克。全生育期打药3次，预防潜叶蝇、蚜虫。

6月中旬采收。亩产量1 500千克，平均单价2元/千克，亩产值3 000元。

第四茬：5月中旬播种，6月中旬定植。

品种采用‘辛普森’，亩施复合肥20千克；从第四茬开始覆盖遮阳网、防虫网，露地播种。8月中旬浇水并随水冲施水溶性肥料（钾宝或叶菜巨丰）每亩10千克。全生育期打药3次，预防菜青虫。

采收：7月中下旬采收，亩产量1 500千克，平均单价2.4元/千克，亩产值3 600元。

第五茬：6月下旬播种，7月下旬定植。

品种采用‘辛普森’，亩施复合肥20千克；全生育期浇3次水，定植水浇完后，缓苗后10天浇第2次水，8月中旬浇第3次水并随水冲施每亩10千克施水溶性肥料（钾宝或叶菜巨丰）。全生育期打药3次，预防菜青虫。

采收：10月初采收。亩产量2 000千克，平均单价3元/千克，亩产值6 000元。

第六茬：9月初播种，10月上旬定植。

品种采用‘美国大速生’‘北散生3号’‘北散生4号’等，亩施复合肥20千克，全生育期浇3次水，定植水浇完后，缓苗后10天浇第2次水，11月初浇第3次水并随水冲施水溶性肥料（钾宝或叶菜巨丰）每亩10千克。全生育期打药3次，预防菜青虫。

采收：11月中旬采收，亩产量2 150千克，平均单价3元/千克，亩产值6 450元。

## 4　适宜地区及模式注意事项

适合华北地区散叶生菜的种植。应根据当年的气候变化和市场价格，适当调整播种和定植期，在采收7天前禁止打农药。

## 5　联系方式

集成模式依托单位：北京农学院植物科学技术学院

联系人：范双喜，刘超杰

联系电话：010-80799143，13911642195

电子邮箱：cliu@bua.edu.cn

# 河北定兴日光温室越冬长茬黄瓜或番茄化肥农药减施增效技术模式

## 1 背景简介

定兴县隶属河北省保定市，地处冀中平原腹地，是京津冀协同发展前沿县市之一。定兴县属东部暖温带半干旱季风性气候地区，大陆性气候特点显著，四季分明。年均气温11.7℃，年平均降水量545.8毫米，日照总时数为2 985.8小时。

定兴县是河北省蔬菜生产大县，有“河北蔬菜之乡”“全国蔬菜产业重点县”之称。设施菜地面积约12万亩，日光温室面积约占25%。日光温室主要栽培越冬长茬黄瓜和番茄，9－10月定植，翌年6－7月拉秧。种植黄瓜和番茄所需有机肥主要为腐熟好的鸡粪或羊粪，投入1 000～1 500元/亩。化肥包括底肥和追肥，种植黄瓜投入4 000～5 000元/亩，种植番茄投入3 000～4 000元/亩。黄瓜、番茄苗期病害主要有立枯病、猝倒病、白粉病和霜霉病，害虫主要有粉虱和瓜绢螟。成株期黄瓜病害主要有霜霉病、白粉病、棒孢叶斑病、细菌性角斑病、细菌性流胶病和黑星病，害虫主要有蓟马、粉虱、斑潜蝇、瓜绢螟和蚜虫，全生育期农药投入2 000～3 000元/亩。成株期番茄病害主要有灰霉病、叶霉病、晚疫病、病毒病和细菌性溃疡病，害虫主要有粉虱、蓟马和叶螨，全生育期农药投入1 500～2 500元/亩。在日光温室黄瓜和番茄生产过程中，由于栽培管理及病虫害防治粗放，连作，病虫害防治过度依赖化学防治，轻预防重治疗，缺少精准防治方法，过度施用化肥和农药，化肥和农药利用率低，导致土壤连作障碍，盐渍化，农药残留超标。为此，研发引用关键减肥、减药和高效栽培技术，并集成为“日光温室越冬长茬黄瓜或番茄化肥农药减施增效技术模式”在河北省定兴黄瓜和番茄产区示范推广，明显减少化肥、农药施用量，减少施药次数，提高农药、化肥有效利用率，改善黄瓜和番茄品质，收到良好增产效果并增加农民收益，并改善当地生态环境。

## 2 栽培技术

### 2.1 棚型、保温方式

采用下挖式日光温室，骨架为土后墙钢竹混合骨架，整个种植面下沉1.4米，跨度12米，长度75～100米不等，脊高5.5米，高度为4.7米，土后墙底部厚8米左右，顶厚1.5米。透明覆盖材料为PO膜，双层草苫或保温被保温，不加温（图1）。

### 2.2 品种选择及育苗方式

选种耐寒、耐弱光性较好的‘津优307’‘津绿21-10’等津研系列黄瓜品种以及

图1　土后墙钢竹混合结构日光温室

‘富有’‘欧冠’‘普罗旺斯’‘T6’等番茄品种。黄瓜、番茄种子均采用包衣种子，集约化穴盘基质育苗。每年8—9月开始培育壮苗。砧木选用抗根结线虫、抗逆性强、亲和力好的白籽南瓜品种。嫁接方法是插接，能预防根结线虫、猝倒病等土传病害的发生。嫁接后苗床3天不通风，白天气温保持在25～28℃，夜间18～20℃，空气湿度保持在90%～95%。3天后视苗情，以不萎蔫为度进行短时间少量通风。1周后等接口愈合，即开始大通风，苗床白天温度为20～25℃，夜间为12～15℃。若床温低于12℃盖苫。

### 2.3　基本栽培制度、灌溉方式、水肥一体化系统配置

9—10月开始大小行定植。定植前，清除温室内杂草和上茬植物残体，封闭状态下进行高温闷棚。黄瓜每亩定植4 200棵左右，大行距80厘米、小行距50厘米，株距20厘米。番茄每亩定植3 200棵左右，大行距80厘米、小行距50厘米，株距35厘米。南墙挂2米高的防寒防湿膜，以降低室内湿度，减少病情。滴灌或覆盖地膜进行膜下沟灌。

## 3　病虫害防治技术

### 3.1　高温闷棚日光消毒土壤技术

参照本书“节能环保型设施土壤日光消毒技术”进行土壤消毒，杀灭土壤中有害微生物。高温闷棚可以持续到下茬作物定植前7～10天，其间应防止雨水灌入温室内。闷棚需要保持温室内高温25～30天，至少有15天以上的晴热天气。高温闷棚结束后，土壤中施入复合微生物菌剂（2千克/亩）补充有益微生物，修复土壤（图2）。

### 3.2　苗期病虫害管理技术

使用250克/升嘧菌酯悬浮剂（30～40毫升/亩）喷淋茎基部或土表防治立枯病和猝倒病，或以30%噻呋·吡唑酯悬浮剂（30～60毫升/亩）喷淋茎基部或土表防治立枯病，或使用722克/升霜霉威盐酸盐水剂（5～8毫升/平方米）浇灌苗床防治猝倒病，或以3%甲霜·噁霉灵粉剂（22～25克/平方米）拌土防治猝倒病；喷施250克/升嘧菌酯悬浮

剂（60～90毫升/亩）预防白粉病；喷施722克/升霜霉威盐酸盐水剂（60～100毫升/亩）预防霜霉病；使用19%溴氰虫酰胺悬浮剂（4.1～5毫升/平方米）喷淋苗床或兑水稀释蘸根预防粉虱、蓟马、斑潜蝇和蚜虫；喷施2.5%高效氯氟氰菊酯微囊悬浮剂（0.8毫升/平方米）防治瓜绢螟。喷雾施药间隔期7～10天。

A. 清理温室

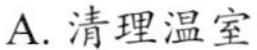

B. 撒施氢氧化钙和有机物

C. 翻地

D. 开畦

E. 铺膜

F. 灌水，封闭密室

图2　高温闷棚日光消毒土壤技术

### 3.3　成株期病虫害管理技术

（1）物理防控。参照本书“新型诱虫板监测和防治蓟马”，悬挂黄色诱虫板和蓝色诱虫板，诱杀蚜虫、粉虱和蓟马等吸汁害虫成虫（图3）。在日光温室放风口处或者出入口覆盖防虫网，阻隔粉虱、蚜虫和斑潜蝇等进入温室内。在放风口处设置防虫网，可将防虫网固定在骨架上，保证封严。门口防虫网里外双层设置，防虫网的下方用竹竿或者木棍进行下垂固定，双扇悬挂防止人进入时留空隙，避免害虫进入温室。

图3　黄蓝板诱杀害虫

（2）生物农药与化学农药协调使用技术。施用1 000亿芽孢/克枯草芽孢杆菌可湿性粉剂（70～80克/亩）、10%多抗霉素可湿性粉剂（100～140克/亩）、3%中生菌素可湿性粉剂（56～100克/亩）和2%苦参碱水剂（24～40毫升/亩）等生物农药（表1）或75%

百菌清可湿性粉剂（100～147克/亩）和80%代森锰锌可湿性粉剂（130～225克/亩）等广谱性保护剂预防发病，苦参碱还能防治蚜虫，间隔期10～14天。病虫害发生后，将不同作用机理、有治疗作用和低风险高效内吸剂交替喷施或桶混使用，间隔期7～10天（表2、表3）。喷雾要均匀周到，保证叶片正反面均有药液。

深冬雨雪连阴天不能喷雾施药，可用20%百菌清烟剂（250～400克/亩）点燃防烟预防霜霉病、晚疫病、白粉病、灰霉病和叶霉病，亦可用15%腐霉·百菌清烟剂（200～300克/亩）点燃防烟预防灰霉病，施用15%异丙威烟剂（250～300克/亩）点燃熏棚防治蚜虫和粉虱，选择喷施合适的微粉预防各种病虫害（表4）。低温弱光天气造成黄瓜或番茄生长迟缓，可以使用0.136%赤·吲乙·芸苔可湿性粉剂（碧护）、芸苔素内酯等植物生长调节剂。

**表1　常见生物农药**

| 药剂类型 | 药剂名称 | 防治对象 | 药剂用量 | 使用方法 |
|---|---|---|---|---|
| 杀菌剂 | 0.5%苦参碱水剂 | 黄瓜霜霉病 | 90～120毫升/亩 | 喷雾 |
| | 2%苦参碱水剂 | 黄瓜白粉病、灰霉病；番茄灰霉病 | 30～60毫升/亩 | 喷雾 |
| | 41%乙蒜素乳油 | 黄瓜细菌性角斑病、霜霉病 | 36～60毫升/亩 | 喷雾 |
| | 1亿活芽孢/克枯草芽孢杆菌微囊粒剂 | 黄瓜立枯病；番茄立枯病 | 100～167克/亩 | 喷淋 |
| | 10亿芽孢/克枯草芽孢杆菌水乳剂 | 黄瓜霜霉病 | 45～60毫升/亩 | 喷雾 |
| | 10亿芽孢/克枯草芽孢杆菌可湿性粉剂 | 黄瓜根腐病 | 300～400倍液；2～3克/株 | 灌根；穴施 |
| | 1 000亿芽孢/克枯草芽孢杆菌可湿性粉剂 | 黄瓜白粉病 | 70～84克/亩 | 喷雾 |
| | | 黄瓜灰霉病；番茄灰霉病 | 60～80克/亩 | 喷雾 |
| | 1 000亿活孢子/克荧光假单胞杆菌可湿性粉剂 | 黄瓜棒孢叶斑病、灰霉病 | 70～80克/亩 | 喷雾 |
| | | 番茄青枯病 | 437.5～500克/亩 | 浸种+泼浇+灌根 |
| | 2%春雷霉素水剂 | 黄瓜细菌性角斑病；番茄叶霉病 | 140～175毫升/亩 | 喷雾 |
| | 47%春雷·王铜可湿性粉剂 | 黄瓜霜霉病；番茄叶霉病 | 95～100克/亩 | 喷雾 |
| | 10%多抗霉素可湿性粉剂 | 黄瓜灰霉病；番茄叶霉病 | 120～140克/亩 | 喷雾 |
| | 8%宁南霉素水剂 | 番茄病毒病 | 75～100毫升/亩 | 喷雾 |
| | 10%宁南霉素可溶粉剂 | 黄瓜白粉病 | 50～75克/亩 | 喷雾 |
| | 3%中生菌素可湿性粉剂 | 黄瓜细菌性角斑病 | 95～110克/亩 | 喷雾 |
| | | 番茄青枯病、细菌性溃疡病 | 56～100克/亩 | 灌根；喷淋 |

表1 （续）

| 药剂类型 | 药剂名称 | 防治对象 | 药剂用量 | 使用方法 |
|---|---|---|---|---|
| 杀菌剂 | 0.3%四霉素水剂 | 黄瓜细菌性角斑病 | 50～65毫升/亩 | 喷雾 |
| | 2%中生·四霉素可溶液剂 | 黄瓜细菌性角斑病 | 40～60毫升/亩 | 喷雾 |
| | 5%春雷·中生可湿性粉剂 | 黄瓜细菌性角斑病 | 70～80克/亩 | 喷雾 |
| | 0.5%氨基寡糖素水剂 | 番茄晚疫病 | 187～240毫升/亩 | 喷雾 |
| | | 黄瓜根结线虫病 | 56～100毫升/亩 | 灌根 |
| | 1%氨基寡糖素可溶液剂 | 番茄病毒病 | 430～540毫升/亩 | 喷雾 |
| | 2亿孢子/克木霉菌可湿性粉剂 | 黄瓜霜霉病、灰霉病；番茄灰霉病 | 150～200克/亩 | 喷雾 |
| | | 黄瓜猝倒病；番茄猝倒病 | 4～6克/平方米 | 苗床喷淋 |
| | | 黄瓜茎基腐病；番茄茎基腐病 | 4～6克/平方米 | 灌根 |
| | 3亿孢子/克木霉菌水分散粒剂 | 黄瓜灰霉病 | 125～167克/亩 | 喷雾 |
| 杀虫剂 | 1.5%苦参碱水剂 | 黄瓜/番茄蚜虫 | 30～40毫升/亩 | 喷雾 |
| | 1.8%阿维菌素乳油 | 黄瓜/番茄斑潜蝇 | 40～80毫升/亩 | 喷雾 |
| | 150亿孢子/克白僵菌可湿性粉剂 | 黄瓜/番茄蓟马 | 160～200克/亩 | 喷雾 |
| | 400亿孢子/克白僵菌可湿性粉剂 | 黄瓜/番茄粉虱 | 25～30克/亩 | 喷雾 |
| 天敌昆虫 | 丽蚜小蜂 | 黄瓜/番茄蚜虫 | 1万～1.5万头/亩 | 悬挂蜂卡 |
| | 巴氏新小绥螨 | 黄瓜/番茄粉虱、蓟马幼虫 | 6.7万～33.4万头/亩 | 叶片撒放 |
| | 胡瓜新小绥螨 | 黄瓜/番茄蓟马和叶螨 | 10万～12.5万头/亩 | 悬挂蜂卡 |

注：发病前用药，每亩地喷施药液量45～60升，可根据植株高度及密度来调整喷药液量。

表2 生物药剂与化学药剂协调使用防治日光温室黄瓜病虫害

| 施药时期 | 药剂、亩用量、施用方法 |
|---|---|
| 定植田定植前45天 | 高温闷棚，复合微生物菌剂2千克/亩处理土壤 |
| 苗床定植前30天 | 22.5%啶氧菌酯悬浮剂40毫升/亩喷雾 |
| 苗床定植前15天 | 40%百菌清悬浮剂100毫升/亩喷雾 |
| 苗床定植前1天 | 250克/升吡唑醚菌酯乳油40毫升/亩喷雾 |
| 定植后15天5～6片真叶 | 40%百菌清悬浮剂100毫升/亩喷雾 |
| 初花期 | 30%混脂·络氨铜水乳剂100毫升/亩喷雾 |
| 盛花期 | 1.5%苦参碱·蛇床子素水剂100毫升/亩喷雾 |
| 初瓜期（发病前期） | 0.6%苦参碱水剂100毫升/亩喷雾，0.5%氯吡脲可溶液剂500～600倍液+25克/升咯菌腈种子处理悬浮剂200～300倍稀释液蘸花 |
| 初瓜期（灰霉病发生初期） | 2亿个/克木霉菌可湿性粉剂100克/亩+50%烯酰吗啉可湿性粉剂50克/亩精量喷粉 |

表2 （续）

| 施药时期 | 药剂、亩用量、施用方法 |
|---|---|
| 盛瓜期（灰霉病发生期） | 10亿活芽孢/克枯草芽孢杆菌水乳剂60毫升/亩+50%啶酰菌胺水分散粒剂50克/亩喷雾，0.5%氯吡脲可溶液剂500～600倍液+25克/升咯菌腈种子处理悬浮剂200～300倍液蘸花 |
| 盛瓜期（灰霉病发生期、白粉病发生初期） | 10%苯醚甲环唑水分散粒剂80克/亩+50%啶酰菌胺水分散粒剂50克/亩喷雾，0.5%氯吡脲可溶液剂500～600倍液+25克/升咯菌腈种子处理悬浮剂200～300倍液蘸花 |
| 盛瓜期（霜霉病、细菌性角斑病、白粉病混合发生初期） | 50%烯酰吗啉水分散粒剂40克/亩+12%中生菌素可湿性粉剂30克/亩+43%氟菌・肟菌酯悬浮剂25毫升/亩喷雾，15%异丙威烟剂350克/亩熏蒸 |
| 盛瓜期（霜霉病、棒孢叶斑病、角斑病并发期） | 687.5克/升氟菌・霜霉威悬浮剂60毫升/亩+12%中生菌素可湿性粉剂30克/亩+75%肟菌・戊唑醇水分散粒剂10克/亩喷雾 |
| 盛瓜期（霜霉病、棒孢叶斑病、粉虱或蚜虫并发期） | 10%氟噻唑吡乙酮可分散油悬浮剂15毫升/亩+80%代森锰锌可湿性粉剂200克/亩+10%苯醚甲环唑水分散粒剂80克/亩+25%高效氯氟氰菊酯乳油40毫升/亩喷雾 |
| 盛瓜期（霜霉病、棒孢叶斑病发生期） | 50%烯酰吗啉可湿性粉剂40克/亩+43%氟菌・肟菌酯悬浮剂25毫升/亩喷雾 |

注：发病前用药，每亩地喷施药液量45～60升，可根据植株高度及密度来调整喷药液量。

表3 生物药剂与化学药剂协调使用防治日光温室番茄病虫害

| 施药时期 | 药剂名称及亩用量 |
|---|---|
| 定植田定植前45天 | 高温闷棚日光消毒土壤，复合微生物菌剂2千克/亩处理土壤 |
| 苗床定植前30天 | 25%嘧菌酯悬浮剂40毫升/亩+30%噁霉灵水剂40毫升/亩喷雾 |
| 苗床定植前1天 | 25%嘧菌酯悬浮剂40毫升/亩喷雾 |
| 定植后15天5～6片真叶 | 25%嘧菌酯悬浮剂40毫升/亩喷雾 |
| 初花期 | 30%混脂・络氨铜水乳剂100毫升/亩喷雾 |
| 盛花期 | 0.5%苦参碱水剂100毫升/亩+47%春雷・王铜可湿性粉剂40克/亩喷雾 |
| 初果期（预防发病） | 100亿芽孢/克枯草芽孢杆菌可湿性粉剂100克/亩喷粉，50%咯菌腈可湿性粉剂5 000倍稀释液蘸花 |
| 初瓜期（灰霉病发生前） | 2亿孢子/克木霉菌可湿性粉剂125克/亩+50%烯酰吗啉可湿性粉剂50克/亩精量喷粉 |
| 盛果期（防治灰霉病） | 30%啶酰・咯菌腈悬浮剂45毫升/亩喷雾，25克/升咯菌腈种子处理悬浮剂稀释200～300倍液蘸花 |
| 盛果期（晚疫病、灰霉病发生初期） | 50%烯酰吗啉可湿性粉剂40克/亩+25%啶菌噁唑乳油55毫升/亩喷雾，50%咯菌腈可湿性粉剂5 000倍稀释液蘸花 |
| 盛瓜期（晚疫病、溃疡病、灰霉病、叶霉病） | 50%烯酰吗啉可湿性粉剂40克/亩+12%中生菌素可湿性粉剂30克/亩+43%氟菌・肟菌酯悬浮剂25毫升/亩喷雾 |

表3 （续）

| 施药时期 | 药剂名称及亩用量 |
|---|---|
| 盛果期（晚疫病、灰霉病、溃疡病） | 687.5克/升氟菌·霜霉威悬浮剂60毫升/亩+12%中生菌素可湿性粉剂30克/亩+43%氟菌·肟菌酯悬浮剂25毫升/亩喷雾 |
| 盛果期（晚疫病、叶霉病、细菌性溃疡病、粉虱并发期） | 10%氟噻唑吡乙酮可分散油悬浮剂15毫升/亩+80%代森锰锌可湿性粉剂200克/亩+10%苯醚甲环唑水分散粒剂80克/亩+25%高氯氟氰菊酯乳油40毫升/亩喷雾，30%混脂·络氨铜水乳剂400毫升灌根 |

注：发病前用药，每亩地喷施药液量45～60升，可根据植株高度及密度来调整喷药液量。

（3）生态调控。选用长寿无滴、防雾功能膜，保持表面无灰尘；在保温前提下早揭、晚盖草苫；在北墙和两个山墙张挂镀铝反光膜，改善室内光强和光分布；采用滴灌或地膜覆盖和膜下灌水，降低温室内湿度，控制地面温度；采用大小行定植，去掉侧枝、病叶和老叶，改善行间和下部通风透光；正常天气"一日三放风"。

（4）弥粉法喷粉。参照本书"弥粉法施药防治设施蔬菜病害技术"进行操作，以精量电动弥粉机喷施农药微粉剂套餐，药剂分布均匀，不增加温室湿度。药物喷施后被植物迅速吸收，无白药粉残留，不会影响叶片光合作用。喷粉不受天气影响，在低温寡照和阴雨天气均可施用。80米长的日光温室，整棚施药仅需4～5分钟，省工省力。配套药剂具有多个套装，一喷多防（表4）。

表4 微粉系列产品

| 类别 | 成分 | 主要防治病虫害 | 兼防病虫害 |
|---|---|---|---|
| 高效多元杀菌套装 | 50%烯酰吗啉可湿性粉剂<br>10%氨基酸叶面肥 | 霜霉病、晚疫病 | 疫病 |
| | 50%异菌脲可湿性粉剂<br>60%乙霉威·多菌灵可湿性粉剂 | 灰霉病 | 棒孢叶斑病、菌核病 |
| | 50%腐霉利可湿性粉剂<br>60%乙霉威·多菌灵可湿性粉剂 | 黄瓜棒孢叶斑病 | 灰霉、菌核病 |
| | 30%醚菌酯可湿性粉剂 | 白粉病 | 锈病、叶霉病 |
| | 30%氟菌唑可湿性粉剂<br>10%氨基酸叶面肥 | 白粉病 | 锈病、叶霉病 |
| | 75%百菌清可湿性粉剂<br>10%氨基酸叶面肥 | 预防各种真菌性病害 | |
| | 16%二氰·吡唑酯可湿性粉剂<br>10%氨基酸叶面肥 | 炭疽病 | 叶斑、叶霉病 |
| 生物杀菌套装 | 5亿芽孢/克荧光假单胞可湿性粉剂<br>10%氨基酸叶面肥 | 细菌性角斑病、细菌性茎软腐病（流胶病）、细菌性斑点病 | 其他细菌性病害 |

表4　（续）

| 类别 | 成分 | 主要防治病虫害 | 兼防病虫害 |
|---|---|---|---|
| 生物杀菌套装 | 100亿芽孢/克枯草芽孢杆菌可湿性粉剂 | 灰霉病、白粉病 | 预防细菌性病害 |
| | 10%氨基酸叶面肥 | | |
| 混发病害套装 | 50%烯酰吗啉可湿性粉剂+10%氨基酸叶面肥+50%腐霉利可湿性粉剂+5亿芽孢/克荧光假单胞可湿性粉剂 | 霜霉病、灰霉病、细菌性病等 | 预防多种真菌性病害 |
| 高效杀虫套装 | 50%吡蚜·呋虫胺可湿性粉剂 | 蚜虫 | 粉虱 |
| | 5%啶虫脒可湿性粉剂 | | |

（5）高效低风险杀菌剂和杀虫剂精准使用技术。选用尚未发生抗药性问题的高效、持续期长和安全间隔期长的药剂（表5），对症、精准、交替用药，一喷多防。阴雨天不适合喷雾时可采取喷粉和熏蒸方式施用。采用喷雾、喷粉和熏蒸多种施药方式，可以减少化学农药的使用次数及用量，提高防治效果。

表5　高效低风险杀菌剂和杀虫剂

| 病害 | 药剂名称 | 用量 | 施用方法 |
|---|---|---|---|
| 霜霉病 | 10%氟噻唑吡乙酮可分散油悬浮剂+80%代森锰锌可湿性粉剂 | 13～20毫升/亩+170～250克/亩 | 喷雾 |
| | 66.8%丙森·缬霉威可湿性粉剂 | 100～133克/亩 | 喷雾 |
| | 687.5克/升氟菌·霜霉威悬浮剂 | 60～75毫升/亩 | 喷雾 |
| | 47%烯酰·唑醚菌悬浮剂 | 40～60毫升/亩 | 喷雾 |
| 白粉病、炭疽病、棒孢叶斑病、黑星病 | 43%氟菌·肟菌酯悬浮剂 | 5～25毫升/亩 | 喷雾 |
| | 42.4%唑醚·氟酰胺悬浮剂 | 10～25毫升/亩 | 喷雾 |
| | 75%肟菌·戊唑醇水分散粒剂 | 10～15克/亩 | 喷雾 |
| | 12%苯甲·氟酰胺悬浮剂 | 56～70毫升/亩 | 喷雾 |
| | 25%吡唑醚菌酯悬浮剂 | 40～60毫升/亩 | 喷雾 |
| 灰霉病 | 30%咯菌腈悬浮剂 | 9～12毫升/亩 | 喷雾 |
| | 25%啶菌噁唑乳油 | 53～107毫升/亩 | 喷雾 |
| | 43%氟菌·肟菌酯悬浮剂 | 30～45毫升/亩 | 喷雾 |
| | 38%唑醚·啶酰菌水分散粒剂 | 40～50克/亩 | 喷雾 |
| | 30%啶酰·咯菌腈悬浮剂 | 45～60毫升/亩 | 喷雾 |
| 菌核病 | 200克/升氟唑菌酰羟胺悬浮剂 | 50～65毫升/亩 | 喷雾 |
| | 40%菌核净可湿性粉剂 | 100～150克/亩 | 喷雾 |

表5 （续）

| 病害 | 药剂名称 | 用量 | 施用方法 |
|---|---|---|---|
| 叶霉病 | 43%氟菌·肟菌酯悬浮剂 | 20～30毫升/亩 | 喷雾 |
| | 42.4%唑醚·氟酰胺悬浮剂 | 20～30毫升/亩 | 喷雾 |
| | 12%苯甲·氟酰胺悬浮剂 | 40～67毫升/亩 | 喷雾 |
| 细菌性角斑病、流胶病、溃疡病 | 46%氢氧化铜水分散粒剂 | 30～60克/亩 | 喷雾 |
| | 50%春雷·王铜可湿性粉剂 | 60～80克/亩 | 喷雾 |
| | 30%噻唑锌悬浮剂 | 80～100毫升/亩 | 喷雾 |
| | 3%中生菌素可湿性粉剂 | 95～110克/亩 | 喷雾 |
| | 0.3%四霉素水剂 | 50～65毫升/亩 | 喷雾 |
| 蓟马 | 60克/升乙基多杀菌素悬浮剂 | 10～20毫升/亩 | 喷雾 |
| | 25%噻虫嗪水分散粒剂 | 15～20克/亩 | 喷雾 |
| | 20%啶虫脒可溶液剂 | 7.5～10毫升/亩 | 喷雾 |
| | 10%溴氰虫酰胺可分散油悬浮剂 | 33.3～40毫升/亩 | 喷雾 |
| 粉虱 | 10%溴氰虫酰胺可分散油悬浮剂 | 33.3～40毫升/亩 | 喷雾 |
| | 25%噻虫嗪水分散粒剂 | 10～12克/亩 | 喷雾 |
| | 65%吡蚜·螺虫酯水分散粒剂 | 10～12克/亩 | 喷雾 |
| | 17%氟吡呋喃酮可溶液剂 | 30～40毫升/亩 | 喷雾 |
| 蚜虫 | 25%噻虫嗪水分散粒剂 | 4～8克/亩 | 喷雾 |
| | 50%吡蚜酮水分散粒剂 | 10～15克/亩 | 喷雾 |
| | 10%溴氰虫酰胺可分散油悬浮剂 | 33.3～40毫升/亩 | 喷雾 |
| | 50%氟啶虫酰胺水分散粒剂 | 6～10克/亩 | 喷雾 |
| 斑潜蝇 | 1.8%阿维菌素乳油 | 25～30毫升/亩 | 喷雾 |
| | 80%灭蝇胺水分散粒剂 | 15～18克/亩 | 喷雾 |
| | 10%溴氰虫酰胺可分散油悬浮剂 | 14～18毫升/亩 | 喷雾 |
| | 25%乙基多杀菌素水分散粒剂 | 11～14克/亩 | 喷雾 |
| 瓜绢螟 | 1.8%阿维菌素乳油 | 30～40毫升/亩 | 喷雾 |
| | 10%溴氰虫酰胺可分散油悬浮剂 | 14～18毫升/亩 | 喷雾 |
| | 200克/升氯虫苯甲酰胺悬浮剂 | 7～10毫升/亩 | 喷雾 |
| 叶螨 | 1.8%阿维菌素乳油 | 15～20毫升/亩 | 喷雾 |
| | 73%炔螨特乳油 | 25～35毫升/亩 | 喷雾 |

注：发病前用药，每亩地喷施药液量45～60升，可根据植株高度及密度来调整喷药液量。

（6）高效环保助剂的应用。卵磷脂·维生素E悬浮剂作为天然环保型的农药减施增效助剂，能显著降低农药喷雾溶液的表面张力，提高药液的附着性能及耐雨水冲刷能力，使药液在叶面迅速铺展，增加植物组织对农药的吸收，显著提高农药利用率。选用药剂兑水稀释喷雾进行病虫害防治时，每亩使用9～12毫升卵磷脂·维生素E悬浮剂，减少约20%的农药使用量。

## 4　水肥管理技术

### 4.1　有机肥替代化肥与土壤调理剂应用技术

参照本书“设施蔬菜有机肥/秸秆替代化肥技术”进行操作。黄瓜每亩施腐熟有机肥（腐熟牛粪或腐熟牛粪与腐熟秸秆的混合物最佳）6～8立方米，或者商品有机肥1.5～2吨，复合肥30～35千克作基肥（低磷化肥品种）。番茄每亩施腐熟有机肥（腐熟牛粪或腐熟牛粪与腐熟秸秆的混合物最佳）5～7立方米，或者商品有机肥1.5～2吨，复合肥25～30千克作基肥（低磷化肥品种）。

针对次生盐渍化、酸化等土壤连作障碍，黄瓜/番茄每亩补施100千克的生物有机肥或者土壤调理剂。

### 4.2　越冬长茬黄瓜/番茄生育期间追肥结合水分滴灌同步进行

参照本书“基于发育阶段的设施番茄和黄瓜水肥一体化技术”进行操作。黄瓜/番茄定植至开花期间选用大量元素水溶性肥料（生根壮秧高氮型滴灌专用肥——黄博1号，$N-P_2O_5-K_2O=22-12-16+TE+BS$，或氮磷钾配方相近的完全水溶性肥料），每亩每次5.0～7.5千克，定植后7～10天第1次滴灌追肥，之后约15天1次（温度较高季节7天左右1次）。开花后至拉秧期间，黄瓜选用高钾高氮型滴灌专用肥（如$N-P_2O_5-K_2O=20-8-22+TE+BS$，或氮磷钾配方相近的完全水溶性肥料），每亩每次10.0～12.5千克，温度较低季节15天左右1次，温度较高季节7～10天1次；番茄选用大量元素水溶性肥料（膨果靓果高钾型滴灌专用肥——黄博2号，$N-P_2O_5-K_2O=19-6-25+TE+BS$，或氮磷钾配方相近的完全水溶性肥料），每亩每次7.5～12.5千克，温度较低季节15天左右1次，温度较高季节10天左右1次。

### 4.3　化肥减量与高效平衡施肥技术

没有滴灌条件的采用膜下沟灌，参照本书“设施番茄和黄瓜化肥减量与高效平衡施肥技术”。在土壤中等肥力水平，黄瓜目标产量18～20吨/亩情况下，N、$P_2O_5$和$K_2O$适宜用量分别为55～62、20～22和54～60千克/亩；在番茄目标产量10～12吨/亩情况下，N、$P_2O_5$和$K_2O$适宜用量分别为31～37、10～12和44～53千克/亩。推荐的N、$P_2O_5$和$K_2O$总量根据土壤肥力状况、黄瓜/番茄不同生育阶段需肥规律，按基肥、追肥比例及追肥次数进行分配。基肥施用同上，生育期间追肥结合水分沟灌同步进行。温室越冬长茬番茄一般每株保留7～9穗果，每穗果膨大到乒乓球大小时进行追肥，全生育期分7～9次随水追肥，每次追施高浓度化肥（$N+P_2O_5+K_2O \geqslant 50\%$，尽量选用高钾低磷型冲施肥、水溶性肥料等品种）10～13千克，或尿素4～5千克和硫酸钾5～6千克。

设施越冬长茬黄瓜全生育期分12～14次随水追肥，一般在初花期和结瓜期根据采果情况每7～10天追肥1次，每次追施高浓度化肥（$N+P_2O_5+K_2O \geqslant 50\%$，尽量选用高钾高氮低磷型冲施肥、水溶性肥料等品种）8～10千克，或尿素4～5千克和硫酸钾4～5千克。

## 5 模式注意事项

日光消毒土壤技术应注意时间节点，在夏天高温季节和空闲期实施。

根据黄瓜/番茄长势、气候条件、土壤水分和温室湿度等情况，调节滴灌或膜下沟灌追肥时间和用量。

## 6 适宜地区

该技术模式成熟，适宜在我国北方日光温室越冬长茬黄瓜和番茄上应用推广。

## 7 联系方式

集成模式依托单位1：河北省农林科学院植物保护研究所

联系人：王文桥，路粉

联系电话：13582207929，13653321206

电子邮箱：wenqiaow@163.com

集成模式依托单位2：中国农业科学院农业资源与农业区划研究所

联系人：黄绍文，张怀志

联系电话：13910305686，13683184144

电子邮箱：huangshaowen@caas.cn

# 河北青县大棚黄瓜化肥农药减施增效技术模式

## 1　背景简介

青县隶属河北省沧州市，位于华北平原东部。青县气候属温带半湿润大陆性季风气候，四季分明。年均气温12.1℃，年日照2 769.8小时，无霜期180天，年均降水量618毫米。

青县每年瓜菜播种面积达到44万亩，先后成为“中国蔬菜之乡”“全国蔬菜产业重点县”“全国农业标准化示范县”“河北省蔬菜产业示范县”“河北省现代农业园区”。青县大棚以全竹结构为主，享有“青县水立方”的美誉。黄瓜、羊角脆甜瓜是青县蔬菜的两大品种，黄瓜年种植面积达到17万亩。大棚黄瓜的种植茬口主要为春茬和秋延后茬。春茬黄瓜一般2月定植，6—7月拉秧。秋延后茬黄瓜一般8月定植，10—11月拉秧。黄瓜苗期病害主要有立枯病和猝倒病，害虫主要有粉虱。成株期黄瓜病害主要有霜霉病、灰霉病、白粉病、棒孢叶斑病、黑星病、细菌性角斑病和炭疽病，其中霜霉病和灰霉病较重。害虫主要有蚜虫、粉虱、蓟马、斑潜蝇和瓜绢螟，其中蚜虫和粉虱较为严重。在大棚黄瓜生产过程中，由于栽培管理及病虫害防治粗放，连作，病虫害防治过度依赖化学防治，轻预防重治疗，缺少精准防治方法，过度施用化肥和农药现象普遍存在，化肥和农药利用率低，导致土壤连作障碍，盐渍化，农药残留超标。为此，研发引用关键减肥、减药和高产栽培技术，并集成为“大棚黄瓜化肥农药减施增效技术模式”在河北省青县黄瓜产区示范推广，明显减少化肥、农药施用量，减少施药次数，明显提高农药、化肥有效利用率，改善黄瓜品质，收到良好的增产效果，增加农民收益，改善当地生态环境。

## 2　栽培技术

大棚为全竹结构，具有土地利用率高、性能稳定和效益显著等优点，被农业农村部专家誉为“青县水立方式大棚”。单棚建造面积一般为2.5～6亩，肩高1.7～1.8米，顶高3米。透明覆盖材料为流滴消雾膜，无加温（图1）。

黄瓜品种主要是‘德瑞特’系列品种。种子一般经过温汤浸种处理直接下播，少数农户选用基质穴盘育苗再移栽定植。起垄不分大小行，行距为50厘米，株距为30厘米。春茬黄瓜定植密度一般为2 400～2 500株/亩，秋延后茬黄瓜定植密度一般为2 200～2 300株/亩，灌溉方式为膜下沟灌。

图1 塑料大棚外观及内部结构

## 3 病虫害防治技术

### 3.1 苗期病虫害管理技术

使用250克/升嘧菌酯悬浮剂（30～40毫升/亩）喷淋黄瓜茎基部或土表防治立枯病、猝倒病，或以30%噻呋·吡唑酯悬浮剂（30～60毫升/亩）喷淋茎基部或土表防治立枯病，或使用722克/升霜霉威盐酸盐水剂（5～8毫升/平方米）浇灌苗床防治猝倒病，或以3%甲霜·噁霉灵粉剂（22～25克/平方米）拌土防治猝倒病；喷施250克/升嘧菌酯悬浮剂（60～90毫升/亩）预防白粉病；喷施722克/升霜霉威盐酸盐水剂（60～100毫升/亩）预防霜霉病；使用19%溴氰虫酰胺悬浮剂（4.1～5毫升/平方米）喷淋苗床或兑水稀释蘸根预防粉虱、蓟马、蚜虫和斑潜蝇；喷施2.5%高效氯氟氰菊酯微囊悬浮剂（0.8毫升/平方米）防治瓜绢螟。喷雾施药间隔期7～10天。

### 3.2 成株期病虫害管理技术

（1）物理防控。参照本书“新型诱虫板监测和防治蓟马”进行操作。

（2）生物农药与化学农药协调使用。施用1 000亿芽孢/克枯草芽孢杆菌可湿性粉剂（70～80克/亩）、10%多抗霉素可湿性粉剂（100～140克/亩）、3%中生菌素可湿性粉剂（56～100克/亩）和2%苦参碱水剂（24～40毫升/亩）等生物农药（表1）或75%百菌清可湿性粉剂（100～147克/亩）、80%代森锰锌可湿性粉剂（130～225克/亩）等广谱性保护剂预防发病，苦参碱还能防治蚜虫，间隔期10～14天。在病虫害发生后，将不同作用机理、有治疗作用和低风险高效内吸剂交替喷施或桶混使用，间隔期7～10天，防治黄瓜病害常见生物农药见本书“河北定兴日光温室越冬长茬黄瓜或番茄化肥农药减施增效技术模式”中表1。

（3）生态控病。选用长寿无滴、防雾功能膜，保持表面无灰尘；采用地膜覆盖和膜下灌水，降低棚内湿度，控制地面温度；及时去掉侧枝、病叶和老叶，改善行间和下部通风透光；温度较低时放顶风，温度较高时，放顶风和侧风。

（4）精量电动弥粉机喷粉。采用精量电动弥粉机喷施农药微粉剂套餐，药剂分布均匀，不增加棚内湿度，在低温寡照和阴雨天气均可施用，省工省力。药物喷施后吸收迅速，黄瓜无白药粉残留，不会影响叶片光合作用。配套药剂具有多个套装，一喷多防，微粉系列产品见本书“河北定兴日光温室越冬长茬黄瓜或番茄化肥农药减施增效技术模式”中表4。

（5）高效低风险杀菌剂和杀虫剂精准使用。选用尚未发生抗药性的高效、持续期长和安全间隔期长的药剂，对症、精准、交替用药，一喷多防。阴雨天不适合喷雾时可采取喷粉和熏蒸方式施药。采用喷雾、喷粉和熏蒸多种施药方式，可以减少化学农药喷施次数及用量，提高防治效果（表1）。

表1 黄瓜病虫害防治用药方案

| 施药阶段 | 防治对象 | 药剂名称及用量 | 施用方法 | 施用方法 |
|---|---|---|---|---|
| 苗期—定植期 | 苗期猝倒病、立枯病、枯萎病、根腐病 | 3%甲霜·噁霉灵粉剂（22～25克/平方米）；722克/升霜霉威盐酸盐水剂（5～8毫升/平方米）；75%百菌清可湿性粉剂（100～213克/亩） | 拌土；浇灌苗床；喷雾 | 1～2次 |
| | 防治多种虫害 | 0.3%印楝素乳油（50～80毫升/亩）、8 000 IU/微升苏云金杆菌悬浮剂（200～300毫升/亩） | 喷雾 | 1～2次 |
| 定植后 | 晴好天气，预防霜霉病、白粉病等病害 | 1 000亿芽孢/克枯草芽孢杆菌可湿性粉剂（70～84毫升/亩）、80%代森锰锌可湿性粉剂（130～225克/亩）、75%百菌清可湿性粉剂（100～213克/亩） | 喷雾 | 1～2次 |
| | 阴雨天预防霜霉病、棒孢叶斑病等病害 | 微粉系列产品见表2；10%百菌清烟剂（600～800克/亩） | 喷粉；烟熏 | 1～2次 |
| | 阴雨天防治蚜虫、粉虱 | 15%异丙威烟剂（250～300克/亩） | 烟熏 | 1～2次 |
| | 诱抗剂 | 3%氨基寡糖素水剂（45～100毫升/亩） | 喷雾 | 2次 |
| | 霜霉病 | 687.5克/升氟菌·霜霉威悬浮剂（60～75毫升/亩）、10%氟噻唑吡乙酮可分散油悬浮剂（13～20毫升/亩）+80%代森锰锌可湿性粉剂（170～250克/亩）、66.8%丙森·缬霉威可湿性粉剂（100～133克/亩）、50%烯酰吗啉可湿性粉剂（30～40克/亩） | 喷雾 | 轮换使用3～4次 |
| | 白粉病、炭疽病、棒孢叶斑病 | 43%氟菌·肟菌酯悬浮剂（5～25毫升/亩）、42.4%唑醚·氟酰胺悬浮剂（10～25毫升/亩）、75%肟菌·戊唑醇水分散粒剂（10～15克/亩）、12%苯甲·氟酰胺悬浮剂（56～70毫升/亩）、25%吡唑醚菌酯悬浮剂（40～60毫升/亩） | 喷雾 | 轮换使用3～4次 |
| | 灰霉病、菌核病 | 43%氟菌·肟菌酯悬浮剂（30～40毫升/亩）、42.4%唑醚·氟酰胺悬浮剂（20～30毫升/亩）、38%唑醚·啶酰菌水分散粒剂（40～50克/亩）、40%啶酰·咯菌腈悬浮剂（45～60毫升/亩） | 喷雾 | 轮换使用2～3次 |

表1 （续）

| 施药阶段 | 防治对象 | 药剂名称及用量 | 施用方法 | 施用方法 |
|---|---|---|---|---|
| 定植后 | 细菌性角斑病、流胶病 | 46%氢氧化铜水分散粒剂（30～60克/亩）、50%春雷·王铜可湿性粉剂（60～80克/亩）、30%噻唑锌悬浮剂（80～100毫升/亩）、3%中生菌素可湿性粉剂（95～110克/亩） | 喷雾 | 轮换使用2～3次 |
| | 瓜绢螟 | 1.8%阿维菌素乳油（30～40毫升/亩）、10%溴氰虫酰胺可分散油悬浮剂（14～18毫升/亩）、200克/升氯虫苯甲酰胺悬浮剂（7～10毫升/亩） | 喷雾 | 1～2次 |
| | 粉虱 | 22%氟啶虫胺腈悬浮剂（15～23毫升/亩）、10%溴氰虫酰胺可分散油悬浮剂（33.3～40毫升/亩）、17%氟吡呋喃酮可溶液剂（30～40毫升/亩） | 喷雾 | 1～2次 |
| | 蚜虫 | 50%吡蚜酮水分散粒剂（10～15克/亩）、10%溴氰虫酰胺可分散油悬浮剂（33.3～40毫升/亩）、50%氟啶虫酰胺水分散粒剂（6～10克/亩）、22%氟啶虫胺腈悬浮剂（7.5～12.5毫升/亩） | 喷雾 | 1～2次 |
| | 蓟马 | 60克/升乙基多杀菌素悬浮剂（10～20毫升/亩）、10%溴氰虫酰胺可分散油悬浮剂（33.3～40毫升/亩） | 喷雾 | 1～2次 |
| | 斑潜蝇 | 1.8%阿维菌素乳油（25～30毫升/亩）、10%溴氰虫酰胺可分散油悬浮剂（14～18毫升/亩）、25%乙基多杀菌素水分散粒剂（11～14克/亩） | 喷雾 | 1～2次 |
| | 螨 | 1.8%阿维菌素乳油（15～20毫升/亩）、73%炔螨特乳油（25～35毫升/亩） | 喷雾 | 1～2次 |

注：喷雾施药每亩地喷施药液量45～60升，随着植株生长高度可适当调整。

（6）高效环保助剂的应用。卵磷脂·维生素E悬浮剂作为天然环保型的农药减施增效助剂，能显著降低农药喷雾溶液的表面张力，提高药液的附着性能及耐雨水冲刷能力，使药液在叶面迅速铺展，增加植物组织对农药的吸收，显著提高农药利用率。选用药剂兑水稀释喷雾进行病虫害防治时，在保证防治效果的前提下，每亩使用卵磷脂·维生素E悬浮剂9～12毫升可减少约20%的药剂使用量。

## 4 水肥管理技术

### 4.1 有机肥替代化肥与土壤调理剂应用技术

参照本书“设施蔬菜有机肥/秸秆替代化肥技术”进行操作。

春茬黄瓜每亩施腐熟有机肥4～6立方米（或商品有机肥1.2～1.5吨），低磷复合肥35～45千克，生物有机肥或土壤调理剂100千克。

秋延茬黄瓜每亩施腐熟有机肥（腐熟牛粪或腐熟牛粪与腐熟秸秆的混合物最佳）1～3立方米，或商品有机肥0.5吨，化肥20～25千克/亩。针对次生盐渍化、酸化等障碍，每亩补施60千克土壤调理剂。

### 4.2　化肥减量与高效平衡施肥技术

参照本书“设施番茄和黄瓜化肥减量与高效平衡施肥技术”进行操作。

春茬黄瓜生育期间追肥结合水分膜下沟灌同步进行。定植至开花期间，选用矿物源腐殖酸和大量元素水溶性肥料（黄博1号，$N-P_2O_5-K_2O$=22-12-16+TE+BS，或氮磷钾配方相近的水溶性肥料），每亩每次2.5千克矿物源腐殖酸和5.0千克高氮型专用水溶肥，定植后10天左右1次，定植至开花期间膜下沟灌追肥2次。开花后至拉秧期间，选用高氮钾型水溶性肥料（如$N-P_2O_5-K_2O$=20-8-22+TE+BS，或氮磷钾配方相近的水溶性肥料），每亩每次20～25千克，间隔15～20天膜下沟灌追肥1次，开花后至拉秧期间预计膜下沟灌追肥6～8次。

秋延后茬黄瓜生育期间追肥结合水分膜下沟灌同步进行。定植至开花期间，选用大量元素水溶性肥料（生根壮秧高氮型滴灌专用肥——黄博1号，$N-P_2O_5-K_2O$=22-12-16+TE+BS），每亩每次10千克，间隔约10天冲施1次，共1次。开花后至拉秧期间，施用高氮钾型水溶性肥料（$N-P_2O_5-K_2O$=22-8-20），每亩每次20千克，间隔10～15天冲施1次，预计3次。

春茬黄瓜化肥养分用量为80千克/亩，黄瓜目标产量10～12吨/亩。秋延后茬黄瓜化肥养分用量为60千克/亩，目标产量为5～7吨/亩。

## 5　模式注意事项

根据黄瓜长势、气候条件、土壤水分和棚内湿度等情况，调节膜下沟灌追肥时间和用量。

## 6　适宜地区

该技术模式成熟，适宜我国北方、长江流域及黄淮海流域大棚栽培的黄瓜上应用。

## 7　联系方式

集成模式依托单位1：河北省农林科学院植物保护研究所

联系人：王文桥，路粉

联系电话：13582207929，13653321206

电子邮箱：wenqiaow@163.com

集成模式依托单位2：中国农业科学院农业资源与农业区划研究所

联系人：黄绍文，张怀志

联系电话：13910305686，13683184144

电子邮箱：huangshaowen@caas.cn

# 河北乐亭日光温室越冬长茬黄瓜化肥农药减施增效技术模式

## 1 背景简介

乐亭县隶属于河北省唐山市，地处唐山市东南部，环抱京唐港，毗邻唐山曹妃甸，是河北第一沿海大县。乐亭县属暖温带滨海半湿润大陆性季风气候类型区。四季分明，年平均气温10℃左右。年平均降水量为613.2毫米，年降水总量为7.94亿立方米。

乐亭县种植温室黄瓜已有15年以上历史，全县温室黄瓜种植面积3.5万亩左右。栽培茬口为一年一作越冬黄瓜，9－10月定植，11月采瓜，翌年5月拉秧，种植品种主要是唐山秋瓜系列品种，如‘绿宝冠’等。本底调查结果表明，由于长期种植同一种类蔬菜，病虫害日益严重，土壤盐渍化程度加深。过度使用化肥和农药现象普遍存在。整个生育期有机肥施用量大，主要为猪粪或牛粪，有机肥投入1 500～2 000元/亩，化肥包括底肥和追肥，投入4 000～5 000元/亩。生长期间，主要病害为霜霉病、细菌性角斑病、白粉病、黑星病、棒孢叶斑病、灰霉病、细菌性流胶病等。土传病害不严重，根结线虫病发生较少，主要虫害为蚜虫、白粉虱等。全生育期农药投入2 000～3 000元/亩。为此，集成了“日光温室越冬长茬黄瓜化肥农药减施增效技术模式”，在河北省乐亭进行了示范推广，明显减少了化肥农药施用量，提高了化肥农药利用率，改善了黄瓜品质，增加了农民收益。

## 2 栽培技术

### 2.1 棚型、保温方式

设施主要为厚土墙竹木结构日光温室，温室内整个种植面下沉0.5米，跨度7～8米，长度50～100米，高不超过4米，土墙底部厚5米左右，顶厚3米。透明材料为PO膜，不透明覆盖材料为双层草苫。温室内不加温（图1）。

图1 土后墙竹木结构日光温室

### 2.2 抗病品种的选择

砧木选用抗根结线虫、抗逆性强、亲和力好的南瓜品种。接穗选用耐低温弱光、品质好的黄瓜品种。

### 2.3 培育健壮嫁接苗

（1）种子。种子质量符合GB/T 16715.1—2010《瓜菜作物种子 第一部分：瓜类》。

（2）苗盘准备。砧木育苗选用72孔的标准穴盘，接穗育苗选用55厘米×27.5厘米平盘。

（3）基质配置。草炭、蛭石和珍珠岩配比为3：1：1（体积比），每立方米基质中加入1.5千克氮磷钾复混肥（$N$-$P_2O_5$-$K_2O$=18-18-18）。或者选用育苗专用基质。

（4）嫁接。嫁接方法与嫁接苗管理参照DB13/T 2844—2018执行（图2～图5）。

（5）壮苗标准。3叶1心，苗高15～18厘米，茎粗0.5厘米左右，嫁接口愈合良好，嫁接口高度4～6厘米，砧木和接穗子叶完好、呈绿色，叶色正常健康，苗生长整齐，根系完整、呈白色。

图2 播在穴盘内的砧木苗，第1片真叶手指头肚大小时嫁接

图3 播在育苗盘内的黄瓜苗，子叶刚展平时嫁接

图4 黄瓜顶插接

图5 黄瓜嫁接成活后的苗床

### 2.4 定植

9月下旬至10月上旬定植，采取大小行定植，大行距70厘米，小行距50厘米，株距30厘米，定植密度3 700株/亩，定植后浇透水。

### 2.5 植株调整

定植后1周左右，进行植株吊蔓。及时去除雄花、打掉卷须和侧枝，及时摘除化瓜、弯瓜、畸形瓜，及时打掉下部的老黄叶和病叶。植株长至吊绳顶部时，应及时落蔓。

### 2.6 灌溉方式

采取膜下滴灌或膜下沟灌。

### 2.7 水肥一体化系统配置（施肥器、滴灌主管、副管）

滴灌主管为PVC管，副管为PE管，施肥器为自研的手提泵（图6）。

## 3 病虫害防治技术

### 3.1 玉米填闲技术

（1）玉米种植。5月底至6月初，将上茬作物的残体清除干净后，不需施基肥，直接在上茬种植区点播玉米，行距50厘米，株距25厘米。采用常规水分管理方式进行栽培管理。

（2）秸秆还田。8月上旬，利用秸秆还田机将日光温室内种植的玉米秸秆进行粉碎，在粉碎的玉米秸秆上均匀撒入1千克/亩的秸秆腐熟剂和15千克/亩的尿素，利用深松犁深翻土壤35厘米左右。秸秆还田可与高温闷棚同时进行。

通过种植玉米吸收土壤中残留的过剩的养分缓解土壤盐渍化，通过秸秆还田调节土壤中C/N比改善土壤环境、培肥土壤肥力，从而减少土传病害的发生（图7）。

图6　手提泵

图7　玉米填闲

### 3.2　高温闷棚技术

参照本书“节能环保型设施土壤日光消毒技术”进行操作。

### 3.3　日光温室环境调控技术

（1）棚膜的选择。棚膜应选择透光率高、流滴性强、保温能力强、耐老化，厚度0.12～0.15毫米的塑料膜，宜选择PO膜。

（2）放风口的设置。日光温室设置底风口和顶风口，除温度较高的夏秋季需放腰风外，一般只需利用顶风口放风来调节日光温室内温湿度。

（3）温湿度管理。

① 定植到缓苗。定植后密闭温室，白天室温控制在28～32℃，超过32℃时及时放风，夜间20～22℃，保持相对湿度在90%，以促进缓苗。

② 缓苗后至结瓜前。此期以促根控秧为主，白天室温控制在25～28℃，中午前后不超过30℃，地温不得低于15℃，室温超过30℃开始通风排湿，降到20～22℃时关闭风口。前半夜16～20℃，后半夜降到13～15℃，最低不能低于13℃。阴雨天进行短时间通风0.5小时，以换气排湿，湿度控制在70%左右。

③ 结瓜期（冬季）。“四段”变温管理，上午光合作用最强，室温控制在26～

32℃，下午室温控制在20～24℃，温室室温下降到17℃时盖草苫，前半夜为养分运输阶段，室温15～17℃，后半夜为养分消耗阶段，室温易低，控制在10～12℃。阴雪天气应酌情通风，以降湿、换气。

④结瓜期（春季）。"四段"变温管理，8—13时，室内气温控制在26～32℃，超过30℃时通风；13—17时，室温控制在20～25℃；17—24时，室温控制在16～20℃；0—8时，室温控制在13～15℃。若阴天，光照较差时，可适当降低温度指标。

### 3.4　病虫害防治技术

黄瓜定植后，未发病时，使用生防菌剂或者保护性杀菌剂预防病害。发病初期，及时选择高效持效期长的药剂治疗病害。严重发病期，选择高效、持效期长、多功能或者广谱性混剂，一喷多防见表1。

**表1　不同生育期防治各种病虫害的药剂名称、使用方法及使用次数**

| 施药日期 | 防治对象 | 预防/治疗 | 有效成分（药剂名称） | 施用方式 | 施药倍数（施药量） | 间隔期 | 使用次数 |
|---|---|---|---|---|---|---|---|
| 苗期 | 立枯病、猝倒病 | 预防、治疗 | 30%甲霜·噁霉灵水剂 | 苗床喷淋结合灌根 | 500～700倍液 | 7～10天 | 1～2次 |
| | 猝倒病 | 预防、治疗 | 72.2%霜霉威盐酸盐水剂 | 苗床浇灌 | 600倍液 | 7～10天 | 轮换使用1～2次 |
| | | | 75%百菌清可湿性粉剂 | 苗床喷淋 | 600倍液 | 7～10天 | |
| 定植后至拉秧 | 霜霉病 | 预防 | 10%氰霜唑悬浮剂 | 喷雾 | 30毫升/亩 | 7～10天 | 轮换使用20～25次 |
| | | | 68.75%噁酮·锰锌水分散粒剂 | 喷雾 | 45克/亩 | 7～10天 | |
| | | | 10%氟噻唑吡乙酮可分散油悬浮剂+80%代森锰锌可湿性粉剂 | 喷雾 | 15～20毫升/亩+170～250克/亩 | 7～10天 | |
| | | 治疗 | 68.75%氟菌·霜霉威悬浮剂 | 喷雾 | 75毫升/亩 | 7～10天 | |
| | | | 50%烯酰吗啉可湿性粉剂 | 喷雾 | 30克/亩 | 7～10天 | |
| | 白粉病、炭疽病、棒孢叶斑病 | 预防 | 32.5%苯甲·嘧菌酯悬浮剂 | 喷雾 | 45毫升/亩 | 7～10天 | 轮换使用7～8次 |
| | | | 10%苯醚甲环唑水分散粒剂 | 喷雾 | 45克/亩 | 7～10天 | |
| | | | 25%嘧菌酯悬浮剂 | 喷雾 | 30～40毫升/亩 | 7～10天 | |
| | | 治疗 | 75%肟菌·戊唑醇水分散粒剂 | 喷雾 | 10～15克/亩 | 7～10天 | |
| | | | 43%氟菌·肟菌酯悬浮剂 | 喷雾 | 10毫升/亩（白粉病）22.5毫升/亩（棒孢叶斑病、炭疽病） | 7～10天 | |
| | | | 42.4%唑醚·氟酰胺悬浮剂 | 喷雾 | 18毫升/亩 | 7～10天 | |

表1 （续）

| 施药日期 | 防治对象 | 预防/治疗 | 有效成分（药剂名称） | 施用方式 | 施药倍数（施药量） | 间隔期 | 使用次数 |
|---|---|---|---|---|---|---|---|
| 定植后至拉秧 | 灰霉病 | 预防 | 25克/升咯菌腈种子处理悬浮剂 | 蘸花 | 200～300倍液 | 7～10天 | 轮换使用2～3次 |
| | | | 50%腐霉利可湿性粉剂 | 喷雾 | 45克/亩 | 7～10天 | |
| | | | 50%异菌脲可湿性粉剂 | 喷雾 | 50克/亩 | 7～10天 | |
| | | 治疗 | 50%啶酰菌胺水分散粒剂 | 喷雾 | 40克/亩 | 7～10天 | |
| | | | 62%嘧环·咯菌腈水分散粒剂 | 喷雾 | 15～30克/亩 | 7～10天 | |
| | | | 43%氟菌·肟菌酯悬浮剂 | 喷雾 | 30毫升/亩 | 7～10天 | |
| | 细菌性角斑病、流胶病 | 预防、治疗 | 3%中生菌素可湿性粉剂 | 喷雾 | 75～100克/亩 | 7～10天 | 轮换使用3～4次 |
| | | | 46%氢氧化铜可湿性粉剂 | 喷雾 | 56.25克/亩 | 7～10天 | |
| | | | 47%春雷·王铜可湿性粉剂 | 喷雾 | 56.25～75克/亩 | 7～10天 | |
| | 瓜绢螟 | 预防、治疗 | 20%氯虫苯甲酰胺悬浮剂 | 喷雾 | 15毫升/亩 | 7～10天 | 1～2次 |
| | 蚜虫、烟粉虱 | 预防、治疗 | 22%氟啶虫胺腈悬浮剂 | 喷雾 | 15毫升/亩 | 7～10天 | 轮换试用1～2次 |
| | | | 10%溴氰虫酰胺悬浮剂 | 喷雾 | 60毫升/亩 | 7～10天 | |
| | | | 40%吡蚜·呋虫胺悬浮剂 | 喷雾 | 30毫升/亩 | 7～10天 | |
| | 蓟马 | 预防、治疗 | 60克/升乙基多杀菌素悬浮剂 | 喷雾 | 15毫升/亩 | 7～10天 | 轮换试用1～2次 |
| | | | 10%溴氰虫酰胺可分散油悬浮剂 | 喷雾 | 60毫升/亩 | 7～10天 | |
| | 斑潜蝇 | 预防、治疗 | 20%阿维·杀虫单微乳剂 | 喷雾 | 30～60毫升/亩 | 7～10天 | 轮换试用1～2次 |
| | | | 10%溴氰虫酰胺悬浮剂 | 喷雾 | 60毫升/亩 | 7～10天 | |
| | 霜霉病、灰霉病、菌核病、白粉病 | 预防、治疗 | 20%腐霉·百菌清烟剂 | 烟熏 | 300克/亩 | 7～10天 | 1～2次 |
| | 粉虱、蚜虫 | 预防、治疗 | 15%异丙威烟剂 | 烟熏 | 300克/亩 | 7～10天 | 1～2次 |

## 4 水肥管理技术

### 4.1 秸秆还田技术

8月上旬，利用秸秆还田机将日光温室内种植的玉米秸秆进行还田，在粉碎的玉米秸秆上均匀撒入1千克/亩的秸秆腐熟剂和15千克/亩的尿素，利用深松犁深翻土壤35厘米左右。

### 4.2　基肥有机肥化肥的施入

高温闷棚结束后，施入10立方米/亩的腐熟有机肥（以牛粪或猪粪为主），撒入30千克/亩的氮磷钾缓释肥（$N-P_2O_5-K_2O$=18-9-27）和15千克/亩的生物菌肥，利用旋耕犁深翻土壤25～30厘米，起垄做畦。

### 4.3　灌水及追肥

定植后5～7天浇缓苗水，随水冲施6千克/亩氨基酸类水溶肥。

根瓜长至10厘米左右时膜下沟灌25立方米/亩，随水冲施15千克/亩高氮高钾型水溶肥（如$N-P_2O_5-K_2O$=20-8-22）和6千克/亩氨基酸类水溶肥。12月、翌年2月和3月分别膜下灌水1次，20～25立方米/亩，同时随水冲施25千克/高氮高钾型水溶肥（如$N-P_2O_5-K_2O$=20-8-22）和6千克/亩氨基酸类水溶肥。翌年1月温度最低，不灌水追肥。翌年4月温度回升迅速，膜下沟灌2次，每次随水冲施15千克/亩高氮高钾型水溶肥（如$N-P_2O_5-K_2O$=20-8-22）和6千克/亩氨基酸类水溶肥。翌年5月膜下沟灌1次，同时随水冲施20千克/亩氮磷钾复混肥（$N-P_2O_5-K_2O$=20-8-22）和6千克/亩氨基酸类水溶肥。其他时段根据田间土壤墒情进行灌水。

本模式下每亩施入有机肥10立方米/亩，生物肥57千克/亩，化肥145千克/亩，其中N 28.4千克/亩，$P_2O_5$ 25.7千克/亩，$K_2O$ 31.1千克/亩。

## 5　模式注意事项

玉米填闲、秸秆还田和高温闷棚应注意时间节点，也可以选择其中的1～2项技术。

## 6　适宜地区

适宜区为冀东地区（以乐亭为代表），次适宜区为环京津地区（以永清为代表），保定以南为不适宜地区。

## 7　联系方式

集成模式依托单位1：河北省农林科学院经济作物研究所

联系人：郄丽娟，韩建会

联系电话：0311-87652087

电子邮箱：qielj2005@126.com

集成模式依托单位2：河北省农林科学院植物保护研究所

联系人：王文桥

联系电话：13582207929

电子邮箱：wenqiaow@163.com

# 山东聊城日光温室秋延迟黄瓜化肥农药减施增效栽培技术模式

## 1 背景简介

聊城市日光温室黄瓜栽培面积20万亩以上，是聊城市设施栽培面积第二大蔬菜，主要茬口为秋延迟，8月中下旬定植，至12月中旬拉秧。本底调查表明，当地日光温室黄瓜秋延迟生产有机肥使用较少，比较注重化肥追施，肥料种类繁多，使用不规范，肥料配比不合理，利用率较低，浪费严重。日光温室黄瓜平均施腐熟有机肥3 000千克/亩，化肥480.71千克/亩，最高用量为有机肥5 000千克/亩，化肥670千克/亩。黄瓜虫害主要包括蚜虫、白粉虱、斑潜蝇、蓟马等，病害主要有根结线虫病、白粉病、棒孢叶斑病、灰霉病、细菌性角斑病等。病虫害防治过程中存在轻预防、重治疗、对病虫害症状判断不准确、不能精准用药、高效药剂用得少、药效差、用药量大、施药设备及施药技术落后、乱混乱用、重复用药、过量用药、农药利用率低、抗药性增强、农药残留超标及环境污染等问题突出。本底调查表明，设施黄瓜整个生育期平均农药使用有效成分量为336.9克/亩，最高者达501.1克/亩。针对上述问题，引进、熟化生物有机肥替代化肥、基于发育阶段的日光温室黄瓜水肥一体化精准施肥技术、臭氧发生器杀菌技术、病虫害早期诊断识别与精准化学防治等化肥农药减施关键技术，配套棚室选择、品种选择、高温闷棚、集约化育苗、棚室防虫网全覆盖、黄蓝板预警诱杀、诱集植物集中诱杀等技术，提出了山东聊城日光温室秋延迟黄瓜化肥农药减施增效栽培技术模式，在聊城日光温室黄瓜秋延迟产区示范推广，明显减少施药次数，减少化肥和农药施用量，显著提高了农药和化肥有效利用率，改善了黄瓜品质，增加了农民收益，改善了当地生态环境。

## 2 主要环节关键技术

### 2.1 棚室选择

宜采用厚土墙下挖式日光温室。一般棚室土墙厚2～3米，宽14～20米，高度5.5～7米，室内净跨12～15米，东西向延长80～150米，下挖0.6～0.8米，棚室前后有排水渠（图1）。镀锌钢骨架，上覆薄膜、保温被，冬季不加温，保证冬季晴朗天气温室内夜间最低温度

图1 厚土墙下挖式日光温室

应不低于12℃，连阴天不低于8℃。

### 2.2　品种选择

应选择抗逆性强、耐低温弱光、高产、抗病能力强的密刺型黄瓜品种。

### 2.3　高温闷棚

参照本书“节能环保型设施土壤日光消毒技术”进行棚室和土壤消毒。一般选择在7月中下旬至8月中下旬的夏季高温期间进行。利用旋耕机充分翻耕土壤。对土壤进行充分灌水，覆膜封闭温室。利用太阳辐射提高棚内温度，晴天时棚内气温可达70℃，10厘米地温可达50℃，连续处理15～20天，可有效杀灭土壤中及墙体表面的有害微生物。遇连阴天时可适当延长闷棚时间。

### 2.4　生物有机肥替代化肥技术

生物有机肥（有益菌>0.2亿CFU/克，有机质≥40%，$N+P_2O_5+K_2O \geq 5\%$）能够提高作物的产量和品质，改良土壤，促进作物根系生长；肥效持久，可减少化肥用量；增强作物抗逆能力，减轻病害发生程度；改善土壤生态系统，环境友好。土地耕整前撒施每亩80～100千克，或起垄后定植前条施每亩80千克。

### 2.5　起垄

土壤起垄、铺滴灌管、覆白色地膜，垄高15厘米，宽60厘米，垄间距80厘米。

### 2.6　集约化嫁接育苗

推荐从当地育苗企业购买由白籽南瓜为砧木嫁接的无病虫害、健壮黄瓜幼苗。

黄瓜的壮苗标准：幼苗节间短，茎粗壮，刺毛较硬，茎横径0.6～0.8厘米，株高10厘米以内；叶片平展、肥厚，颜色深绿，达3叶1心或4叶1心；子叶完好、肥胖、具光泽；根系发达、白色；无病虫害。

### 2.7　定植

株行距一般为（30～35）厘米×40厘米，亩定植2 800～3 100株。8月中下旬晴天下午或阴天时在垄上挖洞定植，土壤与幼苗土坨齐平、压实。定植后浇缓苗水。

### 2.8　基于发育阶段的日光温室黄瓜水肥一体化精准施肥技术+大中微量元素高效水溶肥

采用基于微灌（微喷或滴灌）的水肥一体化方法，进行基于发育阶段的全生育期水肥一体化精准施肥需求设计，把水肥适时、定量、均匀、准确地直接输送到黄瓜根部土壤，实现水肥供应与需求同步。

（1）基肥。日光温室秋延迟黄瓜目标产量水平8～10吨/亩，如果高温闷棚时未施有机肥，此时可每亩施腐熟有机肥6～8立方米，或商品有机肥1.5～2.0吨，另外施低磷复合肥35～40千克和中微量元素肥20千克。针对次生盐渍化、酸化等障碍土壤，每亩补施100千克的生物有机肥（有效活菌数≥0.20亿/克，有机质≥40%）。

（2）滴灌水量。应用膜下滴灌技术。一般每亩每次滴灌水量为10～15立方米，滴灌时间、滴灌水量、滴灌次数需根据黄瓜长势、天气情况、棚内湿度、土壤水分状况等进行调节，使黄瓜不同生育阶段获得最佳需水量。

（3）滴灌追肥。日光温室黄瓜生育期间追肥要结合水分滴灌同步进行。定植至开花期间，选用高氮型滴灌专用肥，如氮磷钾（$N-P_2O_5-K_2O$）比例为：20-10-20或22-12-16的水溶肥，每亩每次5.0～7.5千克，定植后7～10天第1次滴灌追肥，之后7天左右灌水追肥1次。开花后至拉秧期间，选用高钾高氮型滴灌专用肥，如氮磷钾（$N-P_2O_5-K_2O$）比例为19-6-25或20-10-30的水溶肥，也可以施用氮磷钾配方相近的完全水溶性肥料，每亩每次10.0～12.5千克，温度较低季节15天左右1次，温度较高季节7～10天1次。

另外，逆境条件下和瓜果盛期需要加强叶面肥管理，如花蕾期、花期和幼果期叶面喷施硼肥2～3次，结瓜前期叶面喷施钙肥3～4次，盛瓜期叶面喷施镁肥2～3次。

### 2.9 病虫害综合防控

预防为主，综合治理。采用物理、化学、生物等措施进行综合防治。

（1）棚室防虫网全覆盖。夏闲时修理加固棚室所有和外界直接相通的地方，覆盖防虫网，使粉虱、蚜虫等害虫不能进入棚室危害。黄瓜防虫网以40～60目为宜。白色或银灰色的防虫网效果较好。

（2）黄蓝板预警+诱杀。蚜虫、白粉虱等害虫成虫对黄色敏感，而蓟马、叶蝉等害虫对蓝色敏感。在黄蓝板上涂上黏胶，悬挂在植株上部30～40厘米处，进行虫口密度预警，并粘虫诱杀，可有效减少害虫密度，安全环保，不会给农作物造成农药残留。棋盘式分布，一般按每亩放置中型板（25厘米×30厘米）20～25张、大型板（40厘米×25厘米）15张左右，或超大型板（65厘米×50厘米）5张并均匀分布（图2）。

图2　黄板诱杀

（3）栽培诱集植物集中诱杀。在温室走道的南侧或者北侧，每行种植1～2株菜豆，诱集白粉虱和烟粉虱，进行虫口密度预警，可对其上的害虫集中化学药剂处理，减少白粉虱和烟粉虱对黄瓜的危害。但如果黄瓜上白粉虱和烟粉虱形成危害，也需及时用化学药剂处理。

（4）臭氧发生器杀菌+弥粉法喷粉防治病害技术。定植后发病前，以臭氧发生器产生的臭氧水进行预防。幼苗定植3天后，视天气状况喷施25～30毫克臭氧/千克的臭氧水，50千克/亩。根据黄瓜长势和天气状况每5～7天喷施1次臭氧水，喷施3次臭氧水后，针对黄瓜常发生病害进行一次化学药剂防控。重复上述步骤。若病害加重，可改为每喷施两次臭氧水再喷施一次化学农药或喷施一次臭氧水再喷施一次化学农药（图3）。棚内空气湿度较大时，将化学药剂防控喷施液体改为精量电动弥粉机弥粉法化防（图4）。

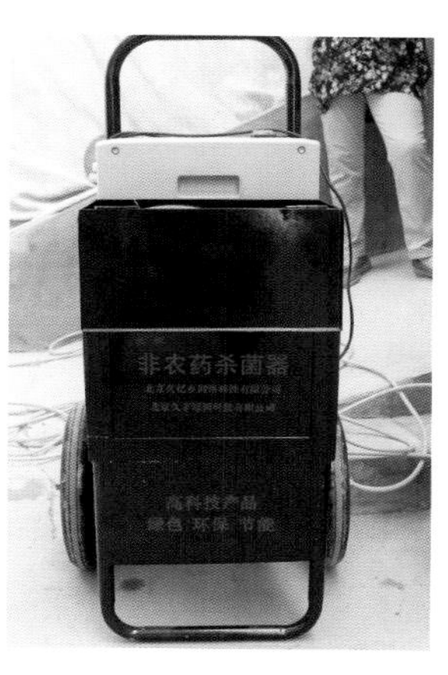


图3　臭氧发生器

图4　弥粉法防治日光温室黄瓜病害

（5）病虫害精准化学防治。黄瓜主要病虫害的防治药剂及方法见表1。可根据病害发生情况、天气状况及植株长势等，适当改变用药量。在喷施化学药剂时可加入有机硅助剂，药效更佳，药量减半使用，以防止出现药害。

表1　黄瓜主要病虫害的防治药剂

| 类别 | 防治对象 | 防治药剂 | 用药量（亩用量/稀释倍数） | 施药方式 | 间隔期 | 防治时期 |
|---|---|---|---|---|---|---|
| 虫害 | 蚜虫 | 1.8%阿维菌素乳油 | 30～40毫升/亩 | 喷雾 | 7～10天 | 全生育期 |
| | 白粉虱 | 22.4%螺虫乙酯悬浮剂 | 20～30毫升/亩 | 喷雾 | 7～10天 | 全生育期 |
| | 斑潜蝇 | 1.8%阿维菌素乳油 | 30～40毫升/亩 | 喷雾 | 7～10天 | 全生育期 |
| | 蓟马 | 150亿孢子/克球孢白僵菌可湿性粉剂 | 160～200克/亩 | 喷雾 | 7～10天 | 发生初期 |
| | | 60克/升乙基多杀菌素悬浮剂 | 40～50毫升/亩 | 喷雾 | 7～10天 | 为害严重时 |
| 病害 | 根结线虫病 | 1.8%阿维菌素乳油 | 1 000倍液/250毫升/株 | 灌根 | 全生育期1～2次 | 定植缓苗后 |
| | | 41.7%氟吡菌酰胺悬浮剂 | 90～120毫升/亩 | 灌根 | 全生育期1～2次 | 定植缓苗后或发病初期 |
| | 霜霉病 | 75%百菌清可湿性粉剂+50%烯酰吗啉可湿性粉剂 | 130克/亩 | 喷粉 | 10～15天 | 发病初期 |
| | | 100克/升氰霜唑悬浮剂 | 50～60毫升/亩 | 喷雾 | 7～10天 | 发病前或发病初期 |
| | | 10%氟噻唑吡乙酮可分散油悬浮剂+80%代森锰锌可湿性粉剂 | 15～20毫升+170～250克/亩 | 喷雾 | 7～10天 | 发病前或发病初期 |
| | | 687.5克/升氟菌・霜霉威悬浮剂 | 60～75毫升/亩 | 喷雾 | 7～10天 | 发病初期 |
| | 白粉病 | 40%氟菌唑可湿性粉剂 | 15～20克/亩 | 喷粉 | 7～10天 | 发病初期 |
| | | 25%吡唑醚菌酯悬浮剂 | 40～60毫升 | 喷雾 | 7～10天 | 发病初期 |
| | | 25%乙嘧酚磺酸酯微乳剂 | 60～80毫升/亩 | 喷雾 | 7～10天 | 发病初期 |
| | | 42.4%唑醚・氟酰胺悬浮剂 | 20～30毫升/亩 | 喷雾 | 7～10天 | 发病初期 |

表1 （续）

| 类别 | 防治对象 | 防治药剂 | 用药量（亩用量/稀释倍数） | 施药方式 | 间隔期 | 防治时期 |
|---|---|---|---|---|---|---|
| 病害 | 棒孢叶斑病 | 75%百菌清可湿性粉剂+50%腐霉利可湿性粉剂 | 180克/亩 | 喷粉 | 7～10天 | 发病初期 |
| | | 43%氟菌·肟菌酯悬浮剂 | 15～25毫升/亩 | 喷雾 | 7～10天 | 发病初期 |
| | 灰霉病 | 50%腐霉利可湿性粉剂+100亿芽孢/克枯草芽孢杆菌可湿性粉剂 | 100克+100克/亩 | 喷粉 | 7～10天 | 发病初期 |
| | | 42.4%唑醚·氟酰胺悬浮剂 | 20～30毫升/亩 | 喷雾 | 7～10天 | 发病初期 |
| | | 38%唑醚·啶酰菌悬浮剂 | 50～60克/亩 | 喷雾 | 7～10天 | 发病初期 |
| | 细菌性角斑病、流胶病 | 50亿CFU/克多黏类芽孢杆菌可湿性粉剂 | 50～60克/亩 | 喷雾 | 7～10天 | 发病前 |
| | | 80亿芽孢/克甲基营养型芽孢杆菌LW-6可湿性粉剂 | 80～120克/亩 | 喷雾 | 7～10天 | 发病前 |
| | | 5%春雷·中生可湿性粉剂 | 60～80克/亩 | 喷雾 | 7～10天 | 发病前或发病初期 |
| | | 30%噻唑锌悬浮剂 | 80～100毫升/亩 | 喷雾 | 7～10天 | 发病前或发病初期 |

注：每亩喷药液体量一般45～60升，可根据植株大小调整喷药液量。

## 3 适宜地区

该技术模式基本成熟，适宜山东聊城日光温室秋延迟黄瓜使用，周边地区可借鉴应用。

## 4 联系方式

集成模式依托单位1：中国农业科学院蔬菜花卉研究所

联系人：李衍素，谢学文

联系电话：010-82109588

电子邮箱：liyansu@caas.cn

集成模式依托单位2：聊城市农业科学研究院

联系人：刘刚，周爱凤，轩华强，闻小霞

联系电话：0635-6050136

电子邮箱：nkylg@163.com

集成模式依托单位3：河北省农林科学院植物保护研究所

联系人：王文桥

联系电话：13582207929

电子邮箱：wenqiaow@163.com

# 山东鲁西地区日光温室早春茬洋香瓜—秋冬茬番茄、茄子化肥农药减施增效技术模式

## 1　背景简介

聊城市地处鲁西，位于北纬35°47′—37°02′和东经115°16′—116°32′，耕地829万亩，是传统的农业大市。聊城市属黄河冲积平原、土地有机质含量丰富，四季分明、雨热同期、光照充足，是我国少有的蔬菜瓜果种植黄金地带之一。2018年聊城市蔬菜播种面积达400多万亩，设施蔬菜面积286万亩。主要设施类型以日光温室、大拱棚、小拱棚为主。聊城设施蔬菜栽培中的主要品种有番茄、茄子、黄瓜、西葫芦、芸豆、香瓜等。其中具有代表性的茬口为：早春洋香瓜—秋冬茬番茄、茄子生产模式，该模式具有产品市场需求量大、价格高、效益好、管理用工较少等特点。

经本底调查发现，聊城设施蔬菜生产中病虫害严重发生，化肥农药使用上存在用药施肥过量、施肥用药方式不合理、化肥农药利用率较低、土壤次生盐渍化、蔬菜农药残留超标、蔬菜品质下降效益降低及环境污染等突出问题。早春洋香瓜—秋冬茬番茄、茄子生产中，番茄上病虫害主要有灰霉病、晚疫病、早疫病、根结线虫病、粉虱、斑潜蝇等，茄子上病虫害主要有灰霉病、绵疫病、褐纹病、根结线虫病、茶黄螨、粉虱等。在番茄、茄子上施用化肥量平均为382.26千克/亩，最高用量为530千克/亩，最低用量为260千克/亩，其中在整个生育期氮肥用量占总量的43%，磷肥用量占总量的8%，钾肥用量占总量的49%，化学农药有效成分平均施用量为361.01克/亩，最高532.2克/亩，最低153.35克/亩。针对上述问题，通过研发或引进多个减肥减药关键技术，集成了山东鲁西地区日光温室早春茬洋香瓜—秋冬茬番茄、茄子化肥农药减施增效技术模式，并在当地示范推广应用，收到明显的减肥减药效果，增产3%以上，明显增加了农民的收益。

## 2　栽培技术

### 2.1　棚型、保温方式及棚室结构示意图

（1）大棚结构。目前山东鲁西地区大棚多为土墙+钢架（竹子）结构，一般后墙2～3米；侧墙1.8～2米；高3.8～4.5米；跨度16～18米，长度80～100米；有的下挖0.8～1米，中间有的有立柱，有的无立柱。

（2）保温方式。保温材料使用棉被、不加温（图1～图4）。

图1　生产基地

图2　加保温被的日光温室

图3　有立柱的大棚

图4　无立柱的大棚

### 2.2　品种

选择种植耐低温弱光的番茄和茄子品种。秋冬茬番茄品种有‘瑞克斯旺7845’‘圣尼斯3952’等；秋冬茄子品种有‘布利塔’‘黑亮圆茄’等。采取工厂化穴盘基质育苗方式。茄子还采用劈接嫁接育苗，砧木为‘托鲁巴姆’，抗黄萎病、枯萎病。育苗时间在8月下旬，定植时间为10月上旬（图5～图8）。

图5　茄子嫁接

图6　番茄苗

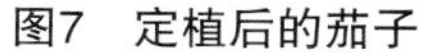

图7　定植后的茄子

图8　定植后的番茄

### 2.3　起垄

（1）番茄土壤起垄栽培方式。垄高25厘米、小行60厘米、大行90厘米，定植后可覆黑地膜。

（2）茄子土壤起畦栽培方式。畦宽1.5米、畦内2行，株距50厘米，定植后可覆黑地膜。

### 2.4　定植

番茄亩定植2 000～2 200株；茄子亩定植1 800～2 000株。

### 2.5　灌溉方式

全程采用水肥一体化滴灌方式。

### 2.6　温度管理、植株调整

前期使用遮阳网遮阳降温，控制棚温在35℃以下。9月及时更换棚膜，以增加透光，10月以后以保温为主，尽量使棚温不低于30℃，采用无滴膜覆盖。番茄定植后15天左右，为防止植株生长过高，可绊倒植株，再长起来后吊绳，及时打杈盘秧，翌年1月中旬打顶，茄子在对茄长到拳头大小时开始吊秧（图9、图10）。

图9　番茄地膜覆盖、滴灌

图10　茄子生长状况

### 2.7 采收方式

番茄一般以单个收获为主，也有串收的。收获时间一般从12月初开始，到翌年4月结束。茄子门茄宜早收，长势不好也可不留门茄。收获时间一般从11月下旬至12月初开始，到翌年4月结束。

## 3 病虫害防治技术

针对秋冬茬番茄或茄子上主要病虫害发生、药剂防治状况及存在的主要问题，集成棉隆消毒土壤+臭氧发生器杀菌+化学药剂精准防控+精量电动弥粉机喷粉+物理防控等关键技术，获得良好的防治效果，降低了化学农药用量。

该病虫害防治技术田间操作为：8月中下旬利用高温对日光温室采用闷棚措施进行高温消毒，9月中旬进行棉隆（3，5-二甲基-1，3，5-噻二嗪烷-2-硫酮）土壤消毒处理，然后在苗子定植后3天使用臭氧水喷施1次预防病害，对于病害发生较轻的地方，可在定植后15～20天及结果初期，针对当地常发生的病害，配合有机硅助剂各使用1次化学农药进行防治（具体病虫害用药及剂量见表1、2），其余时间主要使用臭氧发生器5～7天1次进行喷施臭氧水防治病害。对于有粉虱和蓟马的温室，可在定植后7天悬挂黄蓝板进行虫害防治。进入12月下旬后，外界温度降低，日光温室内部湿度上升，可减少臭氧水的使用次数，改为使用精量电动弥粉机进行弥粉法防治病害（表1）。

表1 番茄、茄子病害化肥农药减施技术施药时期表

| 施药时期 | 药剂、亩用量、施用方法 |
|---|---|
| 定植前40天（8月中下旬） | 温室进行高温闷棚 |
| 定植前25天 | 温室内使用棉隆进行土壤消毒 |
| 定植后3天 | 开始使用30毫克/千克臭氧水喷施1次，用量50千克/亩，5～7天后可再次喷施 |
| 定植后15～20天 | 针对当地温室内常发生的病害进行1次化学药剂防治（病害及使用药剂、用量见表2、表3） |
| 结果初期 | 针对当地温室内常发生的病害进行1次化学药剂防治（病害及使用药剂、用量见表2、表3） |
| 进入12月下旬后 | 采用弥粉防治+臭氧水防治病害相结合的技术，即“三水一药”或“两水一药”的方法防治（具体操作见单项技术） |

### 3.1 棉隆（3，5-二甲基-1，3，5-噻二嗪烷-2-硫酮）消毒土壤技术

土壤湿度达不到60%～70%时浇地后3～4天，以土壤手捏成团，1米高处掉地能散开为准，将土杂粪肥或其他腐熟有机肥撒入地中，用旋耕机均匀打一遍，将棉隆按照30千克/亩撒入土壤中，用旋耕机再次打均匀，立即用不透气的塑料膜密封，封好四边。

薄膜不能有破损，以防止漏气降低消毒效果。从旋耕到覆膜在2～3小时内完成。覆膜后，根据温度高低，密封消毒12～20天。揭去地膜后，按照30厘米深度进行松土，透气7天以上，安全后才可种植（图11、图12）。

图11　翻地、起垄

图12　覆膜

### 3.2　臭氧发生器（臭氧水）杀菌+精量电动弥粉机喷粉防控

使用臭氧发生器（臭氧水）杀菌与化学药剂交替使用防治茄子、番茄病害效果突出。发病前以臭氧发生器（臭氧水）进行预防。苗子定植3天后视天气状况首次喷施30毫克/千克的臭氧水，用量50千克/亩，根据茄子、番茄长势和天气状况间隔5～7天再次喷施臭氧水，喷施3次臭氧水后，针对茄子、番茄当前病害发生情况进行1次化学药剂防控，加入增效助剂95%有机硅（3～6克/亩），使药效更佳。化学药剂增加有机硅喷施时，化学农药用量要减少30%～50%，以防止出现药害。进入冬季后棚内湿度增大，特别是遇到连阴天或下雪天，改用精量电动弥粉机进行喷粉防控，晴天采用喷雾施药，效果更好。该模式简称“三水一药”，根据病害严重程度可改为“二水一药”或“一水一药”，以减少化学农药的使用（图13～图16）。

图13　臭氧发生器

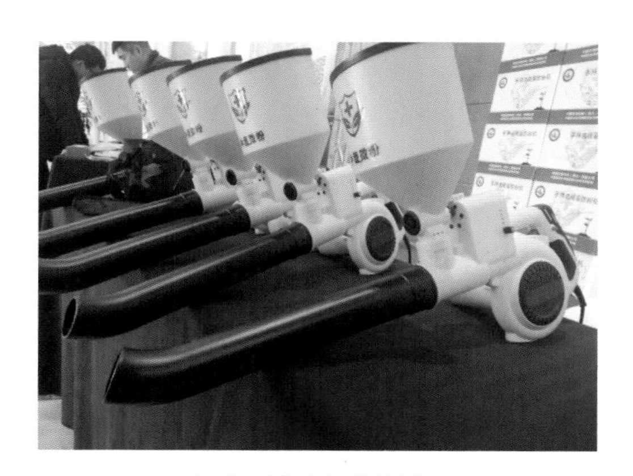

图14　精量电动弥粉机

图15　使用臭氧发生器

图16　粘虫板诱杀粉虱

### 3.3　药剂防治番茄病害技术

（1）植物免疫诱抗。苗子定植后3～7天，结合正常管理用5%氨基寡糖素水剂5.3～8克/亩喷雾或灌根处理2次，间隔7天后使用1次；开花初期，结合正常管理用5%氨基寡糖素水剂5.3～8克/亩喷雾；幼果期至采收初期，结合正常管理用5%氨基寡糖素水剂5.3～8克/亩喷雾。

（2）生物农药防治。在发病初期使用8%宁南霉素水剂75～100克/亩防治病毒病；发病前，用5亿/毫升多黏类芽孢杆菌粉剂30～50克/亩或2%春雷霉素水剂30～50克/亩兑水喷雾，预防番茄叶霉病、青枯病以及其他细菌性病害，用1 000亿CFU/克枯草芽孢杆菌可湿性粉剂20克/亩预防灰霉病。

（3）化学防治。番茄病害的化学防治药剂及施用方法见表2。

表2　番茄病害防治药剂、剂量及施用方法

| 病害 | 化学药剂 | 使用剂量 | 施用方法 |
|---|---|---|---|
| 灰霉病 | 25克/升咯菌腈种子处理悬浮剂 | 200～300倍液 | 预防，蘸花 |
| | 50%腐霉利可湿性粉剂 | 50克 | 发病前，兑水喷雾 |
| | 50%啶酰菌胺水分散粒剂 | 50克 | 发病初期，兑水喷雾 |
| | 43%氟菌·肟菌酯悬浮剂 | 30毫升 | 发病初期，兑水喷雾 |
| 叶霉病、早疫病 | 10%苯醚甲环唑可湿性粉剂 | 50～80克 | 发病前，兑水喷雾 |
| | 42.4%唑醚·氟酰胺悬浮剂 | 20～40毫升 | 发病初期，兑水喷雾 |
| | 43%戊唑醇悬浮剂 | 13毫升 | 发病初期，兑水喷雾 |
| 晚疫病 | 15%吡唑醚菌酯悬浮剂 | 30～60毫升 | 预防，兑水喷雾 |
| | 10%氟噻唑吡乙酮可分散油悬浮剂+80%代森锰锌可湿性粉剂 | 20毫升+250克 | 预防，兑水喷雾 |
| | 50%烯酰吗啉可湿性粉剂 | 40克 | 发病初期，兑水喷雾 |
| | 52.5%噁酮·霜脲氰水分散粒剂 | 40克 | 发病初期，兑水喷雾 |
| | 687.5克/升氟菌·霜霉威悬浮剂 | 60～75毫升 | 发病初期，兑水喷雾 |

### 3.4　茄子病害的药剂精准防治技术

茄子病害的化学防治药剂及施用方法见表3。

表3　茄子病害防治药剂及施用方法

| 病害 | 化学药剂 | 使用剂量 | 施用方法 |
|---|---|---|---|
| 灰霉病 | 50%咯菌腈可湿性粉剂 | 5 000倍液 | 蘸花 |
| | 50%腐霉利可湿性粉剂 | 60克 | 发病前，兑水喷雾 |
| | 50%啶酰菌胺水分散粒剂 | 50克 | 发病初期，兑水喷雾 |
| | 43%氟菌·肟菌酯悬浮剂 | 30毫升 | 发病初期，兑水喷雾 |
| 菌核病 | 50%异菌脲可湿性粉剂 | 60克 | 发病前，兑水喷雾 |
| | 40%菌核净可湿性粉剂 | 100～150克 | 发病初期，兑水喷雾 |
| | 70%甲基硫菌灵可湿性粉剂 | 60克 | 发病初期，兑水喷雾 |
| | 43%氟菌·肟菌酯悬浮剂 | 30毫升 | 发病初期，兑水喷雾 |
| 褐纹病 | 47%春雷·王铜可湿性粉剂 | 100克 | 发病前，兑水喷雾 |
| | 75%百菌清可湿性粉剂 | 100克 | 发病前，兑水喷雾 |
| | 70%甲基硫菌灵可湿性粉剂 | 100克 | 发病初期，兑水喷雾 |
| | 325克/升苯甲·嘧菌酯悬浮剂 | 50毫升 | 发病初期，兑水喷雾 |
| 晚疫病、绵疫病 | 75%百菌清可湿性粉剂 | 100克 | 发病前，兑水喷雾 |
| | 72.2%霜霉威盐酸盐水剂 | 80～100毫升 | 发病初期，兑水喷雾 |
| | 31%噁酮·氟噻唑悬浮剂 | 20～30毫升 | 发病初期，兑水喷雾 |
| | 55%烯酰·福美双可湿性粉剂 | 40～50克 | 发病初期，兑水喷雾 |
| 根结线虫病 | 1.8%阿维菌素乳油 | 40～80毫升 | 兑水灌根 |

### 3.5　药剂防治虫害技术

物理防治：在大棚的通风口和耳房入口设置60～80目防虫网阻止害虫进入，在棚内悬挂30～40张/亩黄色和蓝色粘虫板诱杀粉虱、蓟马等害虫。

生物农药防治：使用1.8%阿维菌素乳油（40～80毫升/亩）兑水喷雾防治螨类、斑潜蝇；用5%氟铃脲乳油（30～50毫升/亩）兑水喷雾防治螨类。

化学防治：根据害虫发生程度，适时施用杀虫剂。防治蚜虫、粉虱，可用10%吡虫啉可湿性粉剂（15～20克/亩），单防蚜虫可用50%抗蚜威可湿性粉剂（10～18克/亩）兑水喷雾。防治斑潜蝇，可用20%灭蝇胺可湿性粉剂（30克/亩）或25%噻虫嗪水分散粒剂（3克/亩）兑水喷雾。

## 4　水肥管理技术

### 4.1　底肥施用

底肥以有机肥为主，辅以适量化肥。底肥主要是腐熟好的优质农家肥，一般亩施4～5立方米。底肥采用普施和集中施肥相结合的方式，在整地前普施60%的底肥，40%的底肥和所选用的生物菌肥（如芽孢杆菌肥、固氮菌肥等）结合做畦时在种植行集中施用（条施或穴施）。

### 4.2 追肥运筹方案

滴灌水量标准，第1次要滴至整个垄面湿润为止，灌水定额一般亩滴灌10～15立方米，要常检查根系周围土壤湿润程度，以少量多次滴灌为好。肥料应选用滴灌专用肥。在定植至开花期，可以选用高氮型水溶性肥，每次用量4～6千克/亩，间隔7～8天滴1次。番茄、茄子前期可采用1次肥水1次清水或2次清水1次肥水进行管理。

番茄在开花至第三穗果坐住时，采用N、$P_2O_5$、$K_2O$比例为20-10-30的水溶性肥，随浇水施用3次，每次用量4～6千克/亩。在第三穗果坐住至拉秧期间，可选N、$P_2O_5$、$K_2O$配比为16-8-30的水溶性肥，每次用5～6千克/亩，间隔时间7天左右滴灌1次，盛果期需水肥多，应根据长势适当增加水肥量。

茄子在门茄至拉秧期间，可选N、$P_2O_5$、$K_2O$配比为20-10-30的水溶性配方肥，每次亩用10～15千克，间隔时间7～10天左右滴灌1次，盛果期需水肥多，应根据长势适当增加水肥量。冬季气温低时，注意选用腐殖酸、氨基酸等与水溶性肥料混合冲施。肥料应先溶解后再放入施肥罐，用肥与滴水交替进行，即施肥前先滴水10～20分钟，加肥结束后，灌溉系统继续运行30分钟，防止滴管堵塞。

番茄、茄子进入旺盛结果期，需水量明显增加。滴灌水量如不能满足需求，应在沟内进行浇水，浇水量不易过大。浇水的间隔时间要随管理的温度不同而定，常规温度下（白天25～28℃，不超过32℃，夜间14～18℃），一般7～10天浇1次水。

## 5 模式注意事项

本模式在操作过程中需要注意以下事项。

（1）在使用棉隆进行土壤消毒时，要先撒有机肥然后撒棉隆。

（2）在使用有机硅助剂时，要注意棚内温度，高于30℃时不能使用。

（3）使用精量电动弥粉机时，药箱内不可有水或湿气。

## 6 适宜地区

该模式比较成熟，适宜华北地区的秋冬茬日光温室栽培模式。

## 7 联系方式

集成模式依托单位1：聊城市农业科学研究院

联系人：林国晨，刘刚

联系电话：13863500230，13963018620

电子邮箱：nkylg@163.com

集成模式依托单位2：河北省农林科学院植物保护研究所

联系人：王文桥

联系电话：13582207929

电子邮箱：wenqiaow@163.com

# 山东烟威地区设施果菜化肥农药减施技术模式

## 1　背景简介

山东烟台、威海地区（以下简称烟威地区）位于山东半岛东部，北依渤海，南靠黄海，位于东经119°34′—121°57′，北纬36°16′—38°23′，属暖温带季风气候区，四季变化和季风进退都比较明显，温度较温和，雨水较充沛，年平均气温12℃左右，年平均降水量630毫米左右。近几年，烟威地区设施蔬菜播种面积稳定在100万亩以上，总产量超320万吨。设施类型主要有日光温室、塑料大棚以及小拱棚，其中以大棚早春茬黄瓜栽培和日光温室越冬长茬番茄栽培为主。目前菜农施肥多以化肥为主，有机肥的施用量很少，平均每亩施用商品有机肥在200～400千克，化肥施用量在180～260千克。烟威地区大棚早春茬黄瓜病虫害主要有霜霉病、白粉病、棒孢叶斑病、细菌性角斑病、蚜虫、粉虱、潜叶蝇、蓟马等，主要依靠化学农药防治，全生育期每亩农药投入2 000～3 000元；日光温室越冬长茬番茄病虫害主要有灰霉病、叶霉病、晚疫病、病毒病、蚜虫、粉虱、潜叶蝇等，全生育期每亩农药投入1 500～2 000元。由于病虫害诊断错误、对化学农药应用技术和剂型特点不了解等原因，菜农盲目扩大用药量和用药种类，造成化学农药使用量居高不下。

以上原因造成了目前烟威地区设施蔬菜生产中化肥、农药的过量使用，进而引起了设施土壤理化性质下降、土传病害日趋严重、生产成本增加、产品安全性不高、环境污染严重等突出问题。为此，山东省烟台市农业科学研究院在多年试验示范的基础上，针对烟威地区大棚早春茬黄瓜及日光温室越冬长茬番茄，制定了山东烟威地区设施果菜化肥农药减施增效技术模式。该模式的应用可以使大棚早春茬黄瓜及日光温室越冬长茬番茄化学农药用量降低35%以上，农药利用率提高12个百分点以上，化肥使用量降低33%以上，化肥利用率提高15个百分点以上，产量增加3%～5%。

## 2　主要环节关键技术

### 2.1　棚室类型及保温方式

早春茬黄瓜栽培在塑料大棚进行，其长度30～60米，宽度8～12米，高度2～2.5米，棚室采用竹木或者钢架结构，上覆薄膜，无保温被覆盖，遇低温时棚内可进行二层膜覆盖。

越冬长茬番茄栽培在日光温室进行，一般长度60～120米，宽度12～15米，脊高4.5～5.5米，棚室顶部用钢管做棚架，上覆薄膜、保温被，墙厚1～2米，正常天气条件下冬季温室内最低温度应不低于8℃。

### 2.2 土壤消毒技术

参照本书“节能环保型设施土壤日光消毒技术”进行操作。

### 2.3 品种选择及栽培制度

大棚早春茬黄瓜栽培一般于2月底定植，选择耐寒性强、抗病性好、产量高的品种进行栽培，如‘津优309’‘津优365’‘津春4号’等。可采用畦栽的方式，畦底宽50厘米，背宽80厘米，株距30～35厘米，每亩定植密度为2 800～3 200株。

日光温室越冬长茬番茄栽培一般于10月中下旬至11月上旬定植，选择耐寒性强、耐弱光、抗逆性强、连续结果性好的品种进行种植，如‘欧冠’‘齐达利’‘普罗旺斯’等。可采用畦栽的方式，畦底宽60厘米，背宽80厘米，株距35～40厘米，每亩定植密度为2 600～2 800株。

### 2.4 种子处理技术

播种前，黄瓜和番茄种子用55℃热水浸种并不断搅拌，水温降至30℃继续浸种2～3小时，用清水反复洗净种子表皮黏液，捞出沥干放在28～30℃的环境下催芽，2～3天后出芽即可播种。通过温汤浸种对种子进行消毒，可减少生长期病虫害的发生。

提倡采用集约化穴盘基质育苗技术进行育苗，黄瓜采用白籽南瓜为砧木进行嫁接。

### 2.5 有机肥替代化肥技术

整地前每亩施用商品有机肥（氮磷钾总含量≥5）1 000千克，磷酸氢二铵18千克（原施用量的60%），硫酸钾24千克（原施用量的60%），深翻后整地做畦。

定植后，大棚早春茬黄瓜和日光温室越冬长茬番茄生长过程中均以新型畜禽粪便有机冲施肥替代部分化学冲施肥，每冲施2次化学肥料后，再冲施1次新型禽粪便有机冲施肥，每次每亩用量为4～6升，可节省化学冲施肥使用量33%以上。

### 2.6 水肥一体化精准调控技术

参照本书“基于发育阶段的设施番茄和黄瓜水肥一体化技术”进行操作。根据黄瓜、番茄的不同生育期对水分和养分的不同需求规律进行精准施肥和浇水。除基肥外，所有追肥均通过水肥一体化滴灌进行追施，降低棚室湿度，减轻发病，节省肥料和农药。

大棚早春茬黄瓜栽培所需冲施肥料一般养分含量50%～60%，含有适量中微量元素，定植至开花期间，选用高氮型水肥一体化专用肥（如$N-P_2O_5-K_2O$=22-12-16+TE+BS，TE指螯合态微量元素，BS指植物刺激物；或氮磷钾配方相近的完全水溶性肥料），每亩每次4～6千克，定植后7～10天第1次追肥，之后10～15天左右1次。开花后至拉秧期间，选用高钾高氮型水肥一体化专用肥（如$N-P_2O_5-K_2O$=20-8-22+TE+BS或氮磷钾配方相近的完全水溶性肥料），每亩每次7.5～10千克，温度较低季节15天左右1次，温度较高季节7～10天1次。

日光温室越冬长茬番茄栽培所需滴灌肥料一般养分含量50%～60%，含有适量中微量元素，定植至开花期间，选用高氮型水肥一体化专用肥（如N-$P_2O_5$-$K_2O$=22-12-16+TE+BS或氮磷钾配方相近的完全水溶性肥料），每亩每次4～6千克，定植后7～10天第1次追肥，之后15天左右1次。开花后至拉秧期间，选用高钾型水肥一体化专用肥（如N-$P_2O_5$-$K_2O$=19-6-25+TE+BS或氮磷钾配方相近的完全水溶性肥料），每亩每次7.5～10千克，温度较低季节15天左右1次，温度较高季节10天左右1次（图1）。

图1　水肥一体化

### 2.7　大葱伴生栽培防控根结线虫技术

由于大葱苗期较长，需比主栽蔬菜提前播种2～3个月，适宜不同茬口略有调整，大葱定植时要求株高在10～15厘米即可。在大棚早春茬黄瓜和日光温室越冬长茬番茄定植时，每棵植株两旁5厘米处各种植1棵葱苗，利用大葱根系分泌物可驱避根结线虫和降低根结线虫卵孵化的原理，达到防治根结线虫病的效果，大幅减少农药的使用。大葱伴生栽培还可以改善土壤理化性质，增加土壤微生物多样性，修复土壤环境，促进植株生长。在黄瓜和番茄拉秧后，一同将大葱收获即可（图2）。

图2　大葱伴生栽培防控根结线虫技术

### 2.8　病虫害防治技术

（1）苗期病虫害防控。黄瓜、番茄苗期病害主要有猝倒病、立枯病以及烟粉虱等病虫害。当幼苗真叶展平时，可喷施250克/升嘧菌酯悬浮剂（40毫升/亩）、722克/升霜霉威盐酸盐水剂（80毫升/亩）、30%噻呋·吡唑酯悬浮剂（40～60毫升/亩）等药剂进行防控；当发现有烟粉虱时喷雾施用5%吡虫啉乳油（20～30毫升/亩）进行防控，每

7～10天喷施1次，苗期喷施3次左右为宜。

（2）物理与天敌防控害虫技术。棚室内上下风口均使用40目防虫网，可有效阻隔粉虱、蚜虫和斑潜蝇等进入棚室内。交叉悬挂黄板和蓝板，诱杀蚜虫、粉虱和蓟马等吸汁害虫成虫，每亩地使用30～40张。参照本书“新型诱虫板监测和防治蓟马”进行操作，在大棚早春茬黄瓜和日光温室越冬长茬番茄定植1周后，开始使用丽蚜小蜂，将蜂卡均匀悬挂在作物中上部的枝杈上，每亩每次使用1 500～2 000头，一般隔7～10天释放1次，连续释放5～6次（图3、图4）。

图3　天敌防控

图4　黄板诱杀

（3）弥粉法与化学药剂联合防治病虫害技术。参照本书“弥粉法施药防治设施蔬菜病害技术”进行操作。遵从“预防为主，综合防治”的植保方针，以弥粉法预防病虫害发生为主，化学药剂应急防治为辅（图5）。在早春大棚黄瓜生产中弥粉法防治对象主要包括霜霉病、白粉病、棒孢叶斑病、灰霉病等。在喷粉防治基础上，选购42.4%唑醚·氟酰胺悬浮剂（20～30毫升/亩）、22.5%啶氧菌酯悬浮剂（35～40毫升/亩）、22.4%螺虫乙酯悬浮剂（20～30毫升/亩）、30%唑醚·乙嘧酚悬浮剂（50～60毫升/亩）、70%吡虫啉水分散粒剂（3～5克/亩）作为备用药剂，在田间有突发性病虫害发生时，选用备用药剂应急喷雾防治，注意交替用药。发现病叶、病果及时摘除，装袋带出棚室深埋（表1）。

表1　大棚黄瓜弥粉法施药与药剂喷雾协调防治方案

| 时期 | 用药方案及用量 |
| --- | --- |
| 定植后7～10天 | 喷粉：100亿活孢子/克枯草芽孢杆菌可湿性粉剂（150～200克/亩）预防白粉病、棒孢叶斑病等各类真菌病害 |
| 定植后15～20天 | 喷粉：75%百菌清可湿性粉剂+50%腐霉利可湿性粉剂（130～160克/亩）预防灰霉病、棒孢叶斑病、霜霉病 |

表1 （续）

| 时期 | 用药方案及用量 |
|---|---|
| 定植后25～30天 | 喷雾：43%氟菌・肟菌酯悬浮剂（20～30毫升/亩）防治蔓枯病、棒孢叶斑病、霜霉病、白粉病<br>喷雾：2%春雷霉素悬浮剂（80～120毫升/亩）预防细菌性角斑病<br>喷雾：25%吡唑醚菌酯悬浮剂（30～40毫升/亩）预防霜霉病、白粉病、棒孢叶斑病 |
| 定植后35～40天 | 喷粉：100亿活孢子/克枯草芽孢杆菌可湿性粉剂（150～200克/亩）预防灰霉病、白粉病、棒孢叶斑病<br>喷雾：687.5克/升氟菌・霜霉威悬浮剂（60～75毫升/亩）防治霜霉病 |
| 定植后45～50天 | 喷粉：75%百菌清可湿性粉剂+50%烯酰吗啉可湿性粉剂（120～150克/亩）防治霜霉病<br>蘸花：在蘸花药剂中加入25克/升咯菌腈种子处理悬浮剂200～300倍液蘸花防治灰霉病 |
| 定植后55～60天 | 喷雾：42.4%唑醚・氟酰胺悬浮剂（20～30毫升/亩）防治灰霉病、白粉病、棒孢叶斑病<br>喷雾：22.5%啶氧菌酯悬浮剂（35～40毫升/亩）防治炭疽病、霜霉病、白粉病<br>喷雾：22.4%螺虫乙酯悬浮剂（20～30毫升/亩）防治粉虱、蚜虫<br>喷雾：687.5克/升氟菌・霜霉威悬浮剂（60～75毫升/亩）防治霜霉病<br>蘸花：在蘸花药剂中加入25克/升咯菌腈种子处理悬浮剂200～300倍液防治灰霉病 |
| 定植后65～70天 | 喷粉：100亿活孢子/克枯草芽孢杆菌可湿性粉剂（150～200克/亩）预防灰霉病、白粉病等<br>喷雾：66.8%丙森・缬霉威可湿性粉剂（100～133克/亩）预防霜霉病<br>蘸花：在蘸花药剂中加入25克/升咯菌腈种子处理悬浮剂200～300倍液防治灰霉病 |
| 定植后75～80天 | 喷粉：75%百菌清可湿性粉剂+50%腐霉利可湿性粉剂（120～150克/亩）预防灰霉病、棒孢叶斑病、蔓枯病<br>喷雾：12%中生菌素可湿性粉剂（100～120克/亩）防治细菌性角斑病 |
| 定植后85～90天 | 喷雾：30%唑醚・乙嘧酚悬浮剂（50～60毫升/亩）防治灰霉病、白粉病、棒孢叶斑病<br>喷雾：22.5%啶氧菌酯悬浮剂（35～40毫升/亩）防治炭疽病、霜霉病、白粉病等<br>喷雾：70%吡虫啉水分散粒剂（3～5克/亩）防治粉虱、蚜虫 |

注：①采用化学药剂防治时，每亩喷药液量45～60升，根据植株大小调整喷药液量，用药安全间隔期按照药剂使用说明书执行。②所列化学药剂为黄瓜发病时的选用药剂，非发病时无须使用。

图5 弥粉法防控病害

在日光温室越冬长茬番茄生产中弥粉法防治对象主要有灰霉病、晚疫病、灰叶斑病、叶霉病、细菌性斑点病等。在喷粉防治基础上，选购25%嘧菌酯悬浮剂（40～50毫升/亩）、70%吡虫啉水分散粒剂（3～5克/亩）、8%宁南霉素水剂（75～100毫升/亩）、22.4%螺虫乙酯悬浮剂（20～30毫升/亩）、5%氨基寡糖素水剂（65～100毫升/亩）、687.5克/升氟菌·霜霉威悬浮剂（60～75毫升/亩）、50%烯酰吗啉水分散粒剂（80～100克/亩）、47%春雷·王铜可湿性粉剂（100～120克/亩）、12%中生菌素可湿性粉剂（100～120克/亩）、10%苯醚甲环唑可湿性粉剂（60～80克/亩）等作为备用药剂，在田间有突发性病虫害发生时，采取交替喷雾用药的应急防治方案（表2）。

表2　日光温室番茄弥粉法与药剂喷雾协调防治技术

| 时期 | 用药方案 |
| --- | --- |
| 定植后15天 | 喷粉：100亿活孢子/克枯草芽孢杆菌可湿性粉剂（150～200克/亩）预防灰霉病、叶霉病等真菌病害<br>喷雾：5%氨基寡糖素水剂（65～100毫升/亩）病毒病<br>喷雾：25%嘧菌酯悬浮剂（40～50毫升/亩）防治晚疫病<br>喷雾：70%吡虫啉水分散粒剂（6～10克/亩）防治粉虱、蚜虫 |
| 定植后25天 | 喷粉：100亿活孢子/克枯草芽孢杆菌可湿性粉剂（150～200克/亩）预防灰霉病、叶霉病等真菌病害<br>喷雾：5%氨基寡糖素水剂（65～100毫升/亩）病毒病<br>喷雾：47%春雷·王铜可湿性粉剂（100～120克/亩）防治叶霉病、细菌性溃疡病、细菌性斑点病<br>喷雾：70%吡虫啉水分散粒剂（6～10克/亩）防治粉虱、蚜虫 |
| 定植后35天 | 喷粉：75%百菌清可湿性粉剂+50%异菌脲利可湿性粉剂（150～200克/亩）预防晚疫病、灰霉病、灰叶斑病、早疫病、叶霉病<br>喷雾：8%宁南霉素水剂（75～100毫升/亩）预防病毒病<br>喷雾：80%烯啶·吡蚜酮可湿性粉剂（20～25克/亩）防治粉虱、蚜虫 |
| 定植后45天 | 喷粉：75%百菌清可湿性粉剂+50%异菌脲利可湿性粉剂（150～200克/亩），预防晚疫病、灰霉病、灰叶斑病、早疫病、叶霉病<br>喷雾：1%香菇多糖水剂（80～100毫升/亩）病毒病<br>喷雾：0.136%赤·吲乙·芸苔可湿性粉剂（7～14克/亩）提高抗低温能力<br>喷雾：80%烯啶·吡蚜酮水分散粒剂（20～25克/亩）防治粉虱、蚜虫<br>喷雾：10%苯醚甲环唑水分散粒剂（60～80克/亩）防治叶霉病 |
| 定植后55天 | 喷粉：75%百菌清可湿性粉剂+50%烯酰吗啉可湿性粉（120～150克/亩）预防晚疫病、灰霉病、叶霉病<br>喷雾：1%香菇多糖水剂（80～100毫升/亩）病毒病<br>喷雾：0.136%赤·吲乙·芸苔可湿性粉剂（7～14克/亩）提高抗低温能力<br>喷雾：50%烯酰吗啉可湿性粉剂（80～100克/亩）+25%啶菌噁唑乳油（50毫升/亩）防治晚疫病<br>蘸花：在蘸花药剂中加入25克/升咯菌腈种子处理悬浮剂200～300倍液防治灰霉病<br>喷雾：10%苯醚甲环唑可湿性粉剂（60～80克/亩）防治叶霉病 |

表2 （续）

| 时期 | 用药方案 |
| --- | --- |
| 定植后65天 | 喷粉：75%百菌清可湿性粉剂+50%烯酰吗啉可湿性粉（120～150克/亩）预防晚疫病、灰霉病、早疫病、叶霉病<br>喷雾：1%香菇多糖水剂（80～100毫升/亩）病毒病<br>喷雾：22.4%螺虫乙酯悬浮剂（20～30毫升/亩）防治粉虱、蚜虫<br>喷雾：50%烯酰吗啉可湿性粉剂（100克/亩）+25%啶菌噁唑乳油（50毫升/亩）防治晚疫病<br>蘸花：在蘸花药剂中加入25克/升咯菌腈种子处理悬浮剂200～300倍液防治灰霉病<br>喷雾：12%中生菌素可湿性粉剂（100～120克/亩）防治细菌性斑点病、细菌性溃疡病 |
| 定植后75天 | 喷雾：43%氟菌・肟菌酯悬浮剂（40毫升/亩）防治灰霉病<br>喷雾：0.136%赤・吲乙・芸苔可湿性粉剂（7～14克/亩）提高抗低温能力<br>喷雾：687.5克/升氟菌・霜霉威悬浮剂（100毫升/亩）防治叶霉病<br>蘸花：在蘸花药剂中加入25克/升咯菌腈种子处理悬浮剂200～300倍液防治灰霉病<br>喷雾：80%烯啶・吡蚜酮水分散粒剂（20～25克/亩）粉虱、蚜虫 |
| 以后每间隔10天重复定植后55天、定植后65天和定植后75天的用药方案，有突发病虫害采用备用药进行应急喷雾防治 | |

注：① 采用化学药剂防治时，每亩喷药液量45～60升，根据植株大小调整喷药液量，用药安全间隔期按照药剂使用说明书执行。② 所列化学药剂为番茄发病时的选用药剂，非发病时无须使用。

## 3 适宜地区

适用于环渤海暖温带地区和华北地区大棚早春茬黄瓜和日光温室越冬长茬番茄生产。

## 4 联系方式

集成模式依托单位1：山东省烟台市农业科学研究院

联系人：李涛，姚建刚

联系电话：13963876532，15269529031

电子邮箱：ytnkyscs@163.com，ganggang0526@163.com

集成模式依托单位2：河北省农林科学院植物保护研究所

联系人：王文桥

联系电话：13582207929

电子邮箱：wenqiaow@163.com

# 山东寿光青州日光温室秋冬/早春茬黄瓜化肥农药减施增效技术模式

## 1 背景简介

寿光市位于山东半岛中部，渤海莱州湾南畔。跨东经118°32′—119°10′，北纬36°41′—37°19′。寿光地处中纬度带，北濒渤海，属暖温带季风区大陆性气候。受冷暖气流的交替影响，形成了“春季干旱少雨，夏季炎热多雨，秋季爽凉干旱，冬季干冷少雪”的气候特点。青州市紧邻寿光南部，气候特点与寿光相似。黄瓜栽培茬口分为一年两茬或一年三茬。日光温室建造成本约20万元/个（1.5亩），保温材料一般采用保温被/草苫覆盖；浇水多采用大水漫灌，少数农户采用滴灌方式，施肥器采用水肥一体机。每年换棚膜1次，约2 000元/亩；每棚固定人工1个，农忙季节采取临时雇工方式，每茬雇工约60人/天。黄瓜每茬产量为12 000～15 000千克/亩。设施黄瓜的病虫害种类及危害程度、药肥投入情况如下：黄瓜病虫害主要包括霜霉病、灰霉病、棒孢叶斑病、白粉病、细菌性角斑病、烟粉虱、根结线虫病等。化学药剂主要包括氟菌·霜霉威、嘧霉胺、氟菌·肟菌酯、春雷霉素、百菌清、阿维菌素、乙基多杀菌素、啶虫脒、螺虫·噻虫啉等，施药费用2 000～3 000元/亩；秋冬茬基肥主要使用鸡粪大约2 000千克/亩或8～10立方米/亩，配合商品有机肥约1 000千克/亩，费用共计4 500元左右；早春茬基肥主要使用豆粕大约1 200千克/亩，配合商品有机肥约1 000千克/亩，费用共计2 500～3 000元。追肥以水溶肥为主，每茬口费用2 000～4 000元/亩。

针对寿光及周边地区生产中存在过度施肥导致土壤盐渍化，大量频繁使用化学农药导致农残超标、环境污染等问题，以黄瓜为模式作物提出日光温室化肥农药减施增效技术模式，该技术模式使用后，化学农药使用量减少35.23%～40%，农药利用率提高12.78%～13.64%，化肥使用量降低31.37%～32.81%，化肥利用率提高16.82%～17.67%，增产5.52%～5.6%。

## 2 栽培技术

### 2.1 棚型及保温方式

宜采用下挖式日光温室，长度100～150米，宽度13～15米，高度5.5～7米，棚室整体下挖0.5～0.8米，所挖土方用于筑造棚室后墙及两侧山墙；棚室顶部用钢管做棚架，上覆薄膜、保温被，冬季晴朗天气清晨温室内最低温度应不低于12℃，连阴天应不低于8℃（图1）。

### 2.2　品种选择及定植时间

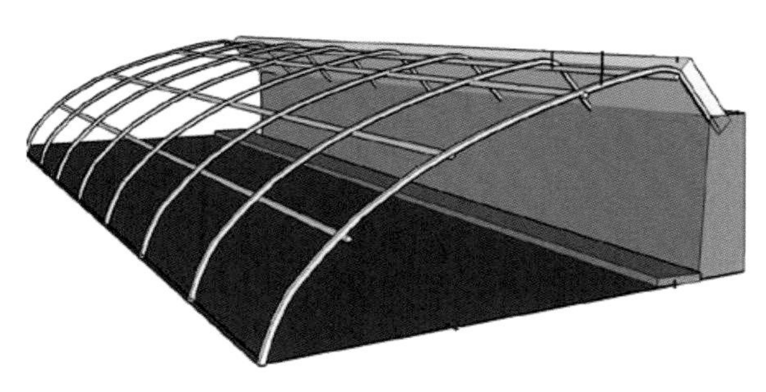

图1　棚室结构

选用适宜秋冬茬（8月至翌年1月）和早春茬（2—6月）栽培的黄瓜品种，抗病性强、耐低温弱光、瓜条油亮顺直、产量高，如'寿研四号''津优35号''德瑞特E95''中农26''中农37'等。选用抗病的白籽南瓜做砧木进行嫁接，能预防根结线虫、猝倒病等土传病害的发生，同时黄瓜商品性更好。

采用黄瓜穴盘嫁接育苗技术，通过工厂化育苗培育壮苗。秋冬茬定植时间在8月上旬，育苗时间在7月上旬；早春茬定植时间在1月底至2月初，育苗时间在12月上中旬。

### 2.3　蔬菜秸秆原位还田技术

黄瓜采收结束，清除地表杂物，用蔬菜秸秆还田机就地将蔬菜秸秆粉碎撒匀，同时撒施秸秆腐熟剂10～15千克/亩，利用大棚深耕机深耕深翻土壤30厘米以上，并进行灌水覆膜高温发酵15～20天，一次性完成深松、旋耕、灭茬。

### 2.4　定植

嫁接黄瓜苗长到1叶1心时就可以定植，按照行距70～75厘米进行定植，每亩栽培3 000～3 500株。定植后浇缓苗水，用地膜进行覆盖（图2、图3）。

图2　黄瓜穴盘嫁接育苗技术

图3　定植后覆膜

### 2.5　温度管理及植株调整

（1）日光温室环境一体化智能控制技术。实时采集空气温湿度、光照强度、二氧化碳浓度、土壤湿度、土壤pH值等环境数据，根据黄瓜生长环境数据模型，自动分析并智能调控相关控制器开关放风口、卷帘机、通风机、遮阳网、水肥一体化机、自动喷雾等设备，自动调控温室环境。黄瓜适宜生长的温度为白天25～28℃，夜间13～15℃。

（2）植株调整。棚室栽培多采用单干整枝法，黄瓜苗长到30厘米左右时，及时吊蔓、掐须，在8片叶以上留瓜，并摘除10节以下的侧枝，当植株达到一定高度时要及时落蔓并摘除下部老化变黄的叶片，保留12片的功能叶。

### 2.6 采收方式及时间

黄瓜秋冬茬约在定植后一个月开始采收。早春茬约在定植一个半月后采收。利用采收嫩瓜来进行黄瓜营养生长和生殖生长的平衡，低温弱光季节，及早采收嫩瓜，并适当疏花疏果，以增强植株长势，防止出现瓜打顶和化瓜现象。

## 3 病虫害防治技术

### 3.1 土壤消毒技术

参照本书“设施蔬菜土传病害生物与化学协同防治技术”进行操作。

### 3.2 嫁接育苗技术防治根部病害

建议选购市场上优质的黄瓜嫁接苗。嫁接砧木一般选择嫁接亲和力强、抗黄瓜根部病害、对接穗果实品质无不良影响的南瓜品种。

### 3.3 苗期病虫害管理技术

黄瓜生长初期，病害主要预防立枯病、猝倒病，着重搞好土壤消毒，抑制发病。药剂可使用722克/升霜霉威盐酸盐水剂60～100毫升/亩喷淋茎基部及土表防治猝倒病，使用50%吡唑醚菌酯水分散粒剂10～15克/亩喷淋茎基部或土表防治立枯病。虫害主要预防粉虱，定植前使用19%溴氰虫酰胺悬浮剂4.1～5毫升/平方米喷淋苗床或兑水蘸根防治。

### 3.4 成株期病虫害管理技术

以农业防治和物理防治为基础，优先使用生物防治，根据设施黄瓜病虫害发生规律，科学安全地使用化学农药，将生物农药与化学农药协调使用，最大限度地减轻农药对生态环境的破坏。

（1）农业防治。定植前彻底清除温室内的植株残体，前放风口种植玉米趋避烟粉虱等害虫。

（2）物理防治。悬挂黄板或蓝板诱杀或监测烟粉虱、蓟马等害虫，每亩设施内悬挂诱虫黄板和蓝板各20～30张，色板大小为20厘米×26厘米，挂置高度比黄瓜植株顶端高5～10厘米。铺设黑灰色地布趋避害虫，通风口遮60目防虫网阻止蚜虫、粉虱等害虫进入温室内。

（3）生物防治。在烟粉虱发生初期释放丽蚜小蜂，将蜂卡挂于黄瓜植株中上部枝条，每亩至少分10个点悬挂，并均匀分布于整个设施内。每次释放2 000～3 000头/亩，隔7～10天释放1次，连续释放3～5次，释放天敌前撤掉诱虫板（图4、图5）。

图4　悬挂诱虫板诱杀或监测烟粉虱、蓟马等害虫

图5　释放丽蚜小蜂防治烟粉虱

（4）化学防治。发病前使用生物农药预防，发病初期生物农药与常规化学农药交替使用，减少常规化学农药的使用量。每亩每次喷药液量45～60升，可根据植株高度及密度来调整喷药液量（表1）。

表1　常规生物药剂与化学药剂协调使用防治黄瓜病虫害方案

| 防治对象 | 药剂名称 | 施用方式 | 每亩每次用量 |
| --- | --- | --- | --- |
| 预防 | 3%多抗霉素可湿性粉剂 | 定植初期，病害发生之前，交替喷雾保护预防，间隔期10～14天 | 167～250克 |
|  | 3%中生菌素可湿性粉剂 |  | 100～120克 |
|  | 75%百菌清可湿性粉剂 |  | 120～220克 |
|  | 80%代森锰锌可湿性粉剂 |  | 150～225克 |
| 霜霉病 | 1%蛇床子素水乳剂 | 初花期至盛瓜期，发病之前生物农药喷雾预防，发病初期生物农药与化学农药交替喷雾2～3次，间隔期7～10天 | 150～200毫升 |
|  | 2亿孢子/克木霉菌可湿性粉剂 |  | 150～200克 |
|  | 10%氟噻唑吡乙酮可分散油悬浮剂 |  | 13～20毫升 |
|  | 687.5克/升氟菌·霜霉威悬浮剂 |  | 60～75毫升 |
| 棒孢叶斑病 | 1 000亿活孢子/克荧光假单胞杆菌可湿性粉剂 | 初花期至盛瓜期，发病之前生物农药喷雾预防，发病初期生物农药与化学农药交替喷雾2～3次，间隔期7～10天 | 70～80克 |
|  | 43%氟菌·肟菌酯悬浮剂 |  | 15～25毫升 |
|  | 35%氟菌·戊唑醇悬浮剂 |  | 20～25毫升 |
|  | 30%苯甲·嘧菌酯悬浮剂 |  | 40～80毫升 |
| 灰霉病 | 25克/升咯菌腈种子处理悬浮剂 | 初瓜期，发病之前蘸花预防 | 150～200毫升 |
|  | 2%苦参碱水剂 | 盛瓜期，发病之前生物农药喷雾预防，发病初期生物农药与化学农药交替喷雾2～3次，间隔期7～10天 | 45～60毫升 |
|  | 25%啶酰·咯菌腈悬浮剂 |  | 60～80毫升 |
|  | 38%唑醚·啶酰菌水分散粒剂 |  | 50～60克 |

表1 （续）

| 防治对象 | 药剂名称 | 施用方式 | 每亩每次用量 |
|---|---|---|---|
| 白粉病 | 1 000亿芽孢/克枯草芽孢杆菌可湿性粉剂 | 初花期至盛瓜期，发病之前生物农药喷雾预防，发病初期生物农药与化学农药交替喷雾2～3次，间隔期7～10天 | 70～84克 |
| | 200克/升氟酰羟・苯甲唑悬浮剂 | | 40～50毫升 |
| | 25%乙嘧酚磺酸酯微乳剂 | | 60～80毫升 |
| | 20%四氟・吡唑酯水乳剂 | | 67～80毫升 |
| 细菌性角斑病 | 3%中生菌素可湿性粉剂 | 初花期至盛瓜期，发病之前生物农药喷雾预防，发病初期生物农药与化学农药交替喷雾2～3次，间隔期7～10天 | 100～120克 |
| | 27%春雷・溴菌腈可湿性粉剂 | | 60～80克 |
| | 77%氢氧化铜可湿性粉剂 | | 45～60克 |
| 粉虱、蚜虫、蓟马 | 80亿孢子/毫升金龟子绿僵菌可分散油悬浮剂 | 初花期至盛瓜期，虫害发生之前生物农药喷雾预防，虫害发生初期生物农药与化学农药交替喷雾2～3次，间隔期7～10天 | 40～60毫升 |
| | 40%啶虫脒可溶性粉剂 | | 5～6克 |
| | 40%呋虫胺可溶性粉剂 | | 15～25克 |
| 斑潜蝇 | 80%灭蝇胺可湿性粉剂 | 初花期至盛瓜期，虫害发生初期喷雾2～3次，间隔期7～10天 | 13～18克 |

阴雨高湿天气参照本书“弥粉法施药防治设施蔬菜病害技术”进行操作（表2）。

表2 弥粉法喷粉施药方案

| 防治对象 | 药剂名称 | 施用方式 | 每亩每次用量 |
|---|---|---|---|
| 霜霉病 | 50%烯酰吗啉可湿性粉剂 | 发病初期，交替喷粉2～3次，间隔期7～10天 | 50克 |
| | 72%霜脲・锰锌可湿性粉剂 | | 140克 |
| 白粉病 | 30%醚菌酯可湿性粉剂 | 发病初期，交替喷粉2～3次，间隔期7～10天 | 50克 |
| | 30%氟菌唑可湿性粉剂 | | 50克 |
| 棒孢叶斑病 | 100亿芽孢/克枯草芽孢杆菌可湿性粉剂 | 发病初期，交替喷粉2～3次，间隔期7～10天 | 100克 |
| | 50%腐霉利可湿性粉剂 | | 100克 |

## 4 水肥管理技术

### 4.1 设施黄瓜水肥一体化技术

参照本书“基于发育阶段的设施番茄和黄瓜水肥一体化技术”进行操作。设施秋冬茬和早春茬黄瓜目标产量12～15吨/亩。每亩施腐熟有机肥4～6立方米（或商品有机肥1.2～1.5吨），低磷化肥25～30千克；针对次生盐渍化、酸化等障碍土壤，每亩补施100千克的生物有机肥或土壤调理剂。应用膜下滴灌技术，每亩每次滴灌水量为10～15立方米；定植至开花期，选用高氮型滴灌专用肥（$N-P_2O_5-K_2O$=22-12-16），每次7.5～10千克/亩；开花至拉秧期间，选用高钾高氮型滴灌专用肥（$N-P_2O_5-$

$K_2O$=20-8-22），每次12.5～15千克/亩；每10～15天施用1次。

### 4.2　设施黄瓜低温弱光诱抗增产技术

冬春季节光照少、温度低时可应用此技术。滴灌型氨基酸水溶肥（氨基酸≥100克/升，钙+镁≥30克/升）利用滴灌系统随水施用，每次500毫升/亩，每7～10天冲施1次。叶面喷雾型氨基酸水溶肥（氨基酸≥10%，铁+锌+锰+硼≥2%）利用喷雾机，每100克兑水30千克后均匀喷雾到黄瓜植株地上部，每7～10天喷施1次，在晴天上午喷施。2种氨基酸水溶肥可配合使用。

## 5　适宜地区

该模式相对成熟，在寿光现代农业产业园区、稻田、洛城、青州等地已推广4年，适合在种植日光温室秋冬/早春茬黄瓜的地区推广应用。

## 6　联系方式

集成模式依托单位1：山东省寿光蔬菜产业集团有限公司

联系人：国家进，王蕾

联系电话：13964738333，15253639775

电子邮箱：A5208098@163.com

集成模式依托单位2：河北省农林科学院植物保护研究所

联系人：王文桥

联系电话：13582207929

电子邮箱：wenqiaow@163.com

# 山东寿光日光温室秋冬/早春茬沙培番茄化肥农药减施增效技术模式

## 1 背景简介

寿光市位于山东半岛中部，渤海莱州湾南畔。跨东经118°32′—119°10′，北纬36°41′—37°19′。寿光地处中纬度带，北濒渤海，属暖温带季风区大陆性气候。受冷暖气流的交替影响，形成了“春季干旱少雨，夏季炎热多雨，秋季爽凉干旱，冬季干冷少雪”的气候特点。番茄栽培茬口分为一年两茬。日光温室建造成本约20万元/个（1.5亩），保温材料一般采用保温被/草苫覆盖；浇水多采用大水漫灌，少数农户采用滴灌方式；施肥器采用水肥一体机。每年更换棚膜1次，约2 000元/亩；每棚固定人工1个，农忙季节采取临时雇工方式，每茬雇工约60人/天。番茄每茬产量在12 000千克左右。寿光北部是盐碱地，无法正常种植蔬菜，当地多采取沙培的种植模式。设施番茄的病虫害种类及危害程度、药肥投入情况如下：① 番茄病虫害主要有褪绿病毒病、黄化曲叶病毒病、灰霉病、叶霉病、烟粉虱、根结线虫病等。防治化学药剂主要包括盐酸吗啉胍、宁南霉素、百菌清、腐霉利、氟菌·肟菌酯、啶虫脒、螺虫·噻虫啉等，施药费用2 000～3 000元/亩。② 沙培模式不使用有机肥作为基肥，只使用少量生物肥。追肥以水溶肥、叶面肥、生根剂为主，每茬口费用3 000～4 500元/亩。

针对寿光北部盐碱地无法正常种植蔬菜的问题，以番茄为模式作物，提出基于日光温室简易基质栽培的化肥农药减施增效技术模式，以沙子和炉渣作为栽培基质，集成日光温室环境一体化智能控制技术、病虫害绿色防控技术、水肥管理技术等多种技术，达到降低化肥农药使用量，节水省工且增产的效果。该技术模式使用后，化学农药使用量降低35.71%～36.78%，农药利用率提高12.46%～13.33%，化肥使用量降低33.33%～33.46%，化肥利用率提高15.25%～15.66%，增产4.76%～6.67%。

## 2 栽培技术

### 2.1 棚型及保温方式

采用下挖式日光温室，长度100～150米，宽度13～15米，高度5.5～7米，棚室整体下挖0.5～0.8米，所挖土方用于筑造棚室后墙及两侧山墙；棚室顶部用钢管做棚架，上覆薄膜、保温被，冬季晴朗天气清晨温室内最低温度应不低于12℃，连阴天应不低于8℃。

### 2.2 品种选择及定植时间

选用适宜秋冬茬（8月至翌年1月）和早春茬（2—6月）栽培的番茄品种，抗病性强、耐低温弱光、抗病毒、产量高，大果型如‘齐达利’等。选用抗病、根系好的番茄砧木品种进行嫁接，能预防根结线虫病、猝倒病等土传病害的发生，同时番茄商品性更好。

采用穴盘嫁接育苗技术，通过工厂化育苗培育番茄壮苗（图1）。秋冬茬定植时间在8月上旬，育苗时间在6月底至7月初。早春茬定植时间在2月上旬，育苗时间在上一年12月上旬。

### 2.3　定植

番茄沙培以沙子和炉渣为基质（比例3：2），该模式种植沟（45厘米×26厘米×40厘米）内铺设一层塑料膜与土壤完全隔开（图2）。大棚内设有水池，安装简易肥水一体机，通过滴灌输送水分和营养液。嫁接苗长到3叶1心时就可以定植，株行距30厘米×60厘米。

图1　番茄穴盘嫁接育苗技术

图2　番茄定植沟

### 2.4　水肥一体化系统配置

水肥一体机配置主要包括施肥器，滴灌主管、副管。

在沙培的基础上应用水肥一体机，使用水肥一体机可保证棚内营养分配均匀，可节水30%以上。

### 2.5　温度管理及植株调整

（1）日光温室环境一体化智能控制技术。实时采集空气温湿度、光照强度、二氧化碳浓度、土壤湿度、土壤pH值等环境数据，根据番茄生长环境数据模型，自动分析并智能调控相关控制器开关放风口、卷帘机、通风机、遮阳网、水肥一体化机、自动喷雾等设备，自动调控温室环境。番茄适宜生长的温度白天22～30℃，夜间13℃以上。

（2）植株调整。番茄生长过程中，植株长到30～40厘米时进行吊蔓；番茄出现侧叉时，及时打叉，避免养分的浪费，打叉应尽早，利于伤口愈合；番茄开花后，释放熊蜂授粉；番茄植株长到第六穗果时进行打顶。

### 2.6　采收方式及时间

番茄成熟有绿熟、变色、成熟、完熟4个时期。储存保鲜可在绿熟期采收；运输出售可在变色期（果实的1/3变红）采摘；就地出售或自食应在成熟期即果实1/3以上变红时采摘。

## 3 病虫害防治技术

### 3.1 基质消毒技术

夏季闷棚时（7—8月），将50%甲基硫菌灵可湿性粉剂100～150克/亩、70%百菌清水分散粒剂150～200克/亩通过滴灌进行基质消毒，覆膜后高温闷棚，防治茎基腐病、根结线虫病等病害。

闷棚结束后，打开滴灌主管道，通过水流进行洗沙处理。通过洗沙，可洗去基质中残余的化肥农药，清洁基质。温室北高南低，残留化肥农药随多余水分排出温室（图3）。

图3 基质消毒技术

### 3.2 嫁接育苗技术防治根部病害

建议选购市场上优质的番茄嫁接苗。嫁接砧木一般选择嫁接亲和力强、抗番茄根部病害、对接穗果实品质无不良影响的野生番茄品种。

### 3.3 苗期病虫害管理技术

番茄生长初期，病害主要预防猝倒病，做好土壤消毒，抑制发病，药剂可使用722克/升霜霉威盐酸盐水剂60～100毫升/亩喷淋茎基部及土表防治。虫害主要预防粉虱，定植前使用19%溴氰虫酰胺悬浮剂4.1～5毫升/平方米喷淋苗床或兑水蘸根防治。

### 3.4 成株期病虫害管理技术

以农业防治和物理防治为基础，优先使用生物防治，根据设施番茄病虫害发生规律，科学安全地使用化学农药，将生物农药与化学农药协调使用，最大限度地减轻农药对生态环境的破坏。

（1）农业防治。定植前彻底清除温室内的植株残体，前放风口种植玉米趋避烟粉虱等害虫，预防病毒病传播。

（2）物理防治。悬挂黄板或蓝板诱杀或监测烟粉虱、蓟马等害虫，每亩设施内悬挂诱虫黄板和蓝板各20～30张，色板大小为20厘米×26厘米，挂置高度比番茄植株顶端高5～10厘米。铺设黑灰色地布趋避害虫，通风口遮60目防虫网阻止蚜虫、烟粉虱等害虫进入温室内。

（3）生物防治。在烟粉虱发生初期释放丽蚜小蜂，将蜂卡挂于番茄植株中上部枝条，每亩至少分10个点悬挂，并均匀分布于整个设施内。每次释放2 000～3 000头/亩，隔7～10天释放1次，连续释放3～5次，释放天敌前撤掉诱虫板。利用熊蜂授粉代替激素蘸花，每箱熊蜂（60～80头）可供1.5～2亩（图4～图7）。

图4　前放风口种植玉米趋避烟粉虱等害虫

图5　铺设黑灰色地布、通风口遮防虫网

图6　释放丽蚜小蜂防治烟粉虱

图7　熊蜂授粉

（4）化学防治。针对较难防治的病虫害（如番茄病毒病、灰霉病、叶霉病、粉虱等）进行应急防治，使用生物农药与常规化学农药交替使用，减少化学农药使用量。每亩每次喷药液量45～60升，可根据植株高度及密度来调整喷药液量（表1）。

表1　常规生物药剂与化学药剂协调使用防治番茄病虫害方案

| 防治对象 | 药剂名称 | 施用方式 | 每次每亩用量 |
|---|---|---|---|
| 保护性预防 | 5%氨基寡糖素水剂 | 定植初期，病害发生之前，交替喷雾保护预防，间隔期10～14天 | 36～107毫升 |
| | 5%多抗霉素水剂 | | 75～112毫升 |
| | 65%代森锌可湿性粉剂 | | 262～369克 |
| | 40%百菌清悬浮剂 | | 120～140毫升 |

表1 （续）

| 防治对象 | 药剂名称 | 施用方式 | 每次每亩用量 |
|---|---|---|---|
| 灰霉病 | 25克/升咯菌腈种子处理悬浮剂 | 初花初果期，发病之前蘸花预防 | 150～200毫升 |
| | 1.5%苦参·蛇床素水剂 | 盛花期至盛果期，发病前生物农药喷雾预防，发病初期生物农药与化学农药交替喷雾2～3次，间隔期7～10天 | 40～50毫升 |
| | 50%啶酰菌胺水分散粒剂 | | 40～50克 |
| | 25%啶菌噁唑乳油 | | 53～107毫升 |
| 病毒病 | 8%宁南霉素水剂 | 初花期至盛果期，发病前生物农药喷雾预防，发病初期生物农药与化学农药交替喷雾2～3次，间隔期7～10天 | 75～100毫升 |
| | 24%混脂·硫酸铜水乳剂 | | 83～125毫升 |
| | 20%盐酸吗啉胍可湿性粉剂 | | 234～468克 |
| 叶霉病 | 5%多抗霉素水剂 | 初花期至盛果期，发病前生物农药喷雾预防，发病初期生物农药与化学农药交替喷雾2～3次，间隔期7～10天 | 75～112毫升 |
| | 2%春雷霉素水剂 | | 140～175毫升 |
| | 43%氟菌·肟菌酯悬浮剂 | | 20～30毫升 |
| | 250克/升嘧菌酯悬浮剂 | | 60～90毫升 |
| 晚疫病 | 2%氨基寡糖素水剂 | 初花期至盛果期，发病前生物农药喷雾预防，发病初期生物农药与化学农药交替喷雾2～3次，间隔期7～10天 | 60～70毫升 |
| | 687.5克/升氟菌·霜霉威悬浮剂 | | 60～75毫升 |
| | 10%氟噻唑吡乙酮可分散油悬浮剂 | | 13～20毫升 |
| 早疫病 | 43%氟菌·肟菌酯悬浮剂 | 初花期至盛果期，发病前用多抗霉素等生物农药喷雾预防，发病初期生物农药与化学农药交替喷雾2～3次，间隔期7～10天 | 15～25毫升 |
| | 250克/升嘧菌酯悬浮剂 | | 24～32毫升 |
| 蚜虫、粉虱、斑潜蝇、蓟马 | 1.5%苦参碱可溶液剂 | 初花期至盛果期，虫害发生前生物农药喷雾预防，虫害发生初期生物农药与化学农药交替喷雾2～3次，间隔期7～10天 | 30～40毫升 |
| | 22%螺虫·噻虫啉悬浮剂 | | 32～40毫升 |
| | 3%啶虫脒微乳剂 | | 30～60毫升 |
| | 10%溴氰虫酰胺可分散油悬浮剂 | | 33～57毫升 |

阴雨高湿天气参照本书“弥粉法施药防治设施蔬菜病害技术”进行操作（表2）。

表2 弥粉法施药技术

| 防治对象 | 药剂名称 | 施用方式 | 每亩每次用量 |
|---|---|---|---|
| 晚疫病 | 50%烯酰吗啉可湿性粉剂 | 发病初期，交替喷施2～3次，间隔期7～10天 | 50克 |
| | 72%霜脲·锰锌可湿性粉剂 | | 150克 |
| 灰霉病 | 100亿芽孢/克枯草芽孢杆菌可湿性粉剂 | 发病初期，交替喷施2～3次，间隔期7～10天 | 100克 |
| | 50%腐霉利可湿性粉剂 | | 50～100克 |

## 4 水肥管理技术

### 4.1 设施番茄水肥一体化技术

水肥施用方式应用膜下滴灌技术，一般每亩每次滴灌水量6～8立方米。根据天气情况、番茄长势、基质含水量、棚内湿度等情况，调节滴灌追肥和浇水的次数、用量和时间。

（1）定植至开花期间，施用高氮型滴灌专用肥（$N-P_2O_5-K_2O$=22-12-16），每次2.5～3.0千克/亩。定植后每2～3天滴灌浇1次清水保持沙培基质湿润；第7～10天第1次滴灌追肥，温度较低季节5天左右滴灌追肥1次，温度较高季节3天左右滴灌追肥1次；在两次滴肥之间，根据需要浇1～2次清水保持沙培基质湿润。

（2）开花后至拉秧期间，施用高钾型滴灌专用肥（$N-P_2O_5-K_2O$=19-6-25），每次3.0～3.5千克/亩；温度较低季节5天左右滴灌追肥1次，温度较高季节3天左右滴灌追肥1次；在两次滴肥之间，根据需要浇1～2次清水保持沙培基质湿润。

（3）开花期和幼果期叶面喷施硼肥2～3次，第一穗果前期叶面喷施钙肥3～4次，开花期至果实膨大前叶面喷施镁肥2～3次。

### 4.2 设施番茄低温弱光诱抗增产技术

冬春季节光照少、温度低时可应用此技术。滴灌型氨基酸水溶肥（氨基酸≥100克/升，钙+镁≥30克/升）利用滴灌系统随水施用，每次500毫升/亩，每7～10天冲施1次。叶面喷雾型氨基酸水溶肥（氨基酸≥10%，铁+锌+锰+硼≥2%）利用喷雾机，每100克兑水30千克后均匀喷雾到番茄植株地上部，每7～10天喷施1次，在晴天上午喷施。2种氨基酸水溶肥可配合使用。

## 5 模式适宜地区

沙培模式种植番茄已经很成熟，在寿光南木桥村已有10年种植历史。南木桥村生产的番茄，已通过国家无公害食品认证。适合有盐碱地分布的不适宜土壤种植的地区。

## 6 联系方式

集成模式依托单位1：山东省寿光蔬菜产业集团有限公司

联系人：国家进，王蕾

联系电话：13964738333，15253639775

电子邮箱：A5208098@163.com

集成模式依托单位2：河北省农林科学院植物保护研究所

联系人：王文桥

联系电话：13582207929

电子邮箱：wenqiaow@163.com

# 河北石家庄日光温室番茄化肥农药减施增效技术模式

## 1　背景简介

石家庄市地处广袤辽阔的华北平原中南部，位于东经114°29′，北纬38°04′，北靠首都北京和港口城市天津，东临渤海和华北油田，西依巍巍太行山脉并与全国煤炭基地山西省毗邻，古称“京畿之地”，素有“南北通衢、燕晋咽喉”之称，地理位置十分优越。石家庄属于暖温带大陆性季风气候，春温夏热秋凉冬冷，雨量时空分布不均，干湿期明显。

设施番茄典型栽培模式为日光温室冬春茬番茄－秋冬茬番茄栽培。日光温室为带土墙后坡、两侧为土墙，带立柱钢架拱形结构，温室内部地面下沉50厘米；近年新建日光温室为带土墙后坡、两侧为土墙加砖，无立柱钢架拱形结构，温室内部地面下沉50厘米（图1、图2）。番茄大多为高垄栽培方式，一畦双行，大小行栽培，大行距80厘米、小行距60厘米，株距35～40厘米。土壤类型以褐土为主，质地为壤土。灌溉方式以沟灌为主，地膜覆盖较少。番茄栽培每季底施发酵粪肥实物投入量以每亩每季4～6立方米，基肥施用复合肥或复混肥，以养分含量15-15-15、17-17-17为主，投入量为每季每亩40～50千克，追肥以复合肥、水溶肥料为主，冬春茬追肥8～10次，秋冬茬追肥6～8次，每次追施水溶肥15～20千克。

图1　日光温室类型

图2　日光温室内部结构

番茄易发生灰霉病、叶霉病、晚疫病、病毒病、茎基腐病、根结线虫病、白粉虱、烟粉虱、潜叶蝇等病虫害，防治药剂种类较多，用药量大，农户间差异较大。常用杀菌剂有烯酰吗啉、霜脲·锰锌、百菌清、噁霜·锰锌、代森锰锌、氢氧化铜、氰霜唑等，定植后5～8天喷1次；杀虫剂以吡虫啉、阿维菌素、甲氨基阿维菌素苯甲酸盐为主，间隔7～10天喷1次。每季每亩施药成本冬春茬为850～1 000元、秋冬茬为1 000～1 200元。

为合理施用化肥农药，提高利用率，保证蔬菜绿色发展，研发河北石家庄地区日光温室冬春茬番茄—秋冬茬番茄化肥农药减施增效技术模式。

## 2　集成关键技术

### 2.1　高效栽培技术

品种选择：选择抗病、品质优良、无限生长大果型、较耐储运的中晚熟粉红果或红果品种，如‘金棚8号’‘金棚11’‘金棚14-8’‘明智88’‘意佰芬’‘辉腾’‘迪芬尼’‘浙粉702’‘惠玉’‘荷兰6号’‘荷兰8号’等，秋冬茬选择抗病毒品种。

基质育苗：采用中国农业大学园艺学院制定的《蔬菜健康壮苗基质育苗技术》进行穴盘基质育苗。出苗后，白天气温保持在25～30℃，夜温16～18℃，基质相对湿度80%左右。育苗期间控制好温度、湿度，及时灌溉，叶面施肥。番茄出苗后1周左右，用10亿芽孢/克枯草芽孢杆菌可湿性粉剂225～300克/亩稀释液喷淋苗盘，预防根腐病、猝倒病、立枯病。

移栽定植：冬春茬番茄育苗于11上旬至翌年1月上旬，1月上中旬至2月下旬定植；秋冬茬番茄育苗于6月下旬至8月上旬初，7月下旬至9月上旬定植。

温湿度管理：定植后，白天室温28～30℃，夜间17～20℃，以促进缓苗。缓苗后，可适当降低室温。放风管理，晴天时，33℃左右开始放风，降至20℃时闭棚；阴天时注意放风，控制湿度，达到15℃时闭棚，此操作反复进行。根据天气情况、土壤墒情和作物长势合理灌溉，建议采用膜下沟灌、膜下滴灌方式，连阴天控制浇水，有效降低空气湿度。

植株调整：摘心即打顶，冬春茬番茄栽培一般留5～7个穗果，果穗花序留足后摘心，一般在拉秧前30～40天。为获得高产且果实整齐一致，需要疏花疏果，每穗保留4个果。及时摘除植株下部的病、老、黄叶，以减少病原菌积累和增加透光性。

适时采收：一般冬春茬番茄从4月、秋冬茬从10月开始采收。番茄在转色期（果实顶部着色达到1/4左右）时进行采收为宜，长途运输可在绿熟期（果实绿色变淡）采收，就地供应在成熟期（除果实肩部外全部着色）采收。

### 2.2　高温闷棚日光消毒土壤技术

参照本书“节能环保型设施土壤日光消毒技术”进行土壤消毒。冬春茬番茄拉秧后，清除温室内番茄残体，或将番茄秸秆粉碎后均匀撒施于土壤表面后翻耕还田，也可采用机械粉碎原位还田，再进行高温闷棚。高温闷棚期间，防止雨水灌入棚室内，闷棚持续到下茬作物定植前7～10天，保持棚内高温25～30天，至少有15天以上晴天。

### 2.3 有机肥量化推荐与化肥减施技术

参照本书“设施番茄和黄瓜化肥减量与高效平衡施肥技术”进行施肥。

（1）基肥。根据番茄目标产量每亩8 000～10 000千克、土壤肥力在低、中、较高及高肥力条件下，推荐每亩基施腐熟堆肥分别为4～5立方米、3～4立方米、2～3立方米、1～2立方米，或基施符合NY/T 525《有机肥料》标准的有机肥料，每亩分别为2 000千克、1 500～2 000千克、1 200～1 500千克、800～1 200千克；低肥力条件下，在基肥基础上，增施低磷配方的硫酸钾型复合肥或复混肥20～25千克。针对次生盐渍化、酸化等障碍土壤，每亩定植前穴施80～100千克生物有机肥或符合T/HNPCIA 11《土壤调理剂　碱性》标准的碱性土壤调理剂。番茄生育期的灌溉施肥根据产量水平和土壤肥力、土壤质地、墒情和气候条件确定。每亩番茄8 000～10 000千克产量水平、土壤中等以上肥力、膜下沟灌条件下的灌溉施肥方案如下。

① 定植。冬春茬番茄定植灌溉每亩15～20立方米，缓苗水10～12立方米；秋冬茬番茄定植灌溉每亩30～40立方米，缓苗水15～20立方米，用0.5～1.0千克含木醋液水溶肥料兑水350～400升灌根，每株100～200毫升。

② 开花坐果期。高磷、中氮、低钾配方（N-$P_2O_5$-$K_2O$，15-30-10或10-30-10）、符合NY/T 1107《水溶肥料　钙、镁、硫、氯含量的测定》标准的大量元素水溶肥料（微量元素型）追施1次，每亩沟灌追施5.0～8.0千克；冬春茬番茄灌溉每次每亩18～20立方米，秋冬茬番茄灌溉每次每亩20～25立方米。配合追肥，追施以枯草芽孢杆菌为主、符合GB 20287《农用微生物菌剂》标准的农用微生物菌剂1次，每亩2～3千克；或者配合追肥，追施含木醋液水溶肥料1次，每亩3～5千克。

③ 根外追肥。在开花坐果期间，特别是高温、低温等逆境条件下需要加强叶面肥管理，采用七水硫酸镁120～150克/亩、四水硝酸钙120～180克/亩，或含硼、锌、锰、铁等复合微量元素肥料50～60克/亩兑水稀释，进行叶面喷施，连续喷2～3次，每次间隔7～10天。

④ 结果期。冬春茬番茄每次每亩灌溉20～25立方米，7～10天灌溉1次，秋冬茬番茄低温时期每次每亩灌溉18～20立方米，每10～15天灌溉1次。从第一穗果实膨大到乒乓球大小时开始追肥，第一至第三穗果实膨大期，追施高氮、低磷、中钾配方（N-$P_2O_5$-$K_2O$，25-5-20）、符合NY/T 1107《水溶肥料　钙、镁、硫、氯含量的测定》标准的大量元素水溶肥料（微量元素型）3次，每次每亩追施10～15千克；第四至第六穗果实膨大期，追施中氮、低磷、高钾配方（N-$P_2O_5$-$K_2O$，18-7-25）、符合NY/T 1107《水溶肥料　钙、镁、硫、氯含量的测定》标准的大量元素水溶肥料（微量元素型）3次，若采用其他配方的大量元素水溶肥料，钾含量不超过30%，每次每亩追施10～15千克。配合追肥，追施符合GB 20287《农用微生物菌剂》标准的微生物菌

剂2～3次，每次每亩2～3千克；或追施含木醋液水溶肥料2～3次，每次每亩3～5千克（图3、图4）。

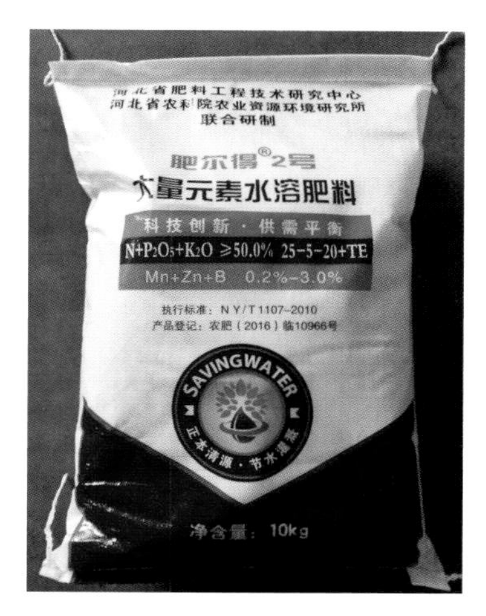


图3 大量元素水溶肥料（高氮型）

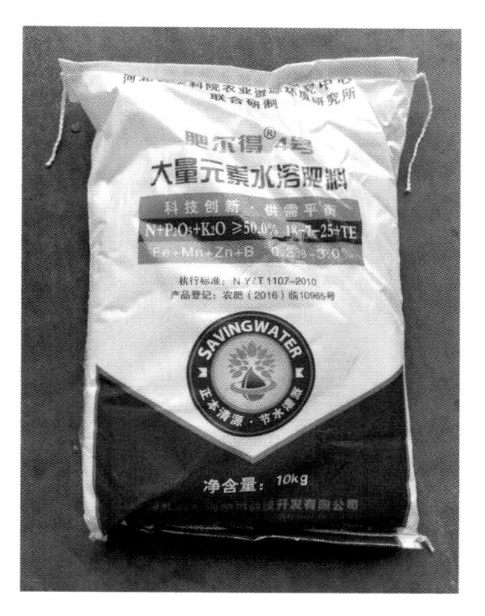


图4 大量元素水溶肥料（高钾型）

（2）滴灌施肥。有滴灌条件的，参照本书“基于发育阶段的设施番茄和黄瓜水肥一体化技术”进行滴灌施肥，滴灌水肥一体化的施肥和灌溉量比沟灌减量15%～20%。

### 2.4 病虫害防治方案

采用物理、化学、生物措施综合防治，以防为主、防治结合，制订病虫害防治整体方案。对番茄重要病原菌进行抗药性监测，在病害早期根据症状进行诊断，并根据诊断结果选择敏感、高效、低毒农药，选择高效喷雾机、背负式精量电动弥粉机等，参照本书“弥粉法施药防治设施蔬菜病害技术”进行药剂防治，提高农药利用率。

① 苗期。预防猝倒病、立枯病、枯萎病和根腐病，采用15%噁霉灵水剂每次5～12毫升/平方米、72.2%霜霉威盐酸盐水剂5～12毫升/平方米、75%百菌清可湿性粉剂每次5～12毫克/平方米，兑水稀释淋灌育苗盘，轮换用药1～2次。定植前，每亩使用250克/升嘧菌酯悬浮剂10毫升和62.5克/升精甲·咯菌腈悬浮种衣剂10毫升兑水15升稀释蘸根，或21%噻虫嗪悬浮剂15～20毫升/亩和250克/升嘧菌酯悬浮剂30～40毫升/亩兑水稀释喷施番茄苗1次，防治病虫害。缓苗后，施用吡虫啉、噻虫嗪等内吸性杀虫剂进行灌根。参照本书“新型诱虫板监测和防治蓟马”悬挂黄色诱虫板、蓝色诱虫板，进行物理防治。

② 开花坐果期。采用10亿芽孢/克枯草芽孢杆菌可湿性粉剂60克/亩兑水稀释叶面喷施；也可采用50%异菌脲可湿性粉剂和60%乙霉·多菌灵可湿性粉剂组合，或70%硫黄·甲硫可湿性粉剂+30%嘧菌酯可湿性粉剂组合，每次130～200克/亩，借助精量电

动弥粉机喷粉，间隔7～10天喷施，施用1～2次，预防番茄灰霉病、叶霉病。采用3亿CFU/克哈茨木霉菌可湿性粉剂叶部型，150～200克/亩兑水稀释叶面喷施，或75%百菌清可湿性粉剂75～100克/亩兑水稀释进行叶面喷施，预防灰霉病、晚疫病。防治晚疫病，采用80%代森锰锌可湿性粉剂90～120克/亩或10%氟噻唑吡乙酮可分散油悬浮剂15～20毫升/亩+80%代森锰锌可湿性粉剂90～120克/亩兑水稀释，进行叶面喷施1～2次预防；发病初期采用50%烯酰吗啉可湿性粉剂30～40克/亩和68.75克/升氟菌·霜霉威悬浮剂60～75毫升/亩兑水稀释，交替叶面喷施1～2次进行治疗。

③ 盛果转色期。采用250克/升嘧菌酯可湿性粉剂100～120克/亩稀释后淋灌植株或随小水冲灌；或采用50%异菌脲可湿性粉剂和60%乙霉·多菌灵可湿性粉剂组合或70%硫黄·甲硫可湿性粉剂+30%嘧菌酯可湿性粉剂组合，每次130～200克/亩，借助精量电动弥粉机喷粉，间隔7～10天，施用1～2次，预防番茄灰霉病、叶霉病、白粉病。

④ 结果后期。依温室内温湿度及番茄病害发生情况，酌情喷施3亿CFU/克哈茨木霉菌可湿性粉剂叶部型，150～200克/亩兑水稀释叶面喷施1～2次，预防叶霉病、灰叶斑病；或采用50%异菌脲可湿性粉剂+60%乙霉·多菌灵可湿性粉剂组合或70%硫黄·甲硫可湿性粉剂+30%嘧菌酯可湿性粉剂组合130～200克/亩，借助精量电动弥粉机喷粉，间隔7～10天，施用1～2次，预防番茄灰霉病、叶霉病。

## 3 联系方式

集成模式依托单位1：河北省农林科学院农业资源环境研究所
联系人：王丽英
联系电话：13653215766
电子信箱：wangliying5@163.com

集成模式依托单位2：河北省农林科学院植物保护研究所
联系人：王文桥
联系电话：13582207929
电子邮箱：wenqiaow@163.com

# 河北石家庄日光温室黄瓜化肥农药减施增效技术模式

## 1 背景简介

石家庄市地处广袤辽阔的华北平原中南部，位于东经114°29′，北纬38°04′，北靠首都北京和港口城市天津，东临渤海和华北油田，西依巍巍太行山脉并与全国煤炭基地山西省毗邻，古称“京畿之地”，素有“南北通衢、燕晋咽喉”之称，地理位置十分优越。石家庄属于暖温带大陆性季风气候，气候特点是春温夏热秋凉冬冷，雨量时空分布不均，干湿期明显。

设施黄瓜典型栽培模式为日光温室冬春茬黄瓜－秋冬茬黄瓜。日光温室为带土墙后坡、两侧土墙，带立柱竹木拱形结构，温室内部地面下沉50厘米；近年来新建日光温室为带土墙后坡、两侧土墙加砖，无立柱钢管拱形结构，温室内部地面下沉50厘米（图1、图2）。黄瓜种植为高垄栽培，一畦双行，大小行种植，大行距80厘米、小行距50厘米，株距30～35厘米。土壤类型以褐土为主，质地壤质土。灌溉方式以沟灌为主，地膜覆盖较少。常规生产中冬春茬黄瓜目标产量10 000～12 000千克，常规施肥基施粪肥7～10立方米；基肥复合肥投入量为每亩40～50千克，冬春茬追肥13～20次，每次追施水溶肥10～25千克。秋冬茬黄瓜目标产量8 000～10 000千克，基施粪肥6～13立方米，追肥8～13次，每次追施水溶肥10～20千克。黄瓜易发霜霉病、炭疽病、白粉病、细菌性角斑病、棒孢叶斑病和根结线虫病。虫害以白粉虱、蚜虫、蓟马、潜叶蝇等为主，防治病虫害的用药种类较多，为害程度农户间差异较大。常用杀菌剂有烯酰吗啉、霜脲·锰锌、百菌清、噁霜·锰锌、代森锰锌、氢氧化铜、氰霜唑等，定植后5～8天喷1次，杀虫剂以吡虫啉、阿维菌素、甲氨基阿维菌素苯甲酸盐为主，间隔7～10天喷1次。每季每亩农药施用成本在1 000～1 200元。

图1 日光温室类型

图2 日光温室内部结构

为合理施用化肥农药，提高利用率，保证蔬菜绿色发展，研发河北石家庄地区日光温室冬春茬黄瓜—秋冬茬黄瓜化肥农药减施增效技术模式。

## 2 集成关键技术

### 2.1 高效栽培技术

品种选择：选择抗病、无限生长型、品质优良的中早熟品种，如‘津东-6C’‘津东-B5’‘津早198’‘驰誉’‘福美801’等。

穴盘育苗：黑籽南瓜砧木嫁接育苗。用68%精甲霜·锰锌水分散粒剂150～200毫克/平方米兑水喷淋苗盘封闭，防治苗期病害。黄瓜出苗后，白天气温保持在25～30℃，夜温16～18℃，基质相对湿度80%左右。育苗期间控制好温湿度，及时灌溉，叶面施肥。黄瓜出苗后1周左右，用10亿芽孢/克枯草芽孢杆菌可湿性粉剂300～450毫克/平方米兑水喷淋苗盘，预防根腐病、猝倒病、立枯病。

移栽定植：冬春茬黄瓜育苗于11月上旬至翌年1月上旬，1月上中旬至2月下旬定植；秋冬茬黄瓜育苗于6月下旬至8月上旬初，7月下旬至9月上旬定植。

温湿度管理：定植后到缓苗，白天温度控制在28～30℃，夜间17～20℃；缓苗后5～7天，温度白天不超过30℃，低于20℃时关风口保温，以20～25℃为宜，夜温12～15℃，并保持相对湿度在80%以下。根据天气情况、土壤墒情和作物长势合理灌溉，采用膜下沟灌、膜下滴灌，连阴天控制浇水，有效降低空气湿度。

植株调整：黄瓜以主蔓结瓜为主，一般保留主蔓坐瓜。及早摘除侧蔓与卷须，减少养分消耗。采用吊蔓夹吊蔓，并适时落蔓。及时摘除植株下部的病、老、黄叶，以减少病原菌积累和增加透光性。冬季低温弱光时，使用防落素、2，4-D等植物生长调节剂能防止化瓜。

适时采收：冬春茬从3月中下旬开始采收，秋冬茬从10月开始采收。

### 2.2 高温闷棚日光消毒土壤技术

参照本书“节能环保型设施土壤日光消毒技术”对土壤进行消毒。冬春茬黄瓜拉秧后，清除作物残体和温室内残余植物体，也可以将黄瓜秧蔓粉碎，均匀撒施于土壤表面后翻耕还田，再进行高温闷棚消毒土壤。高温闷棚期间，防止雨水灌入棚室内，闷棚可以持续到下茬作物定植前7～10天，保持棚内高温25～30天，至少有15天以上晴天。

### 2.3 有机肥量化推荐与化肥减施技术

参照本书“设施番茄和黄瓜化肥减量与高效平衡施肥技术”进行施肥。

（1）基肥。根据黄瓜目标产量每亩10 000～15 000千克、土壤肥力在低、中、较高及高肥力条件下，推荐每亩基施腐熟堆肥分别为4～6立方米、3～4立方米、2～3立方米、1～2立方米，或基施符合NY/T 525《有机肥料》标准的有机肥料每亩分别为

2 000千克、1 500～2 000千克、1 200～1 500千克、800～1 200千克；低肥力条件下，在基肥基础上，增施低磷配方的硫酸钾型复合肥或复混肥20～25千克。针对次生盐渍化、酸化等障碍土壤，每亩定植前穴施100千克的生物有机肥或符合T/HNPCIA 11《土壤调理剂　碱性》标准的碱性土壤调理剂。黄瓜生育期灌溉施肥根据产量水平和土壤肥力、土壤质地、墒情和气候条件确定。以每亩黄瓜10 000～15 000千克产量水平，土壤中等以上肥力、膜下沟灌条件下的灌溉施肥方案。

① 定植。冬春茬黄瓜定植灌溉每亩20～25立方米，缓苗水10～15立方米；秋冬茬黄瓜定植灌溉每亩30～40立方米，缓苗水18～20立方米，配合灌水，用0.5～1千克含木醋液水溶肥料兑水350～400升灌根，每株100～200毫升。

② 开花坐瓜期。采用高磷中氮低钾配方（$N-P_2O_5-K_2O$，15-30-10或10-30-10）、符合NY/T 1107《水溶肥料　钙、镁、硫、氯含量的测定》标准的大量元素水溶肥料（微量元素型）追施1次，每亩6～8千克；冬春茬黄瓜灌溉每次每亩15～20立方米，秋冬茬黄瓜灌溉每次每亩20～25立方米。配合追肥，追施以枯草芽孢杆菌为主、符合GB 20287《农用微生物菌剂》标准的农用微生物菌剂1次，每亩2～3千克；或者追施含木醋液水溶肥料1次，每亩3～5千克。

③ 根外追肥。在开花坐果期间，特别是高温、低温等逆境条件下需要加强叶面肥管理，采用七水硫酸镁120～150克/亩、四水硝酸钙120～180克/亩，或含硼、锌、锰、铁等复合微量元素肥料50～60克/亩兑水稀释，进行叶面喷施，连续喷2～3次，每次间隔7～10天。

④ 结瓜期。冬春茬黄瓜每次每亩灌溉20～25立方米，5～7天灌溉1次，秋冬茬黄瓜在低温时期，每次每亩灌溉15～20立方米，10～12天灌溉1次。从根瓜坐住开始追肥，每7～10天追肥1次。结瓜前期，追施高氮、低磷、中钾配方（$N-P_2O_5-K_2O$，25-5-20）、符合NY/T 1107《水溶肥料　钙、镁、硫、氯含量的测定》标准的大量元素水溶肥料（微量元素型）3～4次，每次每亩追10～15千克；结瓜中期，追施中氮、低磷、高钾配方（$N-P_2O_5-K_2O$，18-7-25）、符合NY/T 1107《水溶肥料　钙、镁、硫、氯含量的测定》标准的大量元素水溶肥料（微量元素型）4～5次，每次每亩追10～15千克；结瓜后期，追施中氮、低磷、高钾配方（$N-P_2O_5-K_2O$，18-7-25）、符合NY/T 1107《水溶肥料　钙、镁、硫、氯含量的测定》标准的大量元素水溶肥料（微量元素型）3～4次，若采用其他配方，钾（$K_2O$）含量不超过30%，每次每亩追10～15千克。配合追肥，追施以枯草芽孢杆菌为主、符合GB 20287《农用微生物菌剂》标准的农用微生物菌剂2～3次，每次每亩2～3千克；或者追施含木醋液水溶肥料2～3次，每次每亩3～5千克。

（2）滴灌施肥。有滴灌条件的，参照本书“基于发育阶段的设施番茄和黄瓜水肥一体化技术”进行滴灌施肥，滴灌水肥一体化的施肥和灌溉量比沟灌减量15%～20%。

### 2.4 病虫害防治方案

采用物理、化学、生物措施综合防治，预防为主，综合防治。对黄瓜重要病原菌进行抗药性监测和初期诊断，并根据诊断结果选择敏感、高效、低毒农药，喷药器械选择高效喷雾机、精量电动弥粉机等（参照本书“弥粉法施药防治设施蔬菜病害技术”）进行药剂防治，提高农药利用率。

（1）苗期。预防猝倒病、立枯病、枯萎病和根腐病，每次采用15%噁霉灵水剂5～12毫升/平方米+72.2%霜霉威盐酸盐水剂5～12毫升/平方米、或75%百菌清可湿性粉剂5～12毫克/平方米，兑水稀释淋灌育苗盘，轮换用药1～2次。定植前，每亩使用250克/升嘧菌酯悬浮剂10毫升和62.5克/升精甲·咯菌腈悬浮种衣剂10毫升，兑水15升稀释蘸根；或用21%噻虫嗪悬浮剂15～20毫升/亩和250克/升嘧菌酯悬浮剂30～40毫升/亩喷施黄瓜苗1次，防治苗期及定植后虫害。缓苗后，施用吡虫啉、噻虫嗪等内吸性杀虫剂进行灌根。参照本书“新型诱虫板监测和防治蓟马”，悬挂黄色诱虫板、蓝色诱虫板，进行物理防治。

（2）开花结瓜期（根瓜坐住开始）。采用3亿CFU/克哈茨木霉菌可湿性粉剂叶部型，150～200克/亩兑水稀释，进行叶面喷施，间隔7～10天，喷施1～2次。或采用10亿芽孢/克枯草芽孢杆菌可湿性粉剂60克/亩或80%代森锰锌可湿性粉剂170～250克/亩，兑水稀释，进行叶面喷施1～2次，预防苗期病害。

（3）结瓜盛期。采用250克/升嘧菌酯悬浮剂100～120毫升/亩，配合含腐殖酸水溶肥250克/亩，兑水稀释，淋灌植株。预防黄瓜霜霉病，采用68.75%氟菌·霜霉威悬浮剂90～100毫升/亩、10%氟噻唑吡乙酮可分散油悬浮剂15～20毫升/亩和80%代森锰锌可湿性粉剂90～120克/亩兑水稀释，进行叶面喷施；预防白粉病，采用75%肟菌·戊唑醇水分散粒剂10～15毫升/亩、42.4%唑醚·氟酰胺悬浮剂20～30毫升/亩兑水稀释，进行叶面喷施；预防细菌性角斑病，采用3%中生菌素可湿性粉剂90～100克/亩、或46%氢氧化铜水分散粒剂40～60毫升/亩、或47%春雷·王铜水分散粒剂90～100毫升/亩，兑水稀释，进行叶面喷施。或以50%腐霉利可湿性粉剂+60%乙霉·多菌灵可湿性粉剂组合150～200克/亩，借助精量电动弥粉机喷施微粉，防治灰霉病、棒孢叶斑病；用50%烯酰吗啉可湿性粉剂30～50克/亩兑水稀释，进行叶面喷施防治霜霉病。或用70%硫黄·甲硫可湿性粉剂+30%嘧菌酯可湿性粉剂组合150～200克/亩，借助精量电动弥粉机喷粉，间隔7～10天，施用1～2次，预防白粉病。

采用5%阿维菌素乳油40～60毫升/亩兑水稀释，叶面喷施、20%哒螨灵可湿性粉剂15～20克/亩兑水稀释，叶面喷施，防治螨虫；采用20%氟啶虫胺腈悬浮剂10～25毫升/亩兑水稀释，叶面喷施、10%溴氰虫酰胺悬浮剂30～50毫升/亩兑水稀释，叶面喷施，防治蚜虫、白粉虱；采用60克/升乙基多杀菌素悬浮剂10～20毫升/亩兑水稀释，叶面喷施，防治蓟马、斑潜蝇。

（4）结瓜后期。依温室内温湿度及黄瓜病害发生情况，叶面喷施3亿CFU/克哈茨木霉菌可湿性粉剂叶部型，150～200克/亩，兑水稀释喷施，预防白粉病。阴雨天，采用70%硫黄·甲硫可湿性粉剂+30%嘧菌酯可湿性粉剂组合，借助精量电动弥粉机进行喷粉预防灰霉病、霜霉病、白粉病；晴天或多云天气，交替喷施75%肟菌·戊唑醇水分散粒剂10～15毫升/亩、42.4%唑醚·氟酰胺悬浮剂20～30毫升/亩，兑水稀释，进行叶面喷施，间隔7～10天，施用1～2次，预防白粉病、棒孢叶斑病。为了防治黄瓜霜霉病，采用68.75%氟菌·霜霉威悬浮剂60～75毫升/亩、10%氟噻唑吡乙酮可分散油悬浮剂15～20毫升/亩+80%代森锰锌可湿性粉剂90～120克/亩，兑水稀释，交替叶面喷施。

## 3　联系方式

依托单位1：河北省农林科学院农业资源环境研究所

联系人：王丽英

联系电话：13653215766

电子信箱：wangliying5@163.com

依托单位2：河北省农林科学院植物保护研究所

联系人：王文桥

联系电话：13582207929

电子邮箱：wenqiaow@163.com

# 四、黄淮海暖温带区设施蔬菜化肥农药减施增效集成模式

## 浙江苍南塑料大棚番茄化肥农药减施增效技术模式

### 1 背景简介

浙江省位于长江中下游的东南沿海地区，处于亚热带边缘，属亚热带季风性湿润气候。春季多阴雨，夏季闷热潮湿，冬季少日照。截至2017年，全省设施蔬菜面积达11.07万公顷，以塑料大棚为主体，是浙江十大农业主导产业之一。设施蔬菜基肥施用量平均2 147千克/亩，化肥折合氮、磷、钾养分平均为39.74千克/亩、37.44千克/亩、38.92千克/亩，平均总养分投入量为116.11千克/亩。番茄是浙江省设施蔬菜主栽品种之一，主要分为早春茬、秋冬茬和山地夏秋茬种植。常见的病害有枯萎病、青枯病、灰霉病、菌核病、病毒病、叶霉病、灰斑病、早疫病、晚疫病等，由于连作障碍，枯萎病、青枯病发生较为普遍和严重；常见害虫有蚜虫、烟粉虱、美洲斑潜蝇、斜纹夜蛾、棉铃虫、螨类等。据2016年对农户2015年度和2016年度调查表明，浙江省设施番茄栽培主要存在以下问题。在肥料施用方面：农户有机肥施用随意性高，部分样点有机肥比例偏低；化肥施肥结构较为单一，利用率低，磷肥的用量过高，在施用方式上不同区域差别大，大部分地区施肥方式仍以表面撒施或沟施为主，肥料利用率低。蔬菜不同生育期大量元素施用比例差别不明显，中微量元素施用地区差别较大，施肥方式以撒施为主，肥料利用率低等问题；在病虫害防控方面：存在重茬连作现象严重，化学农药过量使用，农药利用率低，生物防治、物理防治等非化学防治措施被轻视，在不同蔬菜和不同地区间差别较大等问题。为此，2016年以后双减项目组集成大棚番茄化肥农药减施增效技术模式，并在浙江苍南进行示范推广，取得较好的减肥减药及增产效果，明显地提高了农药及化肥利用率，改善了土壤的理化性状，控制了土传病害，社会经济生态效益显著。

### 2 主要环节关键技术

#### 2.1 番茄套管嫁接育苗技术

播种前彻底清洁、平整育苗温室，对育苗温室进行消毒，并清除育苗温室内及周边杂草；选择适宜的育苗盘并进行消毒处理；选择抗病番茄品种，在浙江省苍南我们选择的番茄品种为‘天禄1号’‘东风1号’‘百泰’‘巴菲特’，抗病番茄砧木品种我们选择‘贩田18’‘欧砧008’‘CHF1号’‘CHF3号’，进行种子处理后播种；将育苗盘中装入育苗基质金色3号，表面平整，浇透水后将种子均匀播上，播种后覆盖基质

1～1.5厘米，放入设施中保湿保温催芽，白天保持25～30℃，夜间18～20℃。出苗后进行统一温度、湿度、光照等的管理。番茄砧木品种一般比接穗品种早播1周，注意肥水管理培育茎粗的壮苗，使接穗的生长与砧木保持一致，达到嫁接的最佳时期，即接穗长至2～2.5片真叶，子叶与真叶之间茎长大于1厘米时即可嫁接。并根据种苗生长时期和生长状况，在嫁接前喷施50%烯酰吗啉可湿性粉剂、50%噻虫胺水分散粒剂等农药预防病虫害的发生，培育长势一致的无虫壮苗。嫁接时选择专用的嫁接套管，嫁接在不通风的环境条件中进行，操作台、嫁接刀、人手等进行消毒，砧木在子叶上0.3厘米处，呈30°角向下切断，套上套管，套管底部正好抵住子叶，然后在接穗第1片真叶下0.3厘米处呈30°角与砧木成相反方向切下接穗，插入套管，使两者充分贴合。嫁接后放在黑暗高湿环境中，温度23～25℃，空气相对湿度99%以上，并用烟熏剂熏1次，2天后移入遮光温室，遮光率70%～75%，温度23～27℃，夜间温度不能低于18℃，空气相对湿度95%，光照4 000～5 000勒克斯，4～6天后伤口愈合后逐渐移入正常光照区内，按常规管理，炼苗3～6天后即可移栽（图1）。

图1 集约化嫁接育苗

### 2.2 水稻—番茄（水旱）轮作技术

前茬种植水稻，后茬种植番茄的耕作制度。前茬水稻宜选择产量高、抗倒伏性好且生育期为125～130天的水稻品种，在浙江苍南首选水稻品种有‘国优1540’‘国优2640’‘南优1640’‘中嘉早17’等。于5月中下旬适期播种。过早播种，番茄没有结束，会影响水稻苗龄。过迟播种，会影响后茬番茄的定植时间。施肥掌握不施或少施基肥，视苗情长势补施保花肥和穗肥，从而达到稳穗攻粒，提高单产的目的。合理管水，适当控苗，当基本苗达到目标有效穗的70%～80%时控苗，促进有效分蘖，控制无效分蘖，整个生育期以浅水温润灌溉为宜。根据田间病虫发生情况，及时防治病虫害，重点做好稻飞虱、二化螟、稻丛卷叶螟、纹枯病等病虫的防治，确保水稻安全生产，丰产丰收。重点农事操作如耕田、插秧、收割等应采用全程机械化操作，省工省时，提高劳动效率，减轻劳动强度。9月下旬至10月初及时收割水稻，而后翻耕起垄。后茬番茄于8月下旬至9月上中旬播种育苗，9月下旬至10月上旬定植。机械化操作是实施该技术的重要保障（图2）。

图2 水稻—番茄（水旱）轮作技术

### 2.3 大棚土壤处理技术

（1）清洁大棚。前茬作物收获后，将棚内遗留物清理干净，深埋或放置到远离种植区域的地方，平整垄沟。

（2）高温闷棚（三选一）。

技术一：选择夏天高温季节的6—7月，于台风来临前，在棚内施用有机肥1 500～2 000千克/亩，采用旋耕机深耕；使用旧棚膜或地膜对土壤表面进行覆膜处理，再密闭棚室，闷棚15～25天左右。闷棚结束后，打开大棚通风口，揭掉地膜进行通风晾晒，于9月下旬至10月上旬撒施三元复合肥（$N\text{-}P_2O_5\text{-}K_2O$=15-15-15）40～50千克/亩，翻耕土壤、起垄定植番茄。

技术二：将稻草或麦秸（铡成4～6厘米的小段）或其他未腐熟的有机物均匀撒于地表，亩用量2 500～3 000千克（鲜重），再在表面均匀撒施50%氰氨化钙颗粒剂60～80千克/亩，用耕地起垄一体机将其深翻入土壤30～40厘米，做高35～40厘米，宽60～70厘米的畦，使用旧棚膜或地膜对土壤表面进行覆膜处理，采用薄膜下滴灌往畦中灌水，直至畦面完全湿透后，密闭大棚，闷棚25～30天。然后，打开大棚通风口，揭开地膜通风晾晒4～5天，即可定植番茄。

技术三：将作物秸秆等以1 000～3 000千克/亩用量均匀撒在棚内土表，有机肥以1 000～1 500千克/亩用量均匀撒在有机物料表面，用耕地起垄一体机将其深翻入土壤

30～40厘米，做高35～40厘米，宽60～70厘米的畦，使用旧棚膜或地膜对土壤表面进行覆膜处理，采用薄膜下滴灌往畦中灌水，直至畦面完全湿透后，密闭大棚，闷棚25～30天。然后，打开大棚通风口，揭开地膜通风晾晒4～5天，即可定植番茄（图3）。

图3 大棚土壤处理技术

2.4 土壤改良技术

根据实际情况选择施用有机肥，在土壤盐渍化酸化较为严重地区可将有机肥和酸化土壤改良剂（由杭州锦海农业科技有限公司生产）结合施用，可结合高温闷棚技术调整有机肥及土壤改良剂的使用量和使用方式（图4）。

图4 酸化土壤调理剂技术

有机肥：施用有机肥（蚕沙、饼肥、沼肥、绿肥、秸秆、商品有机肥、微生物肥等）是改良设施蔬菜土壤性状最根本的措施。建议施用商品有机肥为主，施用量一般为1 000～1 500千克/亩，以基施为主，并可结合高温闷棚处理（图5）。

土壤调理剂：又称为土壤改良剂，既能改善土壤的物理、化学和生物性质，又能提供作物生长的养分。以牛粪、果壳、食用菌等农林有机废弃物制成的人造腐殖质为主要原料，配合富含钙镁的天然矿物材料、高离子交换能力的天然矿物材料、结合根据作物需肥特点的肥料配方等研制的土壤调理剂，通过微生物活动，使产品中的钙镁离子的活动能力得到加强，从而实现土壤pH值的提高和化肥使用量的明显降低。通过以有机无机复混的酸化土壤调理剂替代化肥为底肥，施用量为1 000～2 000千克/亩，在蔬菜生产过程中结合水肥一体化进行追肥，在土壤改良的同时，也能促进蔬菜生长，明显改善蔬菜品质。

图5　有机肥替代化肥技术（浙江大学提供）

### 2.5　有机肥替代化肥技术

采用有机肥（蚕沙、饼肥、沼肥、绿肥、秸秆、商品有机肥、微生物肥等）部分替代化肥技术，针对不同设施番茄优势产区，因地制宜地采用设施番茄有机肥（蚕沙、饼肥、沼肥、绿肥、秸秆、商品有机肥、微生物肥等）替代化肥、秸秆生物反应堆替代化肥等技术。有机肥作底肥使用一次性施用，施用量为1 000～2 000千克/亩，若前期采用土壤改良技术施用有机肥，建议不使用该技术。使用有机肥（蚕沙、饼肥、沼肥、绿肥、秸秆、商品有机肥、微生物肥等）部分替代化肥技术能显著提高番茄产量，改善番茄品质，果实表面光泽鲜艳，着色均匀，内容物紧实，商品性状明显改善。

### 2.6　平衡施肥技术

根据设施番茄目标产量水平6 500～8 500千克/亩，以及番茄对养分的需求量及比例，特制定其基肥及追肥施用量及施用方法见表1。

表1　平衡肥施用量

| 有机肥 | | 化肥 | | | |
|---|---|---|---|---|---|
| | | N（千克/亩） | $P_2O_5$（千克/亩） | $K_2O$（千克/亩） | 中、微量元素 |
| 基肥 | 有机肥 | 16 | 10 | 10 | 钙肥和硼肥（如液体钙肥、结晶硼等） |
| 追肥 | 叶面肥、冲施肥 | 16 | 6 | 20 | 钙镁肥和硼肥（如液体钙镁肥、盖美膨肥等） |

选用优质有机肥，推荐施用蚕沙、饼肥、沼肥、绿肥、秸秆、商品有机肥、微生物肥和含有腐殖酸商品有机肥等，设施番茄生育期间追肥采用水肥一体化技术进行肥水同灌。

基肥：以有机肥为主，辅以适量化肥。一般基施优质有机肥1 000～2 000千克/亩，或饼肥150～200千克/亩，或有机无机复混茄果类专用肥（有机质含量≥15，N-$P_2O_5$-

$K_2O$=13-5-7）100～150千克/亩等，再分别加施过磷酸钙50～60千克/亩及硫酸钾15～20千克/亩。如果基肥已施用茄果类专用肥，则不施过磷酸钙及硫酸钾。在缺硼的土壤上，亩施硼砂1～2千克，与有机无机复混肥混合施用。

追肥：浙江设施番茄全生育期分5～7次追肥，采用水肥一体化方式进行肥水同灌追肥，多施用含氮磷钾的水溶肥，前期为高氮型水溶肥，中后期为高钾型水溶肥。根据采果情况每15～20天追肥1次，每次选用水溶性冲施肥等进行肥水同灌追肥，根据实际生长情况加施微量元素肥料。在常规栽培条件下，苗期分别冲施高磷型的水溶肥三元复合肥（N-$P_2O_5$-$K_2O$=11-36-11+2MgO+TE）3～6千克/亩；第一、第二穗果实膨大期为主要追肥期，分别冲施平衡型的水溶肥三元复合肥（N-$P_2O_5$-$K_2O$=16-17-17+2MgO+TE）3～7千克/亩；第三、第四穗果实膨大期分别冲施高钾型水溶性三元含镁复合肥（N-$P_2O_5$-$K_2O$=15-5-30+2MgO+TE）3～6千克/亩；第五、第六穗果实膨大期分别冲施平衡型的水溶肥三元复合肥（N-$P_2O_5$-$K_2O$=16-17-17+2MgO+TE）3～6千克/亩。采果盛期用0.3%～0.5%硫酸钾或磷酸二氢钾叶面喷施，延长采果期。在缺硼、镁土壤上，可在初花期、果实膨大期选用0.3%浓度的含钙、镁和硼的叶面肥，进行叶面喷施，每次间隔10～15天，连续喷施2～3次。叶面喷施应选择晴天无风的下午，硼肥溶液要喷细、喷匀，以植株叶片正反面均湿润而水珠不下滴为度。

### 2.7 番茄苗期微小型害虫防控技术

采用育苗盘基质掺拌5%吡虫啉颗粒剂，0.15～0.2克/株（3～4粒/株），穴施，结合苗期喷施内吸性杀虫剂（50%吡蚜酮水分散粒剂5～10克/亩，或25%噻虫嗪水分散粒剂10～20克/亩，2 500～5 000倍液喷雾等）进行移栽前防控；定植时在定植穴撒施5%吡虫啉颗粒剂，0.15～0.2克/株（3～4粒/株），穴施，进行定植后防控。

### 2.8 小型害虫色板诱杀物理防控技术

在设施番茄的生产过程中，悬挂有色诱虫板，以监测小型害虫的虫口密度并诱杀小型害虫。一般每亩地悬挂规格为25厘米×（20～30）厘米的黄色诱虫板30～40张防治蚜虫、潜叶蝇和烟粉虱等；每亩地悬挂规格为25厘米×（20～40）厘米的蓝色诱虫板20～40张防治蓟马，诱虫板数量也可视诱虫量适当增加或加快更替频率，参照本书“新型诱虫板监测和防治蓟马”进行操作。

### 2.9 高效低毒农药精量施药技术

对设施番茄灰霉病、菌核病、叶霉病、灰斑病、早疫病、晚疫病等重要病害进行抗药性和发生期监测；根据监测结果在上述设施番茄病害发生初期，选择高效、低毒农药微粉剂等剂型；选择使用微粉剂精量电动弥粉施药等方式（图6），提高农药利用率，参照本书“弥粉法施药防治设施蔬菜病害技术”，同时，结合实际因地制宜地采用高效低毒低残留的药剂进行科学防控，具体见表2。

图6　精量电动弥粉机精量施药技术

表2　浙江苍南大棚番茄重要病虫害化学防治

| 防治对象 | 药品通用名 | 每亩有效成分用量（克） | 稀释倍数 | 使用时间 | 安全间隔期（天） | 每季最多使用次数 |
|---|---|---|---|---|---|---|
| 晚疫病 | 80%代森锰锌可湿性粉剂 | 123～158 | 280～370 | 发病初期 | 15 | 1 |
| | 50%烯酰吗啉水分散粒剂 | 20～30 | 1 000～1 500 | 发病初期 | 10 | 1 |
| 叶霉病、灰霉病、菌核病 | 3亿CFU/克哈茨木霉菌可湿性粉剂 | — | 270～450 | 发病前期 | — | 2 |
| | 400克/升嘧霉胺悬浮剂 | 25～37 | 480～710 | 发病初期 | 3 | 2 |
| | 50%腐霉利可湿性粉剂 | 25～35 | 1 000～1 500 | 发病前期 | — | 3～4 |
| 枯萎病 | 300亿CFU/克蜡质孢芽杆菌可湿性粉剂 | 100～150 | 300～450 | 灌根 | — | 3 |
| | 3%中生菌素可湿性粉剂 | — | 600～800 | 灌根 | — | 3～4 |
| 灰斑病、早疫病 | 325克/升苯甲·嘧菌酯悬浮剂 | 15～25 | 1 500～2 000 | 发病前期 | — | 4 |
| | 50%异菌脲可湿性粉剂 | 25～35 | 1 000～1 500 | 发病前期 | — | 3～4 |
| 蚜虫、蓟马、潜叶蝇 | 70%吡虫啉水分散粒剂 | 2.8～4.2 | 7 500～11 250 | 虫害初期 | 5 | 1 |
| | 2.5%乙基多杀菌素水乳剂 | 1.75～2.5 | 450～650 | 发生初期 | 7 | 1 |
| 烟粉虱 | 99%矿物油乳油 | 300～500 | 90～150 | 发生初期 | — | 2 |
| | 70%啶虫脒水分散粒剂 | 1.2～2.1 | 15 000～22 000 | 虫害初期 | 7 | 1 |

## 3　联系方式

集成模式依托单位：浙江省农业科学院

联系人：王汉荣，武军，谢昀烨，王连平，方丽

联系电话：0571-86404224，86408843

电子邮箱：wanghra@126.com

# 浙江设施芦笋化肥农药减施增效技术模式

## 1　背景简介

浙江省位于长江中下游的东南沿海地区，属亚热带季风性湿润气候。截至2017年，浙江省设施蔬菜基地面积达11.07万公顷，是浙江十大农业主导产业之一。芦笋是浙江省设施蔬菜主栽品种之一，为多年生设施栽培蔬菜。设施栽培芦笋常见的病虫害有茎枯病、根腐病、甜菜夜蛾、蚜虫、蓟马等，由于是多年设施栽培蔬菜，茎枯病、根腐病发生较为普遍和严重。“浙江设施蔬菜化肥农药减施增效技术模式建立与示范”课题组于2016年对浙江省2015年度和2016年度设施蔬菜生产及化肥农药使用现状进行调研，基于调研数据分析发现：在肥料使用施用方面，存在肥料种类多且施用过量，在施用方式上不同区域差别大，蔬菜不同生育期大量元素施用比例差别不明显，中微量元素施用地区差别较大，施肥方式以撒施为主，肥料利用率低等问题。在病虫害防控方面，存在重茬连作现象严重，生物防治、物理防治等非化学防治措施在不同蔬菜和不同地区间差别较大等问题。农药化肥过量使用造成土壤酸化、土壤次生盐渍化、农药残留超标、环境污染、连作障碍严重等一系列问题。为此，课题组以芦笋为模式作物提出化肥农药减施增效技术模式，进行了抗病优质高产品种，化肥减量与有机肥替代化肥，中微量元素精准平衡施用，植物免疫剂与植物酵素，酸化土壤改良专用土壤调理剂，避雨栽培，水肥一体化灌溉，控释肥，防网虫、杀虫灯等虫害物理防控，信息素诱杀昆虫，弥粉机和高效烟雾机施药，生物农药防控，高效低毒化学药剂靶标防控等减肥减药关键技术的集成，并在浙江的杭州、湖州、嘉兴、绍兴、宁波、金华等地区示范推广，实现了减肥减药的目标，改善了土壤的理化性状、克服了连作障碍，取得明显的社会、经济、生态示范效果。

## 2　主要环节关键技术

### 2.1　集约化育苗技术

因地制宜选用早熟、优质丰产、抗逆性强、适应性广、商品性佳的杂交一代品种，如‘格兰德F1（Grande）’‘阿特拉斯F1（Atlas）’等。未经包衣处理的种子经清洗后在55℃的温水中浸15分钟，其间不断搅拌；或在常温下用50%多菌灵可湿性粉剂250倍液浸种消毒6小时后捞出，用清水冲洗干净。将种子置于25～30℃清水，春播浸72小时，秋播浸48小时，浸种期间换水漂洗2～3次。浸种后的种子在25～28℃条件下保湿催芽，待10%～20%种子露白后即可播种，用种量为40～50克/亩。在浙江春播时间为3月中旬至5月上旬，秋播时间为8月下旬至9月上旬。播种前一天将营养土浇透水，单粒点播，深度为1厘米，然后盖含水量55%～65%的营养土至播种穴平，铺上稻草或遮阳网保湿。春季播种应盖地膜、搭小拱棚或大棚内保温保湿。播后适当浇水，保持床土湿润。20%～30%幼芽出土后及时揭去稻草和地膜，苗床温度白天20～25℃，最高不超过30℃，夜间15～18℃为宜，最低不低于13℃。注意通风换气、控温降湿。当幼苗高15～20厘米时，加强通风换气，使幼苗适应外界环境。秋播苗在冬季地上部枯萎后，及时割去地上部清园过冬（图1）。

**图1　集约化育苗**

### 2.2　移栽棚室处理技术

移栽前清洁大棚，平整土地，密闭大棚，用高温闷棚、或用中蔬微粉®100克/亩，全棚空间消毒，保障定植安全。

### 2.3　土壤改良技术

深翻大棚内土壤，开深35～40厘米的种植沟，6米宽的大棚开4条种植沟，8米宽的大棚开5～6条种植沟，施入有机肥作基肥改良土壤，有机肥是改良设施蔬菜土壤性状最根本的措施。推荐有机肥如蚕沙、饼肥、沼肥、绿肥、秸秆、商品有机肥、微生物肥等，建议施用商品有机肥为主作基肥，施用量一般为1 000～2 000千克/亩，未经处理的禽畜粪便等农家肥，须经前期堆沤及无害化处理后再施用。三元复合肥（15-15-15）30～40千克、钙镁磷肥50千克。

### 2.4　关键技术环节

该技术模式以商品有机肥、微生物有机肥、秸秆循环利用替代化肥，改善土壤理化性状，减少化肥用量；利用昆虫性信息素、有色粘虫板、杀虫灯、防虫网、生物农药、弥粉法或烟雾法防病等技术替代化学农药，解决芦笋茎枯病、斜纹夜蛾、甜菜夜蛾等病虫害的防治问题；底肥采用有机肥（蚕沙、秸秆、商品有机肥、土壤调理剂、微生物肥等）替代化肥达到化肥农药减施增效的目标。

（1）品种选择与播种育苗。因地制宜选用早熟、优质丰产、抗逆性强、适应性广、商品性佳的杂交一代品种如‘格兰德F1（Grande）’‘阿特拉斯F1（Atlas）’等。用种量为40～50克/亩。

浙江春播时间为3月中旬至5月上旬，秋播时间为8月下旬至9月上旬。播前进行种子处理、浸种和催芽，播种前一天将营养土浇透水，单粒点播，深度为1厘米，然后盖含水量55%～65%的营养土至播种穴平，铺上稻草或遮阳网保湿。春季播种应盖地膜、搭小拱棚或大棚内保温保湿。播后适当浇水，保持床土湿润。20%～30%幼芽出土后及时揭去稻草和地膜，苗床温度白天20～25℃，最高不超过30℃，夜间15～18℃为宜，最低不低于13℃。注意通风换气、控温降湿。当幼苗高15～20厘米时，加强通风换气，使幼苗适应外界环境。秋播苗在冬季地上部枯萎后，及时割去地上部清园过冬。

（2）整地施基肥。移栽前30～40天深翻土壤，开深35～40厘米的种植沟，6米宽的大棚开4条种植沟，8米宽的大棚开5～6条种植沟，施入有机肥，建议施用商品有机肥为主作基肥，施用量一般为1 000～2 000千克/亩，未经处理的禽畜粪便等农家肥，须经前期堆沤及无害化处理后再施用。三元复合肥（15-15-15）30～40千克、钙镁磷肥50千克。

（3）移栽。春播苗为5月上旬至6月下旬移栽；秋播苗于翌年3月下旬至4月上旬移栽，也可于9月下旬至10月上旬移栽。秧苗大小分级、带土移栽、单行种植。行距1.3～1.6米，株距25～35厘米，每亩密度为1 300～1 700株。移栽后及时浇定根水。

（4）田间管理。

① 大棚覆膜。冬季覆膜保温增温可于12月中旬至12月底进行，为促进春笋提早采收，冬季低温期间应采用多层覆盖保温。春母茎留养在覆膜大棚内进行，夏秋季保留顶膜避雨栽培。

② 温度管理。出笋期白天棚内气温控制在25～30℃，夜间保持12℃以上。如棚温超过35℃，应打开大棚两端，掀裙膜通风降温。冬季低温期间采用大棚套中棚和小拱棚保温，如棚外气温低于0℃，应在棚内小拱棚上加盖草帘、无纺布等覆盖物，以确保棚内气温不低于5℃。

③ 水分管理。根据不同生育期进行水分管理，采用滴灌定时定量灌水。幼株期保持土壤湿润，促进活棵。活棵后控水促根，遵循“少量多次”的灌水原则，土壤持水量保持60%左右。成株期留母茎期间土壤控湿，持水量保持50%～60%；采笋期间土壤保湿，持水量保持70%～80%。

④ 留养母茎。选留的嫩茎直径1厘米以上、无病虫斑、生长健壮，且分布均匀。春母茎宜在3月下旬至4月上旬留春母茎，二年生每棵盘留2～4支，三年生每棵盘留4～6支，四年生及以上每棵盘留6～8支，均匀留养。春母茎经过4个月生长进入衰老期后应拔秆清园。秋母茎留养宜在8月中下旬进行，三年生以内每棵盘留6～10支，三年生以上每棵盘留10～15支，均匀留养。11月下旬至12月上旬秋母茎逐渐枯黄时即可进行拔秆清园（图2）。

图2　母茎留养与定秆整枝

母茎留养期间，棚内笋株应及时整枝疏枝。母茎长至50～80厘米高时，应及时打桩、拉绳以固定植株。母茎长至120厘米高时，摘除顶芽以控制植株高度。

⑤ 追肥。采用肥水同灌进行追肥。春母茎、秋母茎留养期间滴灌追施1～2次高氮型（如$N$-$P_2O_5$-$K_2O$=22-12-16）水溶性肥，用量为6～8千克/亩，每10天1次；在夏秋季采笋期滴灌追施水溶性肥，高氮型1次与高钾型（如$N$-$P_2O_5$-$K_2O$=19-6-25）2次交替使用，一般每10～15天按6～8千克/亩追施1次，共10～12次。

⑥ 病虫害防治。采用杀虫灯诱杀害虫。在植株群体上方20～30厘米放置25～30张/亩（规格：25厘米×40厘米）黄色粘虫板进行诱杀。悬挂斜纹夜蛾或甜菜夜蛾诱捕器，内置相应的性诱剂诱捕成虫，分别悬挂1～2个/亩，高度以1.5～2米为宜，每30～45天更换1次诱芯。夏季大棚覆盖顶膜，裙膜改成防虫网隔离防虫。保护和利用天敌，控制病虫害的发生和危害。使用印楝素、乙基多杀菌素等生物农药防病避虫；或喷施50%异菌脲微粉100克/亩等防治茎枯病等（表1）。

表1　主要病虫害及其防治方法

| 主要病虫害 | 危害症状 | 防治方法 |
| --- | --- | --- |
| 茎枯病 | 主要危害茎、侧枝。开始在茎上出现水浸状斑点，扩大成梭形或线形暗褐色斑，最后呈长纺锤形或椭圆形，中央赤褐色，凹陷，其上散生许多黑色小粒点，病斑绕茎一周后，病部以上的茎叶干枯，严重地块，似火烧状 | ① 因地制宜选用抗病优良品种<br>② 加强栽培管理，科学施肥，增施磷钾肥，提高植株抗病力；适时灌溉，雨后及时排水<br>③ 可用每克含1 000亿活芽孢的枯草芽孢杆菌浇根进行预防。在清园和发病初期可用80%乙蒜素乳油800～1 000倍液；或50%咪鲜胺锰盐可湿性粉剂1 000～1 500倍液；或50%多菌灵可湿性粉剂800倍水溶液；或70%甲基硫菌灵可湿性粉剂800倍水溶液；或80%代森锰锌可湿性粉剂800倍水溶液。每隔7天浇根1次，连续2～3次。采花前15～20天应停止用药 |
| 蓟马、蚜虫 | 多危害嫩茎。阴雾天，危害严重，能使叶片卷缩，嫩茎扭曲，生长停止，造成严重减产 | ① 用黄色粘虫板进行诱杀，在植株群体上方20～30厘米按每亩放置25～30张（规格：25厘米×40厘米）<br>② 在初发生时用0.3%印楝素乳油1 000～2 000倍水溶液；或1.8%阿维菌素乳油3 000～6 000倍水溶液；或用3%啶虫脒乳油1 500倍水溶液；或10%吡虫啉可湿性粉剂2 000倍水溶液；或2%苦参碱水剂40毫升/亩喷雾防治。每隔7～10天喷药1次，喷施1～2次即可控制 |

表1　（续）

| 主要病虫害 | 危害症状 | 防治方法 |
| --- | --- | --- |
| 斜纹夜蛾、甜菜夜蛾 | 主要以幼虫为害全株、小龄时群集叶背啃食。3龄后分散为害叶片、嫩茎。其食性既杂又危害各器官，老龄时形成暴食，是一种危害性很大的害虫。幼虫体色变化很大，主要有3种：淡绿色、黑褐色、土黄色 | ① 用杀虫灯或黑光灯诱杀成虫<br>② 悬挂斜纹夜蛾、甜菜夜蛾诱捕器，内置性诱剂，诱捕成虫，每亩分别悬挂1～2个，高度以1.5～2米为宜，每4～6周更换1次诱芯<br>③ 发现幼虫为害时，用10%溴氰虫酰胺悬浮剂2 000倍水溶液；或5%虱螨脲乳油1 000倍水溶液；或15%茚虫威悬浮剂4 000倍水溶液；或5%氯虫苯甲酰胺悬浮剂1 000倍水溶液喷雾防治，每隔7～10天喷药1次 |

⑦ 采后清园。分别于7月下旬至8月下旬和12月拔除老化母茎，移出棚外集中处理。拉秧后清洁田园，对土壤喷洒50%多菌灵可湿性粉剂800倍水溶液，或70%甲基硫菌灵可湿性粉剂800倍水溶液，或80%代森锰锌可湿性粉剂800倍水溶液，或用石硫合剂进行土壤消毒，减少有害生物积累（图3）。

图3　拔除老化母茎和田园消毒

### 2.5　技术模式实施效果

利用该模式示范后，与本底调研数据相比，生长季化肥减量40.3%，降低化学农药使用7.2次，化学农药减量52.7%，增产6.1%。设施栽培芦笋常见的病虫害有茎枯病、根腐病、甜菜夜蛾、蚜虫、蓟马等发生率降低96%，化肥农药减施增效的示范效果显著。

## 3　适宜地区

适用于长江中下游地区的设施绿芦笋生产。

## 4　联系方式

集成模式依托单位：浙江省农业科学院

联系人：王汉荣，谢昀烨，武军，王连平，方丽

联系电话：0571-86404224，86408843

电子邮箱：wanghra@126.com

# 苏北地区日光温室番茄化肥农药减施技术模式

## 1 背景简介

### 1.1 地理位置、气候特点

苏北地区地处中国东部黄海之滨，位于黄淮平原与江淮平原的过渡地带，光足雨沛，大部分属于亚热带气候。

### 1.2 作物茬口及药肥投入

苏北地区日光温室茬口模式主要为一年二茬和一年一大茬。日光温室单茬用药成本为（764.17±193.95）元/亩，一半农户的用药成本低于300元/（亩·茬），18%的农户用药成本在300～500元/（亩·茬），26%的农户用药成本在500～1 000元/（亩·茬），6%的农户用药成本>1 000元/（亩·茬）。化肥投入平均成本为756.8元/亩，其中基肥中化肥投入平均成本为270.0元/亩，追肥中化肥投入平均成本为486.8元/亩，有机肥投入平均成本为861.4元/亩。

### 1.3 病虫害种类及危害程度

前期调研发现，该区域内日光温室番茄病害主要有猝倒病、灰霉病、晚疫病等，病毒病有轻微发生；虫害主要有棉铃虫、蚜虫和烟粉虱，蜗牛也有轻微发生。

### 1.4 该区域化肥农药本底情况

该区域日光温室番茄种植过程中的施入化肥养分（$N+P_2O_5+K_2O$）平均施用量为102.8千克/亩，其中基肥中和追肥中养分平均施用量分别为42.7千克/亩和60.1千克/亩，基肥养分占总养分平均比例为50.9%。该区域化肥平均施用量远远超过番茄所需养分量，使得过多养分在土壤中长期积累，造成土壤出现酸化、盐渍化、病害等问题，降低了土壤质量和可持续生产力，此外，土壤中过多养分通过淋洗、径流等途径流入水体，造成水体的富营养化。

该区域对害虫采取见虫就打的防治手段，棉铃虫使用阿维菌素、甲氨基阿维菌素苯甲酸盐和Bt等生物制剂防治，蚜虫主要使用吡虫啉防治，烟粉虱主要使用啶虫脒防治。64%的农户病虫害药剂防治频率为7～10天打1次药，17%的农户20天以上打1次药，11%的农户4～5天就打1次药。过量使用农药不仅降低了化学农药利用率，还引起农产品中农药残留超标，果实品质降低。

为此，在该区域日光温室番茄生产中引进减肥减药及高效生产的关键技术，集成为日光温室番茄化肥农药减施增效技术模式，并在苏北地区示范推广，在化肥农药减施条件下提高番茄产量品质及农药化肥利用率。

## 2 栽培技术

### 2.1 棚型及保温方式

（1）日光温室棚型。以砖墙或半地下式土墙日光温室为主，跨度8～12米，脊高3.8～5米，长度60～80米。砖墙厚60厘米以上，中间设12厘米厚的隔热层；土墙底部宽3米以上，上部宽1米以上。

（2）保温方式。采用草帘或者保温被进行保温，配备卷帘机。

（3）棚室结构示意图。棚室结构见图1。

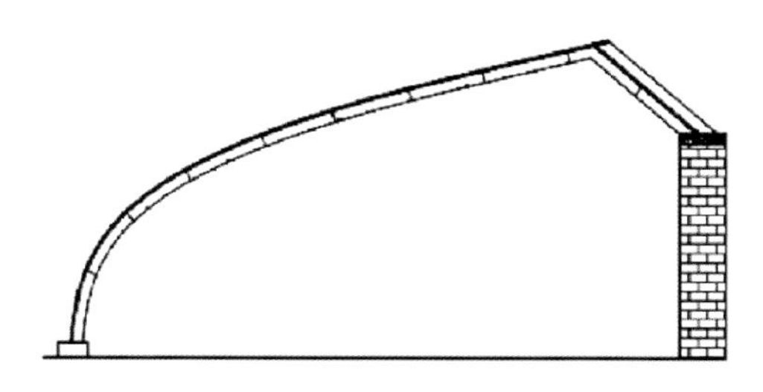

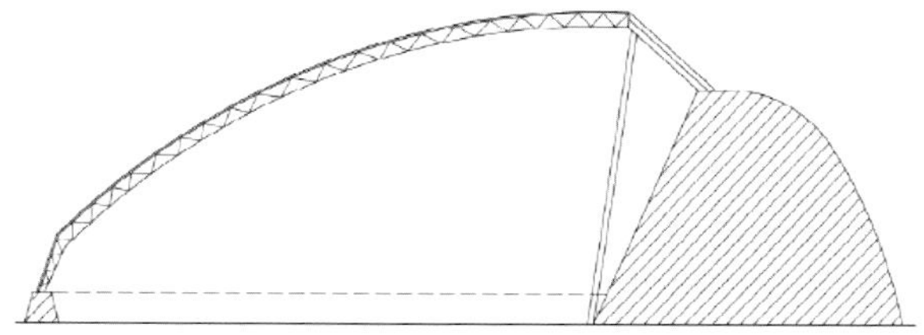

图1 苏北地区日光温室结构

### 2.2 品种及种苗处理

（1）品种。选用抗病虫（特别是高抗黄化曲叶病毒病）、抗逆性能强、适应性广、商品性好、产量高的设施番茄专用品种。

（2）种子处理与育苗。播种前将种子温汤浸种后置于25～30℃处催芽，80%种子露芽后即可播种。选用基质穴盘育苗。其他技术措施采用项目组研发的“番茄健康种苗培育技术”。

（3）苗期管理。在番茄第1片真叶长出后，选择傍晚或者阴天，幼苗叶面喷施复配型植物生长调节剂（烯效唑1毫克/升+甲哌鎓100毫克/升+矮壮素200毫克/升+丁酰肼1 000毫克/升+芸苔素内酯0.05毫克/升），进行壮苗培育。每平方米喷施100～150毫升。首次喷施10天后可再喷施1次。

### 2.3 做畦方式

采用深沟高畦栽培，起垄，垄宽1米，垄高30厘米，沟宽30厘米，铺设好滴灌带，覆好地膜，地膜采用银灰色地膜。

### 2.4 灌溉方式

采用膜下滴灌。

### 2.5 水肥一体化系统配置

将文丘里施肥器与微灌系统或灌区入口处的供水管控制阀门并联安装。使用时将控制阀门关小，使控制阀门前后有一定的压差，使水流经过安装文丘里施肥器的支管，并利用水流通过文丘里管产生的真空吸力，将肥料溶液从敞口的肥料桶中均匀吸入管道系统进行施肥（图2）。

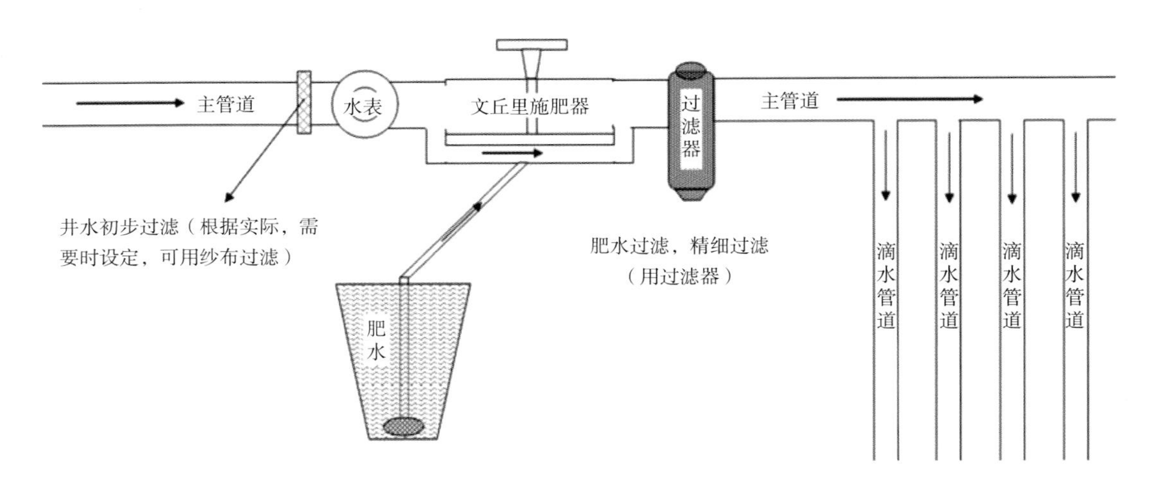


图2 水肥一体化系统配置图

## 3 病虫害防治技术

### 3.1 土壤消毒技术

参照本书“节能环保型设施土壤日光消毒技术”进行操作。

### 3.2 种子处理技术

种子采用55℃温汤浸种15分钟或0.2%高锰酸钾溶液浸种20分钟进行消毒，减轻种传病害发生。

### 3.3 生防菌防治土传病害和线虫技术

（1）穴盘育苗。落种前，按照1：100（体积比）将100亿孢子/克枯草芽孢杆菌PTS-394可湿性粉剂和育苗基质均匀拌土，进行穴盘育苗，用于防治猝倒病。

（2）定植移栽。移栽前7天，100亿孢子/克枯草芽孢杆菌PTS-394可湿性粉剂100倍稀释液均匀喷雾。移栽时，100亿孢子/克枯草芽孢杆菌PTS-394可湿性粉剂按照8克/株苗进行定植穴（沟）撒施，用于防治土传病害（立枯病、根腐病和枯萎病等），浇足活棵水。定植当天，将枯草芽孢杆菌PTS-394新鲜菌液穴施用量为50毫升/株（约CFU=$10^7$/株），防治根结线虫。

（3）移栽后7天浇缓苗水，15～20天后按100亿孢子/克枯草芽孢杆菌PTS-394可湿性粉剂100倍液灌根（400毫升/棵苗），根据病害发生特点，在发生前再次灌根（用量同上），用于防治土传病害和促进果实生长。

（4）坐果至成熟，常规管理。

### 3.4　香精黄板防治微小害虫技术

使用时期：在番茄蚜虫、蓟马和烟粉虱虫量达到5头/百穴时挂香精黄板。使用方法：将香精诱芯穿于黄板悬挂孔上随黄板一起悬挂，高度以高于作物15～25厘米为宜，可随作物的生长而提升粘虫板高度；粘虫板黏度强，为了防止粘手，最好戴塑料手套操作。

### 3.5　50亿孢子/毫升爪哇棒束孢油悬剂防治烟粉虱和病毒病

（1）苗期施药。苗期见虫时，傍晚苗床浇透水后，将5毫升50亿孢子/毫升爪哇棒束孢油悬剂兑水10千克，均匀喷雾于叶背面，保湿24小时后正常管理。

（2）定植后施药。定植后由于烟粉虱会经过通风口迁入温室大棚，需要施药1次，同样于傍晚浇透水后，将5毫升50亿孢子/毫升爪哇棒束孢油悬剂兑水10千克，均匀喷雾于叶背面，保湿24小时后正常管理，进行烟粉虱防治，减少虫口基数，阻断虫传番茄黄化曲叶病毒等的传播。

（3）生长期施药。定期观察烟粉虱发生，烟粉虱发生后，于傍晚浇透水后，亩用50亿孢子/毫升爪哇棒束孢油悬剂20毫升，兑水20～30千克，均匀喷雾于叶背面，保湿24小时后正常管理。

每一茬口具体施药方法见表1。

表1　每一茬口用药的总量

| 防治对象 | 药剂名称 | 施用方式 | 施用剂量 |
|---|---|---|---|
| 闷棚 | 50%氰氨化钙颗粒剂 | 撒施 | 100千克/亩 |
| 浸种 | 99%高锰酸钾粉剂 | 浸种 | 1 000倍液 |
| 土传病害 | 100亿孢子/克枯草芽孢杆菌PTS-394可湿性粉剂 | 撒施 | 25千克/亩 |
| 烟粉虱 | 50亿孢子/毫升爪哇棒束孢油悬剂 | 喷雾 | 20毫升/亩 |
| 烟粉虱、蚜虫、蓟马 | 香精黄板 | 悬挂 | 30张/亩 |

### 3.6　番茄其他病害的防治

猝倒病：以30%甲霜·噁霉灵水剂兑水稀释灌根或喷施苗床，1.5～2克/平方米。

灰霉病：发病前，以50%异菌脲可湿性粉剂或75%百菌清可湿性粉剂喷粉或兑水喷雾并以50%咯菌腈可湿性粉剂稀释5 000倍液蘸花预防。发病初期，以啶酰·咯菌腈、啶菌噁唑、43%氟菌·肟菌酯悬浮剂兑水喷施，交替用药，间隔期7～10天。

晚疫病：发病前，以75%百菌清可湿性粉剂100克/亩喷粉或兑水喷雾。发病初期，以50%烯酰吗啉可湿性粉剂50克/亩喷粉或兑水喷雾，并与687.5克/升氟菌·霜霉威悬浮剂60～75毫升/亩、66.8%丙森·缬霉威可湿性粉剂100～133克/亩、10%氟噻唑吡乙酮可分散油悬浮剂15～20毫升/亩+80%代森锰锌可湿性粉剂250克/亩兑水交替喷施，间隔期10～70天。

菜青虫：在菜青虫卵孵高峰和低龄幼虫盛发期，以8 000IU/毫克苏云金杆菌悬浮剂120毫升/亩兑水喷雾。发生较重时，以20%氰戊菊酯乳油30克/亩兑水喷雾，或以25克/升高效氯氰菊酯乳油3 000倍液喷雾。

烟粉虱：除了上述生防措施外，还应有化学防治，选择高效杀虫剂10%溴氰虫酰胺可分散油悬浮剂1 000倍液、17%氟吡呋喃酮可溶液剂1 000倍液，兑水蘸根或喷施。

## 4 水肥管理技术

番茄定植3天前，每亩施用1～4吨商品有机肥（有机质含量>40%，$N+P_2O_5+K_2O>5\%$，水分含量<30%）和75千克复合肥（15-15-15），然后用深翻机将肥料翻入10～20厘米土层中，起垄定殖。在番茄盛花期追施2次高氮水溶肥，每次每亩施用5～7千克高氮型滴灌专用肥（22-12-16）。在番茄盛果期追施6次高钾水溶肥，每次每亩施用10～12千克高钾型滴灌专用肥（19-6-25）。

在该模式下，每茬口的化肥养分（$N+P_2O_5+K_2O$）施用量为68.8～70.8千克/亩，预期产量可达10～12吨/亩（图3）。

图3 商品有机肥撒施

## 5 模式注意事项

使用复配型植物生长调节剂（烯效唑1毫克/升+甲哌鎓100毫克/升+矮壮素200毫克/升+丁酰肼1 000毫克/升+芸苔素内酯0.05毫克/升）时，蔬菜幼苗第1片真叶展开后即可进行叶面喷施，每平方米用量120～150毫升；视幼苗长势，首次喷施7天左右可再喷施1～2次，喷施量同首次；喷施时间宜选择阴天或傍晚时分；夏秋育苗温度高时使用效果更佳。

粘虫板要随着蔬菜的生长随时调整高度。粘虫板悬挂时，以在植株生长点之上15～25厘米为佳，可以保证最佳的吸引、粘杀害虫的效果。视粘虫板上虫量，如果虫量很大，粘虫板失去黏附效果，更换香精黄板。粘虫板在虫害发生初期还可起到较好的作用，一旦虫害暴发，粘虫板效果就十分有限了。因此，虫量过大时，配合化学农药防治。

应根据土壤肥力确定有机肥的施用量，对于中等肥力土壤（有机质2.0%～3.0%），有机肥施用量应为1.5～2吨；对于高肥力土壤（有机质>3.0%），有机肥施用量应为1～1.5吨；有机肥应选择达标的商品有机肥或完全腐熟的农家肥；追施水溶肥料时应采用膜下滴灌方式。

## 6 适宜地区

本技术模式已熟化，可以大面积推广应用，主要适宜于苏北地区。

## 7 联系方式

集成模式依托单位：江苏省农业科学院农业资源与环境研究所

联系人：马艳

联系电话：025-84390248

电子邮箱：myjaas@sina.com

# 苏北地区塑料大棚辣椒春提早栽培化肥农药减施技术模式

## 1 背景简介

### 1.1 地理位置、气候特点

苏北地区地处中国东部黄海之滨，位于黄淮平原与江淮平原的过渡地带，光足雨沛，大部分属于亚热带气候。

### 1.2 作物茬口及药肥投入

该区域的大棚辣椒茬口主要是春提早和秋延后。11%的农户用药成本在50～100元/（亩·茬），33%的农户用药成本在100～200元/（亩·茬），37%的农户用药成本在200～300元/（亩·茬），19%的农户用药成本>300元/（亩·茬）。化肥投入平均成本为542.9元/亩，其中基肥中化肥投入平均成本为156.5元/亩，追肥中化肥投入平均成本为386.5元/亩，有机肥投入平均成本为406.2元/亩。

### 1.3 病虫害种类及危害程度

大棚辣椒栽培过程中发生的病害有：猝倒病、灰霉病、病毒病、疫病、白粉病、炭疽病等，栽培过程中发生的虫害有菜青虫、蚜虫、烟粉虱、螨虫，蜗牛偶有发生。

### 1.4 该区域化肥农药本底情况

该区域大棚辣椒种植过程中的施入养分（$N+P_2O_5+K_2O$）平均施用量为90千克/亩，其中化肥和有机肥养分平均施入量分别为62.3千克/亩和27.8千克/亩，有机肥养分占总养分平均比例为30%。此外，基肥中和追肥中养分平均施用量分别为47.7千克/亩和42.3千克/亩，基肥养分占总养分平均比例为52.9%。

该区域农户对病害的防治主要采用打保险药（混合多种药剂预防）和发病再打的策略，使用药剂达10种，其中灰霉病主要防治药剂为噁霉灵、腐霉利，猝倒病使用杀毒矾、百菌清，病毒病使用盐酸吗啉胍，根腐病（死棵）主要使用百菌清、多菌灵。对害虫采取见虫就打的防治策略，菜青虫主要使用甲氨基阿维菌素苯甲酸盐或苏云金杆菌（Bt），蚜虫主要使用吡虫啉，烟粉虱主要使用啶虫脒。辣椒种植农户使用药剂防治的频次主要集中于6～10次/茬（51%）和10～15次/茬（47%），用药间隔时间主要集中在7～10天/次（76%）。

该区域化肥平均施用量远远超过辣椒所需养分量，使得过多养分在土壤中长期积累，造成土壤出现酸化、盐渍化、病害等问题，降低了土壤质量和可持续生产力，此外，土壤中过多养分通过淋洗、径流等途径流入水体，造成水体的富营养化。过量地使用农药不仅降低了化学农药利用率，还引起农产品中农药残留超标，果实品质降低。为此，在该区域大棚辣椒生产中引进减肥减药及高效生产的关键技术，集成为大棚辣椒化肥农药减施增效技术模式，并在苏北地区示范推广，在化肥农药减施条件下提高辣椒产量品质及农药化肥利用率。

## 2　栽培技术

### 2.1　棚型及保温方式

（1）棚型。为钢骨架拱棚，跨度为6米或8米，跨度6米的大棚顶高2.3～2.5米，肩高1.2～1.5米，跨度8米的大棚顶高3.2～3.5米，肩高1.5～1.8米，大棚宜南北向延长，长度60～80米为宜（图1）。

（2）保温方式。采用塑料薄膜进行保温，大棚膜宜选择透明度高、保温性好、寿命长、流滴效果好、没有雾气等特点的长寿无滴膜、消雾膜等。早春低温季节可采用大棚内套中棚/小拱棚进行多层覆盖保温。

图1　苏北地区塑料大棚

### 2.2　育苗

（1）品种选择。选用早熟性好、抗病性强、耐低温弱光、生长势强、株型紧凑、分枝性好、丰产稳产的辣椒品种，如‘苏椒五号’‘苏椒五号博士王’‘苏椒11号’‘超越5号’等。

（2）种子处理方式。播种前晒种1～2天。温烫浸种，用50～55℃的热水烫种消毒，持续时间10～15分钟。将消毒后的种子放入20～30℃的温水中，浸种6～8小时，然后用清水冲洗干净，并放于25～30℃的地方催芽，每天翻动种子4～5次，其间用清水搓洗1次，种子有一半露白时即可播种。

（3）育苗方式。选用基质穴盘育苗，一般采用有机育苗基质，50孔或72孔塑料穴盘进行育苗。育苗基质按照木薯渣：醋糟：蛭石=4：1：3（体积比）进行配制，同时每立方米育苗基质中添加N 100～110克、$P_2O_5$ 220～230克、$K_2O$ 280～290克。

（4）育苗时间。大棚辣椒春提早栽培可于12中下旬育苗。

（5）苗期管理。出苗前注意保温，可采用电热线辅助加温育苗。随着气温下降，夜间要逐渐增加覆盖层次与厚度，以保证棚温在生长适宜的范围内。前期一般要少浇水，以利于根系的生长并可防止温度高而造成的徒长。

在辣椒第1片真叶长出后即可以喷施复配型植物生长调节剂（烯效唑1毫克/升+甲哌鎓100毫克/升+矮壮素200毫克/升+丁酰肼1 000毫克/升+芸苔素内酯0.05毫克/升）进行壮苗培育。选择傍晚或者阴天，幼苗叶面喷施复配型植物生长调节剂。每平方米喷施100～150毫升。首次喷施10天后可再喷施1次。

### 2.3 基本栽培制度

苏北地区大棚春提早辣椒于3月上旬定植，7月中旬采收结束。秋冬茬栽培作物为豆类作物或者叶菜类作物。采用深沟高畦栽培，畦面宽90～100厘米，畦高20～30厘米，畦沟宽30厘米，铺设好滴灌带，覆好地膜，地膜采用银灰色地膜。

### 2.4 定植

定植密度为大行50厘米，小行40厘米，株距25厘米左右，亩定植4 500株左右。定植后浇足底水，封好定植孔。

### 2.5 灌溉方式

采用膜下滴灌进行灌溉。

### 2.6 水肥一体化系统配置（施肥器、滴灌主管、副管）

将文丘里施肥器与微灌系统或灌区入口处的供水管控制阀门并联安装。使用时将控制阀门关小，使控制阀门前后有一定的压差，使水流经过安装文丘里施肥器的支管，并利用水流通过文丘里管产生的真空吸力，将肥料溶液从敞口的肥料桶中均匀吸入管道系统进行施肥（水肥一体化系统配置图见本书“苏北地区日光温室番茄化肥农药减施技术模式”中图2）。

### 2.7 全生育期温度管理、植株调整

（1）温度管理。定植后一星期内应密闭大棚，不需通风或少通风，保持白天棚温30℃左右，促进缓苗；缓苗后及时通风散湿，上午棚内气温上升到28℃时开始放风，下午降到28℃时闭棚，白天棚内气温控制在28～30℃，夜间不低于15℃。后期外界气温较高时，应注意加大通风量，夜间视情况可不闭棚。

（2）植株调整。门椒采收前，应及时打掉门椒以下部位的侧枝和腋芽，生长后期注意打去下部部分侧枝和老叶，以改善通风透光条件。

### 2.8 采收方式、时间

大棚辣椒春提早栽培，前期一般坐果后20～30天、果实膨大即可采收，后期一般坐果后10～15天、果实膨大、富有光泽即可采收。

## 3 病虫害防治技术

### 3.1 种子处理技术

种子采用55℃温汤浸种15分钟或0.2%高锰酸钾溶液浸种20分钟进行消毒，减轻种传病害发生。

### 3.2 生防菌防治土传病害技术

（1）穴盘育苗。落种前，按照1∶100（体积比）将100亿孢子/克枯草芽孢杆菌

PTS-394可湿性粉剂和育苗基质均匀拌土，进行穴盘育苗，用于防治猝倒病。

（2）定植移栽。移栽前一周，100亿孢子/克枯草芽孢杆菌PTS-394可湿性粉剂1：100倍稀释液均匀喷雾幼苗上。移栽时，100亿孢子/克枯草芽孢杆菌PTS-394可湿性粉剂按照8克/株苗进行定植穴（沟）撒施，用于防治土传病害（立枯病、根腐病和枯萎病等），浇足活棵水。

（3）移栽后7天浇缓苗水，15～20天后按生物菌粉1：100倍稀释液灌根（400毫升/棵苗），根据病害发生特点，在发生前再次灌根（用量同上），用于防治土传病害和促进果实生长。

（4）坐果至成熟，常规管理（图2）。

A. 育苗　B. 定植前处理　C. 辣椒定植

D. 定植后浇水　E. 追施菌粉　F. 起垄培土

图2　枯草芽孢杆菌防治辣椒土传病害使用技术流程

### 3.3　香精黄板防治微小害虫技术

使用时期：在辣椒蚜虫、蓟马和烟粉虱虫量达到5头/百穴时挂香精黄板。

使用方法：将香精诱芯穿于黄板悬挂孔上随黄板一起悬挂，高度以高于作物15～25厘米为宜，可随作物的生长而提升粘虫板高度；粘虫板黏度强，为了防止粘手，最好戴塑料手套操作（图3）。

图3　黄板诱杀

每一茬口具体施药方法见本书“苏北地区日光温室番茄化肥农药减施技术模式”中表1。

### 3.4 其他病虫害防治

参照“弥粉法施药防治设施蔬菜病害技术”“捕食螨防治设施蔬菜吸汁害虫技术”进行操作。

猝倒病：以30%甲霜·噁霉灵水剂兑水稀释灌根或喷施苗床，1.5～2克/平方米。

灰霉病：发病前，以50%异菌脲可湿性粉剂或75%百菌清可湿性粉剂喷粉或兑水喷雾并以50%咯菌腈可湿性粉剂稀释5 000倍液蘸花预防。发病初期，以啶酰·咯菌腈、啶菌噁唑、43%氟菌·肟菌酯悬浮剂兑水喷施，交替用药，间隔期7～10天。

疫病：发病前，以75%百菌清可湿性粉剂100克/亩喷粉或兑水喷雾，以722克/升霜霉威盐酸盐水剂80毫升/亩兑水喷淋茎基部。发病初期，以50%烯酰吗啉可湿性粉剂50克/亩喷粉或兑水喷雾，并与687.5克/升氟菌·霜霉威悬浮剂60～75毫升/亩、66.8%丙森·缬霉威可湿性粉剂100～133克/亩、10%氟噻唑吡乙酮可分散油悬浮剂15～20毫升/亩+80%代森锰锌可湿性粉剂250克/亩兑水交替喷施，间隔期7～10天。

菜青虫：在菜青虫卵孵高峰和低龄幼虫盛发期，以8 000IU/毫克苏云金杆菌悬浮剂120毫升/亩兑水喷雾。发生较重时，以20%氰戊菊酯乳油30克/亩兑水喷雾，或以25克/升高效氯氰菊酯乳油3 000倍液喷雾。

粉虱：除了上述生防措施外，还应有化学防治，选择高效杀虫剂10%溴氰虫酰胺可分散油悬浮剂1 000倍液、17%氟吡呋喃酮可溶液剂1 000倍液，兑水蘸根或喷施。

## 4 水肥管理技术

辣椒定植7天前，每亩施用500～1 000千克商品有机肥（有机质含量>40%，$N+P_2O_5+K_2O$>5%，水分含量<30%）和15千克尿素，然后用深翻机将肥料翻入10～20厘米土层中。在辣椒开花期（移栽后45天左右）每亩每次施用5～7千克高氮型滴灌专用肥（22-12-16），在辣椒结果期（移栽后70天和85天）每次施用10～12千克高钾型滴灌专用肥（19-6-25）（图4、图5）。

图4 商品有机肥撒施

图5 商品有机肥替代部分化肥技术流程

在该模式下，每茬口的总有效养分（$N+P_2O_5+K_2O$）施用量为33.4～50.4千克/亩，其中有机肥中有效养分（$N+P_2O_5+K_2O$）总量为14～28千克/亩，化肥中有效养分（$N+P_2O_5+K_2O$）总量为19.4～21.4千克/亩，预期产量可达3 500～4 000千克/亩。

## 5　模式注意事项

使用复配型植物生长调节剂（烯效唑1毫克/升+甲哌鎓100毫克/升+矮壮素200毫克/升+丁酰肼1 000毫克/升+芸苔素内酯0.05毫克/升），蔬菜幼苗第1片真叶展开后即可进行叶面喷施，每平方米用量120～150毫升；视幼苗长势，首次喷施7天左右可再喷施1～2次，喷施量同首次；喷施时间宜选择阴天或傍晚时分；夏秋育苗温度高时使用效果更佳。

粘虫板要随着蔬菜的生长随时调整高度。粘虫板悬挂时，以在植株生长点之上15～25厘米为佳，可以保证最佳的吸引、粘杀害虫的效果。视粘虫板上虫量，如果虫量很大，粘虫板失去黏附效果，更换香精黄板。粘虫板在虫害发生初期还可起到较好的作用，一旦虫害暴发，粘虫板效果就十分有限了。因此，虫量过大时，配合化学农药防治。

对于中等肥力土壤（有机质2%～3%），有机肥施用量应为800～1 000千克；对于高肥力土壤（有机质>3.0%），有机肥施用量应为500～700千克；有机肥应选择达标的商品有机肥或完全腐熟的农家肥；追施水溶肥料时应采用膜下滴灌方式。

## 6　适宜地区

本技术模式已熟化，可以大面积推广应用，主要适宜于苏北地区。

## 7　联系方式

集成模式依托单位：江苏省农业科学院农业资源与环境研究所

联系人：马艳

联系电话：025-84390248

电子邮箱：myjaas@sina.com

# 苏北地区日光温室黄瓜化肥农药减施增效技术模式

## 1 背景简介

苏北地区是指江苏北部的徐州、连云港、宿迁、淮安、盐城等地。该地区地处我国南北交界处，极端天气少，气候温和，光照充足，是我国适宜发展设施园艺的优势区域之一。目前，苏北地区设施园艺栽培面积达到38万公顷，以塑料大棚和节能型日光温室为主，其中日光温室面积占设施总面积的42%左右。黄瓜是苏北地区日光温室栽培的主要作物之一，约占栽培面积的46%，平均亩效益达到2.8万元。由于黄瓜抗性较差，再加上日光温室连年种植，造成土壤次生盐渍化和病虫害严重，黄瓜生产的风险加大，化肥、农药的超量、超限现象比较突出，给黄瓜的安全生产造成重大威胁。据调查，苏北地区日光温室黄瓜栽培普遍依赖大肥、大水来提高作物产量，养分利用率仅为13.6%，平均化肥养分（$N+P_2O_5+K_2O$）用量117千克/亩；黄瓜上发生的主要病虫害有霜霉病、白粉病、细菌性角斑病、棒孢叶斑病、粉虱、蚜虫。病虫仍多采用药剂防控，每茬施药10～15次，常用的化学农药有：腐霉利、异菌脲、噁霜·锰锌、噁霉灵、芸苔素内酯、百菌清、甲基硫菌灵、阿维菌素、吡虫啉、啶虫脒、哒螨灵等。因此，研发和集成苏北地区日光温室黄瓜化肥农药减施增效技术模式，对保障设施黄瓜的安全、优质生产具有重要意义。

## 2 主要环节关键技术

### 2.1 选择优良品种

选择华北型黄瓜品种‘津优35号’、华南型黄瓜品种‘碧玉’以及南京农业大学选育的中早熟优良品种‘南水3号’和水果型优良品种‘南水2号’等（图1）。

图1 适合苏北地区日光温室栽培的黄瓜品种

### 2.2　菌根化育苗

（1）穴盘选择。选择50或72孔穴盘。如果是重复使用的穴盘和育苗盘，在使用前采用2%的漂白粉充分浸泡30分钟，用清水漂洗干净备用。

（2）基质选配。在商品育苗基质中添加150克/千克的丛枝菌根真菌菌剂，调节基质含水量至40%～55%，常温放置2～3天，即形成菌根育苗基质。

（3）菌根苗培育。黄瓜种子温烫浸种后催芽，种子露白后播种于装有菌根基质的育苗盘中，每穴1粒。子叶拱土到真叶吐心这一阶段为籽苗期，应适当控制水分，保证幼苗能够充分见光，降低夜间温度，不施肥。从真叶吐心到成苗为成苗期，在温度管理上，晴好天气的白天，温度控制在25～28℃，夜间只要不低于12℃，尽量加大昼夜温差。基质水分管理以见干见湿为原则，浇水宜在清晨进行。这一时期的施肥可以轮流施用氮、磷、钾15-0-15和20-10-20育苗专用肥料，每次施肥浓度为0.1%～0.15%，每7天左右施用1次。苗期应注意预防猝倒病和立枯病。从成苗到定植，应适当降低温度，控制浇水，保持基质在半干燥状态，停止施肥（图2）。

图2　菌根基质育苗效果

### 2.3　温室土壤太阳能消毒

参照本书“节能环保型设施土壤日光消毒技术”进行操作。针对苏北地区设施黄瓜生产的实际情况，适当进行调整，具体操作要点如下。

（1）物料混配。选择夏季温度较高的时期，一般在6月中旬至8月中旬均可，宜在7月进行。上茬作物收获后，清除作物的残体，除尽田间杂草。将作物秸秆如玉米秸、麦秸、稻秸等，利用器械截成3～5厘米的寸段，或将玉米芯、菇渣等有机物粉碎后，以1 000～3 000千克/亩的用量与腐熟或半腐熟的有机肥（鸡粪、猪粪、牛粪等）300～500千克/亩混合，再加入40～60千克/亩的50%氰氨化钙颗粒或20～35千克/亩的98%棉隆微粒剂，人工或搅拌机混合均匀（图3）。

图3　温室土壤太阳能消毒材料

（2）消毒前处理。将混合物料均匀铺撒在温室内的土壤表面。用旋耕机将有机物料均匀地深翻入土中（15～20厘米深度为佳）。同时，整地做成利于灌溉的平畦，畦面宽80～100厘米，畦沟深度以10～15厘米为宜。用地膜将畦面和畦沟完全覆盖，保证地膜之间搭接严密无漏缝。

（3）膜下灌水。从地膜下向畦沟灌水，直至畦面完全湿透为止，使地表见明水。

（4）土壤消毒。封闭温室，并保持棚膜清洁和良好的透光性。密闭后的温室，保持室内高温高湿状态25～30天，其中至少有累计15天以上的晴热天气，使土壤表面温度升至50～70℃。闷棚可以持续到下茬作物定植前5～10天。高温闷棚结束，打开通风口，揭去地膜，晾棚5～10天。每年同期进行高温闷棚处理1次（图4）。

图4　日光温室太阳能消毒流程

### 2.4　促根壮秧

微生物菌肥（丰田宝）在黄瓜苗定植时按照300～600克/穴1次施入，提高作物抗病性、增加产量并改良土壤生态环境，通过促根壮秧实现减肥减药目标。

### 2.5　水肥一体化

黄瓜结果期可视植株长势适当补充2～3次追肥，追肥配方采用优化配方：硝酸钙1 070毫克/升，硝酸钾1 071毫克/升，磷酸二氢铵115毫克/升，硫酸镁493毫克/升。

### 2.6 病虫害防控

定植前用250克/升嘧菌酯悬浮剂1 500倍稀释液在垄面喷雾1次，每亩用量60千克药液。定植时用250克/升嘧菌酯悬浮剂1 500倍稀释液浸根15分钟，然后定植于菜田。预防苗期猝倒病、立枯病、霜霉病、白粉病，达到一药多防、减量增效、精准用药目的。

生长期病虫害防治可参照本书“设施蔬菜土传病害生物与化学协同防治技术”“新型诱虫板监测和防治蓟马”“弥粉法施药防治设施蔬菜病害技术”等。

灰霉病：发病前，以50%异菌脲可湿性粉剂或75%百菌清可湿性粉剂喷粉或兑水喷雾并以50%咯菌腈可湿性粉剂稀释5 000倍液蘸花预防。发病初期，以啶酰·咯菌腈、啶菌噁唑、43%氟菌·肟菌酯悬浮剂60～75毫升/亩兑水喷施，交替用药，间隔期7～10天。

霜霉病：发病前，以75%百菌清可湿性粉剂100克/亩喷粉或兑水喷雾。发病初期，以50%烯酰吗啉可湿性粉剂50克/亩喷粉或兑水喷雾，并与687.5克/升氟菌·霜霉威悬浮剂60～75毫升/亩、66.8%丙森·缬霉威可湿性粉剂100～133克/亩、10%氟噻唑吡乙酮可分散油悬浮剂15～20毫升/亩+80%代森锰锌可湿性粉剂250克/亩兑水交替喷施，间隔期7～10天。

白粉病、棒孢叶斑病：发病初期，交替喷施10%苯醚甲环唑水分散粒剂30～40克/亩、43%氟菌·肟菌酯悬浮剂20～30毫升/亩、42%唑醚·氟酰胺悬浮剂20～30毫升/亩。

细菌性角斑病：发病前或发病初期，以3%中生菌素可湿性粉剂80～110克/亩、2%春雷霉素水剂140～175毫升/亩、46%氢氧化铜水分散粒剂40～60克/亩兑水喷施，间隔期7～10天。

粉虱：除了上述生防措施外，还应有化学防治，选择高效杀虫剂10%溴氰虫酰胺可分散油悬浮剂1 000倍液、17%氟吡呋喃酮可溶液剂1 000倍液，兑水蘸根或喷施。

### 2.7 技术模式实施效果

该模式应用后，日光温室黄瓜肥料利用率提高15个百分点、化肥减量施用32%，化学农药利用率提高12个百分点、农药减量施用40%，蔬菜平均增产3%～5%。

## 3 适宜地区

适用于苏北地区徐州、连云港、宿迁、淮安、盐城日光温室的各种茬口黄瓜生产。

## 4 联系方式

集成模式依托单位：南京农业大学

联系人：孙锦，郭世荣，陈长军，杨兴明

联系电话：13390799382

电子邮箱：sunj72@163.com

# 苏南/安徽塑料大棚小白菜化肥农药减施增效技术模式

## 1 背景简介

苏南是指江苏南部的南京、镇江、无锡、常州、苏州等地，安徽南部主要包括铜陵、芜湖、马鞍山、池州、宣城、黄山等地。该地区属亚热带湿润季风气候，四季分明、季风显著、冬冷夏热、春温多变、秋高气爽、雨热同季、雨量充沛、降水集中、梅雨显著、光热充沛。目前，该地区设施园艺栽培面积约30万公顷，以塑料大棚为主。小白菜种类繁多，生长周期短，适应能力强，高产、省工、易栽培，已成为江苏和安徽南部地区大棚主要栽培作物之一。据调查，小白菜的年产量占该地区蔬菜年总产量的30%～40%，占秋冬蔬菜复种面积的40%～60%，在蔬菜周年供应上占有重要地位。小白菜可周年播种，适时采收，多次种植，一般可分为秋冬白菜、春白菜、夏白菜3季。在生产过程中，农民为了追求高产，大量施用化肥、农药，氮素用量达20～30千克/亩，由于苏南、皖南地区降水充足，湿度大，气温适宜，小白菜病虫害也较重，病害主要有霜霉病、软腐病、黑斑病等，虫害主要有小菜蛾、蚜虫、甜菜夜蛾等，病虫仍以农药防治为主，每茬施药5～6次。因此，研发集成苏南/安徽大棚小白菜土壤基质调理剂改良技术、小白菜穴盘基质栽培技术及病虫害绿色防控技术，形成大棚小白菜化肥农药减施增效技术模式，并在苏南安徽示范推广，明显减少化肥农药使用，提高农药化肥利用率，对保障设施小白菜的安全、高效、优质生产具有重要的意义。

## 2 栽培技术

### 2.1 选择优良品种

小白菜品种繁多，有地方品种和选育品种，应根据不同季节选择抗病、优质、高产、商品性好、符合目标市场消费习惯的品种。秋冬季栽培应选择耐寒、束腰性好的小白菜品种，如‘上海青’‘矮抗青’‘京冠1号’等；春季栽培以幼苗（俗称鸡毛菜）或嫩株上市，3月下旬前播种的，宜选用晚熟、耐寒、耐抽薹品种，如‘四月慢’‘五月慢’等，3月下旬后播种的，应选用早熟和中熟的秋冬小白菜品种；夏季栽培应选用耐热品种，如‘华王’‘抗热青’‘抗热605’‘夏冠王’‘德高507’等。

### 2.2 整地施肥

栽植前1周，将水稻秸秆炭和醋糟基质按1：1体积比混合形成土壤基质调理剂（图1），按1千克酸化和盐渍化土壤添加20克基质调理剂，每亩施600～800千克（基质调理剂含水量为50%～60%）、腐熟粪肥1 500～2 500千克、磷酸氢二铵8千克、硫酸钾

10千克，或每亩施腐熟粪肥1 000千克、三元复合肥20千克作基肥。有机肥和化肥拌匀撒施后翻入土中，精细整地筑畦，畦宽（连沟）1.8米、高18～20厘米，沟宽30厘米，要求畦面平整，略呈弧形，铲除杂草和前茬作物等，做好三沟（畦沟、腰沟、田边沟）配套，以利于排水。

A. 对照

B. 土壤基质调理剂处理

图1　基质调理剂使用效果

### 2.3　播种

播种应掌握匀播与适当稀播。春白菜、夏白菜可采用直播方式，每亩播种量400～600克；育苗移栽的，播种量150～200克；秋冬白菜育苗移栽的，每亩播种量150～200克，苗床与大田比为（1：8）～（1：10）。播前浇足底水，待地表水退去后播种，播后覆盖干细土厚0.8～1厘米，或覆盖遮阳网，待子叶出土后及时揭去遮阳网。

为了解决土壤连作障碍，减少整地、除草工时，减少农药化肥使用次数，可以将商业化的叶菜栽培基质或木薯渣：草炭：珍珠岩：蛭石=2：2：1：1（体积比）混成复合基质，装于50孔穴盘，每孔播1粒种子，进行小白菜穴盘基质栽培（图2）。

图2　小白菜穴盘基质栽培

### 2.4 定植

采收成株的，行株距为（20～25）厘米×（20～25）厘米；采收半成株的，行株距为（15～20）厘米×（13～15）厘米；春季栽培的，行株距为15厘米×15厘米；用于腌白菜的，一般行株距为33厘米×33厘米。夏季栽培宜在阴天或晴天傍晚定植，冬季栽培应晴天上午定植。边起苗，边定植，边浇定根水，定植深度2～3厘米。

### 2.5 田间管理

（1）苗期管理。夏季天气干旱，小白菜出苗困难，出苗前每天早晚各浇水1次，保证苗期水分供应。刚出芽时如遇高温干旱，应在午前、午后浇接头水，保持地表不干，以防烘芽死苗。出苗后及时间苗，在幼苗开始拉十字时第1次间苗，宜早不宜迟，间去过密的小苗，保持株距3～4厘米；长出4～5片真叶时第2次间苗，除去弱苗、病苗，保持株距6～8厘米。如秧苗健壮，距离可稀些，瘦弱则密些，在间苗的同时拔除杂草。成苗标准：株高13～15厘米、有4～5片真叶。

（2）肥水管理。

① 追肥。施足基肥，追肥以速效肥为主。为防止硝酸盐积累，宜减少追肥次数。幼苗长有3～4片真叶时，在叶片正反面每亩喷施0.2%尿素或氨基酸叶面复合肥440毫升稀释200倍液。定植后结合浇水追施速效氮肥4～6次，每隔5～7天浇1次，由稀到浓，每亩施追肥总量为尿素15～20千克。生长期不得施用人畜肥，采收前7天不得施用速效肥。

② 水分管理。小白菜在空气相对湿度为80%～90%、土壤湿度70%～80%的环境条件下生长最旺盛，整个生长期要求水分供给充足。播种后应及时浇水，保证齐苗、壮苗；定植或补栽后应浇水，促进缓苗。根据栽培季节控制浇水量，低温季节由于温度低，需水少，应少浇，浇水时间应安排在中午前后；高温季节需水量大，应经常浇水，浇水宜在早晚进行。若遇台风暴雨和梅雨季节，注意及时清沟排水，夏季阵雨后，及时用清水冲洗叶面上的泥浆。

### 2.6 病虫害防治

病虫害防治应坚持“预防为主、综合防治”的植保方针，优先采用农业防治、物理防治、生物防治，精准高效使用化学防治。

（1）农业防治。选用抗（耐）病优良品种，与非十字花科作物实行1～2年轮作，加强栽培管理，培育壮苗，科学施肥，搞好田园清洁，雨后及时排水。

（2）物理和生物防治。夏季采用高温闷棚减少病原菌和杂草；利用防虫网、银灰膜、黄板、性诱剂、黑光灯、频振式灯等物理措施防治虫害；利用微生物菌剂（宁盾一号A型，蜡质芽孢杆菌+枯草芽孢杆菌，有效活菌数≥2亿CFU/毫升）100倍稀释液浸种5分钟、移栽时使用宁盾一号A型200倍稀释液作为定根水浇灌或喷淋防治土传病害；利用白僵菌、绿僵菌（5～10千克/亩），整地时施入土壤，防治地下害虫。

（3）化学防治。使用农药应符合GB/T 8321.10—2018《农用合理使用准则（十）》和NY/T 1276—2017《农药安全使用规范 总则》的规定，注意安全间隔期，小白菜采收前7～10天停止喷药，具体防治方法见表1和表2。

（4）草害。可在播后苗前用精异丙甲草胺进行土壤喷雾处理，也可用精喹禾灵进行茎叶喷雾，间苗的同时拔除杂草。

表1 塑料大棚小白菜虫害防治方法

| 防治对象 | 防治方法 |
|---|---|
| 夜蛾类 | 1. 灯诱成虫：于成虫初见时，采用20瓦黑光灯诱蛾，可减少虫口基数<br>2. 提前挂性诱剂诱杀<br>3. 药剂防治：<br>（1）10%虫酰肼悬浮剂1 500倍液或5%甲氨基阿维菌素苯甲酸盐乳油1 500倍液<br>（2）5%虫螨腈乳油1 500～2 000倍液或5%氯虫苯甲酰胺悬浮剂1 000～1 500倍液<br>（3）5%氟铃脲乳油1 200～1 500倍液<br>（4）15%茚虫威悬浮剂2 000倍液或24%甲氧虫酰肼悬浮剂2 000～2 500倍液 |
| 蚜虫 | 1. 挂黄板诱杀、25%噻虫嗪水分散粒剂+有机硅2 500～3 000倍液<br>2. 70%吡虫啉水分散粒剂2 000～2 500倍液或1.3%苦参碱水剂500倍液<br>3. 20%啶虫脒微乳剂2 000～2 500倍液（高温有效）<br>4. 10%溴氰虫酰胺可分散油悬浮剂4 000倍液 |

表2 塑料大棚小白菜病害防治方法

| 防治对象 | 防治方法 |
|---|---|
| 黑斑病 | 1. 种子处理：用25克/升咯菌腈种子处理悬浮剂1份+水15份均匀拌种或600克/升吡虫啉悬浮种衣剂拌种<br>2. 苗床消毒：30%甲霜·噁霉灵水剂1～2克/平方米（药前畦面浇透水后将药土的1/3垫底后播种2/3覆盖种子适当控水，大棚要通风）<br>3. 药剂防治：发病前，以10%多抗霉素可湿性粉剂40～60克/亩或75%百菌清可湿性粉剂100克/亩兑水喷雾预防。发病初期，以35%氟菌·戊唑醇悬浮剂20～25毫升/亩、70%甲基硫菌灵可湿性粉剂60～80克/亩、10%苯醚甲环唑水分散粒剂40～60克/亩兑水喷施，交替用药，间隔期7～10天 |
| 霜霉病 | 1. 种子处理：用种子量0.5%的68%精甲霜·锰锌水分散粒剂拌种<br>2. 药剂防治：发病前，以75%百菌清可湿性粉剂100克/亩喷粉或兑水喷雾。发病初期，以50%烯酰吗啉可湿性粉剂50克/亩喷粉或兑水喷雾，并与687.5克/升氟菌·霜霉威悬浮剂60～75毫升/亩、66.8%丙森·缬霉威可湿性粉剂100～133克/亩、10%氟噻唑吡乙酮可分散油悬浮剂15～20毫升/亩+80%代森锰锌可湿性粉剂250克/亩兑水交替喷施，间隔期7～10天 |
| 软腐病 | 1. 土壤消毒，进行轮作减少病虫为害<br>2. 药剂防治：以3%中生菌素可湿性粉剂80～110克/亩、2%春雷霉素水剂140～175毫升/亩、46%氢氧化铜水分散粒剂40～60克/亩兑水喷施，间隔期7～10天 |

### 2.7 采收

小白菜采收无严格标准，从2～3片真叶的幼苗至成株均可采收。一般夏白菜播种后20～25天采收，秋冬白菜定植后30～80天采收，春白菜宜在抽薹前采收，应根据市场需求分期分批收获。小白菜大棵菜外叶叶色开始变淡、基部叶发黄、叶簇由生长转向闭合生长、心叶伸长到与外叶齐平（俗称平心）时即可采收，采收时间以早晨和傍晚为宜。采收时，切除根部，去除老叶、黄叶，剔除幼小和感病的植株，分级装箱上市。采收后应及时清洁田园，清理病残叶和杂草进行无害化处理。

### 2.8 技术模式实施效果

该模式应用后，大棚小白菜肥料利用率提高18个百分点，化肥减量施用35%，化学农药利用率提高15个百分点，农药减量施用40%，蔬菜平均增产20%～30%。

## 3 适宜地区

适用于苏南（南京、镇江、无锡、常州、苏州），皖南（铜陵、芜湖、马鞍山、池州、宣城、黄山）地区大棚的各茬口小白菜生产。

## 4 联系方式

集成模式依托单位：南京农业大学

联系人：郭世荣，王玉

联系电话：13952094629

电子邮箱：srguo@njau.edu.cn

# 苏南地区塑料大棚莴苣化肥农药减施增效周年生产模式

## 1　背景简介

苏南地区是江苏省南部地区的简称，地处中国东南沿海长江三角洲中心，东靠上海，西连安徽，南接浙江，北依长江（苏中，苏北）、东海；是江苏经济最发达的区域，也是中国经济最发达、现代化程度最高的区域之一。苏南地区位于亚洲大陆东岸中纬度地带，属亚热带湿润季风气候。在太阳辐射、大气环流以及苏南地区特定的地理位置、地貌特征的综合影响下，气候呈现四季分明、季风显著、冬冷夏热、春温多变、秋高气爽、雨热同季、雨量充沛、降水集中、梅雨显著、光热充沛、气象灾害多发等特点。

近年来，莴苣成为苏南地区设施广泛种植的一种蔬菜种类，然而由于过量使用肥料、农药，不仅增加成本、浪费资源，而且造成土壤积累养分、盐分，引发次生盐渍化，使叶菜类蔬菜体内积累硝酸盐，导致农产品安全隐患。对苏南部分塑料大棚叶菜生产基地土样进行分析，发现纯N使用量达到1 047千克/公顷、$P_2O_5$及$K_2O$使用量达到750千克/公顷，分别比推荐使用量高出179.2%、100.0%，加上棚室内温度高，土壤水分蒸发量大，长期缺少雨水淋洗土壤，使土壤深层的盐分上升到表层，致使土壤盐渍化程度进一步加剧。苏南大多基地，莴苣病虫害防治大多采用化学药剂，其中杀虫剂占30%、杀菌剂占70%，很少使用生态或物理防治措施，致使莴苣化学药剂施用量过多，存在一定的安全隐患。因此，研发和集成苏南地区塑料大棚化肥农药减施增效技术模式，对保障设施莴苣的安全、优质生产具有重要意义；同时，将莴苣不同品种错开播种，配套塑料大棚栽培，在苏南地区茎用和叶用莴苣可以分期采收，周年供应，满足人们对优质蔬菜的需求。

## 2　主要环节关键技术

### 2.1　适宜苏南塑料大棚栽培的优良品种

莴苣是菊科莴苣属能形成叶球或嫩茎的一、二年生草本植物，原产于地中海沿岸，性喜冷凉湿润的气候条件。按食用部分可分为叶用莴苣和茎用莴苣。叶用莴苣又称生菜，世界各地普遍栽培，主要分布于欧洲、美洲，近年来我国各地也均有栽培；茎用莴苣就是莴笋，适应性强，我国南北各地普遍栽培，是长江流域3－5月春淡季供应的主要蔬菜之一。

（1）叶用莴苣。叶用莴苣主要包括长叶莴苣、皱叶莴苣和结球莴苣3个变种，主要的优良品种如下。

‘美国大速生’：植株半直立，叶翠绿色，叶面皱皮松散。直播，育苗定植皆可，亩用种量25～30克，亩定植4 000～4 500株。最宜春、秋露地和冬季保护地种植，亩产可达1 500～2 000千克（图1）。

‘前卫75号’：植株较大，生长势强，外叶较少，深绿色，叶面较平滑，叶球圆球形，浅绿色，叶球外面叶片宽大，叶鞘肥厚，球形整齐美观，品质脆嫩，风味极好，平均单球重0.5～0.7千克。适于冬季及早春保护地栽培和春秋露地栽培。

‘大湖659’：叶片绿色，外叶较多，叶面有皱褶，叶缘齿状缺刻，叶球较大，单球重0.5～0.6千克，产量高，品质好，耐寒性较强，不耐热。定植后50～60天开始收获，生育期约90天，亩产可达4 000千克。

‘皇帝’：叶片绿色，叶面微皱，叶缘波状缺刻，叶球扁圆形，浅绿色，包球紧实，球形整齐，单球重约0.5千克，品质脆嫩，耐热性较强，高湿下抽薹较迟，种植的季节较长，不仅适合春秋栽培，也可用于早夏、早秋气温较高的季节栽培。

‘凯撒’：株形紧凑，生长整齐，叶球高圆形，单球重0.4～0.5千克，抗病性强，耐热，抽薹晚，适合春秋保护地、夏季露地栽培，亩产量1 500～2 000千克。

‘紫叶生菜’：紫叶生菜为不结球叶用莴苣的一个种，市场全年需要，其品种很多，生长期短，栽培较结球生菜容易，可于春秋夏季露地栽培和冬季日光温室栽培，做到周年生产，全年供应。

‘意大利生菜’：株形紧凑直立，高25厘米，开展度20厘米，叶片皱缩，青绿色、倒卵圆形，叶片30张以上。秋冬季单株重500克以上，春夏季单株重250克（图2）。

图1　‘美国大速生’

图2　‘意大利生菜’

（2）茎用莴苣。茎用莴苣根据叶片形状可分为尖叶和圆叶2个类型，各类型中依茎的色泽又有白莴苣、青莴苣、紫红莴苣之分。目前适合苏南地区主栽品种如下。

‘紫叶莴笋’：植株生长势强，株高，节间长，叶片披针形，心叶紫红色，叶面皱缩少。笋长棒形，上端稍细，长30～33厘米，横径4～5厘米，单笋质量350～500克。

茎皮浅绿色，基部带紫晕，皮厚，纤维多，肉质黄绿色，质地嫩脆，味甜，含水分多，品质好。耐寒，晚熟，适合冬春栽培。

‘南京白皮香’：植株叶簇大，节间密，叶片淡绿色，宽披针形，先端尖，叶面皱缩，茎皮淡绿白色，肉质青白色。品质好，香味浓，纤维少，早熟，抗霜霉病，适合越冬栽培。

‘紫皮香’：植株高大，叶片大，披针形，绿带紫红色，叶面皱缩，全缘。茎短，粗壮，长卵圆形，皮绿白色，产量高，水分多，质脆嫩，抽薹迟，晚熟种（图3）。

‘三青王’：新一代青皮青肉香莴笋，圆叶，色浓绿，开展度较小，该品种在莴笋中香味最浓，茎皮、茎肉色绿，品质商品性佳，单株质量1～2千克，特耐寒，高抗病，3～20℃条件下生长效果良好，适宜晚秋、冬季栽培（图4）。

图3　‘紫皮香’

图4　‘三青王’

‘千里香’：早熟，卵圆叶、深绿、全缘，叶面皱缩。株高50～55厘米，株型直立紧凑。长势旺，抗性强，耐肥水。肉质茎膨大速度快，肉质茎长24厘米左右，粗达6厘米，长直棒形，较匀称，不易裂口。茎皮青绿色，皮薄，节稀。茎肉翠绿色、脆嫩、清香味浓，品质好。耐寒性强，适宜晚秋、越冬、早春露地和保护地栽培。

### 2.2　塑料大棚栽培茬口安排

蔬菜市场一年四季都需要莴苣均衡上市，周年供应，因此应结合苏南本地气候特点和生产条件，因地制宜安排生产（图5）。

（1）冬春季塑料栽培。11月上旬至翌年1月上旬于温室育苗，12月上旬至翌年2月中旬定植，2月中旬至4月中旬收获。

（2）春季塑料大棚栽培。2月上旬至中旬温室播种育苗，3月上旬至下旬定植，5月上中旬收获。

（3）秋季塑料大棚栽培。7月下旬至8月上旬播种育苗，8月下旬至9月上旬定植，10月下旬至11月上旬收获。

图5　塑料大棚莴苣栽培

### 2.3　莴苣育苗设施及育苗技术

（1）育苗设施。

① 苗床的准备。整地要细，床土力求细碎、平整，每平方米施入腐熟细碎的农家有机肥10～20千克，磷肥0.025千克，撒匀，然后翻耕掺匀，整平畦面。播种前浇足底水，以水流满畦后略停一下，待水渗下土层后，再在苗畦上先撒一薄层经过筛的细土，厚3～4毫米，随即撒籽。

② 穴盘育苗。育苗盘育苗的，以穴盘育苗移栽成活率高，又方便快捷，在生产上经常采用。

穴盘选择：育3～4片叶苗时，宜选用288孔苗盘，育4～5叶苗选用128孔苗盘。其中以288孔苗盘较好，出圃时，小苗的根系已长满穴孔，拔苗时容易拔出，不易伤苗。

基质的准备及配制：288孔苗盘每1 000盘需备基质2.8立方米；128孔苗盘每1 000盘需备基质3.7立方米。基质的配制为草炭2份加蛭石1份，或草炭、蛭石、废菇料各1份，混合拌匀。覆盖料一律用蛭石。配制时每立方米基质加入0.5千克尿素和0.7千克磷酸二氢钾，或复合肥1.2千克/立方米。夏季育苗时每立方米基质中加入复合肥0.7千克。

（2）育苗技术。每亩莴笋需苗床面积15平方米，用种50克，播种营养土比例为未种过蔬菜的熟土7份，优质腐熟有机肥3份，并加入无机肥，每立方米拌复合肥50克，充分混匀，并过筛。然后将营养土平铺入播种床，一般6～7厘米厚，每平方米用营养土100千克左右。

播种采用撒播法，在平整的床土上，于播种前先浇透水，待水渗下后，将种子混入种子体积4～5倍的潮湿细沙中，均匀撒入畦面，播后覆0.5～1厘米厚细土，覆土后平铺地膜，有利于保温保湿。经8～10天后出苗，出苗后撤膜，然后扣上小拱棚，白天温度在20～25℃，夜间在10℃左右，1周后齐苗。要注意苗期通风。当幼苗长出4片叶时进行分苗，苗距10厘米×10厘米，并喷洒百菌清防病，苗期要注意霜霉病，注意通风，控制苗的长势。水分管理以保持土壤湿润，不干不浇水为原则，过干或过湿易引起苗老化或徒长。壮苗指标为6～7片叶，株高15厘米，生长健壮。

苗龄因季节不同差异较大，一般4－9月育苗，苗龄20天左右，10月至翌年3月育苗，苗龄30～40天，定植时4～5片叶为宜。

### 2.4 定植及定植后的田间管理

（1）地块选择。在年初制订种植计划时，即应安排好每一茬莴苣的前后茬的衔接计划和土地的选择，宜选择土质肥沃、前茬施肥多、保水保肥力强的地块。夏季栽培时，应选择排水良好、地势较高、能灌能排的地块种植。莴苣是菊科植物，前后茬应尽量与同科作物错开，有条件的地方尽量轮作。

基肥要用质量好并充分腐熟的畜禽粪，每亩用量3 000～5 000千克。

做畦按不同的栽培季节和土质而定。在地下水位高和土壤较黏重，排水不良等的地块应作小高畦，畦宽一般为1.3～1.7米，定植4行。

（2）栽培密度。不同的品种及在不同的季节，种植密度有所区别。大株型品种，如‘前卫75’‘大湖65’于春、秋季栽培时，行距33～40厘米，株距27厘米，每亩栽苗5 800株；冬季保护地栽培时，可稍密植，行距25厘米，每亩栽6 500株。株型较小的品种，如‘奥林’‘达亚’‘凯撒’等在夏季生产宜适当密植，行距30厘米，株距20～25厘米，每亩栽苗6 200～8 000株。

（3）定植。

① 定植时期。莴笋幼苗真叶4～5片，苗龄30天左右时要适时定植，以免幼苗过大、胚轴过长、不易获得肥大的嫩茎。

② 整地做畦。应选择土壤肥沃、土层深厚、结构疏松、排水良好的地块，前茬收获后立即清园、施基肥、深耕、细耙、整地做畦，为定植做好准备。结合土壤翻耕，一般每亩施腐熟农家肥3 000千克加饼肥100千克或腐熟商品有机肥1 500千克加三元复合肥（15：15：15）50千克。底肥应提前7～10天施入土壤中，然后用机械旋耕2～3次。做连沟宽1.2～1.5米的深沟高畦，铺设滴灌带后铺上地膜，准备定植。

③ 定植方法。定植前1天，将育苗床浇透水，以便起苗。起苗时，要尽量少伤根，多带土，以利缓苗。起苗前喷药防病1次。定植应选择晴天下午或阴天进行，注意大小苗分级。栽苗要轻提轻放，不要碰伤叶片和根系。栽植深度要适宜，覆土深度比幼苗在育苗床中入土的深度稍深即可，栽植过深，不利于发根，植株生长不旺。栽后要及时浇定根水，以利缓苗。栽植行距30～33厘米，株距25～30厘米，亩定植5 000株左右。

④ 田间管理。

温度管理：莴笋茎叶生长的适宜温度为11～18℃，大棚秋延迟莴笋栽培时，定植后要尽量创造适合莴笋茎叶快速生长的温度条件，即16～18℃。10月下旬以后，随着空气温度迅速下降，霜冻天气出现时，为了保证莴笋继续正常生长，应及时扣上大棚薄膜保温。在秋延迟莴苣栽培中，覆盖前期要注意防温度偏高而导致植株徒长，白天应注意放风降温；控制温度白天不超过24℃，夜间不低于10℃。在满足莴苣生长的适宜温度下尽量经常通风降湿，可防止病害发生。后期天冷后，要防止植株受冻，气温在0℃以下时棚内采取双层覆盖（大棚+小棚）并加盖草苫保温。在管理上，前期草苫应早揭晚盖，增加光照时间，午间注意通风降温降湿。后期草苫可晚揭早盖，通风量也随气温下降逐渐减少，严寒天气可不通风。

大棚春提前莴笋栽培时，定植初期注意通风降湿，夜间气温在0℃以上时，仍要放风，以锻炼植株，提高抗性。当气温在0℃以下时，大棚内夜间要盖小拱棚并加盖草帘（白天揭开草帘，增加光照）。为了降低棚内湿度防止病害发生，最好使用无滴棚膜，小拱棚可用废旧薄膜。立春（以2020年为例说明，2020年2月3－4日）以后，天气转暖，逐渐加大放风，2月上中旬以后当茎部开始膨大至收获前，白天棚温控制在15～20℃，超过24℃应通风降温，以免徒长，降低品质，夜温不应低于5℃，以促进莴笋迅速生长、膨大。

肥水管理：定植后，即浇定根水，第2或第3天早晨还需复水1次。秋延迟莴笋定植初期温度仍然偏高，浇水时间为早晨或午后。活棵后应加强肥水管理，在长好叶片的基础上，促进茎部迅速膨大，是夺取高产的关键，也是防止先期抽薹的重要措施之一。幼苗缓苗后，及时进行1次追肥，每亩追施尿素5～7千克，随后浇水，浇1～2次水后，再进行中耕。遇干旱及时灌跑马水保墒，切忌大水漫灌，宜采用膜下滴灌带滴灌。此时外界环境条件比较适宜莴苣的生长，应抓紧肥水管理，促使植株健壮生长。在第1次追肥约15天后，追第2次肥，每亩行间穴施优质复合肥25～30千克，并配合浇水；封行前茎部开始膨大时，追第3次肥，每亩施尿素7～10千克、硫酸钾5～7千克，促进肉质茎肥大。管理得当，莴苣的正常长相：叶片肥厚平展、排列密集，生长顶端低于莲座叶的高度。采收前20天左右停止灌溉、施肥、喷药。

中耕除草：定植缓苗后，为促进根系的发育，宜进行中耕，除草，使土面疏松透气。封垄前可酌情再进行1次。

### 2.5 化肥农药减施关键技术

（1）生防菌剂施用技术。针对在连续种植多年且表现有明显土壤板结、重茬病害的设施莴苣田，采用生防菌能够弱化根系病虫害、有害微生物生存和繁殖的场所，减弱了根系分泌物抑制生长的副作用，提高土壤养分有效性，从而达到减轻重茬病害的效果。如使用微生物菌剂（宁盾一号A型，蜡质芽孢杆菌+枯草芽孢杆菌，有效活菌数≥2亿CFU/毫升）稀释200倍液作为定根水浇灌，亩用量5千克，1 000亿CFU/克枯草芽孢杆菌可湿性粉剂（亩用量300克）等多种生防菌。

（2）应用物理防控技术。夏季莴苣生产时推广应用20～30目防虫网，揭开除大棚裙边膜和大棚两头2米以下部分大棚膜，用防虫网围好大棚四周，阻隔害虫进入棚内。选用太阳能杀虫灯或频振式杀虫灯诱杀夜蛾类害虫，亮灯间距100米左右。采用黄色粘虫板诱杀蚜虫、白（烟）粉虱等害虫。

（3）土壤消毒技术。针对莴苣连作栽培生产土壤病虫害发生严重，土壤盐渍化突出的问题，采用高温高湿土壤消毒技术。利用夏季高温休棚期间，通过对塑料大棚进行灌水闷棚，并结合施用氰氨化钙等处理，在厌氧、湿热高温的环境条件下，可杀灭土传病虫害，抑制其发生，同时可使土壤表层盐分随水迁移，降低土壤盐渍化。

（4）水旱轮作模式。在设施栽培条件下，创新利用水生蔬菜（水蕹菜、水芹、慈姑、莲藕等）和旱菜轮作降低土壤盐渍化和自毒物质消除方面的研究工作。水旱轮作模式中，水生蔬菜利用前茬旱生蔬菜富余的养分，能较好地洗盐、压盐；同时，通过淹水条件杀死为害旱生蔬菜的病虫草害，较少施用化肥及农药，最大限度地改善了设施内栽培的生态环境，再配合其他旱生蔬菜种植。

（5）农药增效施用技术。应用电动喷雾机、自走式喷药机、常温烟雾机等先进的植保器械，达到农药减量增效、节省用工的目标。使用高效低毒低残留农药，科学控制用量，严格执行农药安全间隔期；在农药施用过程中，添加使用0.03%～0.05%的有机硅助剂，增强药液黏附性，提高农药杀虫和杀菌效果。

（6）水肥一体化精准平衡施肥技术。根据土壤养分含量状况、莴苣产量水平及需肥规律，进行氮、磷、钾肥及微量元素的配方施用，既可协调土壤养分平衡，又可减缓土壤盐渍化和酸性化。在养分需求和供应平衡的基础上，统筹有机肥料和无机肥料平衡施用。

（7）病虫害化学药剂防治。化学防治是指利用新型高效化学农药来消灭和控制病虫害的防治方法。化学防治具有防治迅速、使用简单、成本低等优点。但是一定要合理使用化学农药，尤其是在莴苣绿色生产操作中，应以农业防治、生物防治为基础，精准使用化学农药。

莴苣上防治夜蛾类和蚜虫危害的方法见本书“苏南/安徽塑料大棚小白菜化肥农药减施增效技术模式”中表1，蜗牛可用6%四聚乙醛颗粒剂70粒/平方米，96%硫酸铜晶体1 000倍液，撒茶籽饼或生石灰进行防治。莴苣病害防治见表1。

表1 莴苣病害防治方法

| 防治对象 | 防治方法 |
|---|---|
| 猝倒病 | 1. 种子处理：用25克/升咯菌腈种子处理悬浮剂1份+水15份均匀拌种或600克/升吡虫啉悬浮种衣剂拌种<br>2. 苗床消毒：30%甲霜・噁霉灵水剂1～2克/平方米（药前畦面浇透水后将药土的1/3垫底后播种2/3覆盖种子适当控水，大棚要通风）<br>3. 药剂防治：<br>（1）在发病初期用722克/升霜霉威盐酸盐水剂1 200倍液，或20%络氨铜1 000倍液灌根<br>（2）75%百菌清可湿性粉剂700倍液或50%敌磺钠可溶粉剂500倍液<br>（3）0.5%氨基寡糖素水剂500倍液或69%烯酰・锰锌可湿性粉剂2 000倍液或72%甲霜・锰锌可湿性粉剂800倍液、77%氢氧化铜可湿性粉剂1 000倍液，任选一种喷洒 |

表1 （续）

| 防治对象 | 防治方法 |
|---|---|
| 霜霉病 | 1. 种子处理：用种子量0.5%的68%精甲霜・锰锌可湿性粉剂拌种<br>2. 药剂防治：<br>（1）在发病初期选用60%吡醚・代森联可湿性粉剂1 500～2 000倍液<br>（2）用52.5%噁酮・霜脲氰水分散粒剂2 500倍液，或66.8%丙森・缬霉威600～800倍液<br>（3）或64%噁霜・锰锌可湿性粉剂500～600倍液<br>（4）50%烯酰吗啉可湿性粉剂2 000～2 500倍液，或72%霜脲・锰锌可湿性粉剂1 200倍液<br>（5）687.5%克/升氟霜・霜霉威悬浮剂750倍液，或80%三乙膦酸铝可湿性粉剂400～600倍液，任选一项喷洒<br>（6）100克/升氰霜唑悬浮剂2 000倍液，250克/升嘧菌酯悬浮剂1 500倍液，250克/升吡唑醚菌酯乳油2 000倍液<br>（7）722克/升霜霉威盐酸盐水剂800倍液，或25%甲霜灵可湿性粉剂500倍液 |
| 黑腐病 | 1. 防治夜蛾类害虫及蚜虫等害虫为害从伤口感染<br>2. 发病初期每7～10天喷20%噻森铜悬浮剂500～600倍液连续2～3次<br>（1）3%噻霉酮可湿性粉剂3 000倍液<br>（2）20%络氨铜悬浮剂800倍液，或77%氢氧化铜可湿性粉剂800倍液<br>（3）20%噻菌铜悬浮剂500倍液或47%春雷・王铜可湿性粉剂1 200～1 500倍液<br>（4）2%春雷霉素水剂400倍液<br>（5）50%氯溴异氰尿酸可湿性粉剂1 000～1 200倍液或琥胶肥酸铜可湿性粉剂1 000倍液 |
| 灰霉病、菌核病 | 1. 适当控水控温<br>2. 发病初期：<br>（1）40%嘧霉胺悬浮剂1 200倍液或50%克菌丹可湿性粉剂500～600倍液<br>（2）50%异菌脲可湿性粉剂1 000倍液或250克/升戊唑醇水乳剂3 500倍液<br>（3）50%腐霉利可湿性粉剂1 000倍液或40%双胍三辛烷基苯磺酸盐可湿性粉剂1 200倍液<br>（4）22.5%啶氧菌酯悬浮剂1 000倍液，或50%多抗霉素可湿性粉剂1 000倍液<br>（5）250克/升吡唑醚菌酯乳油2 000倍液，或2亿孢子/克木霉菌可湿性粉剂500倍液 |
| 软腐病 | 1. 土壤消毒，进行轮作减少病虫为害<br>2. 药剂防治：<br>（1）47%春雷・王铜可湿性粉剂600～800倍液（大白菜苗期慎用）<br>（2）77%氢氧化铜可湿性粉剂800～1 000倍液；或3%噻霉酮可湿性粉剂3 000倍液<br>（3）20%噻菌铜悬浮剂500倍液或2%春雷霉素水剂400倍液<br>（4）3%中生菌素可湿性粉剂800～1 000倍液，50%氯溴异氰尿酸可湿性粉剂1 000倍液，不得与其他农药混用<br>（5）14%络氨铜悬浮剂350～400倍液 |
| 斑枯病 | 1. 45%噻菌灵悬浮剂800倍液<br>2. 20%噻森铜悬浮剂800倍液，77%氢氧化铜可湿性粉剂800倍液，或60%唑醚・代森联可湿性粉剂1 000倍液<br>3. 75%百菌清可湿性粉剂600倍液或64%噁霜・锰锌可湿性粉剂500倍液<br>4. 250克/升吡唑嘧菌酯乳油2 000倍液 |
| 干烧心 | 1. 忌选盐碱地兼轮作，增施腐熟有机肥，作物不偏施氮肥，合理灌水<br>2. 药剂防治：基肥合理施足钙肥，莲花期喷施0.7%氯化钙+0.7%硫酸钙1 500倍液防治 |

表1 （续）

| 防治对象 | 防治方法 |
| --- | --- |
| 根结线虫 | 1. 尽量与百合科或禾本科作物轮作，高温期用水淹15天，多施有机肥<br>2. 药剂防治：10%噻唑膦颗粒剂每亩1.5～2千克或1.8%阿维菌素乳油2 000～3 000倍液灌根或淡紫拟霉菌（生物类），定植前沟施盖土<br>3. 每亩用35～30千克氰氨化钙均匀撒施后还薄膜密闭7～10天 |
| 根肿病 | 1. 调整pH值不宜选偏酸地。整好地用500克/升氟啶胺悬浮剂每亩25毫升喷地<br>2. 药剂防治：100克/升氰霜唑悬浮剂蘸根定植或70%甲基硫菌灵可湿性粉剂1 000倍液灌根<br>3. 芽孢杆菌或酵素菌扩培剂冲施或灌根<br>4. 每亩用氰氨化钙30千克盖膜封闭7天，后泡水3～5天 |

### 2.6 采收

当主茎顶端与最高叶片的叶尖相平时，及时收获。为了提前上市，可适当早采收，收大留小，分批上市，以提高产量。长江流域春提前莴笋3月至4月上旬采收上市，利用塑料大棚多层覆盖栽培的，可将上市期提早到2月中旬左右，较露地越冬春莴笋提前40～50天上市，平均亩产量1 500千克，高产可达2 000千克，经济效益十分可观。

夏莴笋的适收期短，要适时抢收。过早采收影响产量，过迟则易抽薹，导致莴笋茎中空或开裂，降低品质。一般7—8月在莴笋主茎和叶簇相平时及时分批采收上市。

### 2.7 技术模式实施效果

针对塑料大棚莴苣肥料施用过量，导致土壤普遍出现次生盐渍化、酸化、有害元素累积、土壤养分失调、生产力下降等一系列问题，从优质品种选择、微生物菌肥施用、土壤有机质含量提升以及水肥一体化等方面，形成塑料大棚莴苣化学肥料减施的关键技术。通过将土壤消毒技术、环境消毒技术和高效施药植保器械相结合，并结合水旱轮作等农业综合防控措施，形成塑料大棚莴苣化学农药减量的关键技术。将上述关键技术与叶菜产地环境控制集成塑料大棚莴苣化肥农药减施技术体系，并在苏南地区进行示范推广。该技术模式应用后，塑料大棚莴苣肥料利用率提高15%～25%、化肥减量施用25%～35%，化学农药利用率提高10%以上、农药减量施用30%～40%，莴苣平均增产5%～7%。

## 3 适宜地区

适用于苏南地区（南京、南通、无锡、苏州、盐城）塑料大棚、中小拱棚的各种茬口莴苣生产。

## 4 联系方式

集成模式依托单位：南京农业大学

联系人：郭世荣，束胜

联系电话：13952094629

电子邮箱：srguo@njau.edu.cn

# 五、长江流域与华南亚热带多雨区设施蔬菜化肥农药减施增效集成模式

## 豫北地区大棚早春黄瓜化肥农药减施技术模式

### 1 背景简介

豫北地区地处河南北部、太行山东南麓，与山西省毗邻，属暖温带大陆性季风气候，四季分明，冬寒夏热，秋凉春早，年平均气温14℃；7月最热，平均27℃；1月最冷，平均0.1℃；历史最高气温42.8℃，极端最低气温-21.5℃。年平均湿度68%，最大冻土深度285毫米。年平均降水量650毫米，最大积雪厚度410毫米（2009年），夏秋降水较多，占全年降水的72%，且多暴雨。年平均风速为2.45米/秒。无霜期220天，全年日照时间约2 400小时。

豫北地区普通大棚蔬菜栽培，种植较多的是瓜果类蔬菜，其中以早春茬黄瓜、秋延茬番茄方式最具有代表性，以个体农户在田间自建大棚进行自主生产为主。大棚菜地土壤质地较好，轻壤土和中壤土占80%左右，有机质含量处于较低水平（2%～3%居多）。土壤的pH值在6.5左右，大部分属于非盐渍化土壤（土壤盐分测定值0～20厘米土层介于66.8～385.4毫克/千克，20～40厘米土层的介于67.6～380.2毫克/千克）。碱解氮含量处于中等水平（0～20厘米土层碱解氮平均值为62.32毫克/千克，20～40厘米土层碱解氮含量平均值达到38.72毫克/千克）；速效磷含量处于较高水平（0～20厘米土层速效磷平均值为37.24毫克/千克，20～40厘米土层速效磷含量平均值达到20.99毫克/千克）；速效钾含量处于极高水平（0～20厘米土层速效钾平均值为378.69毫克/千克，20～40厘米土层速效钾含量平均值达到332.10毫克/千克）。

本地区大棚蔬菜有机肥全年的使用量在7～10立方米/亩，以鸡粪等禽畜粪便为主，但未充分腐熟的占到65%以上。选择商品优质有机肥和微生物菌肥做为底肥的只占10%。85%以上种植户选择施用含有氮、磷、钾的三元复合肥，基肥中施用复合肥的占44%。在追肥上，本区98%以上种植户均使用随水冲施的形式进行追施。该地区大棚早春茬黄瓜病害主要有白粉病、霜霉病、细菌性角斑病、棒孢叶斑病、灰霉病、炭疽病、根结线虫病等，害虫主要有蓟马、蚜虫、烟粉虱、斑潜蝇等。在防治上主要是采取化学防治办法，以普通喷雾方式为主。

本地区菜农盲目和滥用农药化肥现象比较突出，化肥农药利用率低，部分土壤已经出现次生盐渍化现象，经农业有关部门检测，偶尔也出现农药残留超标的现象。据此，本课题组通过新优品种推广、优良抗性砧木嫁接、多层覆盖保温、地膜全覆盖降湿、测

土定量套餐施肥、商品有机肥与腐殖酸化肥交替使用、病虫害绿色防控、生物农药及高效、低毒、低残留新型农药应用等技术，与传统管理模式相比，大棚黄瓜“双减”技术模式化肥减施30%以上，农药减量使用35%以上，化肥利用率提高15%以上，化学农药利用率提高12%以上，黄瓜口感品质显著提高，市场销售单价提高10%～20%。

## 2　栽培技术

### 2.1　大棚棚型、保温、结构示意图

（1）棚型：普通塑料薄膜拱形大棚，立架为水泥钢筋预制，拱架为毛竹，大棚结构见图1。

（2）保温方式：采用棚膜、一道幕、二道幕、地膜保温方式，没有草帘和保温被。

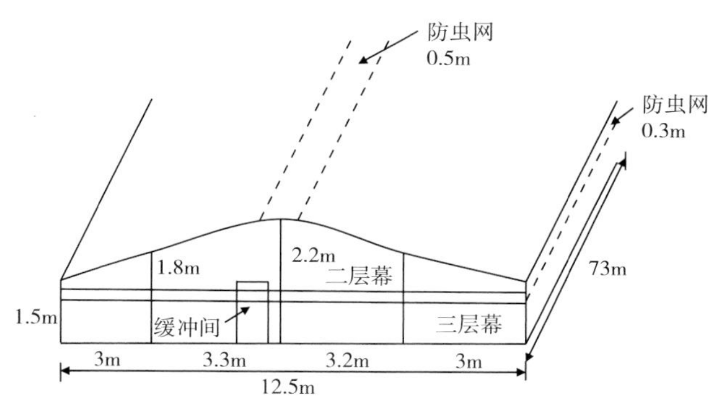


**图1　大棚棚型、保温、结构**

### 2.2　种苗选用

黄瓜品种选用天津德瑞特种业有限公司生产的‘博杰620’或‘博杰616’，砧木品种选用该公司的‘博强4-1’。为确保育苗质量，建议定购工厂化培育的优质黄瓜嫁接苗，要根据黄瓜和砧木的品种要求在定植前3个月进行预订，工厂化育苗多采用插接或双断根嫁接法。

### 2.3　设施准备

（1）防虫网覆盖。大棚放风口处用40～60目的防虫网封闭。

（2）通风口处设置隔离门。在大棚入口处设置专用隔离门（门框+两道农膜）。

（3）多层覆盖保温。采用大棚、二道幕、三道幕和地膜四层保温覆盖，起高垄或高畦地膜全覆盖膜下暗灌栽培。大棚棚膜采用0.08毫米的PO膜，二道幕、三道幕采用0.015毫米的双层PE膜覆盖，地膜采用优质加厚的透明农用地膜。

### 2.4　定植与管理

（1）定植期。棚内10厘米土温最低在12℃，最低气温稳定在8℃以上时即可定植。多层覆盖大棚一般在2月中旬前后定植，具体时间要根据每年的天气状况而定，确保定植后不会受到冻害或冷害。

（2）整地施基肥。基肥施用优质商品有机肥1 200千克/亩，腐殖酸尿素20千克/亩，深翻后整地做畦。

（3）定植。定植前15～20天提前扣棚增温，选冷尾暖头晴天定植。嫁接苗宜适当稀植，栽培密度2 600株/亩左右（宽行75厘米，窄行55厘米，株距38厘米左右）。定植水要浇透，定植后当天要保证1～2小时光照时间，栽后地膜穴洞口要用土盖严，防止地

膜内热气外泄，灼伤下部叶片。

（4）定植后管理。

① 保温防冻与通风降湿。定植后缓苗期闭棚提温促缓苗，3月底前主要是保温防冻，采用大棚、二道幕、三道幕和地膜四层覆盖，白天适当通风。3月10日前撤掉三道幕（内二膜），3月下旬撤掉二道幕（内一膜）。3月下旬开始加大肥水管理，加强病虫害预防。4月底前，夜间注意保温，白天要注意通风降湿，5月以后则以通风降温排湿为主，当午间棚内气温达到30℃时开始通风，下午棚内气温降至25℃时停止通风。6月撤除大棚底围裙膜、保留棚顶膜防雨。

② 植株调整。在黄瓜苗3～4片叶时喷洒大量元素水溶肥料（增瓜灵，$N+P_2O_5+K_2O \geq 50\%$，$Cu+Mn+Zn \geq 1\%$）1次，增加雌花数和坐瓜数。3月上中旬开始吊蔓，采用黄瓜专用吊绳和夹子。每隔7～10天缠蔓1次。从4月20日左右开始第1次落蔓，以后每隔15天左右落蔓1次，落蔓时去除老叶、病叶。

③ 水分管理。定植时浇1次定植水，缓苗后坐瓜前间干间湿，3月下旬浇透水，并配合高温管理，降湿防病。以后根据长势前期每5～7天灌水1次，中后期每隔3～4天1次。实行地膜下浇暗水，尤其是前期，切不可大水漫灌，尽量降低棚内空气温度。

④ 采收。采收后把黄瓜码整齐装入塑料保鲜袋中。3月上旬开始采收，可一直采收到6月底。一般7月拉秧，具体拉秧时间可根据田间黄瓜长势和市场价格决定。

## 3 减量施肥“三步曲”

### 3.1 测土调研定地力

对河南省新乡市牧野区、安阳市汤阴县、长垣县3个代表县区各25家设施菜田土壤基础肥力和施肥状况进行了调研，对选取的每个棚地进行了土壤样品采集，并进行土壤基础养分分析，以此为依据，确定施肥方案。

### 3.2 有机无机配方肥

根据本底调研情况，大棚早春茬黄瓜制订出目标产量为7 500千克/亩（而实际生产上要高，甚至达到10 000千克/亩），中等肥力土壤N、$P_2O_5$和$K_2O$适宜用量范围分别为32千克、12千克和29千克/亩。一般按照氮素分配比例为苗期4%、开花坐果期15%、结果初期25%、结果盛期45%、结果后期11%进行分期调控（如果产量提高，则需要增加追肥数量）。定植缓苗后追施腐殖酸复合肥（18-18-18）20千克/亩。当第1个瓜长10厘米时（根瓜坐住）开始，结合浇水，用黄腐酸复合肥（22-5-20）和新型畜禽粪便冲施肥，两种肥料交替冲施，各冲施6～8次，新型畜禽粪便冲施肥每次冲2.5～3升/亩（每桶装为5升），腐殖酸复合肥冲15千克/亩。从6月中旬开始，即黄瓜结瓜末期可以结合植株生长情况和市场情况，将黄腐酸复合肥用量降低到10千克/亩，新型畜禽粪便冲施肥用量降低到2升/亩，继续交替施用至7月。

有机、无机配方肥生产单位与施用方法见表1。

表1　商品有机肥与腐殖酸肥生产单位与施用方法

| 肥料名称 | 生产单位 | 养分含量 | 施用方法 |
|---|---|---|---|
| 腐殖酸尿素 | 河南心连心化肥有限公司 | N≥46% | 基肥撒施 |
| 有机肥 | 鹤壁市禾盛生物科技有限公司 | 有机质≥70%<br>$N+P_2O_5+K_2O$<br>2.3%-3.6%-0.6% | 基肥撒施 |
| 腐殖酸复合肥 | 河南心连心化肥有限公司 | $N-P_2O_5-K_2O$=18-18-18 | 顺水冲施 |
| 新型畜禽粪便冲施肥根爱冲 | 山东民和生物科技有限公司 | $N-P_2O_5-K_2O$=60-10-90 | 顺水冲施 |
| 高塔纯硫基全水溶黄腐酸复合肥 | 河南心连心化肥有限公司 | $N-P_2O_5-K_2O$=22-5-20 | 顺水冲施 |
| 新型畜禽粪便冲施肥果爱冲 | 山东民和生物科技有限公司 | $N-P_2O_5-K_2O$=60-10-90 | 顺水冲施 |
| G1，G2，G3，T100叶面肥 | 山东民和生物科技有限公司 | $N-P_2O_5-K_2O$=90-13-75 | 叶面喷施 |
| 硫酸钾 | 市场购买 | $K_2O$ 50% | 叶面喷施 |

叶面肥（G1，G2，G3，T100）施用时可配以药剂和菌肥进行施用，用量为10毫升（2袋）/15升喷雾液混匀使用，每亩2～3袋。在黄瓜苗期300倍液喷施1次，第一穗果实坐住后300倍液喷施1次，盛果期500倍液喷施3～4次。

大棚春黄瓜每亩地平均施用肥料明细如下：有机肥1 200千克，腐殖酸尿素20千克，腐殖酸复合肥（18-18-18）20千克，黄腐酸复合肥（22-5-20）80千克，畜禽粪便冲施肥根爱冲和果爱冲17升。硫酸钾叶面肥（$K_2O$ 50%）3千克，G1，G2，G3，T100叶面肥各1桶。

大棚黄瓜测土配方定量套餐施肥方案见表2。

表2　大棚黄瓜测土配方定量套餐施肥方案

| 时间 | | 生育期 | 施肥方案 |
|---|---|---|---|
| 12月 | 中旬 | | |
| | 下旬 | | 冻土，深翻40厘米以上 |
| 1月 | 上旬 | | |
| | 中旬 | | |
| | 下旬 | | 施基肥：优质商品有机肥1 200千克/亩，腐殖酸尿素20千克/亩 |
| 2月 | 上旬 | | |
| | 中旬 | 定植 | |
| | 下旬 | 苗期 | 喷施增瓜灵，G1，G2各1次 |
| 3月 | 上旬 | | |

表2　（续）

| 时间 | | 生育期 | 施肥方案 |
|---|---|---|---|
| 3月 | 中旬 | 开花结果期至结果盛期 | 追施腐殖酸复合肥（18-18-18）20千克/亩1次，喷施G2叶面肥2次<br>追施根爱冲5升/亩，喷施$K_2SO_4$ 1千克/亩1次，配合喷施G3叶面肥2次<br>追施腐殖酸复合肥（22-5-20）15千克/亩1次，喷施G3叶面肥2次 |
| | 下旬 | | |
| 4月 | 上旬 | | |
| | 中旬 | | |
| | 下旬 | 结果盛期 | 追施果爱冲5升/亩1次、追施黄腐酸复合肥（22-5-20）15千克/亩1次，两者交替施用，各施2次，并喷施G3叶面肥4～5次 |
| 5月 | 上旬 | | |
| | 中旬 | | |
| | 下旬 | | |
| 6月 | 上旬 | | |
| | 中旬 | 结果后期 | 共施肥3次，7天施肥1次，施1次果爱冲5升/亩，施用腐殖酸复合肥（22-5-20）10千克/亩2次。喷施G3叶面肥2～3次和T100叶面肥2次 |
| | 下旬 | | |

注：嫁接黄瓜长势好，结瓜后期持续高产，可以收获至7月，甚至更长。

### 3.3　跟踪定量好调减

在追肥期间，根据土壤养分跟踪连续采样测定情况，及对地上部植株绿色叶片进行SPAD值的测定结果，及时分析并制订追肥的日期。如果天气炎热，水分蒸发量大，可在2次冲施肥中间增加1次适量灌水。

## 4　病虫害绿色防控技术

### 4.1　大棚黄瓜病害生物防治与化学防治协同增效技术

（1）防治对象。白粉病、灰霉病、霜霉病、根结线虫病、细菌性角斑病、棒孢叶斑病等。

（2）防治产品。

① 生物防治产品。0.5%大黄素甲醚水剂、100亿芽孢/克枯草芽孢杆菌可湿性粉剂、0.1%大黄素甲醚水剂、1%香芹酚水剂、2亿活孢子/克木霉菌可湿性粉剂、4%小檗碱水剂，1%蛇床子素水剂、3%中生菌素可湿性粉剂、$1.0\times10^9$ CFU/克淡紫拟青霉可湿性粉剂、0.5%氨基寡糖素水剂。

② 化学防治产品。30%氟菌唑可湿性粉剂、50%硫黄悬浮剂、40%烯酰吗啉悬浮剂、10%氰霜唑悬浮剂、20%啶酰菌胺悬浮剂、10%苯醚甲环唑水分散剂、25%吡唑醚菌酯悬浮剂、5%百菌清粉剂、10%百菌清烟剂、15%腐霉利烟剂、10%噻唑膦颗粒剂等。

（3）技术要点。

① 硫黄熏蒸消毒。密闭大棚数日后，在定植前2～3天选择晴天进行。每1立方米空间用硫黄4克，锯末8克，于晚上7时，每隔2米距离堆放锯末，摊平后撒一层硫黄粉，倒

入少量酒精，逐个点燃，24小时后要放风排烟。另外，在棚地里同时采用生石灰消毒，据土壤pH值范围，每亩用量30～50千克，均匀撒施后耕匀。

② 根结线虫防治。可将$1.0\times10^9$ CFU/克淡紫拟青霉可湿性粉剂与10%噻唑膦颗粒剂按比例（1∶1）均匀混合，每亩共用量为2千克，即$1.0\times10^9$ CFU/克淡紫拟青霉可湿性粉剂与10%噻唑膦颗粒剂各1千克（根结线虫较严重的可用3千克，即$1.0\times10^9$ CFU/克淡紫拟青霉可湿性粉剂与10%噻唑膦颗粒剂各1.5千克）。拌细干土40～50千克，均匀撒于土表或畦面，浅翻入15～20厘米耕层。施药后当日即可定植黄瓜。

③ 白粉病、霜霉病、灰霉病、细菌性角斑病、棒孢叶斑病等病害防治。对于白粉病：可以用0.5%大黄素甲醚水剂（每次推荐药剂量分别为90～120毫升/亩，兑水稀释，同时对霜霉病、灰霉病、炭疽病等也有一定的防治效果）或100亿芽孢/克枯草芽孢杆菌可湿性粉剂（每次推荐药剂量分别为40克/亩，兑水稀释）；也可以用30%氟菌唑可湿性粉剂（每次推荐药剂量为40克/亩，兑水稀释）或50%硫黄悬浮剂（每次推荐药剂量为300～400克/亩，兑水稀释）。对于霜霉病：可以用1%蛇床子素水剂（每次推荐药剂量为50～60毫升/亩，兑水稀释），或40%烯酰吗啉悬浮剂和10%氰霜唑悬浮剂（每次推荐药剂量分别为60～80毫升/亩，兑水稀释），间隔7～10天保护性轮换喷施。对于灰霉病：可用1%香芹酚水剂（每次推荐药剂量分别为60～80毫升/亩，兑水稀释），2亿活孢子/克木霉菌可湿性粉剂（每次推荐药剂量为50克/亩，兑水稀释）；也可用20%啶酰菌胺悬浮剂（每次推荐药剂量为60～80克/亩，兑水稀释）。对于细菌性角斑病和棒孢叶斑病：可用4%小檗碱水剂（每次推荐药剂量为167～250克/亩，兑水稀释），3%中生菌素可湿性粉剂（每次推荐药剂量为75～100克/亩，兑水稀释）。对于炭疽病：可用10%苯醚甲环唑水分散粒剂（每次推荐药剂量为60～80克/亩，兑水稀释），15%吡唑醚菌酯悬浮剂（每次推荐药剂量为60～80克/亩，兑水稀释）。可在霜霉病、灰霉病、白粉病发生之前或初期，喷5%百菌清（每次推荐药剂量为200克/亩，喷粉）等微粉剂，或使用10%百菌清烟剂（每次推荐药剂量为250～300克/亩，点燃放烟）、15%腐霉利烟剂（每次推荐药剂量为500～800克/亩，点燃放烟）。注意以上药剂交替使用，防止产生抗药性。

### 4.2 黄瓜虫害生物防治与化学防治协同增效防治技术

（1）防治对象。蚜虫、烟粉虱、蓟马、螨类、斑潜蝇等。

（2）防治产品。

① 生物防治产品。生物药剂如1.8%阿维菌素乳油、1.5%除虫菊素水乳剂、0.6%苦参碱水剂、7.5%鱼藤酮乳油、0.3%印楝素乳油以及病毒制剂等。

② 化学防治产品。20%异丙威烟剂、3%高效氯氰菊酯烟剂、10%吡虫啉可湿性粉剂、10%啶虫微乳剂、20%氯虫苯甲酰胺悬浮剂、10%啶虫·哒螨灵微乳剂等。

③ 物理设施。防虫网、隔离门、粘虫板（黄板、蓝板）。

④ 矿物药剂。99%矿物油乳油、80%硫黄悬浮剂等。

⑤ 天敌。赤眼蜂、丽蚜小蜂、捕食螨。

（3）技术要点。

① 防虫网覆盖。大棚放风口处用40～60目的防虫网封闭，能有效减少蚜虫、烟粉虱等害虫进入棚室。

② 通风口处设置隔离门。能有效减少蚜虫、蓟马和斑潜蝇等害虫从棚室门口进入。

③ 穴盘喷淋吡虫啉。定植前使用内吸性杀虫剂10%吡虫啉可湿性粉剂（每亩每次制剂用量40克，兑水稀释）进行穴盘喷淋处理，或定植2～3天缓苗后用内吸性杀虫剂进行灌根处理（两种方法2选1）。

④ 悬挂粘虫板。对蚜虫、烟粉虱、斑潜蝇等害虫用黄色粘虫板，对蓟马用蓝色粘虫板。每亩挂25～30张，高度随植株生长调整，一般距离顶梢约20厘米。

⑤ 药剂防治。对于蚜虫，可用7.5%鱼藤酮乳油（每次推荐药剂量为30～40毫升/亩，兑水稀释）。对于白粉虱、烟粉虱和蚜虫：可用1.5%除虫菊素水乳剂（每次推荐药剂量为80～160毫升/亩，兑水稀释）。螨类发生时也可用0.6%苦参碱水剂（每次推荐药剂量为60～75毫升/亩，兑水稀释），0.3%印楝素乳油（每次推荐药剂量为150～200毫升/亩，兑水稀释）。对于蚜虫、烟粉虱、潜叶蝇、蓟马等害虫发生初期，也可采用20%异丙威烟剂（每次推荐药剂量为150～200克/亩），或3%高效氯氰菊酯烟剂（每次推荐药剂量为400～500克/亩），注意棚室密闭，一般在傍晚施药，放烟时可采用固定或流动放烟式，放烟点应设在棚内人行道上，不能紧靠蔬菜作物，施药后，第2天早晨即放烟后6小时左右拉棚开门窗通风；还可使用1.8%阿维菌素乳油（每次推荐药剂量为60克/亩，兑水稀释）。蚜虫、蓟马、螨类、烟粉虱发生期，可用10%啶虫脒微乳剂（每次推荐药剂量为60～90毫升/亩，兑水稀释），20%氯虫苯甲酰胺悬浮剂（每次制剂用量15毫升/亩，兑水稀释），10%啶虫·哒螨灵微乳剂（每次制剂用量60～90毫升/亩，兑水稀释）。对于螨类、潜叶蝇，可采用1.8%阿维菌素乳油（每次推荐药剂量为15～20毫升/亩，兑水稀释）。蚜虫、螨类、烟粉虱严重时，可掺加99%矿物油乳油（每次推荐药剂量为350～500克/亩，兑水稀释）。注意以上药剂交替使用，防止害虫产生抗性。

## 5　适宜地区

该技术模式已经成熟，适宜河南中北部广大塑料大棚多层覆盖黄瓜种植，尤其是尚不具备水肥一体化条件的个体种植。

## 6　联系方式

集成模式依托单位：河南科技学院

联系人：李新峥

联系电话：13837313983

电子邮箱：lxz2283@126.com

# 豫中南地区塑料大棚黄瓜春提前茬双减栽培技术模式

## 1　背景简介

扶沟县位于河南中东部的豫东平原，昔日黄泛区腹地，面积1 163平方千米，耕地113万亩，属暖温带大陆性季风气候。扶沟县是河南省蔬菜和设施蔬菜生产大县，常年蔬菜播种面积达到40万亩，其中保护地栽培面积14万亩，主要以塑料大棚和日光温室为主。“豫中南地区设施黄瓜、番茄化肥农药减施增效技术集成研究与示范”课题组与2016年通过调研得出扶沟地区设施蔬菜用地各个土层的养分含量呈现低氮、高磷、低全钾、高速效钾的特征，并且土壤中表现出养分趋于集中在表层土壤的特点。农药使用方面，杀菌剂用量约占60%，杀虫剂用量约占40%，部分调查点会使用植物生长调节剂，亩用药次数约15次，各调查点在使用农药方面基本都存在盲目用药、滥用乱用农药和农药利用率低等现象。

塑料大棚春提前黄瓜是扶沟县的蔬菜生产特色，主要是大跨度简易塑料大棚三膜覆盖进行早春黄瓜生产，于2月上旬定植，6月下旬拉秧，亩产量一般在10 000～15 000千克，亩化肥农药投入在2 000元左右。塑料大棚春提前茬口黄瓜的主要病害以霜霉病、灰霉病、枯萎病、白粉病、疫病、细菌性角斑病为主，近年来黄瓜流胶病呈逐渐蔓延趋势；虫害以蚜虫和白粉虱为主，栽培时间长的大棚根结线虫病为害严重。

## 2　主要环节关键技术

### 2.1　集约化育苗技术

在12月下旬至元月上旬进行育苗，育苗基质用酵素菌或EM发酵的牛粪、草炭、蛭石、珍珠岩按照2∶2∶1∶1的比例混配，并加入枯草芽孢杆菌。嫁接育苗，以南瓜作为砧木，采用双断根或顶端插接方式。苗龄35～40天，3～4片真叶，苗高15～18厘米，接口愈合好，无南瓜腋芽，叶色浓绿，根坨完整，即可出圃，出圃前用枯草芽孢杆菌进行叶面处理。出苗期间白天保持27～28℃，夜间18～20℃；生长期间白天保持在25～28℃，夜间18～20℃。根据黄瓜种苗生长时期和生长状况，使用霜霉威盐酸盐、噁霉灵、啶虫脒等农药预防病虫害的发生。

### 2.2　移栽棚室处理技术

（1）清洁大棚。前茬蔬菜收获后及时彻底地清除病菌残留体，结合深耕晒垡，促使病菌残留体腐解，加速病菌死亡。

（2）棚室消毒。对于连作3年以上的棚室，在清洁大棚后将其严格密闭，根据棚室空间均匀放置45%百菌清烟剂200～250克或30%腐霉利烟剂300～500克，分别点燃，随即密闭烟熏2～3小时。

（3）防虫网覆盖。大棚通风口安装40～60目防虫网并设置隔离门。

（4）多层覆盖。多层覆盖是指“单层大棚膜+天幕膜（2层）+地膜”的覆盖形式，具体是采用外面扣棚膜，棚膜下扣2层天幕膜（间距30厘米），天幕膜采用0.006～0.008毫米厚的地膜。畦面铺一层地膜（图1）。该覆盖形式比普通大棚可以提早定植20～25天。

图1　多层覆盖

### 2.3　生物防治技术

在2月黄瓜移栽前，每亩将200亿个孢子/克枯草芽孢杆菌1～2千克与底肥混合后均匀撒在地里或稀释500～1 000倍液随定植水灌根，施药选择在上午10时前或下午4时后（或者阴天）。黄瓜发病初期用200亿个孢子/克枯草芽孢杆菌稀释500～800倍液淋灌根部或者800～1 000倍液叶面喷施，间隔7～10天1次，连防2～3次。

### 2.4　生物有机肥改良土壤技术

以牛粪、秸秆、花生壳等为原料，通过加入复合微生物菌剂，形成生物有机肥；将生物有机肥施入土壤中，可以达到增强土壤本身肥力和改善土壤理化性质的效果。

### 2.5　关键技术环节

该技术模式通过多膜覆盖增加塑料大棚温度，有利于早春黄瓜提早定植；在此基础上通过微生物菌剂使用培育壮苗，改善土壤的生态环境，预防土传病害；通过生物药剂的利用减少化学农药的使用量，通过弥粉剂的利用，提高化学农药的利用率，最终实现化肥农药减施增效的目标。

（1）育苗。当年12月下旬至翌年1月上旬育苗，以自主研发的腐熟牛粪复合基质替代常规基质，以自主研发的空气消毒灭菌器进行空气消毒，生物杀菌剂替代化学农药。每1千克育苗基质中加入200亿个孢子/克枯草芽孢杆菌微粉剂50克，搅拌均匀使用。

（2）整地。2月上旬进行整地，整地过程中施入底肥，先将种植地块深耕20厘米，再用旋耕机旋耕2次，使土壤和肥料充分混匀，然后按照1.4米进行起垄，垄高15厘米，垄面整洁，在垄面铺设滴管带。每亩底肥施入2 000千克腐熟牛粪或生物有机肥1 000千克，复合肥（15-15-15）50千克，功能性微肥2千克，聚合型三维全价复混（14-5-19）功能性肥料20千克，微生物菌剂淡紫拟青霉3千克。

（3）定植。提早扣棚，提高地温。2月中下旬定植，每亩定植2 500株，定植后覆盖地膜，浇足定植水，随定植水同时施入枯草芽孢杆菌或其他微生物菌剂（使用量按照微生物菌剂说明施用），或者定植后叶面喷施芽孢杆菌。

（4）水肥管理。定植后7～10天，根据植株长势情况，随水每亩追施均衡型大量元素水溶性肥料（黄博1号）5.0～7.5千克。开花后选用大量元素水溶性肥料（黄博2号），每亩每次7.5～10千克，根据天气情况、黄瓜长势、土壤水分、棚内湿度等情况，调节追肥用量和时间，开花后至拉秧期间预计共滴灌追肥6～8次。另外，逆境条件下需要加强叶面肥管理，叶面喷施硼肥和磷酸二氢钾2～3次，施氨基酸水溶肥1～2次，结瓜前期叶面喷施钙肥3～4次，盛瓜期叶面喷施镁肥2～3次。

（5）病虫害控制。在定植后开始在棚内悬挂3～5张诱虫板，以监测虫口密度。当诱虫板上诱虫量增加时，每亩地悬挂规格为25厘米×20厘米黄色诱虫板或者蓝色诱虫板40张防治粉虱和蚜虫。喷施保护性杀菌剂琥胶肥酸铜、氢氧化铜等预防细菌性角斑病、流胶病、溃疡病等；喷施内吸性杀菌剂吡唑·丙森锌、吡唑·代森联、代森锰锌、苯甲·嘧菌酯等预防霜霉病、灰霉病、棒孢叶斑病、白粉病、蔓枯病等；喷施钙、硼、镁、硅等中微量元素，预防生理性病害。可以选择使用烟剂熏蒸、高效烟雾机、弥粉机、弥雾机或多喷头喷雾器进行施药，提高农药利用率，参照本书“弥粉法施药防治设施蔬菜病害技术”进行操作。

### 2.6　技术模式实施效果

通过该技术模式的应用，园区平均施药次数减少5～6次，用药量减少40%，化肥减量施用50%，黄瓜平均亩增产6%，黄瓜生长均匀，瓜条顺直，口感和商品性均有很大改善。

## 3　适宜地区

适用于河南大部分地区早春茬口黄瓜生产。

## 4　联系方式

集成模式依托单位：河南农业大学

联系人：孙治强

联系电话：0371-63558039

电子邮箱：sunzhiqiang1956@sina.com

# 豫中南地区日光温室越冬茬番茄双减栽培技术模式

## 1 背景简介

扶沟县位于河南中东部的豫东平原，昔日黄泛区腹地，面积1 163平方千米，耕地113万亩，属暖温带大陆性季风气候。扶沟县是河南省蔬菜和设施蔬菜生产大县，常年蔬菜播种面积达到40万亩，其中保护地栽培面积14万亩，主要以塑料大棚和日光温室为主。“豫中南地区设施黄瓜、番茄化肥农药减施增效技术集成研究与示范”课题组与2016年通过调研得出扶沟地区设施蔬菜用地各个土层的养分含量呈现出低氮、高磷、低全钾、高速效钾的特征，并且土壤中表现出养分趋于集中在表层土壤的特点。农药使用方面，杀菌剂用量约占60%，杀虫剂用量约占40%，部分调查点会使用植物生长调节剂，亩用药次数约20次，各调查点在使用农药方面基本都存在盲目用药、滥用乱用农药和农药利用率低等现象。

日光温室越冬茬番茄是扶沟县的蔬菜生产特色，于10月上旬定植，翌年6月下旬拉秧，亩产量一般在15 000千克左右，每亩化肥农药投入约3 000元。日光温室越冬茬口番茄的主要病害以灰霉病、灰叶斑病、细菌性溃疡病为主，近年来番茄灰霉病呈逐渐蔓延趋势；虫害以蚜虫和白粉虱为主，栽培时间长的温室根结线虫病为害严重。

## 2 主要环节关键技术

### 2.1 集约化育苗技术

在8月中下旬至9月下旬播种育苗，育苗基质用酵素菌或EM发酵的牛粪、草炭、蛭石、珍珠岩按照2：2：1：1的比例混配，并加入枯草芽孢杆菌。苗龄30～35天，3～4片真叶，株高15～20厘米，茎粗0.5～0.6厘米，植株节间短，叶片厚，色深绿，子叶完整，无病虫为害，即可出圃，出圃前用枯草芽孢杆菌进行叶面处理。出苗期温度控制在白天28～30℃，夜间20～25℃；齐苗后温度控制在白天25～28℃，夜间18～23℃。根据番茄种苗生长时期和生长状况，使用霜霉威盐酸盐、噁霉灵、啶虫脒等农药预防病虫害的发生。

### 2.2 移栽棚室处理技术

（1）清洁大棚。前茬蔬菜收获后及时彻底地清除病菌残留体，结合深耕晒垡，促使病菌残留体腐解，加速病菌死亡。

（2）高温闷棚。在7月下旬至8月下旬，将稻草或麦秸（最好粉碎或铡成4～6厘米的小段）或其他未腐熟的有机物均匀撒于地表，亩用量600～1 200千克，再在表面均匀撒施50%氰氨化钙颗粒剂60～100千克/亩，用旋耕机或人工将其深翻入土壤深30～40厘米，做高30厘米，宽60～70厘米的畦，用塑料薄膜密封并从薄膜下往畦灌水，直至畦面湿透。密闭大棚，持续20～30天（图1）。闷棚结束后，揭开膜晾晒2～3天后，可施肥整地定植作物。

（3）防虫网覆盖。大棚通风口安装60～80目防虫网并设置隔离门。

图1　高温闷棚流程

### 2.3　生物防治技术

在番茄定植前，每亩将200亿个孢子/克枯草芽孢杆菌1～2千克与底肥混合后均匀撒在地里或稀释500～1 000倍液随定植水灌根，施药选择在上午10时前或下午4时后（或者阴天）。番茄发病初期用200亿个孢子/克枯草芽孢杆菌稀释500～800倍液淋灌根部或者800～1 000倍液叶面喷施，间隔7～10天1次，连防2～3次。

### 2.4　生物有机肥改良土壤技术

以牛粪、秸秆、花生壳等为原料，通过加入复合微生物菌剂，形成生物有机肥；将生物有机肥施入土壤中，可以达到增强土壤本身肥力和改善土壤理化性质的效果。

### 2.5　关键技术环节

该技术模式通过微生物菌剂使用培育壮苗，改善土壤的生态环境，预防土传病害；通过生物药剂的利用和生物防治减少化学农药的使用量，通过微粉剂的利用，提高化学农药的利用率，最终实现化肥农药减施增效的目标。

（1）育苗。8月中下旬至9月下旬育苗，以自主研发的腐熟牛粪复合基质替代常规基质，以自主研发的空气消毒灭菌器消毒空气，自主研发的杀菌剂替代化学农药。每1千克育苗基质中加入200亿/克枯草芽孢杆菌微粉剂50克，搅拌均匀后使用。

（2）整地。9月上旬进行整地，整地过程中施入底肥，先将种植地块深耕20厘米，再用旋耕机旋耕2次，使土壤和肥料充分混匀，然后按照1.4米进行起垄，垄宽80～90厘米，沟宽40～50厘米，垄高15～20厘米，在垄面铺设滴管带。每亩底肥施入2 000千克腐熟牛粪或生物有机肥1 000～1 500千克，复合肥（15-15-15）50千克，功能性微肥2千克，聚合型三维全价复混（14-5-19）功能性肥料20千克，微生物菌剂淡紫拟青霉3千克。

（3）定植。9月下旬至10月上旬定植，浇足定植水，随着定植水同时施入枯草芽孢杆菌或其他微生物菌剂（使用量按照微生物菌剂说明施用），或者定植后叶面喷施枯草芽孢杆菌。

（4）水肥管理。第一穗果坐前一般不浇水施肥，第一穗果坐住核桃大小时开始浇水追肥，随水每亩追施大量元素水溶性肥料（黄博1号）冲施肥10千克。以后每隔15天左右随水追肥1次，每次每亩用大量元素水溶性肥料（黄博1号）冲施肥10千克。采摘期每10～12天每亩随水追施大量元素水溶性肥料（黄博2号）冲施肥10～15千克，最上部果实长到一定大小时，不再追肥。植株坐果后及时进行叶面追肥，一般每15天用0.2%硝酸钙+0.1稀土叶面喷施。

（5）授粉。越冬番茄开花期难免遇到阴雨雪和灾害性天气，温度偏低，光照不足，影响正常授粉受精，导致落花，需要使用防落素等植物生长调节剂处理花穗。待温室内温度稳定在15℃以上后，采用熊蜂授粉，每亩释放80～120头熊蜂。

（6）生长期预防病虫害。首先，在温室放风口覆盖防虫网，采用黄板诱杀蚜虫、粉虱等小飞虫；覆盖银灰色地膜驱避蚜虫，防虫网阻断害虫；用频振式诱虫灯诱杀成虫。其次，喷施保护性杀菌剂琥胶肥酸铜、氢氧化铜等预防细菌性溃疡病、细菌性叶斑病；喷施内吸性杀菌剂吡唑·丙森锌、吡唑·代森联、代森锰锌、苯甲·嘧菌酯等预防灰霉病、叶霉病、疫病等；喷施钙、硼、镁、硅等中微量元素，预防生理性病害。可以选择使用烟剂熏蒸、高效烟雾机、精量电动弥粉机、弥雾机或多喷头喷雾器进行施药，提高农药利用率，参照本书“弥粉法施药防治设施蔬菜病害技术”。

### 2.6 其他虫害防治环节

天敌防治：用瓢虫、蚜茧蜂、蜘蛛、草蛉、蚜霉菌、食蚜蝇等天敌防治蚜虫，用赤眼蜂等天敌防治棉铃虫。生物源农药防治：利用昆虫性信息素诱杀害虫，利用苦参碱、鱼藤酮等防治蚜虫，用苏云金杆菌防治棉铃虫。

### 2.7 技术模式实施效果

通过该技术模式的应用，园区平均施药次数减少4～5次，用药量减少40%，化肥减量施用50%，番茄平均亩增产6%，番茄生长良好，果形周正，口感和商品性均有很大改善。

## 3 适宜地区

适用于河南大部分地区越冬茬口番茄生产。

## 4 联系方式

集成模式依托单位：河南农业大学

联系人：孙治强

联系电话：13803717615，0371-63558039

电子邮箱：sunzhiqiang1956@sina.com

# 湖北大棚黄瓜化肥农药减施增效技术模式

## 1　背景简介

湖北省位于长江中下游地区，属亚热带季风性湿润气候。截至2015年，湖北省设施蔬菜基地面积达10.87万公顷，是农业的主导产业之一。“湖北省塑料大中棚果菜和叶菜化肥农药减施技术模式建立与示范”课题组于2016年对湖北省2015年秋茬和2016年春茬设施蔬菜病虫害发生情况及化肥农药使用现状进行调研，分析了湖北省内设施蔬菜生产化肥农药过量施用、效益不高的原因。

湖北省设施蔬菜生产中存在的主要问题包括以下三个方面：一是设施蔬菜育苗技术落后；冬季低温寡照、夏季高温高湿导致冬夏蔬菜长势差；各经营主体间栽培技术水平差异大。二是化肥施用过量，氮磷钾肥施用比例不合理；施肥技术单一（撒施为主），肥料利用率低；土壤连作障碍严重，出现盐渍化。三是病害和微小害虫发生严重；重要病虫抗性水平不明确，药剂使用混乱；施药方式落后，农药利用率低；生物防治、物理防治等非化学防治措施未发挥作用。

黄瓜是湖北省设施蔬菜果菜类主栽品种之一，主要分为早春茬和秋冬茬种植。早春茬黄瓜病害发生严重，害虫主要在后期发生；秋冬茬黄瓜病虫害均发生严重。常见病害有猝倒病、白粉病、病毒病、霜霉病、细菌性角斑病、枯萎病等，根结线虫病发生也较为严重。常见害虫有烟粉虱、瓜蚜、螨类等。大棚栽培黄瓜化学肥料和化学农药投入量较大：早春茬黄瓜，每茬生产性投入约4 005元/亩，产量约4 500千克/亩，产值约9 000元/亩；平均施用化肥养分总用量67.59千克/亩，其中氮肥养分用量24.99千克/亩、磷肥养分用量20.16千克/亩、钾肥养分用量22.44千克/亩；单茬平均施药12.9次，施用化学农药总量平均2 940克/亩；施药方式以单一的静电喷雾器喷雾为主。大棚秋冬茬黄瓜每茬生产性投入约4 424元/亩，产量约4 000千克/亩，产值约8 000元/亩；平均施用化肥养分总用量68.39千克/亩，其中氮肥养分用量20.9千克/亩、磷肥养分用量22.79千克/亩、钾肥养分用量24.7千克/亩；单茬平均施药14次，施用化学农药总量平均3 855克/亩；施药方式以单一的静电喷雾器喷雾为主。针对湖北设施黄瓜生产中存在的主要问题，课题组在关键技术熟化的基础上，建立了适合湖北省及周边地区的大棚黄瓜化肥农药减施增效技术模式。

## 2 栽培技术

### 2.1 棚型、棚室结构及保温方式

（1）热浸镀锌塑料钢架大棚。跨度8米，顶高3.2米，肩高1.6～1.7米，长度根据田块长度而定，30～50米不等，棚间距1.0～1.5米，裙膜通风。

（2）水泥立柱钢拱结构大棚。跨度12米，长度50～60米，南北延长，棚内含两侧共设5排立柱，立柱间距横向和纵向均为3米，中立柱高3.3米，边立柱高1.8米，立柱上焊接镀锌管支撑，裙膜通风。

南方地区主要采用多层覆盖的方式来进行保温，常见的多层覆盖方式主要有2层覆盖、3层覆盖、4层覆盖、5层覆盖。最外层的塑料大棚选择厚度为0.06～0.08毫米的薄膜，里面的塑料中棚选择厚度为0.04～0.06毫米的薄膜，塑料小棚选择厚度为0.02～0.03毫米的薄膜，且薄膜都应选择无滴膜。

### 2.2 品种选择

选择适宜湖北栽培及湖北地区消费习惯的抗病、优质、高产、耐低温、弱光、生长势强的品种，早春茬可选择‘津优35’‘津优315’‘津优358’‘华黄瓜6号’‘中农37号’等华北型品种，也可以选择‘蔬研2号’‘蔬研11号’‘蔬研12号’‘银福’‘银座’‘燕白’等华南型品种；秋冬茬可选择‘津优401’‘津优409’‘中农18号’等华北型品种，也可以选择‘蔬研白绿’‘银座’等华南型品种。

### 2.3 种子处理、播种及嫁接育苗

（1）种子处理和播种。一般春提早栽培在12月下旬至1月上旬播种；秋延后栽培在8月中下旬播种。目前湖北地区大量采用嫁接育苗，砧木应选择对土传病害抗性强、与接穗亲和性好的品种，如‘砧大力’‘砧见抗’等，对砧木种子先用55～60℃的温水浸种20～30分钟，待其自然冷却至室温，浸种3～4小时后，将种子沥干后放在30℃的培养箱中催芽，种子露白后播种。黄瓜接穗种子用55～60℃的温水浸种20～30分钟，待其自然冷却至室温，浸种3～4小时后，将种子沥干后放在28℃的培养箱中催芽，种子露白后即可播种。砧木采用50孔穴盘播种，每孔播1粒，黄瓜种子撒播在装有基质的平底托盘。砧木一般比接穗早播3～5天。

（2）嫁接育苗。采用顶插接或断根顶插接法，砧木长到一叶一心，接穗子叶平展时进行嫁接。嫁接时先去掉砧木生长点，用竹扦紧贴子叶叶柄中脉基部向另一子叶柄基部成45°左右方向斜插，竹扦稍穿透砧木表皮，露出竹扦尖；然后在接穗苗子叶基部0.5厘米处平行于子叶斜削一刀，再垂直于子叶将胚轴切成楔形，切面长0.5～0.8厘米；拔出竹扦，将切好的接穗迅速准确地斜插入砧木切口内，尖端稍穿透砧木表皮，使接穗与砧木吻合，子叶交叉成“十”字形。断根嫁接则是在嫁接前将砧木从茎基部断根，之后采用顶插接，嫁接后将断根嫁接苗插入50孔穴盘内进行保温育苗。

嫁接后苗床3天内不通风，苗床气温白天保持在28～30℃，夜间23～25℃；空气湿度保持90%～95%。3天后视苗情逐渐增加光照，以不萎蔫为度进行短时间少量通风。以后逐渐加大通风，1周后接口愈合，即可逐渐揭去塑料薄膜和遮阳网。当嫁接苗成活后，幼苗二叶一心时即可定植。

### 2.4　定植

大棚早春黄瓜一般在2月上中旬，苗龄35～40天，选冷尾暖头晴天定植；秋冬茬黄瓜一般在9月中旬定植。选择子叶完好、茎基粗约0.8厘米、叶色浓绿、根系发达、无病虫、无损伤、节间短而均匀的幼苗定植。

栽苗宜选晴天上午进行，一般每亩定植2 000～2 200株。采用单畦双行定植，畦面宽90厘米，沟宽50厘米，深10厘米。采用地膜覆盖栽培。

### 2.5　灌溉方式

采用滴灌进行棚内浇水。

### 2.6　水肥一体化系统配置

底肥一般采取撒施的方式，追肥时在棚内滴灌主管道安装文丘里施肥器和过滤器，肥料随水冲施。

### 2.7　全生育期温度管理及植株调整

（1）温度管理。定植后4～5天缓苗期间，密闭大棚保温，白天温度保持在28～30℃，高于30℃应适当通风，夜间15～18℃。缓苗后温度超过30℃以上时放风，温度降至20℃时关闭风口。随着气温的升高，及时进行通风换气，放风原则先小后大、先中间后两边。结果前促根控秧，实行大温差管理。

（2）植株调整。

① 搭架、引蔓。黄瓜是攀缘性植物，需吊蔓搭架，同时人工适当引蔓，其后每隔2～3天引1次蔓，引蔓宜选择晴朗的下午，不然易折断藤蔓。病叶、老叶、畸形瓜要及时打掉，及时摘除卷须，减少无效营养消耗，注意抑强扶弱，使植株的生长点在一个平面上。

② 整枝、打杈、摘心。整枝打杈是黄瓜取得高产的关键。主蔓结瓜品种保留所有主蔓上的花，摘除所有的侧芽或侧蔓；主侧蔓结瓜品种只摘除有雌花的节位上的侧芽或侧蔓，没有雌花的节位，让侧蔓长出来，侧蔓上看到雌花后多留2～3片叶摘心；侧蔓结瓜和主侧蔓结瓜品种类似，有少数的侧蔓5节以上都没有雌花，可以把这些侧蔓剪掉，空间和营养足够时，留1～2片叶让孙蔓长出来，留孙蔓上的雌花结果。另外，及时摘除畸形瓜、歪瓜。

③ 防死秧、坏瓜。黄瓜坐瓜后，病害和根部问题常造成死秧、坏瓜。用药剂涂抹瓜秧的茎基部和喷雾，可以控制病害扩展，有效防止死秧和坏瓜。

### 2.8 采收方式、时间

黄瓜成熟时应及时采收，定植后1个月左右花已开始谢时即可采收。黄瓜采收要避开中午高温低湿的时间，宜在早晨或傍晚进行，前期每隔2～3天采收1次，当达到采收高峰期时，必须每天采收1次，采收时看到遗漏的畸形瓜和歪瓜也应摘掉。采收时用刀割断瓜柄，轻拿轻放。

## 3 水肥管理

### 3.1 土壤改良技术

根据实际情况选择施用有机肥，在土壤酸化或盐渍化较为严重地区，可结合高温闷棚技术调整有机肥及土壤改良剂的使用量和使用方式。

（1）施用有机肥。商品有机肥的施用量一般为1 000～1 500千克/亩，以基施为主，可结合高温闷棚处理。

（2）土壤改良剂。改良剂一般按原料可分为三类。矿物类土壤改良剂：针对设施菜地土壤酸化和板结等问题，可以施用以石灰等为原料生产的碱性土壤改良剂，施用量为75～150千克/亩，结合高温闷棚处理效果更佳。天然或人工合成高分子类土壤改良剂：推荐使用以天然物质如多糖类（甲壳素类）、纤维素类、树脂胶等制作而成的高分子类土壤改良剂，具体用法和用量根据实际情况确定。微生物制剂类土壤改良剂：微生物改良剂可配合有机肥使用，灌根为主，喷叶为辅或者直接伴冲施肥等灌根、滴灌，用法用量则要根据土壤、环境温度和水分等确定。

### 3.2 有机肥替代化肥技术

前期采用土壤改良技术施用有机肥，则不使用该技术。

有机肥中养分用量占化肥与有机肥/有机物料中养分总用量的适宜比例为30%（以氮为基准，即测定有机肥/有机物料中氮素含量后，再确定有机肥/有机物料的用量）。表1中为不同种类有机肥适宜用量范围，成品有机肥可作基肥一次性施用。

表1 不同种类有机肥适宜用量范围

| | 鸡粪 | 猪粪 | 牛粪 | 羊粪 | 人粪尿 | 饼肥 | 商品有机肥 |
|---|---|---|---|---|---|---|---|
| 推荐施用量（千克/亩） | 652～932 | 1 222～1 745 | 1 768～2 526 | 1 033～1 477 | 584～835 | 146～209 | 672～960 |

### 3.3 平衡施肥技术

设施黄瓜每亩目标产量水平4 000～5 000千克。根据黄瓜对养分的需求量及比例，制订其基肥及追肥施用量及施用方法（表2）（参照本书“设施番茄和黄瓜化肥减量与高效平衡施肥技术”）。黄瓜全生育期分7～9次随水追肥，一般在苗期及抽蔓期，选用高氮型水溶性复合肥N：$P_2O_5$：$K_2O$为（1：0.3）～（0.5：0.5）～0.6，初花期和结瓜期根据采果情况每7～10天追肥1次，每次追肥选用高钾高氮低磷型冲施肥、水溶性肥料N：$P_2O_5$：$K_2O$为（1：0.3）～（0.5：1.1）～1.2等，全程氮、磷、钾肥施用量如表2中所示。根据实际情况施用微量元素肥料（表2）。

表2　基肥及追肥施用量

| | 有机肥 | 化肥 | | | |
|---|---|---|---|---|---|
| | | N（千克/亩） | $P_2O_5$（千克/亩） | $K_2O$（千克/亩） | 中、微量元素 |
| 基肥 | 有机肥 | 2.86～3.81 | 0.74～0.98 | 3.21～4.27 | 镁肥、硼肥 |
| 追肥 | | 10～10.5 | 2.5～3 | 11～11.5 | 钙肥、镁肥、硼肥 |

### 3.4　肥料增效剂技术

根据实际情况选择使用。肥料增效剂主要是金属蛋白酶、黄腐酸、聚合氨基酸类（如聚天冬氨酸）、氮素转化抑制剂（如硝化抑制剂、脲酶抑制剂等）、壳聚糖类（或甲壳素类）和控制剂。微生物有机肥料增效剂可与各种有机肥、农家肥等配施，可以作为叶面肥、冲施肥和复合肥等。

## 4　病虫害防治

### 4.1　土壤消毒

土壤消毒有3种技术，选择其中1种进行操作。

技术1：在棚内施用有机肥1 250千克/亩，深耕翻土；开沟，并沿沟注入沼液5～10立方米/棚；使用旧棚膜或地膜对土壤表面进行覆膜处理，密闭棚室，闷棚25天左右。闷棚结束后，打开通风口、揭掉地膜进行通风晾晒，待土壤含水量降至20%左右即可翻耕土壤、起垄定植。

技术2：将稻草或麦秸（最好粉碎或铡成4～6厘米的小段）或其他未腐熟的有机物均匀撒于地表，亩用量600～1 200千克，再在表面均匀撒施50%氰氨化钙颗粒剂60～100千克/亩，用旋耕机或人工将其深翻入土壤30～40厘米，做高30厘米，宽60～70厘米的畦，用塑料薄膜密封并从薄膜下往畦灌水，直至畦面湿透。密闭大棚，持续20～30天。闷棚结束后，揭开膜晾晒2～3天后可定植作物。

技术3：将作物秸秆等以1 000～3 000千克/亩用量均匀撒在棚内土表，有机肥以3 000～5 000千克/亩用量均匀撒在有机物料表面，深翻25～40厘米，整地成平畦后灌水至充分湿润，相对湿度达到85%左右，覆膜，封闭棚室闷棚25～30天。闷棚结束后揭膜，用旋耕机深翻土壤（应控制深度20～30厘米），晾晒7～10天，做畦，播种或定植作物（参照本书“节能环保型设施土壤日光消毒技术”）。

### 4.2 苗期病虫害管理

育苗温室或大棚的通风口和进出门处应设置防虫网，定植前，使用内吸性杀虫剂（吡虫啉、噻虫嗪等）进行穴盘喷淋处理；定植2～3天缓苗后，使用内吸性杀虫剂进行灌根处理。

### 4.3 成株期病虫害管理

（1）小型害虫新型物理防控。黄瓜移栽后在棚室悬挂3～5张诱虫板，以监测虫口密度。当诱虫板上诱虫量增加时，每亩地悬挂规格为25厘米×30厘米的黄色诱虫板30张或25厘米×20厘米黄色诱虫板40张防治烟粉虱；每亩地悬挂规格为25厘米×40厘米的蓝色诱虫板20张或25厘米×20厘米蓝色诱虫板40张防治蓟马，诱虫板数量可视情况增加。当诱虫板上粘的害虫数量较多时，用钢锯条或木竹片及时将虫体刮掉，可重复使用（参照本书“新型诱虫板监测和防治蓟马”）。

（2）高效低毒农药精准施用。首先，对黄瓜重要病原菌进行抗药性监测；其次，根据病害早期症状选择高效、低毒农药（表3）；最后，通过选用高效烟雾机、弥粉机、弥雾机或多喷头喷雾器等施药器械（参照本书“弥粉法施药防治设施蔬菜病害技术”），以及添加助剂、改进施药技术等，提高农药利用率。

表3 推荐使用高效低毒农药

| 防治对象 | 药剂名称 | 施用方式 | 施药剂量 |
|---|---|---|---|
| 霜霉病 | 80%烯酰吗啉水分散粒剂 | 兑水喷雾 | 30～40克/亩 |
| | 10%氟噻唑吡乙酮可分散油悬浮剂+80%代森锰锌可湿性粉剂 | 兑水喷雾 | 15～20毫升/亩+200～250克/亩 |
| | 50%氰霜唑悬浮剂 | 兑水喷雾 | 32～40毫升/亩 |
| | 687.5克/升氟菌・霜霉威悬浮剂 | 兑水喷雾 | 60～75毫升/亩 |
| | 66.8%丙森・缬霉威可湿性粉剂 | 兑水喷雾 | 60～75克/亩 |
| 灰霉病 | 1 000亿孢子/克枯草芽孢杆菌可湿性粉剂 | 兑水喷雾 | 40～60克/亩 |
| | 25克/升咯菌腈种子处理悬浮剂 | 蘸花 | 200～300倍液 |
| | 50%啶酰菌胺水分散颗粒剂 | 兑水喷雾 | 40～50克/亩 |
| | 20%啶菌噁唑乳油 | 兑水喷雾 | 53～107毫升/亩 |
| | 43%氟菌・肟菌酯悬浮剂 | 兑水喷雾 | 30～40毫升/亩 |
| 白粉病 | 1 000亿孢子/克枯草芽孢杆菌可湿性粉剂 | 兑水喷雾 | 40～60克/亩 |
| | 4%四氟醚唑水乳剂 | 兑水喷雾 | 67～100克/亩 |
| | 42.4%唑醚・氟酰胺悬浮剂 | 兑水喷雾 | 20～30毫升/亩 |

表3　（续）

| 防治对象 | 药剂名称 | 施用方式 | 施药剂量 |
|---|---|---|---|
| 棒孢叶斑病 | 75%肟菌・戊唑醇水分散粒剂 | 兑水喷雾 | 12～15克/亩 |
| | 325克/升苯甲・嘧菌酯悬浮剂 | 兑水喷雾 | 30～40毫升/亩 |
| | 42.4%唑醚・氟酰胺悬浮剂 | 兑水喷雾 | 20～30毫升/亩 |
| 蔓枯病 | 250克/升嘧菌酯悬浮剂 | 兑水喷雾 | 60～90毫升/亩 |
| | 10%多抗霉素可湿性粉剂 | 兑水喷雾 | 120～140克/亩 |
| 细菌性角斑病 | 20%噻唑锌悬浮剂 | 兑水喷雾 | 100～150毫升/亩 |
| | 30%琥胶肥酸铜可湿性粉剂 | 兑水喷雾 | 113～150克/亩 |
| | 3%噻霉酮微乳剂 | 兑水喷雾 | 75～110克/亩 |
| 病毒病 | 2%氨基寡糖素水剂 | 兑水喷雾 | 160～270毫升/亩 |
| | 1%香菇多糖水剂 | 兑水喷雾 | 83～125毫升/亩 |
| 斑潜蝇 | 10%灭蝇胺悬浮剂 | 兑水喷雾 | 100～150克/亩 |
| | 240克/升虫螨腈悬浮剂 | 兑水喷雾 | 24～28毫升/亩 |

注：每亩喷药液量45～60千克，根据植株大小进行调节。

## 5　模式成熟度及适宜地区

技术模式应用后与调研本底相比较：① 早春茬黄瓜化肥养分减量53%～58.6%，氮肥利用率提高17～32个百分点（相对值），单茬农药施用减少5.9～6.9次，化学农药用量减少38.8%～39.7%，增产5.8%～16.3%。② 秋冬茬黄瓜化肥养分减量46.6%～53.9%，氮肥利用率提高20.2～36.5个百分点（相对值）；单茬农药施用减少4.5～5.5次，化学农药用量减少40.5%～40.7%，有效控制病虫害发生，增产12.5%～31.4%，品质也得到了提升。

本模式适用于湖北及周边地区大中棚黄瓜产区，长江流域其他地区也可参考使用。

## 6　联系方式

集成模式依托单位：华中农业大学

联系人：别之龙，王小平，程菲，谭启玲，杨龙，游红

联系电话：027-87286908

电子邮箱：biezl@mail.hzau.edu.cn

# 湖北大棚早春茬番茄化肥农药减施增效技术模式

## 1　背景简介

湖北省位于长江中下游地区，属亚热带季风性湿润气候。截至2015年，湖北省设施蔬菜基地面积达10.87万公顷，是农业的主导产业之一。设施以塑料大中棚为主，栽培目的多样，以春提早和秋延后栽培为主。“湖北省塑料大中棚果菜和叶菜化肥农药减施技术模式建立与示范”课题组于2016年对湖北省2015年秋茬和2016年春茬设施蔬菜病虫害发生情况及化肥农药使用现状进行调研，分析了湖北省设施蔬菜生产化肥农药过量施用、效益不高的原因。

湖北省设施蔬菜生产中存在的主要问题包括以下三个方面：一是育苗技术落后；冬季低温寡照、夏季高温高湿导致冬夏蔬菜长势差；各经营主体间栽培技术水平差异大。二是化肥施用过量，氮磷钾肥施用比例不合理；施肥技术单一（撒施为主），肥料利用率低；土壤连作障碍严重，出现盐渍化。三是重要病虫抗性水平不明确、药剂使用混乱；施药方式落后、农药利用率低；生物防治、物理防治等非化学防治措施未发挥作用。

番茄是湖北省设施蔬菜果菜类主栽品种之一，以早春茬为主。本地区番茄病虫害发生严重，以病害为主，害虫在后期发生；常见病害包括苗期猝倒病和立枯病、早疫病、晚疫病、病毒病、灰霉病、青枯病、根结线虫病等，害虫包括烟粉虱、棉铃虫、甜菜夜蛾等。调研表明，湖北省大棚早春茬番茄生产中，每茬生产性投入约3 935元/亩，产量约4 500千克/亩，产值约9 000元/亩；平均施用化肥养分总用量72.35千克/亩，其中氮肥养分用量26.12千克/亩、磷肥养分用量19.28千克/亩、钾肥养分用量26.95千克/亩。单茬平均施药12.2次，施用化学农药总量平均3 080克/亩；施药方式以单一的静电喷雾器喷雾为主。针对湖北省大棚番茄生产中存在的主要问题，课题组在关键技术熟化的基础上，建立了适合于湖北省及周边地区的大棚早春茬番茄化肥农药减施增效技术模式。

## 2　栽培技术

### 2.1　棚型、棚室结构及保温方式

（1）热浸镀锌塑料钢架大棚。跨度8米，顶高3.2米，肩高1.6～1.7米，长度根据田块长度而定，30～50米不等，棚间距1.0～1.5米，裙膜通风。

（2）水泥立柱钢拱结构大棚。跨度12米，长度50～60米，南北延长，棚内含两侧共设5排立柱，立柱间距横向和纵向均为3米，中立柱高3.3米，边立柱高1.8米，立柱上焊接镀锌管支撑，裙膜通风。

南方地区主要采用多层覆盖的方式来进行保温，常见的多层覆盖方式主要有2层

覆盖、3层覆盖、4层覆盖、5层覆盖。最外层的塑料大棚选择厚度为0.06～0.08毫米的薄膜，里面的塑料中棚选择厚度为0.04～0.06毫米的薄膜，塑料小棚选择厚度为0.02～0.03毫米的薄膜，且薄膜都应选择无滴膜。

### 2.2　品种选择及种子处理

（1）品种选择。为了适应设施栽培下的小气候特点，早春大棚栽培的番茄应当选择适合当地栽培、生长势强、抗病性强、熟期适宜、耐储运、商品性好、产量高的无限生长型中早熟品种，如可以选择‘中研红2号’‘红太阳’‘圣尼斯7845’‘瑞菲’‘倍赢’‘红满堂’等红果型品种，也可以选择‘WR72’‘汉诺威5号’‘汉诺威9号’‘西贝2号’等粉果型品种。

（2）种子处理。在浸种或药剂处理种子前，于晴天晒种2～3天，也可用50%多菌灵可湿性粉剂浸泡5小时，捞出后用清水洗净，用湿布包好，置于25～30℃催芽，催芽期间种子每天清洗2次，当有70%以上种子“露白”时即可播种。

### 2.3　播种育苗和定植

（1）播种育苗。春提早番茄可在11月上旬开始播种育苗，适宜播早中熟品种。抗病性强的番茄品种可以育实生苗，可用72孔或105孔的育苗穴盘，抗病性弱的番茄要采用嫁接育苗。砧木应选择对土传病害抗性强、与接穗亲和性好的品种，如‘浙砧1号’等。砧木播于72孔穴盘，接穗播于128孔穴盘，每穴播一粒种子。播种后用蛭石覆盖，再用木片或竹片刮平。将覆盖好的穴盘浇透水置于催芽室内，控制温度在25～30℃，种子发芽后将全部穴盘移到苗床上。

嫁接前1天砧木和接穗的穴盘浇透水，叶面喷50%百菌清1 000倍液防病。嫁接宜选择晴天，在散射光或遮光条件下进行，当砧木、接穗长到4叶1心时采用贴接法嫁接。嫁接后盖好薄膜保湿，薄膜上方覆盖遮阳网遮光。嫁接后前3天要遮光，以后每天逐渐增加见光时间。嫁接愈合期间白天应保持25～26℃，夜间20～22℃。一般7天后伤口愈合，嫁接苗转入正常管理。

（2）定植。春提早番茄定植时间一般为1月上旬，苗龄40～50天时定植。定植前畦面要浇透水，铺设滴灌软管，然后覆盖地膜。定植宜选择晴天无风的下午进行，并且挑选叶色深绿，叶片肥厚、茎秆粗壮，根系发达、没有病虫害的壮苗定植。定植的密度一般为亩2 200～2 500株。

### 2.4　基本栽培方式

番茄栽培宜高畦，畦面宽90厘米，沟宽50厘米，深15～20厘米，采用地膜覆盖栽培。

### 2.5　灌溉方式

采用滴灌设施进行棚内浇水。

### 2.6 水肥一体化系统配置

底肥撒施，追肥在棚内滴灌主管道安装文丘里施肥器和过滤器，肥料随水冲施。

### 2.7 全生育期温度管理、植株调整

（1）温度管理。番茄属喜温作物，生长最适温度为白天20～25℃，夜晚15～18℃。低于10℃时，植株生长下降；低于5℃停止生长，长时间处于5℃以下低温会造成寒害。因此春提早番茄定植后，立即密闭大棚，以便尽快提高棚温，加速缓苗。一般定植后5天内不通风，但应当密切关注棚内的温度变化，温度控制在10℃以上。

（2）植株调整。

① 整枝打杈。大棚番茄多用单干整枝法，每株保留6～7个花穗，每个花穗保留4～5个果，整枝时，将主枝以外的侧枝全部去除。结合整枝，及时摘除植株基部的老叶、黄叶和病叶，并带出棚外，有利于通风透光，减少养分消耗和病害传播。当植株长到支架顶部，打顶摘心，以集中养分，提高上层花穗坐果率和促进果实膨大。

② 保花保果。大棚番茄生产，特别是在第一、第二穗花开花时，要及时采用植物生长调节剂处理，一般用毛笔蘸取药剂后涂抹番茄当天开花的花梗，以促进保花结果。

③ 疏花疏果。每穗选留6～7朵正常健壮花蕾，其他花蕾全部疏除，待每穗果坐齐后，及时疏除畸形果、小果和病果，一般大果穗品种每穗选留4～5个果，中果型品种每穗选留4～6个果。

### 2.8 采收方式、时间

采收季节时要做到及时分批采收，减轻植株负担，确保果品品质。禁止采收前使用化学农药，并注意安全间隔期。番茄果实成熟期大体分绿熟期、转色期、成熟期和完熟期，一般在转色期，果实顶部开始着色，着色面积大概占果面3/4时采收，这样的果采收后一两天会全部着色。如果在本地就近销售，可以在果实成熟期采收。一般选择在早晨或傍晚采收。

## 3 水肥管理

### 3.1 土壤改良

根据实际情况选择施用有机肥，在土壤酸化或盐渍化较为严重地区，可结合高温闷棚技术调整有机肥及土壤改良剂的使用量和使用方式。

（1）施用有机肥。商品有机肥的施用量一般为1 000～1 500千克/亩，以基施为主，可结合高温闷棚处理。

（2）土壤改良剂。改良剂一般按原料可分为三类。矿物类土壤改良剂：针对设施菜地土壤酸化和板结等问题，可以施用以石灰等为原料生产的碱性土壤改良剂，施用量为75～150千克/亩，同时结合高温闷棚处理，效果更好。天然或人工合成的高分子类土

壤改良剂：推荐使用以天然物质如多糖类（甲壳素类）、纤维素类、树脂胶等制作而成的高分子类土壤改良剂，具体用法和用量根据实际情况确定。微生物制剂类土壤改良剂：微生物改良剂可配合有机肥使用，灌根为主，喷叶为辅或者直接伴冲施肥等灌根、滴灌，用法用量需根据土壤、环境温度和水分等确定。

### 3.2 有机肥替代化肥

前期采用土壤改良技术施用有机肥，则不使用该技术。

有机肥中养分用量占化肥与有机肥/有机物料中养分总用量的适宜比例为30%。表1为不同种类有机肥适宜用量范围，成品有机肥可作基肥一次性施用。

表1　不同种类有机肥适宜用量范围

| | 鸡粪 | 猪粪 | 牛粪 | 羊粪 | 人类粪便 | 饼肥 | 商品有机肥 |
|---|---|---|---|---|---|---|---|
| 推荐施用量（千克/亩） | 897～1 573 | 1 680～2 946 | 2 432～4 263 | 1 422～2 492 | 803～1 409 | 201～352 | 924～1 620 |

### 3.3 平衡施肥

设施番茄每亩目标产量水平4 000～5 000千克。根据番茄对养分的需求量及比例，制订其基肥及追肥施用量及施用方法见表2（参照本书“设施番茄和黄瓜化肥减量与高效平衡施肥技术”）。番茄苗期及开花期，追施高氮型水溶性复合肥N：$P_2O_5$：$K_2O$为1：（0.3～0.5）：（0.5～0.6）1～2次；挂果期，每穗果膨大到直径达2～3厘米进行追肥，追施化肥尽量选用高钾低磷型冲施肥、水溶性肥料N：$P_2O_5$：$K_2O$为1：（0.3～0.5）：（1.1～1.2）等，全生育期分4～5次随水追肥，全程氮、磷、钾肥施用量如表2所示。根据实际情况施用微量元素肥料。

表2　基肥及追肥施用量

| | 有机肥 | 化肥 | | | |
|---|---|---|---|---|---|
| | | N（千克/亩） | $P_2O_5$（千克/亩） | $K_2O$（千克/亩） | 中、微量元素 |
| 基肥 | 有机肥 | 4.45～5.94 | 1.28～1.71 | 5.08～6.78 | 镁肥、硼肥 |
| 追肥 | | 23.74～25.23 | 6.83～7.26 | 27.1～28.8 | 硼肥、钼肥、钙肥 |

## 4 病虫害防治

### 4.1 苗期病虫害管理

育苗温室和大棚的通风口和进出门均应覆盖防虫网，定植前，使用内吸性杀虫剂（吡虫啉、噻虫嗪等）进行穴盘喷淋处理；定植缓苗2～3天后，使用内吸性杀虫剂进行灌根处理。

### 4.2 成株期病虫害管理

（1）小型害虫新型物理防控。番茄移栽后在棚室悬挂3～5张诱虫板，以监测虫口密度。当诱虫板上诱虫量增加时，每亩地悬挂规格为25厘米×30厘米的黄色诱虫板30张或25厘米×20厘米黄色诱虫板40张防治烟粉虱；每亩地悬挂规格为25厘米×40厘米的蓝色诱虫板20张或25厘米×20厘米蓝色诱虫板40张防治蓟马，诱虫板数量可视情况增加。当诱虫板上粘的害虫数量较多时，用钢锯条或木竹片及时将虫体刮掉，可重复使用（参照本书“新型诱虫板监测与防治蓟马”）。

（2）高效低毒农药精准施药。首先，应对重要病虫进行抗药性监测；其次，进行病虫害早期诊断，选择高效、低毒农药；最后，通过选用高效烟雾机、弥粉机、弥雾机或多喷头喷雾器等施药器械（参照本书“弥粉法施药防治设施蔬菜病害技术”），以及添加助剂、改进施药技术等，提高农药利用率（表3）。

表3 推荐使用高效低毒农药

| 防治对象 | 药剂名称 | 施用方式 | 施药剂量 |
| --- | --- | --- | --- |
| 晚疫病 | 80%烯酰吗啉水分散粒剂 | 兑水喷雾 | 30～40克/亩 |
| | 10%氟噻唑吡乙酮可分散油悬浮剂+<br>80%代森锰锌可湿性粉剂 | 兑水喷雾 | 15～20毫升/亩+<br>200～250克/亩 |
| | 50%氰霜唑悬浮剂 | 兑水喷雾 | 32～40毫升/亩 |
| | 687.5克/升氟菌·霜霉威悬浮剂 | 兑水喷雾 | 60～75毫升/亩 |
| | 66.8%丙森·缬霉威可湿性粉剂 | 兑水喷雾 | 60～75克/亩 |
| 灰霉病 | 1 000亿孢子/克枯草芽孢杆菌可湿性粉剂 | 兑水喷雾 | 40～60克/亩 |
| | 25克/升咯菌腈种子处理悬浮剂 | 蘸花 | 200～300倍液 |
| | 50%啶酰菌胺水分散颗粒剂 | 兑水喷雾 | 40～50克/亩 |
| | 20%啶菌噁唑乳油 | 兑水喷雾 | 53～107毫升/亩 |
| 白粉病 | 1 000亿孢子/克枯草芽孢杆菌可湿性粉剂 | 兑水喷雾 | 40～60克/亩 |
| | 4%四氟醚唑水乳剂 | 兑水喷雾 | 67～100克/亩 |
| | 42.4%唑醚·氟酰胺悬浮剂 | 兑水喷雾 | 20～30毫升/亩 |
| 叶霉病、早疫病 | 42.4%唑醚·氟酰胺悬浮剂 | 兑水喷雾 | 20～30毫升/亩 |
| | 50%克菌丹可湿性粉剂 | 兑水喷雾 | 125～187.5克/亩 |
| | 250克/升嘧菌酯悬浮剂 | 兑水喷雾 | 75～90毫升/亩 |

表3　（续）

| 防治对象 | 药剂名称 | 施用方式 | 施药剂量 |
|---|---|---|---|
| 青枯病 | 20%噻唑锌悬浮剂 | 兑水喷雾、兑水灌根 | 100～150毫升/亩 |
| | 30%琥胶肥酸铜可湿性粉剂 | 兑水喷雾、兑水灌根 | 113～150克/亩 |
| | 3%噻霉酮微乳剂 | 兑水喷雾、兑水灌根 | 75～110克/亩 |
| 病毒病 | 2%氨基寡糖素水剂 | 兑水喷雾 | 160～270毫升/亩 |
| | 1%香菇多糖水剂 | 兑水喷雾 | 83～125毫升/亩 |
| 斑潜蝇 | 10%灭蝇胺悬浮剂 | 兑水喷雾 | 100～150克/亩 |
| | 240克/升虫螨腈悬浮剂 | 兑水喷雾 | 24～28毫升/亩 |
| | 2%甲氨基阿维菌素苯甲酸盐水乳剂 | 兑水喷雾 | 7.5～10毫升/亩 |
| 烟粉虱 | 10%溴氰虫酰胺可分散油悬浮剂 | 兑水喷雾 | 40～50毫升/亩 |
| | 100克/升吡丙醚乳油 | 兑水喷雾 | 47.5～60毫升/亩 |
| | 3%啶虫脒微乳剂 | 兑水喷雾 | 30～50克/亩 |
| 蚜虫 | 70%吡虫啉水分散粒剂 | 兑水喷雾 | 1～3克/亩 |
| | 25%噻虫嗪水分散粒剂 | 兑水喷雾 | 6～8克/亩 |

## 5　模式成熟度及适宜地区

与调研本底相比较，技术模式应用后化学肥料养分减量31.7%～61.3%，氮肥利用率提高26～35.9个百分点；单茬农药施用减少3.2～6.2次，化学农药用量减少41.9%～48.4%，有效控制病虫害发生；早春茬番茄增产18.4%～23.9%，品质也得到了提升。

本模式适用于湖北及周边地区塑料大中棚番茄产区，长江流域其他地区也可参考使用。

## 6　联系方式

集成模式依托单位：华中农业大学

联系人：别之龙，王小平，程菲，谭启玲，杨龙，游红

联系电话：027-87286908

电子邮箱：biezl@mail.hzau.edu.cn

# 武汉大棚秋冬栽培莴苣化肥农药减施技术模式

## 1 背景简介

武汉位于长江中游，属于典型的亚热带季风型气候，夏季高温多雨，冬季寒冷湿润，且灾害性天气较多，夏季多暴雨和暴晒，冬春季多寒潮。近年来，武汉市设施蔬菜种植面积超过10万亩，成为农业的主导产业。莴苣是武汉市特色蔬菜作物，随着设施产业的发展，秋冬茬大棚莴苣的种植面积逐年扩大。

通过前期调研，明确了本区莴苣生产中的病害主要为霜霉病、灰霉病、菌核病和病毒病等，虫害主要为莴苣指管蚜等，施药方式以单一的静电喷雾器喷雾为主，每茬平均施药7次左右。虽然不同经营主体或地区之间化肥及化学农药的使用量相差较大，但大都存在肥料施用比例不合理，偏施化肥、轻施或不施有机肥，以及忽略中低微量元素肥料施用，过度依赖化学农药，施药器械和方法单一，生物农药及非化学防治措施应用极少等现状。此外，武汉地区秋冬季节多连续阴雨天气，造成设施内病害防控困难，也是生产中普遍存在的问题。针对当前武汉地区大棚莴苣生产中的典型问题，课题组经过核心示范基地的试验示范，提出适合于武汉及周边地区的大棚秋冬栽培莴苣化肥农药减施技术模式。

## 2 栽培技术

### 2.1 棚型、保温方式及棚室结构

武汉地区秋冬茬设施莴苣栽培多以钢架塑料大棚为主，一般为拱形，以钢材等材料为骨架，以塑料薄膜为透光覆盖材料。大棚跨度6～8米，脊高2.8～3.2米，长度60～100米，棚间距1.0～1.5米。莴苣喜冷凉，一般为单层覆盖（图1）。

图1 秋冬茬莴苣钢架塑料大棚栽培

### 2.2 品种选择、种植模式、种子处理及育苗方式

品种选择及种植模式：秋茬栽培选择高产、质优品种，晚秋莴苣宜于8月上中旬育苗，9月上中旬定植，11月中旬开始采收。冬春茬莴苣选择耐寒、高产、商品性好的品种，冬莴苣宜于9月上中旬育苗，10月上中旬定植，翌年1—2月采收上市；春莴苣宜于10月上中旬育苗，11月下旬定植，翌年3月采收上市。

种子处理：播种前要进行浸种低温催芽，将种子用冷水浸泡6～8小时后滤干，用

湿纱布包好，放入5℃冰箱冷藏室内12小时，清洗后置于15～20℃室温下催芽，3～4天后出芽率达70%～80%时即可播种。每亩用种量20～30克。

播种育苗：选择地势高燥、排灌方便、质地疏松、富含有机质的土壤作为苗床。采用苗床撒播或穴盘育苗法，播种前1天苗床浇足底水，将催芽后的莴苣种子拌细沙土后均匀撒播于畦面或点播于穴盘，覆0.5厘米厚的土盖籽。出苗后及时间苗，2～3片真叶时第1次间苗，4～5片真叶时第2次间苗，剔除病苗、弱苗、过密苗，定苗间距5～10厘米，每1平方米留苗100株左右。春莴苣秧苗后期可用小拱棚覆盖薄膜保温。秧苗长至6片真叶时即可定植。

### 2.3 基本栽培制度

定植：茎用莴苣适合种植在土壤肥沃、排灌方便、通气性能良好的壤土或沙壤土。土地翻耕，开厢做畦，畦面宽120厘米、高20～25厘米，沟宽40厘米，做到深沟高畦、沟渠相通。定植前铺设微灌带和地膜。选择晴天下午或阴天定植，定植前1天将苗床浇足水，以利起苗。株距25～30厘米，行距30～40厘米，秋茬莴苣每亩定植5 200～5 500株，冬春茬莴苣每亩定植5 000～5 200株。

田间管理：温度管理是秋冬茬莴苣栽培成败的关键。秋茬莴苣应注意通风降温避免徒长；冬春茬莴苣要做到“前控后促”，前期注意通风降温，11月中旬后注意防寒保温，白天外界最低气温低于0℃时及时将大棚两侧薄膜放下，夜间外界气温低于-7℃时关闭棚门。

采收：莴苣茎笋形成产品时应及时采收，茎顶端与最高叶片的叶尖相平时为收获适期，此时茎笋已充分肥大、品质脆嫩。若收获太晚，则花茎迅速伸长，纤维增多、茎皮增厚、肉质变硬，出现中空，商品性大大降低。秋茬莴苣一般于定植后45天采收，冬春茬莴苣定植后100天以上采收。采收过程中所用的工具要清洁、卫生、无污染，采后不得浸水或喷洒化学农药。

## 3 病虫害防治技术

### 3.1 土壤消毒技术

针对盐渍化严重的土壤，于7—8月，前茬作物收获后，清洁田园，整平土地。每亩施50%氰氨化钙颗粒剂60千克，旋耕机旋耕25～30厘米，地表覆盖地膜或废旧大棚膜，大棚内四周做坝，从膜下灌水至高于畦面3～5厘米，覆盖大棚膜，四周盖紧压实。高温闷棚30个晴天后，揭开大棚膜、撤除地膜，晾晒通风5～7天，待土壤干湿适宜后浅耕。宜每三年进行高温闷棚1次。

### 3.2 苗期病虫害管理技术

苗期应注意预防霜霉病，可选用80%烯酰吗啉水分散粒剂进行苗床喷淋，制剂用量20克/亩。

### 3.3 成株期病虫害管理技术

（1）农业防治。选择抗（耐）病品种，培育无病虫壮苗。定植前深翻耕地，轮作换茬。生长期清洁棚室，防除杂草，茎膨大期摘除下部病叶、老叶，拔除病株并带出棚室外集中销毁。

（2）防虫网—粘虫板—银灰膜一体的物理防治技术。选用30～40目防虫网覆盖棚室通风口，隔离害虫。定植后在棚室内悬挂黄色粘虫板诱杀有翅蚜，每亩设置25～30张（25厘米×30厘米）。在棚室内悬挂银灰色条膜驱避有翅蚜。

（3）生物防治。在病虫发生初期优先使用生物农药进行防治，降低作物生长中后期病虫害的发生概率和虫源基数。主要病虫的生物防治用药方案见表1。

（4）高效低毒化学农药靶标防控技术。当病虫害发生严重、物理防治以及生物防治等措施不能有效控制发生态势时，应及时选择高效低毒低残留的化学农药进行防治。天气晴好时宜选择常规药剂进行喷雾防治，可选择添加合适浓度的喷雾助剂；遇连续阴雨天气宜改用精量电动弥粉机配合微粉剂进行防治（参照本书“弥粉法施药防治设施蔬菜病害技术”）。注意轮换用药，合理混用，不得超过规定施药量和最多使用次数，严格执行安全间隔期。主要病虫的化学防治用药方案见表1。

**表1　秋冬茬大棚莴苣主要病虫害的药剂防治方案**

<table>
<tr><th>防治对象</th><th>药剂种类</th><th>药剂名称</th><th>亩制剂用量</th><th>使用时期</th><th>施药方式</th><th>间隔期（天）</th><th>每季最多使用次数</th></tr>
<tr><td rowspan="5">霜霉病</td><td rowspan="3">化学制剂</td><td>80%烯酰吗啉水分散粒剂</td><td>20～30克</td><td>发病前期或初期</td><td>喷雾</td><td>7～10</td><td>3</td></tr>
<tr><td>50%烯酰吗啉可湿性粉剂</td><td>40克</td><td>发病前期或初期</td><td>喷粉</td><td>10～15</td><td>3</td></tr>
<tr><td>687.5克/升氟菌・霜霉威悬浮剂</td><td>60～75毫升</td><td>发病前期或初期</td><td>喷雾</td><td>7～10</td><td>3</td></tr>
<tr><td rowspan="2">生物制剂</td><td>1%申嗪霉素悬浮剂</td><td>80～120克</td><td>发病前期或初期</td><td>喷雾</td><td>7～10</td><td>3</td></tr>
<tr><td>3%多抗霉素可湿性粉剂</td><td>167～250克</td><td>发病前期</td><td>喷雾</td><td>7</td><td>3</td></tr>
<tr><td rowspan="6">灰霉病</td><td rowspan="4">化学制剂</td><td>43%腐霉利悬浮剂</td><td>50～60克</td><td>发病前期或初期</td><td>喷雾</td><td>7～10</td><td>2</td></tr>
<tr><td>43%嘧霉胺悬浮剂</td><td>30～40毫升</td><td>发病前期或初期</td><td>喷雾</td><td>7～10</td><td>2</td></tr>
<tr><td>50%异菌脲可湿性粉剂</td><td>50克</td><td>发病前期或初期</td><td>喷粉</td><td>10～15</td><td>3</td></tr>
<tr><td>60%乙霉・多菌灵可湿性粉剂</td><td>60～80克</td><td>发病前期或初期</td><td>喷粉</td><td>10～15</td><td>3</td></tr>
<tr><td rowspan="2">生物制剂</td><td>2亿孢子/克木霉菌可湿性粉剂</td><td>125～250克</td><td>发病前期</td><td>喷雾</td><td>7</td><td>3</td></tr>
<tr><td>100亿孢子/克枯草芽孢杆菌可湿性粉剂</td><td>50～100克</td><td>发病前期</td><td>喷粉</td><td>10～15</td><td>3</td></tr>
<tr><td rowspan="6">菌核病</td><td rowspan="4">化学制剂</td><td>50%啶酰菌胺水分散粒剂</td><td>30～50克</td><td>发病前期或初期</td><td>喷雾</td><td>7～10</td><td>2</td></tr>
<tr><td>50%腐霉利可湿性粉剂</td><td>30～60克</td><td>发病前期或初期</td><td>喷雾</td><td>7～10</td><td>3</td></tr>
<tr><td>50%异菌脲可湿性粉剂</td><td>60克</td><td>发病前期或初期</td><td>喷粉</td><td>10～15</td><td>3</td></tr>
<tr><td>60%乙霉・多菌灵可湿性粉剂</td><td>60～80克</td><td>发病前期或初期</td><td>喷粉</td><td>10～15</td><td>3</td></tr>
<tr><td rowspan="2">生物制剂</td><td>2亿孢子/克木霉菌可湿性粉剂</td><td>125～250克</td><td>发病前期</td><td>喷雾</td><td>7</td><td>3</td></tr>
<tr><td>0.3%丁子香酚可溶液剂</td><td>90～120毫升</td><td>发病前期</td><td>喷雾</td><td>5～7</td><td>3</td></tr>
</table>

表1　（续）

| 防治对象 | 药剂种类 | 药剂名称 | 亩制剂用量 | 使用时期 | 施药方式 | 间隔期（天） | 每季最多使用次数 |
|---|---|---|---|---|---|---|---|
| 病毒病 | 化学制剂 | 80%盐酸吗啉胍可湿性粉剂 | 60～70克 | 发病前期或初期 | 喷雾 | 7～10 | 2 |
| | | 60%吗胍·乙酸铜水分散粒剂 | 60～80克 | 发病前期或初期 | 喷雾 | 7～10 | 3 |
| | 生物制剂 | 6%寡糖·链蛋白可湿性粉剂 | 75～100克 | 发病前期或初期 | 喷雾 | 7～10 | 3 |
| 莴苣指管蚜 | 化学制剂 | 20%啶虫脒可溶液剂 | 6～12毫升 | 发生期 | 喷雾 | 7 | 2 |
| | | 70%吡虫啉水分散粒剂 | 1～3克 | 发生期 | 喷雾 | 7 | 2 |
| | 生物制剂 | 2.5%鱼藤酮乳油 | 100毫升 | 发生初期 | 喷雾 | 7 | 3 |
| | | 2%苦参碱水剂 | 20～30毫升 | 发生初期 | 喷雾 | 10 | 1 |

## 4　水肥管理技术

### 4.1　土壤强还原结合有机肥还田替代化肥技术

定植前对大棚进行强还原处理，利用无害化处理还田的尾菜，加入有机肥、配合菌肥，以增加土壤有机质和微量元素含量，减少化肥使用量（图2）。前茬作物收获后，清洁田园，将尾菜粉碎还田，非根茎类蔬菜残茬可全量还田，根茎类（莴苣除外）不超过3 000千克/亩，对不易粉碎的蔬菜尾菜用拖拉机配带的粉碎机粉碎3次并翻埋旋耕，可加快尾菜腐解速度。每亩地加入粉碎的干玉米秸秆300千克、发酵完全的牛粪或其他禽粪1 000～2 000千克、专用菌肥100千克或秸秆粪肥发酵生物菌4千克。旋耕机旋耕25～30厘米，地表覆盖地膜或废旧大棚膜，大棚内四周做坝，从膜下灌水至高于地面3～5厘米，注意秸秆要浸透。覆盖大棚膜，四周盖紧压实。夏季处理20天后、其他季节处理30天后可定植。定植前撤除地膜，通风5～7天后，根据土壤肥力状况亩施复合肥0～30千克（15：15：15，氮、磷、钾养分用量均为0～4.5千克）。

图2　土壤强还原结合有机肥还田替代化肥技术（左：添加有机物料；右：覆膜灌水）

### 4.2 平衡施肥技术

未进行土壤强还原处理的田块，定植前结合整地亩施腐熟的有机肥或商品有机肥1 000千克、饼肥100千克、复合肥50千克（15：15：15，氮、磷、钾养分用量均为4.5千克）、中微量元素缓释肥2千克（含钙13%、镁4%、硫4%、硅4%、锌4%、硼2%、铁1%、锰0.5%、铜0.1%、钼0.002 5%等）。

### 4.3 定植后水肥管理

定植后随定植水浇施复合微生物菌剂2升/亩。生长期一般不需要追施化肥，可在莲座期和肉质茎膨大期喷施叶面肥或追施冲施肥10～15千克/亩。土壤保持湿润，但切忌大水漫灌。

## 5 模式实施效果

利用该模式示范后，与武汉市本底调研数据相比，可减少化肥养分用量74.8%，其中减施N 79.8%，减施$P_2O_5$ 64.5%，减施$K_2O$ 75.7%。减少农药使用次数2～3次，减少化学农药制剂用量56.9%～63.1%。

## 6 模式注意事项

第一，有机肥建议选择商品有机肥，未经处理或发酵不完全的农家肥不能长期大量施用，以免加重土壤的次生盐渍化。第二，前后茬作物不宜同种蔬菜连作，如果一定要连作，强还原处理冬天最好在40天以上，夏季最好在30天以上。第三，武汉地区秋冬季节多低温寡照，遇连续阴雨天气，建议改用精量电动弥粉机配合系列微粉剂进行防治，避免常规喷雾法增加棚室内空气湿度、加重病害发生。

## 7 适宜地区

适用于武汉地区塑料大中棚莴苣产区，长江流域其他地区也可参考使用。

## 8 联系方式

集成模式依托单位：武汉市农业科学院蔬菜研究所

联系人：司升云，杨帆，黄兴学，王攀

联系电话：027-88116319

电子邮箱：sishengyun@126.com，sdzbyangfan@126.com

# 上海大棚叶类蔬菜周年生产化肥农药减施技术模式

## 1　背景简介

上海位于我国的长江下游，受亚热带季风气候的影响，夏季高温多雨，冬季温和少雨。全市蔬菜生产稳定，常年蔬菜面积稳定在50万亩左右，蔬菜自给率保持在45%左右，绿叶菜自给率保持在85%左右。

经调查，上海地区设施叶菜基地全程叶菜茬口一般4～6茬，以5茬为主。绿叶菜类包括青菜、生菜、菠菜、茼蒿等。高复种指数导致土壤连作障碍及土传病害等问题，叶菜生长周期短、短期用药较多，农药使用安全间隔期更为重要。设施叶菜上主要病虫害有：蚜虫、小菜蛾、菜青虫、夜蛾、跳甲、蜗牛、霜霉病、菌核病、软腐病、灰霉病、炭疽病和根肿病等，其中蚜虫、小菜蛾、菜青虫、夜蛾、跳甲、霜霉病、根肿病等属于设施栽培叶菜上常发性病虫害。为此，承担单位研究并集成了设施叶菜化肥农药减量技术，形成了设施大棚叶菜化肥农药减施技术模式，并在核心基地进行示范，与项目实施前相比，在周年小白菜栽培方式下全年可减少化肥37.5%、降低化学农药40.32%、增产9.86%，在周年叶菜轮作栽培方式下全年可减少化肥34.46%、降低化学农药38.26%、增产10.48%。

## 2　栽培技术

### 2.1　棚型、保温方式

钢管结构，塑料薄膜保温，不加温。

### 2.2　叶菜种类及播种方式

叶菜种类：小白菜（南方地区俗称青菜）、生菜、茼蒿（圆叶型）。

播种方式：青菜、茼蒿直播，生菜移栽。

### 2.3　基本栽培制度

周年青菜栽培制度：一年4茬，夏季高温闷棚土壤消毒处理。

周年叶菜轮作栽培制度：一年5茬，其中春季和秋季安排1茬茼蒿（或生菜等非十字花科植物）。

周年青菜栽培茬口：2—4月，青菜；4—6月，青菜；7—8月，高温闷棚土壤消毒；8—10月，青菜；10—12月，青菜；周年叶菜轮作栽培茬口：2—4月，青菜；4—6月，茼蒿（或生菜等）；7—8月，青菜；9—11月，茼蒿（或生菜等）；11月至翌年1月，青菜。

### 2.4　灌溉方式

喷淋。

### 2.5 水肥一体化系统配置

微喷系统选用5429旋转微喷头，沿40米大棚方向每隔2.3米布置一套，每行布置17只，每座大棚布置2行；施肥器配套为免电源比例式注肥泵。

## 3 病虫害防治技术

### 3.1 应用品种抗性的农药减量技术

应用抗病品种是作物病害综合防控最主要的技术之一。在3—4月或者11—12月，选择对霜霉病抗性好、其他病害抗性良好，兼顾品质和产量的青菜与生菜品种作为设施叶菜农药减量的栽培品种，可以明显减少霜霉病的化学防治的次数和用量，减少化学农药的投入。抗性较好的青菜品种有‘青山’‘新夏青2号’‘上海特矮青菜’‘抗热605’等，生菜有‘芳妮’‘玛丽娜’‘雷达’‘射手’等。

### 3.2 夏季高温闷棚土壤消毒技术

结合南方地区夏季（7—8月）高温的特点，利用设施大棚条件，采用双层塑料膜和土壤灌水方式，迅速提升地温，达到土壤消毒和土壤洗盐的双重目的。在土壤表面均匀撒施50%氰氨化钙颗粒剂40～60千克/亩，如有有机物料（稻麦、玉米秸秆等，粉碎成2厘米段），可按500千克/亩一同施入；旋耕机将土壤处理剂和有机物料深翻入土，整平；铺设滴灌后，先用沟灌带往大棚内灌水，直至土壤湿透积水为止，用透明薄膜将土壤表面完全封闭；密闭整个大棚，利用太阳能日光照射使大棚内迅速升温（土表温度可达70℃以上），持续15～20天以上；闷棚结束后，打开大棚并揭去薄膜，晾干；翻耕作垄，通风5天后即可播种（图1）。

图1 夏季高温闷棚与土壤消毒

### 3.3 栽培茬口优化与作物轮作技术

茬口优化和作物轮作是防治土传病虫害的一项非常有效的技术措施，实施青菜与茼蒿或者生菜等非寄主作物轮作技术可以减少当季青菜上跳甲和根肿病的防治用药2次以上；如采用一年青菜一年茼蒿或生菜等非十字花科叶菜方式轮作，跳甲和根肿病防治效果以及药剂减量效果会更明显（图2）。

图2　茬口优化与作物轮作

### 3.4　三诱一网监测与防治技术

利用杀虫灯、色板、性引诱剂进行害虫的监测与引诱捕杀和防虫网阻断害虫、特别是大中型害虫如小菜蛾、夜蛾飞入大棚等技术，减少设施大棚叶菜类蔬菜上害虫的发生与为害，效果明显（图3）。

图3　三诱一网监测与防控

### 3.5　生物制剂应用与农药减量技术

将植物源（苦参碱等）、微生物源等生物制剂（乙基多杀菌素、苏云金杆菌、绿僵菌等）应用于设施叶菜病虫害综合防控，每茬叶菜化学农药可以减少1次以上（图4）。

### 3.6　烟雾、弥雾机施药与农药减量技术

针对设施栽培环境密闭、棚室内湿度过大，高湿的环境有利于病害的发生，而常用的喷雾法会人为地增加棚室内湿度的问题，同时常规喷雾不能很好扩散到隐蔽性害虫以及叶片背面，利用新型植保机械烟雾机、弥雾机方式施药，可以明显提高施药的效率和农药利用率，整棚施药3～4分钟/亩，省时、省工、省水，同时药剂分布更均匀，特别适合高湿病害和隐蔽性害虫的防治。烟雾机与弥雾机相比，喷出药剂颗粒更细。应用

热烟雾机后对青菜、生菜霜霉病预防效果在80%以上，农药利用率比常规喷雾施药提高37.5%，在相同防效下烟雾机比常规喷雾施药量减少34%～50%（图5）。

图4　绿僵菌防治跳甲的田间应用

图5　烟雾机田间应用

### 3.7　靶标高效药剂与科学施药技术

针对设施叶菜青菜、茼蒿、生菜等叶菜类蔬菜上蚜虫、小菜蛾、菜青虫、夜蛾、跳甲、霜霉病、根肿病等主要病虫害，结合政府相关部门推荐农药目录，根据药剂的药效评价、施药次数以及安全间隔期，实施叶菜上病虫害的化学农药减量的防控技术。

## 4　水肥管理技术

### 4.1　设施蔬菜测土配方推荐施肥技术

浦远基地蔬菜以绿叶菜为主，根据土壤养分分级指标和蔬菜需肥规律，建立了设施蔬菜作物的适宜氮磷钾配比、用量及基追肥比例，实际生产中，可根据所制平面图每个单元的颜色（图6），查得该大棚蔬菜所需的有机肥和化肥合理推荐用量（高地力土壤可减少化肥用量），并参考蔬菜目标产量制订下一季蔬菜肥料使用技术方案（表1）。

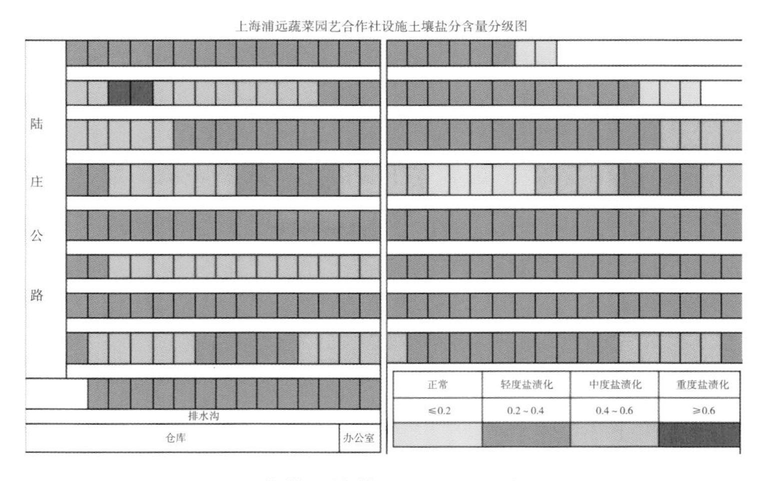


图6　蔬菜土壤养分分级图（盐分）

表1　设施蔬菜养分推荐用量　　单位：千克/亩

| 蔬菜茬口 | 肥料种类 | 设施菜田土壤盐分分级指标 | | | | 施肥比例 | |
|---|---|---|---|---|---|---|---|
| | | 偏低 | 中等 | 偏高 | 丰富 | 基肥 | 追肥 |
| 绿叶菜 | 15-6-9配方肥 | 25 | 20 | 15 | 10 | 80% | 20% |
| 茄果类 | 21-13-18配方肥 | 70 | 60 | 50 | 40 | 30% | 70% |

## 4.2　设施蔬菜水肥一体化精准施肥技术

水肥一体化又称微灌施肥，是借助微灌系统，将微灌和施肥结合，以微灌系统中的水为载体，在灌溉的同时进行施肥，实现水和肥一体化利用和管理，使水和肥料在土壤中以优化的组合状态供应给作物吸收利用（图7）。该技术基于不同品种蔬菜水肥需求模型，构建菜田水肥一体化耦合技术体系，可对施肥、灌溉进行高精度调控，最大限度提高水肥利用效率，转变盲目施肥为科学施肥，减少化肥用量，有效防止土壤盐渍化。青菜水肥一体化技术具体实施方案见表2，该技术较常规生产节水43.04%，减少化肥用量13.2%～28.7%，青菜产量增加10%以上。

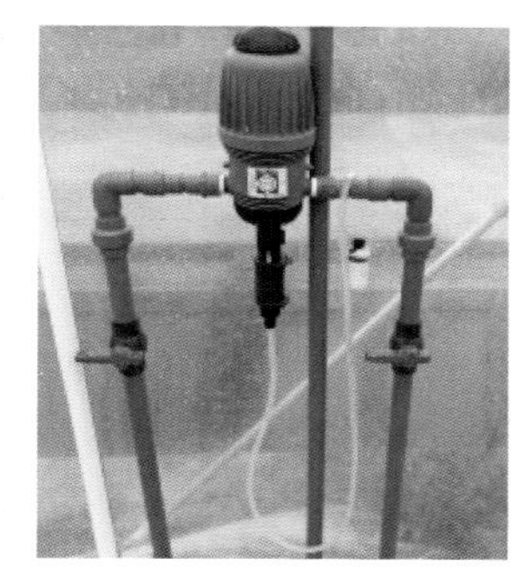

图7　比例式注肥泵和微喷实景

表2　设施叶菜水肥一体化施肥方案

| 施肥时期 | | 肥料种类 | 用量（千克/亩） | 施用方法 |
|---|---|---|---|---|
| 基肥 | 播种前 | 有机肥 | 500～1 000 | 撒施后翻耕入土；基肥用量参考测土推荐施肥建议 |
| | | 复合肥15-15-15或15-6-9 | 10～25 | |
| 追肥 | 生长中期 | 高氮水溶肥30-10-10 | 3～5 | 喷灌 |
| 不同叶菜品种可根据实际生产进行用量调整 | | | | |
| 目标产量：2 000千克/亩（冬春茬）；1 500千克/亩（夏秋茬） | | | | |

## 4.3　设施蔬菜有机肥替代化肥技术

有机质是土壤的重要组成成分，也是决定土壤质量的基本指标，土壤基础地力是实现作物产量潜力的关键因子，浦远基地土壤有机质多数为中等偏低水平，肥沃土壤占比不到25%，通过商品有机肥/蔬菜废弃物/生物肥/蚯蚓肥等有机物料与化肥的优化配施，稳定提升土壤功能，加速养分循环利用，减少化肥用量，协调土壤养分与能量（碳）之间的平衡，提高土壤有机质含量，以保持设施菜田土壤高效生产和持续利用（图8）。

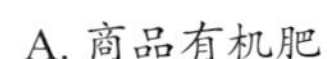

A. 商品有机肥　　B. 蔬菜废弃物　　C. 蚯蚓粪肥

图8　有机肥替代化肥技术

## 5　模式注意事项

抗病品种主要靶标为霜霉病；夏季高温闷棚土壤消毒闷棚时需要完全密闭，主要防控根肿病、跳甲以及减轻土壤盐渍化，成本相对较高，一般用于根肿病、跳甲、盐渍化非常严重的地块，土壤中使用的菌肥和微生物制剂应在消毒后使用；作物茬口优化与轮作必须是十字花科叶菜与非十字花科叶菜之间的轮作，防控对象是跳甲和根肿病；三诱一网防控需要完全隔离；生物制剂的防控应在虫口密度低的条件下使用，虫口密度大时需要化学防控辅助；烟雾、弥雾机使用应在春季、秋季为宜，在亩用量较大的药剂上应用效果更明显；靶标高效药剂与科学施药应按照药剂登记规定的次数和安全间隔期使用化学农药；测土推荐施肥技术采用的养分分级图，只适用于本合作社基地，而且养分分级指标需每3年重新采样测定后更新；水肥一体化技术使用中，以地表水或循环用水作灌溉水源时，须采取水质净化和过滤措施，并定期检查微喷/滴灌带是否有漏水、堵塞、裂管等现象；有机肥的推荐用量需参考土壤地力和蔬菜目标产量，不能盲目过多替代化肥，以免造成减产和重金属污染的风险。

夏季高温闷棚土壤消毒和作物茬口优化与轮作这两项单项技术仅分别在周年青菜栽培制度和周年叶菜轮作栽培制度中使用，而其他的技术在两种栽培制度中均可以使用。

## 6　适宜地区

设施栽培青菜（小白菜）及其他叶菜的区域。

## 7　联系方式

集成模式依托单位：上海市农业科学院

联系人：戴富明，诸海焘，常晓丽

联系电话：18918162273，18918162287

电子邮箱：fumingdai@163.com

# 湖北大棚生菜（叶用莴苣）化肥农药减施增效技术模式

## 1 背景简介

湖北省位于长江中下游地区，属亚热带季风性湿润气候。截至2015年，湖北省设施蔬菜基地面积达10.87万公顷，是农业的主导产业之一。课题组对湖北省2015年秋茬和2016年春茬设施蔬菜生产及化肥农药使用现状进行了调研，分析了设施蔬菜生产化肥农药过量施用、效益不高的原因：设施蔬菜育苗技术落后；冬季低温寡照、夏季高温高湿导致冬夏蔬菜长势差；各经营主体间栽培技术水平差异大。化肥施用过量，氮磷钾肥施用比例不合理；施肥技术单一（撒施为主），肥料利用率低；土壤连作障碍严重，出现盐渍化。病害和微小害虫发生严重；重要病虫抗性水平不明确，药剂使用混乱；施药方式落后，农药利用率低；非化防技术效能未充分发挥。

生菜（叶用莴苣）是湖北省设施蔬菜叶菜类主栽品种之一。一年四季均可播种，春、夏、秋在露地栽培，冬季采用保护地栽培；夏季栽培困难，因高温要注意遮阳降温；以秋播的生长期长，产量高。生菜在种植过程中，常见的害虫有甜菜夜蛾、蚜虫、潜叶蝇等，病害主要是霜霉病、软腐病、菌核病等。针对湖北省设施生菜生产中存在的主要问题，课题组在关键技术熟化的基础上，建立了适合于湖北省及周边地区的塑料大棚生菜化肥农药减施增效技术模式。

## 2 栽培技术

### 2.1 棚型、棚室结构及保温方式

钢架塑料大棚一般为拱形，以钢材等材料为骨架，以塑料薄膜为透光覆盖材料。大棚跨度为6～8米，脊高2.8～3.2米，肩高1.6～1.7米，长度40～90米不等，棚间距1～1.5米。大棚内嵌套中棚（钢材骨架—覆盖塑料薄膜）结合地膜覆盖等设施作为冬季的保温措施。

### 2.2 品种选择

生菜品种可选择结球生菜‘雷达’、散叶生菜‘西班牙绿’、直立生菜‘罗马绿’、红叶生菜‘罗沙红’等符合目标市场消费习惯、耐储运、品质优、适应性广、抗逆性强的高效优质生菜品种。

### 2.3 穴盘育苗

（1）育苗基质和穴盘选择。生菜育苗的适宜pH值为6.0～6.5。一般采用草炭：蛭石=2：1（体积比）作为生菜的育苗基质。另根据不同苗龄选择不同规格的育苗穴盘，

育3～4叶苗选用200孔穴盘，育4～5叶苗选用128孔穴盘。

（2）种子处理和播种。生菜播种前种子需进行低温处理。将种子放入清水中浸泡几分钟，然后用纱布包裹，浇透水，置于通风处，保持温度15～20℃，2～3天即可出齐芽。采用人工或机械进行穴盘单粒精量播种。生菜种子发芽需光照，故播种深度应不超过0.5厘米。播种后覆盖薄薄一层覆盖料，浇水后不露种子即可，覆盖料为蛭石：细珍珠岩=1：1（体积比）。播种覆盖完毕后将育苗盘浇透水，3～4天出齐苗。4—9月播种，苗龄一般25～28天，幼苗3～4片叶；10月至翌年3月播种，苗龄一般为30～35天，幼苗4～5片叶。

（3）苗期管理。生菜幼苗子叶完全展开至二叶一心时，保持基质水分含量为最大持水量的75%～80%；二叶一心后，可适当补充水溶性肥料；三叶一心至成苗，保持基质水分含量为最大持水量的70%～75%。幼苗生长适宜温度为白天15～18℃，夜间10℃左右，不能低于5℃。

### 2.4 定植

定植时的成苗标准视穴盘规格而定，128孔育苗盘成苗标准为：叶片4～5片，最大叶长10～12厘米，苗龄30～35天；200孔育苗盘成苗标准为：叶片3～4片，最大叶长10厘米左右，苗龄25～28天。按畦宽1.0～1.2米、长5～8米做高畦，也可做成70厘米宽的小垄。按垄高12～15厘米、株距20厘米、行距35厘米定植，每亩定植4 000～5 000株。定植时不得伤及秧苗子叶。冬、春季保护地栽培采取水稳苗（即先在畦内按行距开定植沟，按株距摆苗后浅覆土将苗稳住，再在沟中灌水）的方法，然后覆土将土坨埋住。栽植深度以埋住根为宜，不可埋住心叶。

### 2.5 水分管理

生菜怕旱又忌湿，推荐采用滴灌等水肥一体化设施。定植后需水量大，应根据缓苗后土壤湿润情况、天气适时浇水，一般5～7天浇1次水，中后期控制浇水不要过量。大棚栽培应控制棚内湿度，采收前5天要控制浇水。

### 2.6 水肥一体化系统配置

底肥一般采用撒施的形式。每次追肥前可将所需可溶性肥料倒入适当的容器中充分溶解，并用细纱网过滤，将不含杂质的肥料溶液注入肥料池，稀释后的肥水通过水肥一体化系统施入田中。

### 2.7 全生育期温度管理

棚室栽培，白天温度控制在12～22℃，过高（24℃以上）要通风、降温、排湿，过低要注意保温；夜间8～10℃。结球生菜生长适温白天18～22℃，夜间12～15℃，最适宜夜间温度较低、昼夜温差大的环境。结球适温为10～16℃，不能超过25℃。散叶类型较结球生菜对温度的适应性稍高。

### 2.8　采收方式、时间

定植50～60天，散叶生菜30%长至单株重0.15～0.35千克，可开始采收；结球生菜30%长到单株重0.5～0.6千克，球径17～19厘米时开始采收。采收前1～2天必须进行农药残留检测，合格后及时采收。按标准分批采收，用刀从根基部截断，放入塑料箱内，可随时上市。需要储藏的在2小时内应运抵加工厂，装卸、运输时要轻拿、轻放。

## 3　水肥管理技术

### 3.1　土壤改良技术

根据实际情况选择施用有机肥，在土壤酸化或盐渍化较为严重地区，可结合高温闷棚技术调整有机肥及土壤改良剂的使用量和使用方式。

（1）施用有机肥。商品有机肥的施用量一般为1 000～1 500千克/亩，以基施为主，可结合高温闷棚处理。

（2）土壤改良剂。改良剂一般按原料可分为：① 矿物类土壤改良剂。针对设施菜地土壤酸化和板结等问题，可以施用以石灰等为原料生产的碱性土壤改良剂，施用量为75～150千克/亩，结合高温闷棚处理效果更佳。② 天然或人工合成高分子类土壤改良剂。推荐使用以天然物质如多糖类（甲壳素类）、纤维素类、树脂胶等制作而成的高分子类土壤改良剂，具体用法和用量根据实际情况确定。③ 微生物制剂类土壤改良剂。微生物改良剂可配合有机肥使用，灌根为主，喷叶为辅或者直接伴冲施肥等灌根、滴灌，用法用量则要根据土壤、环境温度和水分等确定。

### 3.2　有机肥替代化肥

前期采用土壤改良技术施用有机肥，则不使用该技术。

有机肥中养分用量占化肥与有机肥/有机物料中养分总用量的适宜比例为30%（以N为基准，即测定有机肥/有机物料中氮素含量后，再确定有机肥/有机物料的用量）。表1为不同种类有机肥适宜用量范围，成品有机肥可作基肥一次性施用。

表1　不同种类有机肥适宜用量范围

| | 鸡粪 | 猪粪 | 牛粪 | 羊粪 | 人类粪便 | 饼肥 | 商品有机肥 |
|---|---|---|---|---|---|---|---|
| 推荐施用量（千克/亩） | 897～1 573 | 1 500～2 500 | 2 000～2 500 | 1 000～1 500 | 803～1 409 | 201～352 | 924～1 620 |

### 3.3　平衡施肥技术

设施散叶生菜每亩目标产量水平2 000千克。根据生菜对养分的需求量及比例，制定其基肥及追肥施用量及施用方法见表2。于生菜的苗期、团棵期与包心期分别追施高氮高钾低磷型冲施肥、水溶性肥料N：$P_2O_5$：$K_2O$为1：（0.3～0.5）：（1.0～1.1）等，全程氮、磷、钾肥施用量如表2中所示。根据实际情况施用中微量元素肥料。

表2　基肥及追肥施用量

| | 有机肥 | 化肥 | | | |
|---|---|---|---|---|---|
| | | N（千克/亩） | $P_2O_5$（千克/亩） | $K_2O$（千克/亩） | 中、微量元素 |
| 基肥 | 有机肥 | 4.45～5.94 | 1.28～1.71 | 5.08～6.78 | 镁肥、钙肥 |
| 追肥 | | 4.5～5 | 2～2.4 | 7.5～9 | 镁肥 |

## 4　病虫害防治

### 4.1　土壤消毒

氰氨化钙处理法。清理前茬作物根茎，粉碎后均匀撒施棚内（有条件补充稻、麦、玉米秸秆效果更好），然后亩施50%氰氨化钙颗粒剂60～120千克，深翻土壤20厘米左右，覆盖地膜（废旧棚膜、地膜均可），灌水保持土壤湿度达70%以上，密闭大棚，15～20天后揭地膜，揭地膜2天后打开大棚，通风2～3天后于定植前7～10天亩施发酵饼肥100千克+有机肥（菌肥）200千克，浅耕做畦待栽。

### 4.2　苗期病虫害管理

集约化育苗技术：首先，选择育苗穴盘并清除穴盘中残留基质，用清水冲洗净、晾干；其次，将苗盘放置在密闭房间中，用硫黄粉、锯末混合后点燃熏烟消毒；播种时先把育苗基质装在穴盘内，刮除多余基质，每穴打一深孔，干籽直播，并用较细的蛭石覆土，或用精量播种机播种，喷水湿透后放在催芽室催芽，出芽后将其转入育苗温室继续育苗。整个育苗期间，保持育苗穴盘不湿不干，确保秧苗不萎蔫、不徒长。

防虫网：选用40目防虫网覆盖棚室通风口，隔离害虫。

### 4.3　成株期病虫害管理

实施病虫害早期诊断，选择高效、低毒农药进行防治。防治对象及推荐药剂见表3。

表3　推荐使用高效低毒农药

| 防治对象 | 药剂名称 | 施用方式 | 施药剂量 |
|---|---|---|---|
| 霜霉病 | 722克/升霜霉威盐酸盐水剂 | 兑水喷雾 | 80毫升/亩 |
| | 55%烯酰·福美双可湿性粉剂 | 兑水喷雾 | 80克/亩 |
| | 687.5克/升氟菌·霜霉威悬浮剂 | 兑水喷雾 | 60～75毫升/亩 |
| | 66.8%丙森·缬霉威可湿性粉剂 | 兑水喷雾 | 60～75克/亩 |
| 软腐病 | 3%中生菌素可湿性粉剂 | 兑水喷雾 | 100克/亩 |

表3 （续）

| 防治对象 | 药剂名称 | 施用方式 | 施药剂量 |
|---|---|---|---|
| 菌核病 | 70%甲基硫菌灵可湿性粉剂 | 兑水喷雾 | 35～53克/亩 |
| | 50%啶酰菌胺水分散粒剂 | 兑水喷雾 | 30～50克/亩 |
| | 50%腐霉利可湿性粉剂 | 兑水喷雾 | 30～60克/亩 |
| 灰霉病 | 1 000亿孢子/克枯草芽孢杆菌可湿性粉剂 | 兑水喷雾 | 40～60克/亩 |
| | 50%啶酰菌胺水分散颗粒剂 | 兑水喷雾 | 40～50克/亩 |
| | 43%氟菌·肟菌酯悬浮剂 | 兑水喷雾 | 30～40毫升/亩 |
| 蚜虫 | 10%吡虫啉可湿性粉剂 | 兑水喷雾 | 30克/亩 |
| 甜菜夜蛾 | 16 000IU/毫克苏云金杆菌可湿性粉剂 | 兑水喷雾 | 55～82克/亩 |
| | 300亿PIB/克甜菜夜蛾核型多角体病毒水分散粒剂 | 兑水喷雾 | 3～5克/亩 |
| | 200克/升氯虫苯甲酰胺悬浮剂 | 兑水喷雾 | 10毫升/亩 |
| 潜叶蝇 | 10%灭蝇胺悬浮剂 | 兑水喷雾 | 100～150克/亩 |
| | 240克/升虫螨腈悬浮剂 | 兑水喷雾 | 24～28毫升/亩 |
| | 2%甲氨基阿维菌素苯甲酸盐水乳剂 | 兑水喷雾 | 7.5～10毫升/亩 |

## 5　适宜地区

本模式适用湖北及周边地区塑料大中棚生菜产区，长江流域其他地区可参考使用。该模式示范后，与对照相比，可分别降低氮、磷、钾用量37.54%、41.77%、43.03%；减少施药次数1次，减少农药总用量54.9%，达到增产25%。

## 6　联系方式

集成模式依托单位：华中农业大学

联系人：别之龙，王小平，程菲，谭启玲，杨龙，游红

联系电话：027-87286908

电子邮箱：biezl@mail.hzau.edu.cn